新疆内陆河中下游水生态安全技术研究

王　健　陈超群　徐海量　等　著

科学出版社
北　京

内 容 简 介

本书从新疆内陆河水资源和绿洲生态关系、流域水分和生态相互作用机理研究入手，阐述了新疆内陆河中下游水生态安全评估技术，研发最严格水资源管理框架下的内陆河中下游水生态安全红线划定技术，建立面向内陆河中下游水生态系统安全的水资源配置模式，提出新疆兵地融合的水资源管理模式。本书选择南疆的塔里木河和北疆的奎屯河作为典型流域开展案例分析，在水资源“三条红线”、耕地红线及生态红线的约束下进一步优化水资源配置，初步构建了新疆内陆河中下游水生态安全模式，提出了新疆内陆河中下游社会经济和生态安全战略建议。

本书可供从事内陆河干旱区地理、环境、生态、水资源研究与保护的科技与管理人员，特别是相关科研机构的专业研究人员和高等院校相关专业的师生及水资源管理者和决策者阅读和参考。

图书在版编目（CIP）数据

新疆内陆河中下游水生态安全技术研究/王健等著. —北京：科学出版社，2020.11

ISBN 978-7-03-066755-7

Ⅰ. ①新… Ⅱ. ①王… Ⅲ. ①内陆河–中游–水环境–生态环境–生态安全–研究–新疆 ②内陆河–下游–水环境–生态环境–生态安全–研究–新疆 Ⅳ. ①X143

中国版本图书馆CIP数据核字（2020）第218597号

责任编辑：辛 桐 / 责任校对：陶丽荣
责任印制：吕春珉 / 封面设计：东方人华平面设计部

科学出版社 出版
北京东黄城根北街16号
邮政编码：100717
http://www.sciencep.com

三河市骏杰印刷有限公司印刷

科学出版社发行 各地新华书店经销

*

2020年11月第 一 版 开本：787×1092 1/16
2020年11月第一次印刷 印张：21
字数：476 000

定价：210.00元

（如有印装质量问题，我社负责调换〈骏杰〉）

编委会

序　一

生态文明建设是关系中华民族永续发展的根本大计，生态兴则文明兴，生态衰则文明衰。新疆是我国最为干旱的地区之一，也是生态环境最为脆弱的地区之一，97%的水资源形成于山区，平原区降水较少，农业生产主要依靠人工灌溉，形成了独特的“灌溉农业，荒漠绿洲”的生态环境和社会经济体系，绿洲依存于河流，呈分散布局，有水则为绿洲，无水则为荒漠。因此，水是促进新疆社会经济发展、维持良好生态的核心要素。

新疆内陆河流域水源单一，随着灌溉农业的快速发展、灌溉用水的大幅度增加，很多地区水资源开发利用已经超过了其资源承载能力，水资源成为社会经济发展的主要制约性因素，生态问题日益显现。许多河流河道缩短或断流，湖泊大面积退化，如塔里木河自大西海子水库以下的河道于 1972 年断流，天然河道缩短了 320km，直至 2002 年丰水期下泄水量才抵达台特玛湖；当前全疆湖泊面积已不足 5 000km^2，较 20 世纪 50 年代减少了一半以上。新疆已经成为我国社会经济用水与生态环境用水竞争最为激烈、生态最为脆弱的地区之一。构建新疆内陆河地区的人水和谐发展模式，协调好社会经济发展与良好生态维持的关系，建设新疆以水为核心的生态文明，已经成为新疆发展中亟待解决的重大问题。

在水利部公益性行业科研专项项目“新疆内陆河中下游水生态安全关键技术研究”支持下，新疆兵团勘测设计院（集团）有限责任公司、中国水利水电科学研究院等单位组成了联合研究团队，从新疆内陆河水资源和绿洲生态关系、流域水分和生态相互作用机理研究入手，系统评估了新疆内陆河中下游水生态安全状况，划定了在最严格水资源管理框架下内陆河中下游水生态安全红线，构建了面向内陆河中下游水生态系统安全的水资源配置模型，提出了新疆兵地融合的水资源管理模式，并在南疆的塔里木河和北疆的奎屯河两个典型流域开展了案例分析，提出了新疆内河中下游社会经济和生态安全战略建议。

《新疆内陆河中下游水生态安全技术研究》一书对新疆内陆河流域的水与生态关系、水资源配置、水生态安全等技术问题进行深入的讨论，对内陆河流域的生态文明建设模式进行了透彻的阐述，是研究团队近十年研究成果的系统总结，是一部兼具理

论性与实用性的佳作。该书的出版发行，将对我国以新疆为代表的内陆河地区水资源保护、水生态文明建设起到积极的作用。

中国工程院院士

“流域水循环模拟与调控”国家重点实验室主任

2018年12月1日

序　二

新疆具有极端干旱的气候和被广袤的荒漠、沙漠、戈壁包围的人工绿洲，自然环境严峻，生态系统十分脆弱。新疆的大多数绿洲均位于河流的中下游，近年来随着内陆河源流和干流山区控制性枢纽的建设、上游社会经济的发展、灌区面积的扩张，源流和上游耗水增加，内陆河流域下游来水量呈衰减趋势，下游生态环境面临重大风险，严重威胁了下游地区人们的生活和生产。这些内陆河之间，具有很多天然相似的特征，绿洲社会经过多年建设，以及各自流域内经济社会发展和生态演变的依存和竞争，出现了人文环境相关演替、生态水利响应趋同的泛流域性态势。

水作为制约干旱区农业生产和生态保护的关键因素，水资源安全成为关系区域社会稳定、经济发展的重要基础。党的十九大报告指出："建设生态文明是中华民族永续发展的千年大计。必须树立和践行绿水青山就是金山银山的理念""形成绿色发展方式和生活方式"。多年来，为了保护下游绿洲的安全，新疆积极探索并大力实施了节水灌溉，通过农业节水实现在发展生产的同时，对人工生态和自然生态进行补水，对保障天然绿洲的稳定、维持下游基本的生态安全发挥了积极的作用。然而，随着绿洲灌溉面积的不断扩大，生态环境用水仍被大量挤占，流域中下游天然绿洲萎缩、地下水位下降等生态隐患和危机依然严峻，解决新疆内陆河中下游水生态安全问题迫在眉睫。

《新疆内陆河中下游水生态安全技术研究》一书是由水利部公益性行业科研专项项目"新疆内陆河中下游水生态安全关键技术研究"所取得的科研成果撰写而成。专项研究通过长期、连续的野外监测和数据采集，借助大量的实验数据分析、数据模拟和遥感解译等技术手段，选取南疆塔里木河干流、北疆奎屯河流域为典型靶区，在分析生态环境变化规律及驱动因素的基础上，评价了其生态安全等级，进而划定了生态保护红线，阐明了水与生态的相互作用机理，揭示了维系绿洲安全的关键要素，明确了天然、人工绿洲的适宜配比及合理发展规模，构建了面向生态安全的南疆内陆河流域生态水配置的技术模式和北疆典型流域水资源综合配置模式，提出了新疆内陆河中下游社会经济和生态安全战略建议。以上研究成果不仅对实现典型流域的生态环境保护和经济社会协调发展具有重要意义，还为其他相似

区域的绿洲发展规划和水资源（尤其是生态水）高效利用提供科学借鉴。

衷心祝愿通过该书的出版，开启构建人与自然和谐的美丽新疆的新篇章，实现干旱区内陆河中下游生态安全与经济社会的可持续发展。

邓铭江

中国工程院院士

2018年12月20日

前　言

新疆内陆河流域位于我国西部干旱区，降水稀少、蒸发强烈，流域内社会经济生产和生态用水主要靠山区产流通过地表水、地下水输送水分维持。近年来，随着内陆河源流和干流上游社会经济的发展、灌区面积的扩张，源流和上游耗水增加，内陆河流域下游来水量呈衰减趋势，使下游生态环境面临重大风险，也严重威胁了下游地区的人民生产。因此，在水资源有限条件下，如何协调社会经济生产用水与生态用水，成为维持区域社会经济可持续发展与生态安全的亟须解决的重大问题。

新疆具有独特的生产建设兵团体制，在这样的管理体制下对水资源管理提出了独特的要求。新疆生产建设兵团大多分布在内陆河中下游绿洲，历史上一直承担着屯垦戍边、维持稳定的重大责任。内陆河中下游生态恶化将首先影响新疆生产建设兵团的生存和发展。为了维护全流域的生态安全，也为了维护自身的生存和发展，保护流域生态安全已经成为新疆生产建设兵团新的核心任务之一。

本书的主要内容是水利部2015年批复开展的公益性行业科研专项项目“新疆内陆河中下游水生态安全关键技术研究”的研究成果。本书以新疆内陆河流域水土资源合理利用，生态、经济的协调发展为目标，借鉴国内外相关研究的最新理论成果，通过确定内陆河中下游生态保护红线，识别内陆河流域水分和生态相互作用机理，研发新疆内陆河中下游水生态安全评估技术，建立面向内陆河中下游水生态系统安全的水资源配置模式；选择典型流域开展案例分析，在水资源“三条红线”、耕地红线及生态红线的框架下进一步优化典型流域内水资源配置，构建新疆内陆河中下游水生态安全模式，提出新疆内陆河中下游社会经济和生态安全战略建议。

生态保护红线是区域生态安全的底线，通过研究内陆河典型流域土地利用/覆被景观格局及绿洲演变规律特征，基于区域特点构建具有针对性的生态安全评价指标及技术体系，提出具有符合干旱区绿洲特点的生态保护红线划定内容及方法，对保障内陆河流域生态功能稳定，维护环境质量安全和合理利用自然资源，促进人口资源环境相均衡，实现经济社会生态效益相统一具有重要意义。同时，也能为区域生态保护及修复、绿洲资源开发利用等提供理论依据。

流域生态与水文耦合过程研究是实现干旱区水资源合理配置、生态环境保护与建设的理论基础，对揭示水与生态变化的相互作用机理和规律具有重要的意义。本书通

过查阅大量历史文献资料，借助于遥感、景观生态等研究方法及手段分析内陆河流域天然绿洲与人工绿洲的相互转化过程，同时从微观、中观和宏观 3 个维度，构建与植物生理、生态指标变化的定量关系模型，模拟新疆内陆河典型流域生态系统与经济社会系统协调发展下的绿洲格局变化，为干旱区内陆河流域水资源和生态系统综合管理的效果评估提供科技支撑。

水作为制约干旱区农业生产和生态保护的关键因素，水资源安全成为关系区域社会稳定、经济发展的重要基础。新疆绿洲区既是生态敏感区和环境退化区，又是社会和经济适应脆弱区，因其气候因素，加上近年来大规模的水土开发，目前生态安全问题十分严重。开展内陆河流域水生态安全评价研究，研发面向生态安全的水资源配置模型，提出流域人工生态、天然生态的水资源优化配置方案，构建以生态保护为控制目标的生态供水模式，对实现干旱半干旱区绿洲的生态环境保护和经济社会协调发展具有重要意义。

同时，为了深入分析新疆内陆河下游水生态安全问题，本书还对流域动植物分布特点、生态环境演变、绿洲生态环境稳定的适宜比例、水生态建设等开展了相关的研究，并且多项研究成果得到国内外专家的认可。

本书是新疆兵团勘测设计研究院（集团）有限责任公司、中国水利水电科学研究院、中国科学院新疆生态与地理研究所等单位数十位同志共同研究的成果。同时在研究过程中得到水利部和新疆生产建设兵团相关部门的大力帮助和指导，在此一并致谢！

由于笔者水平有限，书中不足之处在所难免，还望各位读者批评指正。

目　录

第一章 绪 论

第一节 研究背景

新疆的大多数绿洲均位于河流的中下游。近年来，随着内陆河源流和干流山区控制性枢纽的建设、上游地区经济的发展、灌区面积的扩张，源流和上游地区耗水增加，造成下游来水量呈衰减趋势，生态环境安全面临重大风险，严重威胁了下游地区的人类生产。

新疆生产建设兵团（以下简称兵团）的 172 个团场大多分布在河流下游的绿洲，多处于沙漠边缘、“风头水尾”处，自然生态环境十分脆弱。主要表现为：典型荒漠绿洲过渡区呈非地带性岛状或片状分布；环境异质性大，自然条件恶劣；年降水量少、蒸发量大，水资源极度短缺；土壤瘠薄，植被稀疏；风沙活动强烈，土地荒漠化严重。兵团所处绿洲内重要生态系统类型包括荒漠胡杨林、荒漠灌丛及荒漠类草地等，这些生态系统为珍稀、濒危野生动物提供了栖息地。

兵团自建立以来，一直承担着屯垦戍边、维持稳定的重大责任。内陆河中下游生态恶化将首先影响到兵团的生存和发展。为了维护全流域的生态安全与自身的生存和发展，生态戍边已经成为兵团新时代的历史使命和核心任务之一。多年来，为了保护下游团场的生存，兵团积极探索并大力实施了节水灌溉，通过农业节水实现在发展生产的同时对人工生态和自然生态的补水，对保障天然绿洲的稳定、维持下游基本的生态安全发挥了积极的作用。

本书在水资源“三条红线”、耕地红线及生态红线的框架下，进一步优化典型流域内水资源配置，提出新疆内陆河中下游水生态安全建设模式，为内陆河中下游绿洲生态文明建设及其后评估技术体系提供技术支撑。本书的研究成果对丰富兵团“生态戍边”内涵，指导新疆内陆河水生态安全建设具有重要意义。

第二节 研究意义

新疆内陆河地区极端干旱的气候和被广袤的荒漠、沙漠、戈壁包围的人工绿洲，

其自然环境严峻，生态系统十分脆弱。人工绿洲必须有天然绿洲护卫，而天然绿洲又必须有河湖湿地支持。绿洲衰亡的直接原因是河湖湿地系统的干涸。据考证，塔里木盆地南部消亡的29个古绿洲城镇中，有22个属于河流改道或断流所致，反映了“水退沙进”的规律。新疆的发展应以自身历史和现实为戒，以科学发展观为指导，合理开发利用水资源，使水资源得到合理的配置和利用。

根据2014年4月27日至30日习近平同志视察新疆兵团时的重要讲话[①]，2014年5月9日的《兵团日报》评论员提出：“要着力深化对兵团使命的认识，进一步深化对中央战略意图的把握，紧紧围绕新疆长治久安的根本、基础、长远问题找准兵团定位。要在发挥特殊作用上下功夫，调节社会结构、推动文化交流、促进区域协调、优化人口资源。”只有着力发挥好兵团的特殊作用，使兵团真正成为安边固疆的稳定器、凝聚各族群众的大熔炉、先进生产力和先进文化的示范区，才能确保完成兵团维稳戍边的使命。这是新阶段新形势下党中央对兵团的新定位、新要求，也是兵团进一步发展的新目标、新方向。兵团不同于一般行政区域，党政军企合一的特殊体制和“两周一线”的特殊布局，决定了其在主体功能区划分及功能定位、发展方式上，既与国家和自治区相衔接，又有自身特点，承担着守卫新疆绿洲安全、维护国家生态安全的生态卫士重要职责。

党的十九大报告指出，“建设生态文明是中华民族永续发展的千年大计。必须树立和践行绿水青山就是金山银山的理念，坚持节约资源和保护环境的基本国策，像对待生命一样对待生态环境，统筹山水林田湖草系统治理，实行最严格的生态环境保护制度，形成绿色发展方式和生活方式”。多年来，为了保护下游绿洲的安全，新疆积极探索并大力实施了节水灌溉，通过农业节水实现在发展生产的同时，对人工生态和自然生态进行补水，这对保障天然绿洲的稳定、维持下游基本的生态安全发挥了积极的作用。面对新疆土地荒漠化形势日益严峻、草原退化、沙化严重的局面，迫切需要我们提高对生态安全的重视，把环境保护、加强生态文明建设作为建设美丽新疆的基本前提，科学布局生产空间、生活空间、生态空间，给自然留下更多修复空间，划定并严守生态红线。

本书的研究从宏观战略层面切入，做好顶层设计，立足生态文明全过程，树立尊重自然、顺应自然、保护自然的生态文明理念；坚持节约优先、保护优先、自然恢复方针；坚决保护河流、湖泊、湿地、植被、绿洲和草原，划定和严守生态红线；建立“分区管理、分类保护”的环境管理体系，用最严格的制度保护生态环境，形成节约资源和保护环境的空间格局；维护生态环境功能，保障生态环境安全，促进经济社会全面协调可持续发展，建成人与自然和谐相处的美丽新疆。

目前，新疆的许多流域存在生态供水量严重不足、供水模式欠佳、天然绿洲萎缩及与人工绿洲的配比失衡、地下水位持续下降等生态环境问题。而解决上述问题需要

---

① 人民网. 习近平总书记新疆考察纪实［EB/OL］.（2014-05-04）［2020-08-18］. http://politics.people.com.cn/GB/8198/384564.

对绿洲水与生态的相互作用机理、天然－人工绿洲的相互转换规律及适宜配比、天然植被的生态需水过程等开展长期、连续的监测和系统的研究，这不仅对实现绿洲的生态环境保护和经济社会协调发展具有重要意义，还可为其他相似区域优化绿洲发展规划和提高水资源（尤其是生态水）利用效率提供科技支撑。

第三节 研究目的和研究内容

一、研究目的

面向新疆生态文明建设的重大需求，以新时期治水方针为指导，以内陆河中下游水资源供需矛盾突出且生态系统退化形势严峻等问题为导向，围绕生态－水资源－经济社会系统协调发展的核心目标，本研究选取南疆塔里木河、北疆奎屯河流域为典型靶区，基于长期、连续的野外监测和数据采集，通过交叉应用多学科的基础理论和技术方法，在分析生态环境变化规律及驱动因素的基础上，评价其生态安全等级，进而划定生态保护红线，阐明水与生态的相互作用机理，揭示维系绿洲安全的关键要素，明确天然、人工绿洲的适宜配比及合理发展规模，研发面向生态安全的南疆内陆河流域生态水配置模式及北疆典型流域水约束下的绿洲发展模式与水资源综合配置模式，提出新疆内陆河中下游经济社会和生态安全的战略建议。

二、研究内容

（一）新疆内陆河流域水资源、生态系统环境特性调查

综合考虑地域特性、河流补给来源、径流特征、水资源利用程度等因素，选取若干典型的内陆河为研究对象，借助遥感影像解译和地面植被调查，对典型内陆河流域生态系统环境整体特性进行分析和研究。分析各流域的土地覆盖和土地利用现状，并结合不同小流域的实地动植物样地的综合调查，分析和探讨各流域陆生生态系统的动植物长势、分布及物种多样性的特点，探讨流域水质、水量、土壤类型及景观生态特点，收集和获取生态环境演变相关资料，如人口、社会经济、工农业发展水平及环境保护现状等，为深入研究提供数据基础。

（二）新疆典型内陆河流域（中下游）生态红线

以流域为尺度，构建流域生态环境评价综合指标体系，利用专家咨询、模糊评价等方法确定适宜的评价指标及其权重，从生态、水资源利用水平、经济社会发展等角

度获取流域的生态环境综合得分，探明影响环境变化的关键因子，分析典型河流中下游的生态环境变化过程。根据河流中下游生态环境的特点及天然绿洲在流域生态安全中的地位，划定各典型河流的生态红线（划定禁止开发区），并核算其生态面积，配置生态水量。

（三）新疆典型内陆河流域水分与陆生生态相互作用研究

借助历史资料、文献资料等，分析典型流域的生态环境演变特点及规律；通过遥感影像解译获取典型时期的流域生态环境的相关数据和资料，结合水资源利用水平、人口的迁移、农业耕作技术水平和经济发展水平等指标，分析不同历史时期流域生态环境的特点；借助景观生态学的研究方法及手段，分析流域土地利用变化的特点，从景观斑块的动态变化特点（如耕地、林地、草地、水域等要素的变化趋势和特点），研究流域重要生态环境因子的变化规律及特点，探讨影响不同土地利用斑块变化的关键因子；分析天然绿洲和人工绿洲相互转化的过程，探讨维系不同流域绿洲生态环境稳定的适宜比例。

（四）新疆典型内陆河流域水资源综合配置与生态供水模式研究

分析山区水库兴建、流域灌溉面积持续增加、跨流域水资源配置工程兴建，以及工业城镇需水急剧增加等因素对下游社会经济与生态安全的影响；基于最严格水资源管理“三条红线”、生态红线、耕地保护红线，研发构建面向生态安全的水资源配置模型；开展典型流域配置案例研究，提出流域人工生态、天然生态的水资源优化配置方案。结合现状和规划水利工程布置，提出水资源配置措施，建立以生态保护为控制目标的生态供水模式。

（五）新疆内陆河流域水生态安全对策研究

结合内陆河流域生态调查和现状安全评价结果，分析典型区域的主要生态问题，开展包括水生态建设、水经济建设、水管理建设、水利工程建设措施在内的水生态安全对策研究。

第二章　典型内陆河流域现状调查及生态环境问题

新疆南北绿洲在自然环境条件、社会经济发展程度等方面存在明显差异。南疆的塔里木河流域是典型的干旱荒漠区和生态脆弱区，现已成为受人类干扰影响生态系统受损较为严重的区域之一，也是世界范围生态修复的稀有案例和人为干预条件下生态修复的典型案例；北疆的奎屯河具有丰富的自然资源、重要的经济地位和脆弱的生态环境等鲜明特点，是新疆天山北坡经济带的核心区，是北疆内陆河流域的典型代表。为此，本书选取塔里木河干流及奎屯河流域作为南北疆内陆河典型流域的研究对象，基于水资源、生态环境现状调查，甄别出当前存在的主要生态环境问题，从而为流域生态环境保护及相关研究提供重要的基础性资料和科学性依据。

第一节　典型内陆河流域自然概况

一、塔里木河干流自然概况

（一）地理位置

塔里木河流域是我国第一大内陆河流域，自西向东绕塔克拉玛干沙漠北缘贯穿塔里木河盆地。塔里木河流域在地域上包括塔里木盆地周边向心聚流的九大水系和塔里木河干流、塔克拉玛干沙漠及东部荒漠区。

（二）河流水系

塔里木河流域由发源于塔里木盆地周边天山、帕米尔高原、喀喇昆仑山、昆仑山、阿尔金山等山脉的阿克苏河、喀什噶尔河、叶尔羌河、和田河、开都—孔雀河、迪那河、渭干—库车河、克里雅河和车尔臣河共九大水系的144条河流组成。塔里木河干流全长1 321km，自身不产流，历史上塔里木河流域的九大水系均有水汇入塔里木河干流。由于人类活动与气候变化等影响，20世纪40年代以前，车尔臣河、克里雅河、迪那河相继与干流失去地表水联系。40年代后，喀什噶尔河、渭干河也逐渐脱离干流。

目前与塔里木河干流存在地表水联系的是和田河、叶尔羌河和阿克苏河 3 条源流，孔雀河通过扬水站从博斯腾湖抽水经库塔干渠向塔里木河下游灌区输水，形成“四源一干”的格局。“四源一干”流域面积占塔里木河流域总面积的 24.5%，多年平均径流量占塔里木河流域年径流总量的 58.9%，对塔里木河今后的发展与演变起着决定性的作用。塔里木河流域示意图如图 2.1.1 所示。

图 2.1.1　塔里木河流域示意图

（三）地形地貌

塔里木河干流位于天山地槽与塔里木台地之间的山前凹陷区，海拔为 760～1 020m。地形为西高东低、北高南低，由西向东倾斜至铁干里克转为由北向南缓倾。塔里木河历史上是著名的游荡性河流，北至秋立塔格山麓，向南深入塔克拉玛干沙漠，摆幅达 80～130km。北部受前山褶皱构造抬升而使冲积洪积扇平原向南延伸，迫使河流南移；南部冲积平原受冲积物和风成沙的堆高，又迫使河流北返，如此往复，便形成了广阔而土层深厚的冲洪积平原。

塔里木河干流按地貌特点分为 3 段：①从肖夹克至英巴扎为上游，该河段地面坡度较缓，为 0.3‰～0.5‰。河道平均纵坡坡度为 1/5 400，滩槽高差为 2～4m，河道比较顺直，水域宽为 500～1 000m，河漫滩广阔，阶地不明显，只在局部河段，由于河流强烈的侧蚀作用，形成一些不对称的河曲阶地，一般阶地有两级。北岸冲积平原较南岸狭窄，但地面平坦。南岸多古河道和干流河道分布，其间又夹有固定、半固定沙丘，除近河一带平坦外，地面起伏较大。②英巴扎至恰拉的中游河段，河道纵坡坡度为 1/7 000，滩槽高差为 1～3m，水域宽一般为 100～500m，河道弯曲，水流缓慢，土质松散，泥沙淤积严重，河床不断抬升，致使中游形成众多汊河，如恰阳河、拉依河、阿拉河、乌斯满河、阿其河等。尤其是在洪水期往往冲破天然河堤，形成新的河道、湖泊、沼泽，致使河水大量耗散。③恰拉以下至台特玛湖的下游河段，河道纵坡坡度较中游段大，平均为 1/5 900，滩槽高差一般为 1～3m，河床宽仅为 100m，河床受风沙作用，风蚀、风积强烈，形变严重。地面物质组成以细粒沙壤土为主，地貌类型为新月形沙丘链、复合新月沙丘链、纵向沙垄与灌丛沙堆等。从沙漠边缘到腹地由固定、半固定沙丘过渡到流动沙丘，沙丘高度一般为 5～10m。

（四）植被

塔里木河干流区在植被分区上属于亚非荒漠区的亚洲中部荒漠亚区、塔里木盆地灌木荒漠植被省、塔克拉玛干荒漠亚省的阿克苏－库尔勒州和塔里木河谷州。植被类型有灌木荒漠、小半乔木荒漠、半灌木荒漠、多汁木本盐柴类荒漠、杜加依林、杜加依灌丛、低地河漫滩盐化草甸 7 种主要植被类型。

（五）土壤

塔里木河干流区的土壤约有 11 个土壤类型 23 个土壤亚类 47 个土种，以面积大小为序依次主要为流动风沙土、半固定风沙土、盐化红柳林土、盐化胡杨林土、胡杨林土、盐化草甸土、草甸土、草甸沼泽土，还有局部地段的盐土和残余盐土、残余泥炭沼泽土等类型及人工绿洲灌耕土壤。

1）流动风沙土分布于河间高地和古河道两岸，部分古河道上也有移来的沙丘分布。该类土壤大部分分布于干流南部古河道南北，以垅状沙丘面积为最大。

2）半固定风沙土分布于近干流的高阶地上，以红柳沙土包的形式出现，局部地区也有少量由沙拐枣、胡杨形成的沙土包。

3）盐化红柳林土分布于河道低阶地和部分高阶地上，红柳覆盖度可达 40%～60%，红柳高 1～2.5m，盐土分布在地下水位 1～2m 处，河流北部新和县西南和库尔勒西南部面积较大，在沿塔里木河干流各段也有零星分布。

4）盐化胡杨林土分布于河流两岸阶地上，属杜加依土的典型土壤类型之一。

5）胡杨林土分布于主河道和支流两岸低阶地上，属杜加依土的典型土壤类型。

6）盐化草甸土分布于河流低阶地、超河漫滩和低洼地带。

7）草甸土分布于每年有水漫灌的低阶地、河漫滩、超河漫滩和低洼地。

8）草甸沼泽土分布于塔里木河干流区牛轭湖、河间低洼积水地带。

9）灌耕土分布于阿拉尔和铁干里克，中游地带，如沙雅、轮南、尉犁，以绿洲潮土和盐化绿洲潮土为主。

二、奎屯河流域自然概况

（一）地理位置

奎屯河流域（图 2.1.2）位于新疆天山北坡中部，准噶尔盆地西南缘，乌鲁木齐以西 220km。流域东以吐尔条沟与沙湾县的巴音沟河流域为界，西与精河县托托河流域接壤，南靠天山分水岭，与伊犁喀什河流域相邻，北接准噶尔界山山脉的玛依尔力山和扎伊尔山分水岭，东西长 160km，南北宽 240km，地理坐标为东经 83°22′00″～85°47′00″，北纬 43°30′00″～47°04′00″，流域总面积为 2.83 万 km^2，其中山区面积为 1.19 万 km^2，平原区面积为 1.64 万 km^2。

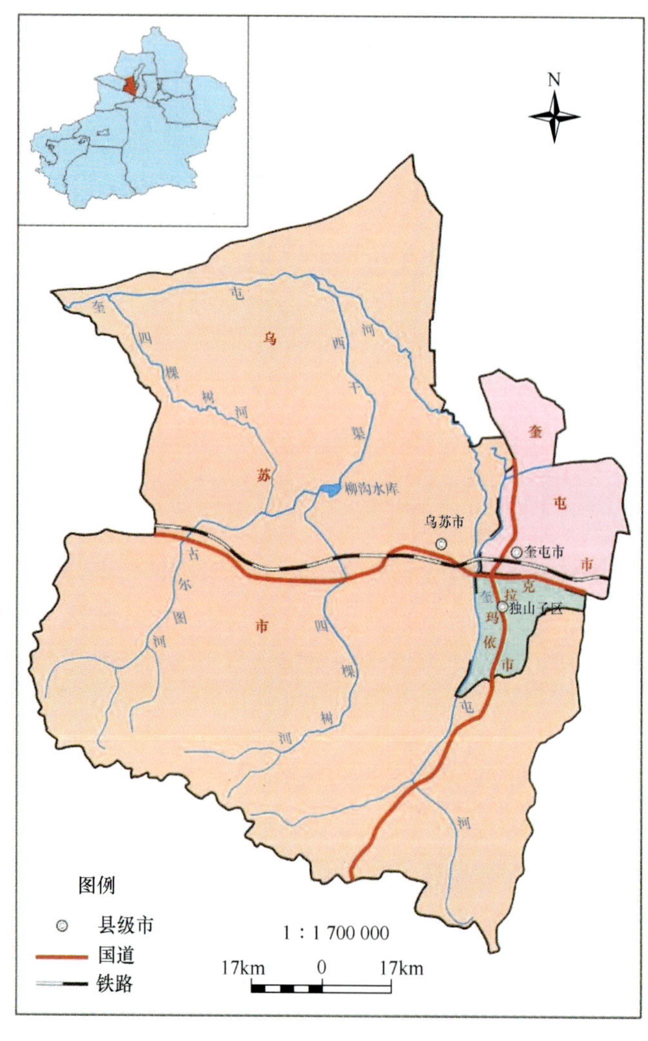

图 2.1.2　奎屯河流域示意图

（二）河流水系

奎屯河流域内的主要河流都发源于北天山山脉的依连哈比尔尕山和博罗科努山北坡，自东向西依次有奎屯河、四棵树河、特吾勒特河、莫特河、古尔图河；发源于流域北部玛依力山南坡相对较大的河流有斯月克河、苏吾尔河、恰勒尕依河及柳树沟，这些河流均归属于艾比湖水系。以下主要介绍奎屯河、四棵树河和古尔图河的情况。

1）奎屯河发源于依连哈比尔尕山的西段，全长320km，出山口以上河长为71km，山区集水域积1 945km^2，出山口控制站为加勒果拉水文站。河流源头共有冰川305条，冰川面积200.35km^2，冰川储量10.950 8km^3，年平均冰川融水量1.510亿m^3，占河流全年径流量的22.6%。奎屯河水系呈树枝状，河流发育较为对称。在奎屯河出山口处建有奎屯河新渠首，水流经23km的引水渠后投入奎屯河老渠首，进入灌区。在老渠首下游约61km处建有拦河式水库——奎屯－车排子水库。奎屯河在奎屯－车排子水库以上部分主要为南北流向，在奎屯－车排子水库下游126团处拐弯变为东西流向，在距奎屯－车排子水库下游约100km和120km处分别接纳四棵树河和古尔图河的部分洪水和灌溉回归水，最后注入艾比湖。

2）四棵树河源头位于北天山中部的博罗科努山东段，源头山脊海拔一般为4 000m左右。四棵树河全长137km，其中出山口以上河长63km。山区集水域积964km^2。河流源头有冰川128条，冰川面积105.93km^2，冰川储量7.084 3km^3，年平均冰川融水量0.854亿m^3，占河流全年径流量的27.9%。四棵树河干流两侧水系发育不对称，右岸集水域积远大于左岸。四棵树河出山口后流向西北方向，最后汇入奎屯河下游。在下游距出山口约48km处被拦截，将河水引入柳沟水库，然后进入灌区，只有在洪水期才有水进入下游河道。吉勒德水文站控制集水域积921km^2，占山区总面积的95.5%，多年平均径流量3.053亿m^3，基本上控制了山区全部的地表水量。

3）古尔图河的发源地与四棵树河一样，同属于博罗科努山，出山口以上河长约50km，山区集水域积1 053km^2。河流源头有冰川164条，冰川面积176.8km^2，也是一条以冰川融水补给为主的河流。古尔图河水系呈树枝状，河流在出山口以下约30km处分为两支，其中一支流向北偏西方向直接汇入奎屯河下游，而且在洪水期流量较大时才有水；另一支沿东北方向汇入四棵树河（乌伊公路以北65km）。

（三）地形地貌

奎屯河流域地形地貌以奎屯河下游河段为界，分为南、北两部分。南部山区属中高山、低中山地形，其山脉呈东—西向延伸，向北方向海拔依次降低，而且是东高西低。北部山区属低中山、低山地形，其山脉走向呈东北—西南，向东南方向海拔依次降低，海拔600～2 000m，山势较为平缓，无终年冰雪覆盖。奎屯河流域平原区夹于南山、北山之间，海拔从南、北山山前向平原腹地逐渐降低，由南部的1 000m、北部的

600～900m 降为 520m，并依次发育了山前冲积砾质倾斜平原、冲洪积及冲积细土平原、风积平原、冲洪积细土平原等地貌类型。

（四）植被

奎屯河域的地貌分为山区和平原区，其中山区又分为高中山区和低山丘陵区；平原区又分为山前冲洪积平原、冲积平原、风积平原、冲湖积细土平原。

高中山区分布在海拔 1 000～3 800m 及 3 800m 以上的区域，3 800m 以上高山永久冰雪覆盖，无人类活动，是该流域的重要水源地。海拔 2 400～3 200m 为高寒草甸草原，是优良的夏牧场。低山丘陵区海拔 500～1 000m，分布于山地寒温带草原带，是冬夏秋牧场。低山丘陵区主要植被为小半灌木、灌木和蒿类。其种类有小蓬、驼绒藜、针枝蓼、地肤、灰蒿等，伴生有角果藜、郁金香及早春类短命植物。

平原区分布在海拔为 200～540m 的区域，依次为干旱荒漠草原、绿洲农业区、固定半固定沙丘，并伴有耐旱植被等。自然植被有以芦苇、毛腊、香蒲、黑三棱、泽泻、灯心草、芨芨草、拂子茅、三叶草、甘草、苦豆子、补血草、骆驼刺等为主的草甸植被；草甸外围盐土上生长有以花花柴、猪毛菜、碱蓬、盐节木、盐穗木、盐爪爪、柽柳、黑刺等为主的盐生植被。

在固定、半固定沙丘及细土平原主要植物有琵琶柴、猪毛菜、茵陈蒿、骆驼刺、花花柴、碱蓬、盐节木、盐穗木、盐爪爪、柽柳、梭梭等，在下游两岸水分条件较好的一级、二级阶地上，分布有胡杨、沙枣片林，林下生长有梭梭、柽柳、驼绒藜、甘草、苦豆子、芦苇和芨芨草等植被。

（五）土壤

奎屯河流域内土壤分布随着地形、地貌、气候的变化，呈现出明显的垂直地带性特点。土壤分布类型自高而低依次分布为基岩—高山草甸土—亚高山草甸土—山地黑钙土—山地栗钙土—灰色森林土—棕钙土—灰漠土。

第二节　典型内陆河流域水资源现状分析

一、塔里木河干流水资源现状

（一）塔里木河干流地表水资源现状

1．地表水资源量

根据《塔里木河流域近期综合治理规划报告》（2016 版），塔里木河的三条源流——和田河、叶尔羌河和阿克苏河汇入的实测径流总量为 73.77 亿 m^3，其中阿克苏河汇入径流总量为 64.28 亿 m^3，占汇入径流总量的 87.14%；和田河为 8.22 亿 m^3，占汇入径流总量的 11.14%；叶尔羌河为 1.27 亿 m^3，占汇入径流总量的 1.72%。塔里木河干流水资源量计算结果表见表 2.2.1。

表 2.2.1　塔里木河干流水资源量计算结果表（时间段，多年平均值）

（单位：亿 m^3）

序号	站名及结点	径流量				还原计算水资源量
		和田河	叶尔羌河	阿克苏河	三源之和	
1	汇入塔河量	8.22	1.27	64.28	73.77	153.79
2	入口—阿站河道损失	0.41	0.06	5.34	5.81	5.81
3	阿拉尔站	—	—	—	45.74	147.98
4	新渠满站	—	—	—	37.12	144.79
5	英巴扎站	—	—	—	28.47	136.14
6	乌斯曼站	—	—	—	16.34	124.01
7	恰拉站	—	—	—	5.5	113.17
8	英苏站	—	—	—	3.16	110.83
9	台特玛湖	—	—	—	2.42	110.0

2．水利工程现状

塔里木河流域水土开发历史悠久。自古以来，当地居民就不断地修渠引水，发展灌溉农业。多年来，灌区人民在当地政府的领导下，大搞农田水利基本建设，特别是 21 世纪以来，在国家塔里木河五年实施方案指导帮助下，流域兴建配套了一大批水利工程，使灌区形成了较为完整的蓄水、引水、输水、提水工程体系，并对旧灌区进行了改造，形成了较为完善的灌溉农业区。

（1）水库工程

塔里木河干流已修建各类水库 10 座，总库容 6.61 亿 m^3。按库容划分，大型水库 2 座，总库容 4.83 亿 m^3，约占水库总库容的 73.1%，所占比例最大，大型水库包括恰拉水库和大西海子水库；中型水库 7 座；中小型水库 1 座，中小型水库总库容 1.78 亿 m^3。

（2）渠首工程

塔里木河干流已建成各类引水渠首 78 座，总设计引水能力 355m^3/s。各类引水渠首中，大型渠首无，中型渠首 1 座，小型渠首 2 座，临时引水口 75 处，绝大部分为无工程控制的临时引水口。

（3）机电井工程

塔里木河干流共有机井 2 180 眼，主要为农业灌溉井、生活及工业供水井，地下水的开采主要用于生活用水、工业用水和春季缺水农业补充灌溉、滴灌。

3．水资源利用现状

2010年塔里木河干流流域总供水量为46.04亿m^3。其中，地表水供水量为45.8亿m^3，占地表水径流量的62.1%，地表水资源开发利用程度较高；地下水开采量为0.24亿m^3。

2010年塔里木河流域内各业总毛用水量为11.079亿m^3。农林牧灌溉用水量为主要用水量，其用水量高达8.532亿m^3，占各业总用水量的77.01%；工业用水量无；生活用水量为0.015亿m^3，占总用水量的0.14%；三产服务业及其他用水为2.129亿m^3，占总用水量的19.21%；生态用水量为0.403亿m^3，占总用水量的3.64%。

（二）塔里木河干流地下水资源现状

1. 地下水资源量

根据《塔里木河流域近期综合治理规划报告》（2016版），塔里木河干流地下水矿化度$M \leqslant 2g/L$的地下水资源总补给量为15.746亿m^3，其中天然补给量为0.376亿m^3。地下水可开采量2.92亿m^3。

2．水文地质条件

（1）地层结构

本区内出露地层较为简单，均为第四纪上更新－全新世地层，其成因类型有冲洪积、冲积、河湖积和风积，沼泽沉积和化学沉积仅在局部地段小面积出露。

1）上更新－全新统冲洪积物分布于本区阿尔干以北，其文阔尔河左岸的大片地区，该区北有孔雀河，南有其文阔尔河，地表以砂、亚砂土和亚黏土层为主，局部地段含砾砂。粉砂、细砂颗粒均匀，沉积厚度较大，矿物成分以石英、长石为主。亚黏土为土黄色，干燥、稍密，呈硬塑状，厚度变化差异性较大。

2）全新统冲积物呈狭长条带状分布于塔里木河和车尔臣河现代河床及其两岸，由粉砂、粉细砂、细砂、亚砂土和亚黏土组成，粉砂层在地表广泛分布，亚砂土、亚黏土多分布在地表0.2～0.5m，可分为河床相和漫滩相。河床以单一的粉砂或细砂为主，矿物成分由石英、长石、云母组成，粉砂、细砂颗粒均匀，上部松散，下部稍密，磨圆度和分选性较好。垂向上自上而下砂层颜色随沉积环境不同呈现出不同的色彩变化，一般由灰白色向灰黄色、灰褐色过渡，粒径由粉砂向粉细砂、细砂渐变。平面上河床中岩性在库尔干以南逐渐有亚砂土出现，河床中冲积物因水力条件变化而具有水平层理和斜层理，并在局部地段夹有淤泥层。河漫滩相堆积物由亚砂土、亚黏土和粉砂组成，在漫滩和河岸两侧冲积平原沉积地层中往往具有较明显的二元沉积结构，上部由亚砂土或亚黏土组成，下部为颗粒较粗的粉细砂组成，具有水平层理和斜层理。亚黏土胶结程度较好，上部干燥，硬块状，含细小植物根系和孔洞，随着深度增加，其变化为可塑或软塑状态，冲积物厚度为5～30m。

3）全新统风积物在本区内沿河道两侧广泛分布。由于受自然条件的影响，本区内大多数地表均为风沙覆盖。风积物均为粉砂，在部分沙丘背风坡脚处可见有少量的细砂颗粒。粉砂层粒度均匀，结构松散，表层 10～30cm 以下砂层略有湿感，粉砂多呈灰白、灰黄色，矿物成分以石英为主，长石次之，部分沙丘表面可见微小片状云母，沙丘内可见有斜交层理。通过对风沙粒度分析和矿物组合分析，风积物来源为下伏的第四系冲积物，为就地起沙，这可以从一些地段柽柳根茎部被风吹蚀大段裸露地表得到验证。区内风积层厚度为 5～30m。

4）全新统河湖相堆积物分布于本区罗布庄台特玛湖地区，为粉细砂与亚砂土、亚黏土互层。粉细砂和亚砂土、亚黏土厚度变化较大。在湖心区，亚黏土层厚度大，稳定连续，且多数为软塑－流塑状态，普遍夹黑褐色淤泥层，有泥炭沼泽气味；在湖滨地带，亚黏土呈可塑状，与粉砂互层，有淤泥和腐殖质夹层，亚黏土具水平层理和透镜状层理，粉砂层上部松散，下部密实度增强，有斜层理。

（2）地下水类型及赋存特征

1）潜水。区内有两条河流，即塔里木河和车尔臣河。两条河流的下游冲湖积平原地势低洼，地形平缓，分布有第四系孔隙潜水。含水层主要是粉砂，其间夹薄层亚砂土和亚黏土。其中粉砂层厚度为 17～46.5m，多呈土黄色，松散未胶结，在河床范围内分选磨圆较好，厚度最大，向河床两侧逐渐分选变差、厚度变薄。饱水带厚度为 16～36m，形成潜水含水层，含水层孔隙度为 40%～45%。受沉积环境、含水介质较细及补给来源少等因素影响，区内潜水含水层富水性总体上较差，单位涌水量均在 $200m^3$/（d · m）以下，其中又以河道为中心向两侧富水性逐渐变弱，河道及两侧一定范围内，单位涌水量为 20～$200m^3$/（d · m），再向外单位涌水量则为小于 $20m^3$/（d · m）。沿径流方向富水性逐渐变弱，如位于喀尔达依的钻孔含水层厚度为 29.0m，单位涌水量为 $84.41m^3$/(d · m)，阿拉干附近的钻孔含水层厚度为 30.67m，单位涌水量为 $34.60m^3$/(d · m)，罗布庄附近的钻孔含水层厚度为 33.92m，单位涌水量为 $31.96m^3$/（d · m）。

区内潜水埋深在英苏以上河道附近为 1～3m，部分地段小于 1m，河道两侧 1 000m 距离内潜水埋深分别为 3～5m、5～8m；英苏—库尔干，河道附近为 3～5m，两侧 1 000m 距离内潜水埋深为 5～10m，仅在库尔干以东、阿克库勒以南潜水埋深大于 10m。老塔河潜水埋深多为 5～10m，在阿拉干以西的索勒玛、索拉库什喀奇处潜水埋深小于 5m，而在阿拉干西南的提拉阿其以下部分河段，潜水埋深则大于 10m；台特玛湖潜水埋深 1～3m，部分地段小于 1m；车尔臣河地下水埋深多为 3～5m。

区内潜水水化学类型均为 Cl · SO_4-Na · Mg 型，水质变化主要表现在矿化度的变化上。总体上表现为上游淡、下游咸的规律性。同时受河道水流的冲淡作用，沿河道的两侧方向上，地下水矿化度表现出明显的条带性规律，即在补给源的两侧，存在 0.5～1.0km 的地下淡水带，矿化度一般小于 3g/L，而后向两侧方向逐渐过渡到高矿化度区。

2）承压水。现有资料表明，区内仅在 34 团北和依兰力克—罗布庄以南分布有第四系孔隙承压水，含水层为河、湖交互相沉积，以粉砂、细砂为主，隔水层为厚层

黏土、粉质黏土。承压水顶板埋深为50～100m，一般为负水头，局部地段可高于地面。含水层渗透系数2.07m/d，水化学类型为Cl-Na型，矿化度大于100g/L。无饮用和灌溉价值。

（3）地下水补、径、排条件

塔里木河干流区干旱少雨，降水对平原和沙漠中地下水的补给意义不大，地下水受河流、灌溉水入渗及上游含水层侧向径流补给，以及潜水含水层与地表水循环交替强烈。

沿塔河干流由西向东，即由上游的阿拉尔市至中下游的恰拉和大西海子灌区，地表水源相对较充沛，灌溉渠系发育，潜水补给相对充足，潜水循环交替较积极，沿渠系两侧和农田形成不连续浅状或片状冲淡型潜水，流向大体与干流地表河水流向一致，渗透系数为3～6m/d。恰拉灌区和大西海子灌区，处于塔河下游段，含水层岩性均为粉细砂，渗透系数为1～3m/d，局部小于1m/d。

塔里木河在洪水期河水漫溢，其中蜿蜒曲折的河床、大大小小的河汊、洼地及人工灌溉的草场多被洪水淹没，洪泛区潜水位迅速上升。

塔里木河冲积平原下游潜水流向与地表水基本一致，总体为北西—南东向。车尔臣河下游潜水流向为北东—东向，与塔里木河一起流向台特玛湖方向。区内地形坡度极平缓，潜水水力坡度一般为0.5‰左右，径流十分缓慢。据实测资料，在大西海子水库—罗布庄一带，地表包气带垂直入渗系数为0.8～1.6m/d。另据文献资料显示，大西海子水库—阿拉干一带潜水水平渗透系数为2～3m/d，阿拉干—罗布庄一带潜水水平渗透系数为1～1.3m/d，车尔臣河的希瓦克恰不干—罗布庄一带潜水水平渗透系数为1～1.5m/d。

地下水的排泄方式主要是地面蒸发和植物蒸腾。因区内有大量天然胡杨林、红柳灌丛等植被，在强烈的垂直蒸发和植物蒸腾下，大量地下水被消耗。

（4）地下水化学特征

本区内地下水水化学特征分带明显，主要表现为以下规律。

1）河床两侧横向变化规律。河水向两侧渗漏，冲淡了河床附近的地下水，矿化度一般为1.2～2.5g/L，水化学类型属Cl·SO_4-Na·Mg型水，河床中潜水矿化度一般较小，而河床两岸潜水矿化度升高至5g/L左右，矿化度的变化规律为离河越远处矿化度越高，河床两岸潜水相对淡化带宽度一般在1 000m以内。

2）沿河水流向纵向变化规律。沿塔河干流自阿拉尔至大西海子水库，潜水矿化度一般为1～10g/L；铁干里克至台特玛湖湖盆区，潜水水化学类型由Cl·SO_4-Na（Na·Mg）型逐渐过渡为Cl-Na型，矿化度由1～10g/L逐渐增至50～170g/L。车尔臣河下游由硝尔库勒至台特玛湖湖盆区，水化学类型由Cl·SO_4-Na型过渡为Cl-Na型，矿化度由1～3g/L逐渐增至50～120g/L。

3）垂向变化规律。受干流河水渗漏补给影响，在垂直方向上地下水总体表现为上淡下咸的规律。30～50m的潜水矿化度一般为1～10g/L，30m以下的潜水矿化度升高为10～ 50g/L，下游台特玛湖及以下湖盆地区矿化度可达100g/L以上。

3．浅层地下水动态

区内地下水动态类型属于人工－水文型和气候型。

1）人工－水文型地下水的动态表现如下：下游河道长期不放水时，区内地下水位横向上基本处于水平状态，纵向水力坡度很小，大多为 0.2‰～0.5‰；塔河综合治理工程实施后下游河道放水时，河道及两岸地下水位开始回升，由河中心向两侧及下游方向径流排泄，水力坡度逐渐增大。当上游河段来水时台特玛湖区地下水因得到河水补给而水位升高，河水断流后地下水因蒸发消耗而水位下降。

2）气候型地下水的动态表现如下：受塔里木盆地干旱气候影响，随气温升高，潜水蒸发增强，潜水位逐渐降低；随气温降低，蒸发相对减弱，潜水位缓慢回升。气候型动态主要分布在地下水埋深小于 5m 的地段。

（三）塔里木河干流下游"三条红线"水资源指标分解

塔里木河干流下游为恰拉以下至台特玛湖之间的河段，用水户为第二师塔里木垦区恰拉水库灌区，包含第二师 31 团、32 团、33 团、34 团、35 团。塔里木河流域干流下游 2015 年用水总量为 67 700 万 m^3，预计 2020 年和 2030 年用水总量也均为 67 700 万 m^3，见表 2.2.2。

表 2.2.2 塔里木河流域干流下游不同水平年份水源用水量控制指标表 （单位：万 m^3）

年份	项目	地表水用水量	地下水用水量	其他	总指标
2015	巴音郭楞蒙古自治州	47 000	68	0	47 068
	第二师	20 500	132	0	20 632
	合计	67 500	200	0	67 700
2020	巴音郭楞蒙古自治州	47 000	68	0	47 068
	第二师	20 500	132	0	20 632
	合计	67 500	200	0	67 700
2030	巴音郭楞蒙古自治州	47 000	68	0	47 068
	第二师	20 500	132	0	20 632
	合计	67 500	200	0	67 700

二、奎屯河流域水资源现状

（一）奎屯河流域地表水资源现状

1．地表水资源量

根据《奎屯河流域地表水资源评价》，奎屯河流域水资源总量为 25.7m^3/a，扣除重

复量为 17.29 亿 m^3。1959～2009 年流域地表水资源为 16.59 亿 m^3（多年平均），其中流域南部地表水资源为 15.37 亿 m^3（奎屯河地表水资源为 7.16 亿 m^3；四棵树河地表水资源为 3.12 亿 m^3；古尔图河地表水资源为 4.42 亿 m^3；特吾勒特河地表水资源为 0.67 亿 m^3），北部地表水资源为 1.22 亿 m^3。

2．水利工程现状

到 2018 年年底，奎屯河流域已建成引水枢纽 8 座，中小型水库 30 座，总库容为 3.834 5 亿 m^3；输水干渠总长度为 979.9km，防渗段长度为 593.9km，防渗率为 74.4%，配套建筑物 328 座。已基本形成了引、蓄、输、配，较完善的灌溉系统。

（二）奎屯河流域地下水资源现状

1．地下水资源量

奎屯河流域平原区现状（地下水均衡计算以 2009 年为现状年）地下水资源总量为 91 770 万 m^3/a。现状地下水补给总量为 95 802 万 m^3/a（表 2.2.6），其中天然补给（山区地下水侧向流入及平原降水入渗）量为 21 237 万 m^3/a，地表水转化补给量为 70 533 万 m^3/a，井水灌溉回归入渗补给量为 4 032 万 m^3/a。

2．水文地质条件

（1）地下水分布与赋存特征

1）山区。奎屯河流域南山区受东西构造体系控制，北山区受“多”字形构造体系、北西向构造体系控制，经历加里东期以来的多次构造运动的反复作用，地层变动剧烈，岩层岩体破碎、节理裂隙发育，岩层岩体中的节理裂隙为大气降水入渗形成地下水提供了赋存空间，反映地下水富集的基岩裂隙泉在南山区、北山区比比皆是。南山区、北山区近东西向的断裂一般为压扭性主干断裂，阻挡地下水流向下游区径流，而南山区北东及北西向的断裂、北山区北北西向的断裂是伴随主干断裂而产生的次级张性或张扭性断裂，这些断裂不但控制着山区河流的流向，而且为地下水的浅部赋存与循环创造了条件，奎屯河流域山区地下水主要受上述地质构造控制，其赋存与分布特点如下。

① 基岩裂隙水主要赋存分布于近东西向压扭性主干断裂上侧的次级张性或张扭性断裂破碎带；松散岩类孔隙水赋存分布在第四系厚度较大的沟谷中，如四棵树河西乌苏煤矿南的林场沟谷。

② 含水层（带）的富水性与降水、地表水的丰富程度及断裂裂隙的发育程度相关，南山区基岩裂隙水比北山区丰富，中山区、高山区的基岩裂隙水比低山丘陵区丰富，断裂裂隙密集而具张性结构面地带的基岩裂隙水丰富。

③ 南山区河谷中第四纪松散堆积物颗粒粗大，孔隙率大、透水性强，孔隙水丰富；北山区沟谷中第四纪松散堆积物含土量大，孔隙率小、透水性弱，水量贫乏。

④ 南山区山体高峻，沟谷深切，降水较充沛，地下水循环交替强烈，矿化作用弱，

水质矿化度低；北山区山体低缓，降水较少，地下水循环交替缓慢，矿化作用较强，水质矿化度较高。

2）平原区。奎屯河流域平原区第四系松散岩类孔隙水分布广泛。从南山区、北山区山前至平原腹地，即由山前冲洪积倾斜砾质平原、冲洪积细土平原、冲积细土平原至风成沙漠及冲积湖积细土平原，第四纪松散沉积物由单一的卵砾石层、砂砾石层渐变为砂砾石、砂、黏性土的综合互层，地下水类型由单层结构潜水过渡为多层结构潜水－承压（自流）水。由于南山区、北山区山体升降幅度、侵蚀、水流搬运强度等存在差异性，奎屯河流域平原区主要接受了来自南山区水流作用的沉积，从而形成了以南山区松散岩类水流堆积物为主的含水层。从南山区、北山区山前冲洪积倾斜砾质平原到冲洪积细土平原前缘，潜水埋深由深逐渐变浅直至溢出地表；冲积细土平原潜水埋深又变深，受农业灌溉水入渗影响，潜水埋深一般小于 5m；冲湖积平原潜水埋深一般小于 10m。承压（自流）水赋存受地层结构控制分布在冲洪积细土平原下部及下游地区，分布范围大致为南部 312 国道以北至北部奎屯河道以南。

① 山前冲洪积砾质平原。

a．南山区山前冲洪积砾质平原。南山区山前第四纪松散冲洪积物厚度巨大，地层岩性以卵砾石、砂砾石为主，单一结构孔隙潜水含水层分布广泛，含水层水量丰富—极丰富，单井涌水量大于 1 000m^3/d，水质矿化度小于 0.5g/L，为 HCO_3-Ca・Na 型水。奎屯河、四棵树河、古尔图河的现代河道两侧，即 3 条河流所形成的冲洪积扇轴部含水层富水性强，向两侧富水性有所减弱，且奎屯河地段含水层富水性最强，单井涌水量大于 5 000m^3/d。

奎屯河山前冲洪积砾质平原中部被独山子背斜隆起隔开，背斜由古近－新近系泥岩、砂岩、砾岩互层建造，不透水或透水性差，拦截南来的地下水，在南山与独山子背斜间的山前凹陷带形成埋深大、富水性强的潜水含水层。独山子背斜北的独山子区潜水位埋深为 170～250m，向北至 312 国道以北潜水位迅速变浅，奎屯市潜水位埋深为 50～100m。

在四棵树河山前冲洪积砾质平原，由于南山山前托斯特构造群向北扩展，东西方向相当于独山子背斜隆起的部位却成为沉陷带，在北面西湖隆起的阻挡下，使沉陷带松散岩类富集孔隙潜水，潜水水位埋深在中部四棵树河水管站约 150m，在北部 312 国道一带约 30m。

在古尔图河山前冲洪积砾质平原，南山山体直接与平原相接触，山前为断块沉降带，无构造隆起阻隔，潜水水位埋深随地面高程降低变浅，在中部古尔图河老龙口大于 150m，在北部 312 国道一带大于 50m。

b．北山区山前冲洪积砾质平原。北山区山前冲洪积砾质平原南以奎屯河道北 2～10km 为界。北山区山前冲洪积砾质倾斜平原基底构造比较简单，从东到西均为单斜状断块沉降；山前堆积的第四纪松散冲洪积物岩性以含土砂砾石为主，水文地质条

件单一，潜水埋深自北向南呈现明显的由深埋带向浅埋带至溢出带过渡的规律，且大部分区域为大于 50m 的深埋带，小于 10m 的浅埋带仅呈窄长条状分布在洪积扇的前缘。

北山区山前冲洪积砾质平原潜水含水层水量丰富，单井涌水量为 1 000～3 000m^3/d。据托里县库甫乡哈涝坝配种站（127 团北西 16km）井孔资料，孔深 120m 揭露含水层岩性为砂砾石、细砂和含土砂砾石，潜水位埋深 2.8m，单井出水量为 1 224m^3/d，水质矿化度为 0.9g/L，为 SO_4·HCO_3-Na·Ca 型水。

② 冲洪积、冲积细土平原。

南山区、北山区山前冲洪积砾质倾斜平原之间为辽阔的冲洪积、冲积细土平原。奎屯河流域冲洪积、冲积细土平原第四纪松散岩类孔隙水广泛分布，且以多层结构上部潜水－下部多层承压（自流）水广泛发育为特征。溢出带上游冲洪积细土平原潜水含水层厚度较大且富水性较强，而溢出带下游冲积细土平原潜水含水层厚度一般较薄，基本没有供水意义，根据收集钻孔（井）揭露资料阐述如下：

a. 奎屯河段：奎屯市以北至 130 团一带，承压含水层第一层埋深为 30～40m，第二层埋深为 50～80m，第三层（承压自流水）埋深为 90～100m；129 团以北至 128 团一带，承压含水层埋深逐渐递增，承压自流水埋深在 150m 以下，128 团以北第四系承压自流水含水层尖灭。

b. 四棵树河段：南部地区承压含水层埋藏较浅，埋深一般为 20～30m，含水层较薄，自流水含水层埋深为 30～60m，在 150m 深度内可揭露三层自流水含水层，水位一般高出地面 10～20m；卡因迪克以北有 2～3 层承压含水层，第一层埋深为 40～60m 以下，自流水含水层埋深在 80m 以下。

该河段潜水水量中等，承压水多层结构含水层分布于四棵树河冲洪积扇下部细土平原柳沟水库以南干雄布拉农场一带。据井孔揭露，井深 104.6m，潜水水位埋深 0.6m，潜水含水层厚度为 5.4m，含水介质为中细砂，涌水量 115m^3/d，水质矿化度为 0.416g/L，为 HCO_3·SO_4-Ca·Na 型水；承压含水层埋深在 50m 以下，含水层厚度为 18.4m，承压水水位（水头）高出地面 10m，涌水量为 2 812m^3/d，矿化度为 0.17g/L，为 HCO_3·SO_4-Ca 型水。

c. 古尔图河段：古尔图镇承压含水层第一层埋深为 25～40m，第二层埋深为 50～60m，自流水含水层埋深在 70m 以下，150m 深度内可揭露二层自流含水层，第三层埋深为 70～90m，第四层埋深为 115～130m。

该河段承压水水量丰富的多层结构含水层分布于南山区山前冲洪积扇下部细土平原、冲洪积扇前缘潜水溢出带以上 5～20km。据高泉 124 团井孔揭露，井深 166.7m，潜水位埋深 7.8m，潜水含水层厚度为 26m，含水介质为粗砂，涌水量为 1 150m^3/d；潜水含水层下的承压含水层厚度为 30m，含水介质为砂砾石，涌水量为 1 515m^3/d。

该河段承压水水量中等的多层结构含水层分布在古尔图镇北—柳沟水库—车排子

水库以北，潜水位埋深一般为 3～10m，潜水含水层岩性主要为粉细砂，局部为含土砂砾石层，含水层厚度为 15～50m，涌水量为 110～680m^3/d；在潜水含水层之下的 200m 深度内，埋藏有 3～5 层承压（自流）含水层组，累计厚度为 50～65m，含水层岩性为砂，由南向北含水介质逐渐变细且均匀性变差，含水层厚度渐变薄，富水性渐变弱，涌水量一般为 300～1 000m^3/d，在奎屯河河道两侧地区含水层富水性一般稍强。

③ 沙漠区。

佐顿艾力生沙漠的沙丘下伏属湖相沉积层（Q_{31}），为含砾中粗砂夹黏性土层，地层视电阻率为 80～120Ω · m，湖相沉积层赋存有多层承压（自流）水含水层，而上部风积砂层基本上不存在稳定的含水层。

④ 冲湖积细土平原。

车排子以西、佐顿艾力生沙漠以北至吉尔尕郎河（东西向发育的奎屯河下游河道）之间的冲湖积细土平原，浅层潜水含水层发育，潜水位埋深一般为 5～10m，50～80m 深度以下分布承压（自流水）含水层，含水介质上部为粉砂、细砂，下部为细砂、粗砂，中间夹有粉质黏土、粉土层。

（2）地下水形成及补给和径流排泄条件

1）山区。南山区、北山区的降水一部分形成山区地表径流，一部分通过地面蒸发、植物蒸腾形成水汽又回到大气中，另有少部分渗入岩石裂隙中形成基岩裂隙水。而降水入渗形成的地下水（基岩裂隙水）在断裂破碎带、裂隙孔隙发育的碎屑岩层赋存并在构造控制下向侵蚀基准面径流，而奎屯河流域山区前山带主要由不透水或透水性较差的新生界组成，且大部分地段的岩层面与基岩裂隙水流向近乎垂直，基岩裂隙水径流至前山带受阻，大部分在深切割的河谷中（侵蚀基准面）出露形成泉水汇入河流，少部分在沟谷河床下松散堆积物中潜流进入平原区。

2）平原区。南山区、北山区是奎屯河流域水资源的主要形成区，平原区地下水资源形成主要来自南山区。

南山区山前冲洪积砾质平原是地下水的主要补给径流区，腹部的细土平原则是地下水的径流排泄区和排泄区。奎屯河流域南部平原区地下水在接受南山区水系补给后，并不是简单地向西北方向最低侵蚀基准面——艾比湖流泄，由于受车西鼻状构造隆起的影响，东部奎屯河平原上游地下水从南向北径流，直至 128 团、126 团绕过车西鼻状构造隆起，转向西沿吉尔尕郎河向西偏南流泄；中部四棵树河平原地下水向北偏西径流，穿越佐顿艾力生沙漠直至吉尔尕郎河，然后转向西偏南流泄；西部古尔图河平原地下水总趋势是从南向北逐渐转向西或西北径流入艾比湖。

北山区山前冲洪积平原的地下水由北向南径流，至吉尔尕郎河折向西排泄入艾比湖，与南部平原区地下水联系不大。

① 山前冲洪积倾斜砾质平原。

南山区山前冲洪积倾斜砾质平原地下水在水平方向上主要接受山区河谷潜流侧向

补给，北山区基岩裂隙水对山前冲洪积倾斜砾质平原地下水的补给极弱。南山区、北山区山前冲洪积砾质平原地下水在垂向上接受：河道水渗漏补给，前山带、山前冲洪积倾斜砾质平原降水及融雪水形成的洪水渗漏补给，渠系水渗漏补给。山前冲洪积砾质平原地层颗粒粗大，地下水径流强烈，是地下水最主要的补给径流区。

② 冲洪积、冲积细土平原。

冲洪积、冲积细土平原地下水在水平方向上接收山前冲洪积倾斜砾质平原地下水的侧向径流补给，在垂向接收农业灌溉水（渠系水、田间灌溉水、水库水）及降水入渗补给。水平方向上侧向径流补给是细土平原区中深部承压水的最主要补给源，垂向入渗补给主要补给浅部潜水。

冲洪积细土平原从上游至下游，地下水在径流途中，潜水水位逐渐变浅，地下水蒸发排泄作用增强，径流至冲洪积平原（扇）前缘溢出形成泉水，奎屯河冲洪积平原前缘溢带发育，四棵树河、古尔图河冲洪积平原及北山区山前冲洪积平原前缘溢带发育较弱。

进入冲积细土平原，潜水埋深略微加深，中深层承压水有向上越流、顶托补给浅部潜水的现象。另外，机井施工中因止水措施不好或不进行止水，潜水与承压水串通，在水位差的作用下补给潜水，这种现象在奎屯河流域细土平原区农业灌溉机井中普遍存在。

③ 沙漠。

佐顿艾力生沙漠下伏地层与上游四棵树河、古尔图河冲积细土平原和下游冲湖积细土平原在沉积岩相、岩性上基本无差别，地下水在水平方向上接收上游区的径流补给，地下水位埋藏较深，潜水蒸发较弱，是地下水的径流区。

④ 冲湖积细土平原。

冲湖积细土平原地下水主要接受佐顿艾力生沙漠（南面）及奎屯河冲积细土平原（东面）地下水侧向径流补给，北山区山前冲洪积平原地下水受到奎屯河下游河道吉尔尕郎河切割，与冲湖积细土平原地下水的水力联系较弱。冲湖积细土平原地形平坦低洼，地下水径流滞缓，潜水位埋藏浅，潜水蒸发蒸腾作用强烈，因此其是南部平原地下水的排泄区。吉尔尕郎河河道同时排泄冲湖积细土平原地下水及北山区山前冲洪积平原地下水。

需要指出的是，人类活动对“二水”转化及地下水补给、径流排泄条件影响越来越大，如在出山口河水被大量引入防渗渠道，河水下泄量减少，河道水渗漏补给量减少，使溢出带范围萎缩及泉水溢出量减少；在中游建设拦蓄水库，下游河道无地表水下泄，造成河道变浅变窄甚至淤塞，奎屯河在奎屯水库以下的河道已无地表水径流，四棵树河河道在柳沟水库到124团14连段已消失，古尔图河下游河道几乎被遗弃变为干河床；大量无节制开采地下水，忽视地下水资源在人类利用水资源过程中应起调节作用的重要属性，造成地下水位连年下降，形成局部区域水位降落漏斗；这些人类活动正在逐步改变地下水的补给、径流排泄条件，同时改变环境，使人们用水的成本不断增加。

3．地下水水质

奎屯河流域平原区从山前冲洪积倾斜砾质平原到冲湖积细土平原，浅表层潜水化学成分变化极复杂，中深层潜水及承压水水化学特征变化不大，且水质总体良好，适合农业灌溉用水，大部分区域的中深层潜水及承压水水质适宜生活用水及一般工业用水的基本要求。

（1）潜水水质

① 山前冲洪积倾斜砾质平原潜水水质。

山前冲洪积倾斜砾质平原地形坡度大，地层颗粒粗大孔隙发育，潜水循环快且埋藏深，潜水蒸发浓缩作用微弱、溶滤作用不强；潜水主要接受河道水渗漏及山区基岩裂隙水径流补给，潜水水质基本承接了山区前山带的河水水质。流域内各河流河水现状水质良好，河水 pH 为 7.5～8.5，呈弱碱性，水化学类型为 HCO_3-Ca（或 Mg）型，河水丰水期矿化度低，枯水期矿化度高，南山区河水矿化度低，硬度低属软水，北山区河水矿化度稍高，硬度稍高属微硬水。奎屯河河水矿化度年平均为 0.160g/L，古尔图河河水矿化度年平均为 0.153g/L，柳树沟河河水矿化度年平均为 0.698g/L，苏吾尔河河水矿化度年平均为 0.571g/L。《地表水环境质量标准》评价如下：奎屯河（老渠首）河水水质丰水期为Ⅱ类，枯水期为Ⅲ类，年平均为Ⅲ类；古尔图河（老渠首）河水水质全年期为Ⅲ类；柳树沟河（出山口）河水水质全年期为Ⅳ类（主要是河水氟化物含量较高）；苏吾尔河（出山口）河水水质丰水期为Ⅱ类，枯水期为Ⅲ类，年平均为Ⅲ类；水体中重金属指标和有毒污染物指标均未检出。

a．南山区山前冲洪积倾斜砾质平原潜水水质。

据收集的独山子区第三水源地、奎屯市水厂及乌苏市水厂等供水井水质分析资料，水质矿化度一般小于 0.5g/L，潜水由南向北径流过程中，矿化度有所升高但小于 1g/L，水化学类型主要为 HCO_3-Ca，砾质平原与细土平原结合带局部为 HCO_3·SO_4-Ca·Na 型。南山区山前冲洪积倾斜砾质平原潜水总体水质优良，可满足生活用水、工农业生产用水的要求。

b．北山区山前冲洪积倾斜砾质平原潜水水质。

据收集的托里县库甫乡哈涝坝钻孔（柳树沟河冲洪积扇中下部质平原）水质分析资料，水质矿化度为 0.91g/L，水化学类型为 SO_4·HCO_3-Na·Ca 型。

北山区山前冲洪积倾斜砾质平原潜水总体水质良好，感观性状和一般化学指标满足工农业生产用水的一般要求。

② 冲洪积细土平原潜水水质。

冲洪积细土平原地势平缓，地层颗粒细，潜水径流滞缓，潜水埋藏浅，蒸发浓缩作用强，以脱碳酸作用为主，从上游至下游潜水矿化度及 SO_4^{2-} 含量不断增高，水化学

类型较为复杂。

冲洪积细土平原上部潜水含水层水量丰富，具有供水作用，水质较好，水质矿化度一般小于 1g/L，水化学类型主要为 SO_4・HCO_3-Na・Ca 型，适合作为农业灌溉用水。

冲洪积细土平原下部潜水含水层薄，无供水作用，水质普遍较差，但部分地区受地表水体（现代河道、水库、引水渠）影响，分布有水质矿化度小于 1g/L 的淡水体。

③ 佐顿艾力生沙漠潜水水质。

佐顿艾力生沙漠潜水水质矿化度一般为 1～5g/L，水化学类型为 Cl・SO_4-Na 型。

④ 冲湖积细土平原潜水水质。

冲湖积细土平原潜水含水层薄，无供水作用，水质普遍差，水质矿化度一般大于 3g/L，最高可达 98g/L，水化学类型主要为 Cl・SO_4-Na 型和 Cl-Na 型。局部佐顿艾力生沙漠北缘近四棵树河河道地带潜水水质矿化度小于 1g/L，水化学类型为 HCO_3・SO_4-Na 型；吉尔尕郎河河道地带潜水水质矿化度为 1～3g/L，水化学类型为 SO_4・Cl-Na 或 SO_4・HCO_3-Na。

（2）承压水水质

承压水主要接受南山区山前冲洪积砾质倾斜平原地下水径流补给，水质普遍较好，水质垂直分带明显，随着深度增加水质矿化度降低。据收集的农业灌溉供水井水质分析资料，矿化度小于 1g/L，水化学类型为 HCO_3・SO_4-Ca 型或 SO_4・HCO_3-Ca・Na 型，大部分区域的深层承压水可满足生活用水、工农业生产用水的一般要求，车排子、甘家湖林场等局部区域的水质中 F^- 含量超标，不适合作为生活用水水源。

4．地下水动态特征

（1）地下水位年际变化

由地下水动态长期监测数据显示，奎屯河流域平原人类活动密集区域的地下水位呈普遍下降的态势。

1）独山子背斜南的独南洼地（独山子区第二水源地）地下水位下降速率平均为 0.38m/a。

2）奎屯河东岸冲洪积砾质平原中部（独山子区第三水源地）地下水位下降速率平均为 1.24m/a，冲洪积细土平原中上部（奎屯市）地下水位下降速率为 0.94～1.26m/a。

3）奎屯河西岸（乌苏市）地下水动态长期监测数据不连续，但也反映出地下水位下降的态势。奎屯河冲洪积砾质平原中上部地下水位下降速率为 0.54m/a，奎屯河冲洪积细土平原中下部及四棵树河冲洪积细土平原地下水位下降速率为 0.5～1.8m/a。

人类活动非密集区域的下游地区地下水位也有明显下降。据 2001 年 3 月和 2012 年 1 月对奎屯河、古尔图河、四棵树河三河汇合的冲湖积平原（甘家湖自然保护区）的 2 次勘测结果，11 年间地下水位埋深小于 1m 的分布面积由 $67.86km^2$ 减少到 $32.32km^2$，缩减了 52.37%，见表 2.2.3。

表 2.2.3　2001 年 3 月、2012 年 1 月甘家湖保护区地下水埋深面积统计表

埋深区间 /m	分布面积及占比			
	2001 年 3 月		2012 年 1 月	
	分布面积 /km^2	所占比例 /%	分布面积 /km^2	所占比例 /%
＜1	67.86	4.47	32.32	2.13
1～3	167.06	11.00	447.10	29.44
3～5	473.60	31.18	435.15	28.66
5～11	810.44	53.35	603.85	39.77
合计	1 518.96	100.00	1 518.42	100.00

根据已掌握的资料可知，奎屯河流域平原全区地下水位年际变化均呈现下降趋势，奎屯河冲洪积平原和四棵树河冲洪积细土平原地下水降落漏斗已形成，水位下降速率大于 0.5m/a 的范围不小于 600km^2。结合 2016 年 7 月～10 月对流域内地下水位的复查结果，绘制出 2016 年奎屯河流域平原区地下水埋深及水位等值线图，如图 2.2.1 所示。对照 2001 年奎屯河流域平原区地下水埋深及水位等值线图（图 2.2.2）可看出，近年奎屯河流域平原区内地下水埋深不但增加了很多，且范围也扩大了不少。从表 2.2.4 中可看出，2016 年地下水位埋深小于 5m 的面积仅剩 1 202.3km^2，水位埋深大于 10m 的面积将近 5 000km^2，且分布范围正在不断向细土平原区和甘家湖自然保护区扩展。

表 2.2.4　2016 年奎屯河流域平原区地下水埋深面积统计表

埋深 /m	面积 /km^2	比例 /%
＜5	1 202.3	16.74
5～10	1 081.6	15.06
10～20	1 031.4	14.36
20～30	1 397.5	19.46
30～40	1 172.8	16.33
40～50	817.5	11.38
＞50	479.7	6.68
合计	7 182.8	100.00

由图 2.2.1 综合分析可知，在奎屯河下游细土平原区很明显出现了分别以甘家湖乡铁架子村和石桥村为中心的两个地下水降落漏斗，这两个降落漏斗中心地带地下水位埋深均大于 50m，且均分布在新疆甘家湖梭梭林国家级自然保护区东部和东南部，两个中心漏斗可连成水位埋深大于 20m 的降落漏斗分布区，其分布范围已超过 1 200km^2。而这个漏斗分布区按水文地质单元特征分类分析应为冲湖积平原上游——

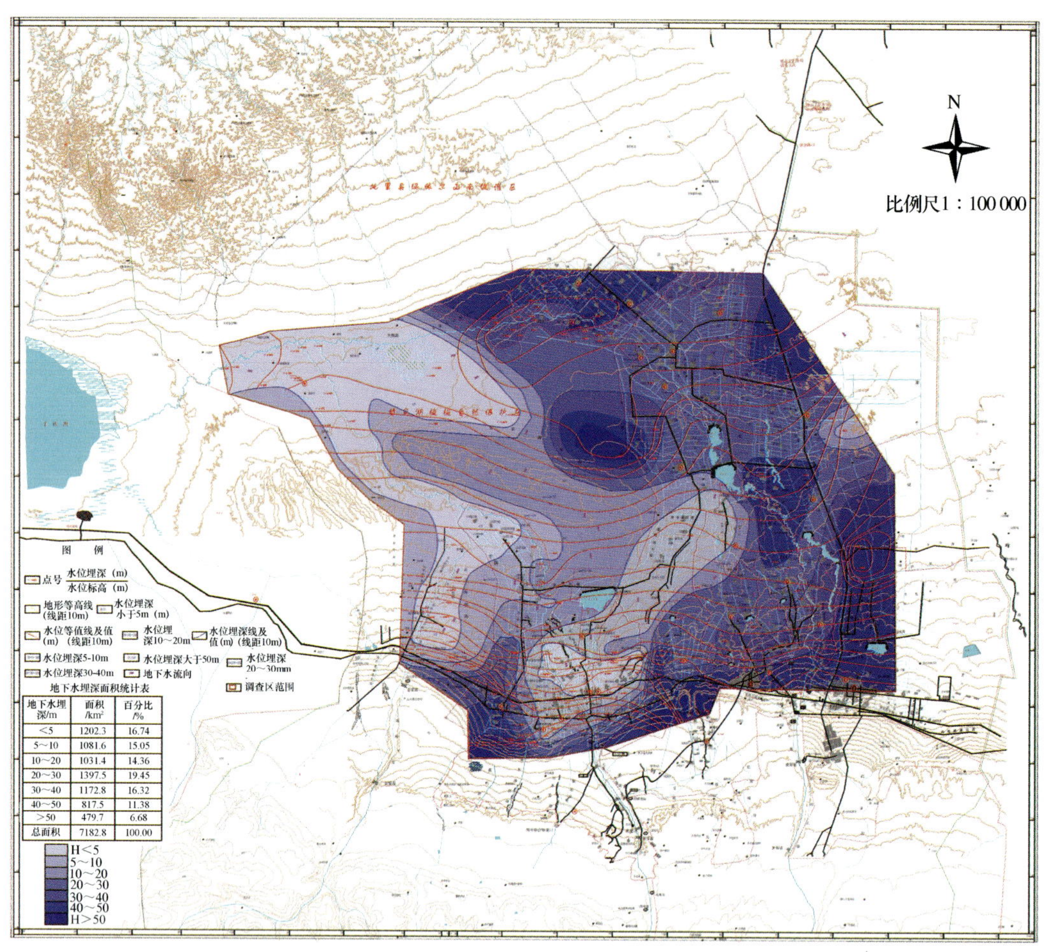

地下水埋深/m	面积/km²	百分比/%
＜5	1202.3	16.74
5～10	1081.6	15.05
10～20	1031.4	14.36
20～30	1397.5	19.45
30～40	1172.8	16.32
40～50	817.5	11.38
＞50	479.7	6.68
总面积	7182.8	100.00

图 2.2.1　2016 年奎屯河流域平原区地下水埋深及水位等值线图

甘家湖湿地（天鹅湖）地下水径流补给的上游区。但从其地下水等水位线的走向趋势分析，该区下游周边的地下水流向由于受降落漏斗影响出现不同程度的偏转，个别地区甚至已出现逆流反渗的趋向。

甘家湖湿地（天鹅湖）是新疆甘家湖梭梭林国家级自然保护区的重要核心区，也是历次工作的重要关注区，本章的研究共收集到 2001 年、2012 年和 2016 年这 3 个不同时段对甘家湖保护区的水位调查资料，由于不同时段工作精度和范围的差异，只做大致分析。如图 2.2.3 所示为甘家湖湿地不同时期地下水位埋深及等水位等值线图，综合分析该区地下水埋深相对平原区其下降幅度较小，大致为 0～5m，2012 年小于 1m 的地下水位浅埋区的范围相对比 2001 年减少 35.54km^2，即小于 1m 的湿地范围减少了 52.4%，且在 2012 年之前所调查的甘家湖区的 1 518km^2 范围内地下水位埋深均小于 10m，但到 2016 年小于 10m 的范围缩减到 1 006.42km^2，在短短的 4 年时间，其大于

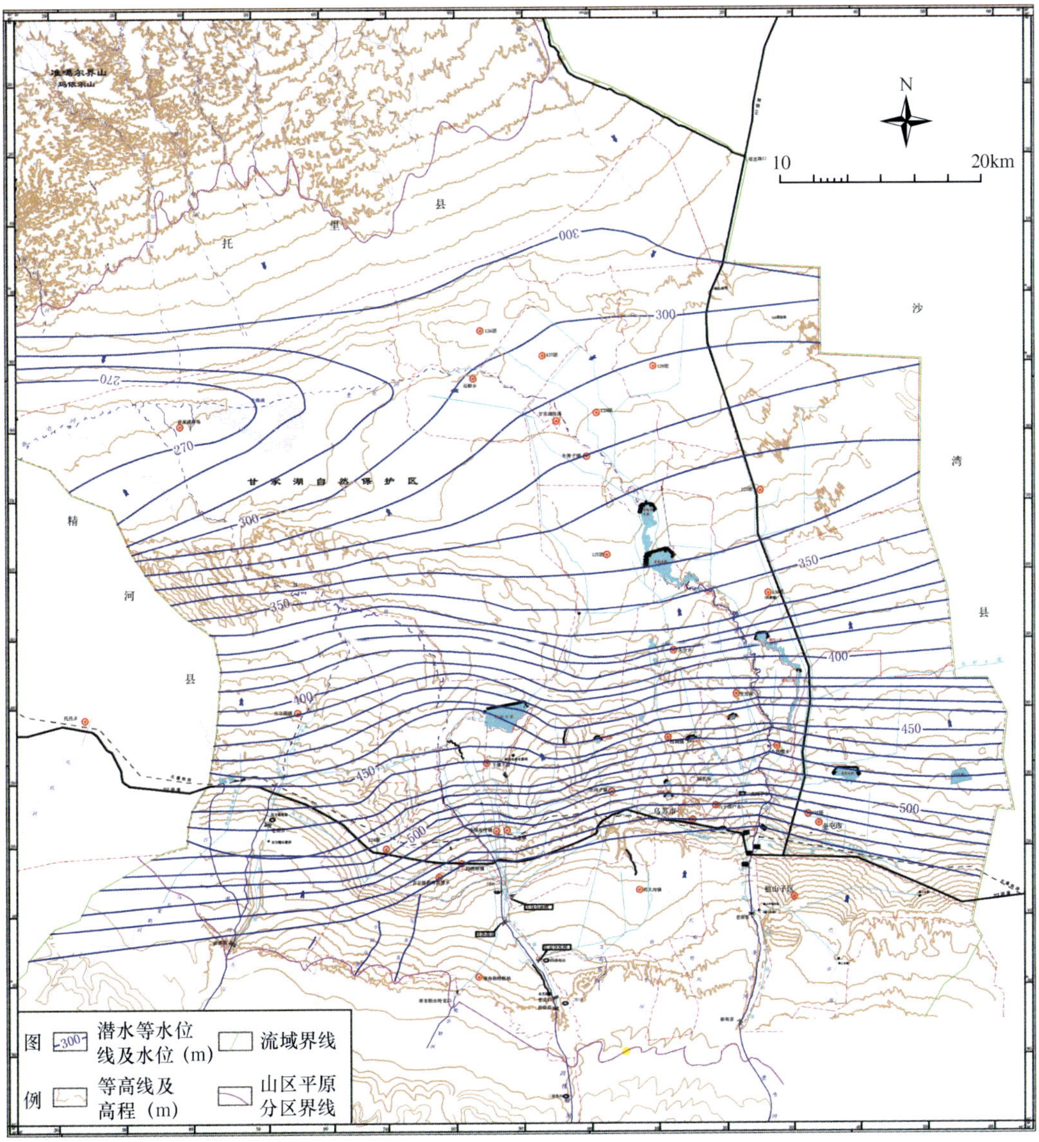

图 2.2.2　2001 年奎屯河流域平原区地下水埋深及水位等值线图

10m 的范围迅速增加了约 512km^2，而且其分布范围在荒漠绿洲与人工绿洲过渡带，其扩展速率平均每年达 128km^2。

（2）地下水位年内变化

奎屯河流域平原人类活动密集区域地下水位年内变化受气象及水文因素的影响较弱，人工开采地下水成为影响地下水动态的主导因素，总体呈现开采型动态。

奎屯河东岸冲洪积扇地下水动态年内表现如下：地下水位 5 月开始下降，8～10 月达到最低值，8～10 月后又开始恢复上升，3～4 月达到年内最高值，呈单峰特征；中

上部砾质平原地下水位年内变化幅度为2～3m，地下水开采量年内分配相对均匀，主要受城市居民生活用水、工业用水开采地下水的影响；中下部细土平原地下水位年内变化幅度可达6m，主要受农业灌溉用水开采地下水的影响。

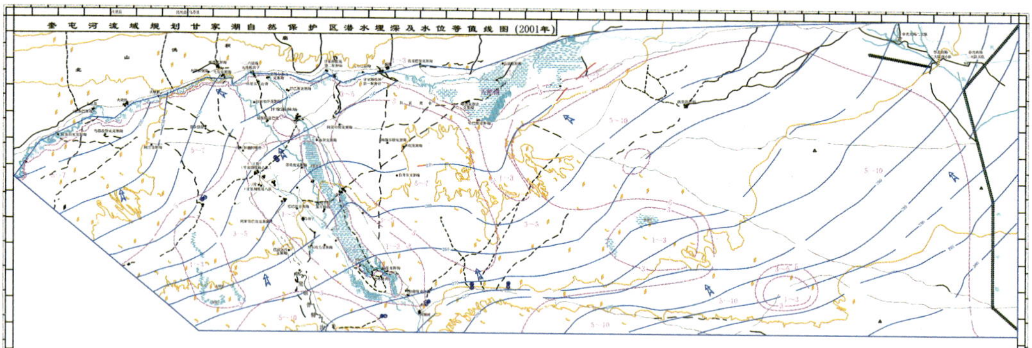

潜水埋深区间面积统计表

勘察时间	2001年3月	
埋深区间/m	分布面积/km²	所占比例/%
<1	67.86	4.47
1～3	167.06	11.00
3～5	473.06	31.15
5～10	810.44	53.37
合计	1518.42	100.00

图　例

- 潜水等水位线（m）(2001年3月数据)
- 潜水等埋深线（m）(2001年3月数据)
- 自然冲沟
- 能通行的沼泽地
- 潜水等埋深区间（m）(2001年3月数据)
- 潜水流向
- 不能通行的沼泽地
- 盐碱地
- 环形自电所测得地下水流向
- 波状沙丘

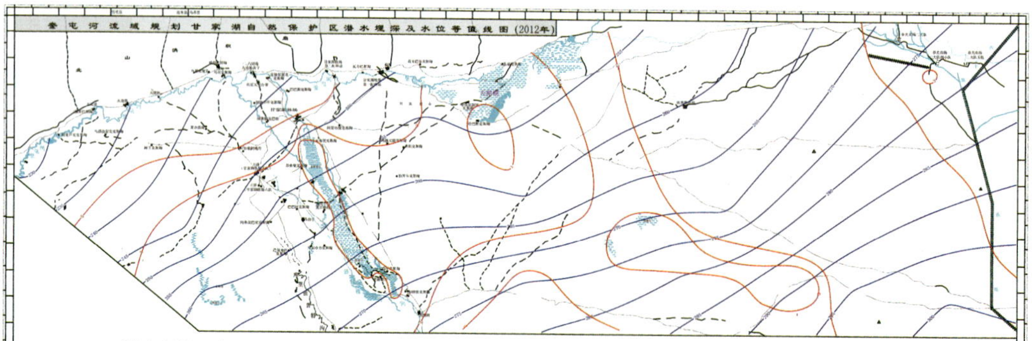

潜水埋深区间面积统计表

勘察时间	2012年1月	
埋深区间/m	分布面积/km²	所占比例/%
<1	32.32	2.13
1～3	447.10	29.44
3～5	435.15	28.66
5～10	603.85	39.77
合计	1518.42	100.00

图例

- 潜水等水位线（m）(2012年1月数据)
- 潜水等埋深线（m）(2012年1月数据)
- 自然冲沟
- 能通行的沼泽地
- 潜水等埋深区间（m）(2012年1月数据)
- 波状沙丘
- 不能通行的沼泽地
- 盐碱地
- 潜水流向
- 环形自电所测得地下水流向

图 2.2.3　不同时期甘家湖地下水位埋深及等水位线图

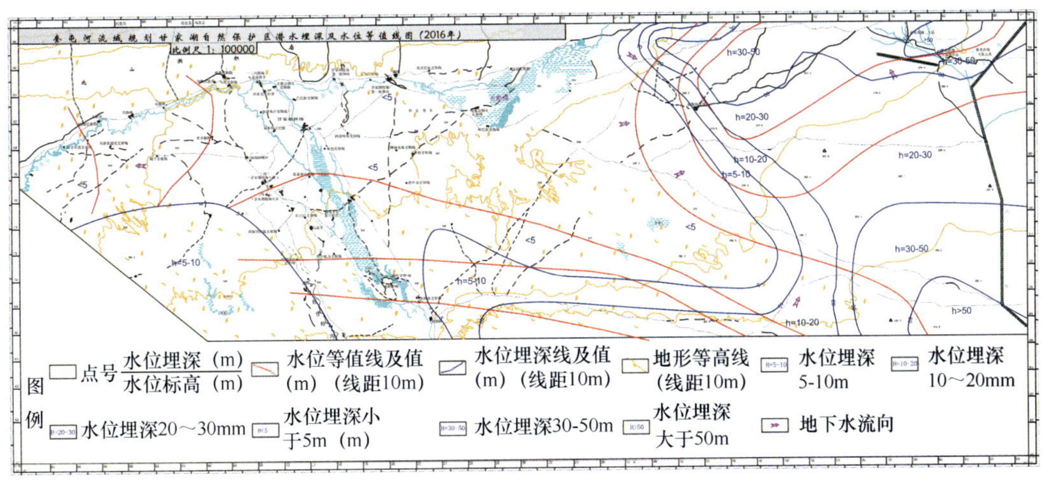

图 2.2.3 （续）

奎屯河西岸的乌苏市地下水动态年内表现如下：水位变化剧烈，明显受农业灌溉用水开采地下水的影响，7～8 月是农业灌溉用水量最大时期，该时期为地下水位最低值，9 月地下水位快速回升，11 月的冬灌期地下水位呈小幅下降，冬灌结束地下水位又开始回升，2～3 月达到年内最高值，4～6 月地下水位窄幅震荡下降，6 月中旬开始剧烈下降；细土平原中上部地下水位年内变化幅度为 6～10m，细土平原下部地下水位年内变化幅度可达 20.5m。从水位变化幅度及水位恢复速率反映出乌苏市八十四户乡、西湖镇及甘河子镇农业灌溉开采的为承压水，该区域也是降落漏斗的中心区域，年际地下水位下降幅度大于 1.5m。

（3）地下水水质变化

地下水水质动态资料较少，从奎屯市提供的资料看水质变化不大，年内地下水矿化度变化幅度仅为 1%，深层地下水基本上未遭到污染。

5．地下水资源开发利用现状

奎屯河流域平原区第四系孔隙水广泛分布，除山前冲洪积扇群上部砾质平原地下水埋藏较深、佐顿艾力生沙漠自然环境恶劣开采地下水较困难外，幅员辽阔的细土平原（灌区）地下水埋深小于 50m，适合管井开采地下水。

奎屯市区—泉沟水库—黄沟水库—柳沟水库—古尔图镇—乌苏市区之间区域，地下水水质好，水质矿化度一般小于 1g/L，基本符合各类用水水质标准；地层颗粒中等，管井井深一般为 80～150m，单井出水量一般大于 3 000m^3/d。

奎屯水库—柳沟水库以北区域，50m 深度以上的潜水水质稍差，50m 深度以下的承压水水质矿化度一般小于 1g/L，但水中 F^-、I、As 的含量偏高，不适宜作为居民生活用水，适合作为农业用水；地层颗粒较细可钻性好，凿井较容易但井易涌沙，生活用水供水井井深一般为 250～300m，农业用水供水井井深一般为 150～250m，单井出水量一般为 1 000～3 000m^3/d。

据本次调查统计，奎屯河流域平原区现有管井总计为 3 336 眼，截潜取水工程 1 处（独山子区第一水源地奎屯河河床下埋置筛管取水），现状地下水开采总量为 43 469 万 m^3/a（表 2.2.5），其中生活工业用水地下水开采总量为 8 041 万 m^3/a，农业灌溉用水地下水开采总量为 35 428 万 m^3/a。

表 2.2.5　奎屯河流域平原现状地下水开采量统计表

行政区	现有管井 / 眼	现状开采量 /（万 m^3/a）	生活工业用水 /（万 m^3/a）	灌溉用水 /（万 m^3/a）
独山子区#	40	4 023	3 458	565（绿化）
奎屯市	315	6 419	2 619	3 800
乌苏市	2 149	24 422	1 522	22 900
农七师	797	7 315	442	6 873
托里县	10	20	0	20
德隆公司	25	1 270	0	1 270
合计	3 336	43 469	8 041	34 863

表示独山子区现状开采量含第一源地截潜开采量为 2 607 万 m^3/a，管井开采量为 1 416 万 m^3/a。

6．地下水可开采量划分及超采区初步

地下水可开采量是指在可预见的时期内，通过经济合理、技术可行的措施，在不引发生态环境恶化和地质灾害的条件下，允许从含水层中获取的最大水量。奎屯河流域平原潜水含水层分布区地层颗粒粗大水循环较快，开采地下水引发生态环境恶化和地质灾害的可能性极小，开采地下水产生的后果为向下游地区的径流量减少或水位下降。因此，为满足社会经济持续发展的需要，开采地下水应将地下水位控制在一定的范围；承压含水层分布区水循环较慢，开采承压水管井施工措施处理不当或开采量过大宜引发水质变差等环境问题，承压水资源为储备资源，其作用应为调节，丰水年份应禁止开采，枯水年份应限制开采。依据规范确定地下水可开采量的原则及奎屯河流域平原区的水文地质条件，经计算奎屯河流域平原区地下水可开采量为 40 573 万 m^3/a（表 2.2.6）。

2.2.6　奎屯河流域平原区各行政区地下水可开采量　（单位：万 m^3/a）

行政区	独山子区	奎屯市	乌苏市	农七师	托里县	合计
现状地下水资源量	2 481	2 110	41 803	37 966	7 410	91 770
现状地下水实际开采量	4 023	6 419	25 692	7 315	20	43 469
地下水可开采量	3 630	3 583	20 202	11 676	1 482	40 573

从现状地下水实际开采量和地下水资源量、地下水可开采量计算结果及地下水动态长期监测数据判断，奎屯河流域南山山前奎屯河冲洪积平原与四棵树河冲洪积平原的中上部潜水分布区及下部承压水分布区由开采地下水形成的地下水位持续下降区域已经连为一体，地下水超采区面积大于 1 000km^2，属于大型地下水超采区，奎屯河冲洪积平原地下水降落漏斗中心为奎屯市市区－乌苏市八十四户乡，四棵树河冲洪积平

原地下水降落漏斗中心为乌苏市百泉镇。流域的其他区域无地下水动态长期监测资料，由现状地下水实际开采量与地下水可开采量计算结果判断奎屯河冲积平原西部的石桥乡、甘家湖牧场、车排子镇为地下水超采区，地下水超采区面积大于100km²，属中型地下水超采区；奎屯河冲积平原东部、古尔图河冲洪积平原、佐顿艾力生沙漠、冲湖积平原、北山山前冲洪积平原为地下水非超采区。

按地下水位持续下降速率大于1.0m或地下水超采系数大于0.3判断，严重超采区为克拉玛依市独山子区、奎屯市区、开干齐乡、乌苏市区、八十四户乡、皇宫镇、九间楼乡、西湖乡、头台乡、石桥乡、甘家湖牧场、四棵树镇、甘河子镇、百泉镇、干雄不拉农场、德龙公司开发区、兵团农七师124团。

（三）奎屯河流域“三条红线”水资源指标分解

奎屯河流域行政区辖伊犁州的奎屯市、塔城地区的乌苏市及所属的22个乡（镇、场）、克拉玛依市的独山子区、新疆生产建设兵团第七师的9个团场。奎屯河流域“三条红线”分解指标方面尚未确定，目前奎屯河流域用水指标按《新疆奎屯河流域规划（2010～2030年）》中的用水和配水方案来确定。

1．用水总量控制指标

根据《新疆奎屯河流域规划（2010—2030年）》，2020年奎屯河流域总用水量为161 828万m³，2030年总用水量为180 526万m³。奎屯河流域各行政区用水总量规划见表2.2.7。

表2.2.7　奎屯河流域各行政区不同水平年份用水量控制指标表（单位：万m³）

年份	县（市）、团场	分行业				分水源				
		工业	农业	生活	合计	地表水	地下水	其他水源	外调水	合计
2020	独山子区	8 531	194	1 517	10 242	2 600	4 500	219	—	7 319
	独山子工业区园区	6 191	—	—	6 191	—	—	—	—	0
	奎屯市	3 112	2 861	2 364	8 337	970	5 045	320	—	6 335
	第七师	6 531	73 718	1 153	81 402	76 203	16 536	1 367	—	94 106
	乌苏市	6 214	47 413	2 027	55 654	52 161	15 695	1 136	—	68 992
	合计	30 579	124 186	7 061	161 826	131 934	41 776	3 042	0	176 752
2030	独山子区	10 529	161	2 913	13 603	2 600	3 500	377	5 646	12 123
	独山子工业区园区	11 604	—	—	11 604	—	—	—	11 604	11 604
	奎屯市	5 877	2 788	3 630	12 295	970	1 506	430	9 389	12 295
	第七师	9 847	72 367	1 622	83 836	59 020	13 747	1 652	9 417	83 836
	乌苏市	9 701	46 459	3 026	59 186	33 767	14 504	1 493	8 037	57 801
	合计	47 558	121 775	11 191	180 524	96 357	33 257	3 952	44 093	177 659

2．用水效率控制指标

奎屯河流域不同水平年用水效率控制指标表见表 2.2.8。

表 2.2.8　奎屯河流域不同水平年份用水效率控制指标表

年份	县（市）、团场	高效节水域积 / 万 hm^2	灌溉水利用系数	农业综合毛用水定额 /（m^3/ 亩）	万元工业增加值用水量控制指标 /（m^3/ 万元）
2020	独山子区	—	0.76	431	20
	独山子工业区园区	—	—	—	26
	奎屯市	—	0.72	413	47
	第七师	—	0.69	415	72
	乌苏市	—	0.67	426	89
	合计	12.402	0.68	419	—
2030	独山子区	—	0.80	358	19
	独山子工业区园区	—	—	—	18
	奎屯市	—	0.73	402	33
	第七师	—	0.70	408	44
	乌苏市	—	0.73	411	55
	合计	13.17	0.70	409	—

注：1 亩≈666.67m^2。

3．水功能区水质达标率控制指标

奎屯河流域水功能区水质达标率控制指标表见表 2.2.9。

表 2.2.9　奎屯河流域水功能区水质达标率控制指标表

水功能区名称		范围		水质代表断面	水质达标目标		
		起始断面	终止断面		2015 年	2020 年	2030 年
奎屯河源乌苏源头保护区	奎屯河源乌苏源头保护区	河源	加拉果拉站	将军庙、奎屯河大桥	Ⅲ	Ⅲ	Ⅱ
四棵树河乌苏源头保护区	四棵树河乌苏源头保护区	河源	吉勒德水文站	吉勒德水文站	Ⅲ	Ⅲ	Ⅲ
奎屯河乌苏独山子开发利用区	奎屯河乌苏独山子农业工业生活用水区	加拉果拉站	车排子水库	车排子水库	Ⅲ	Ⅲ	Ⅲ
四棵树乌苏开发利用区	四棵树乌苏农业用水区	吉勒德水文站	柳沟水库	吉勒德水文站	Ⅴ	Ⅲ	Ⅲ
艾比湖生态用水保护区	艾比湖生态用水保护区	艾比湖		艾比湖	Ⅴ	—	—
达标率 /%					100	100	100

第三节　典型内陆河流域生态环境现状分析

一、塔里木河干流生态环境现状

塔里木河干流属暖温带极干旱气候区，降水稀少，地带性植被属温带灌木半灌木荒漠，但是由于有河水和地下水的补给，河漫滩及两岸的低阶地发育着一定面积的非地带性草甸植被，形成由乔木、灌木和草本植物所组成的干旱区河岸稀疏植被。研究区主要物种如下：乔木有胡杨，灌木有多枝柽柳、黑果枸杞、铃铛刺及半灌木疏叶骆驼刺，草本有芦苇、大叶白麻、花花柴、胀果甘草等。

塔里木河流域植被共划分 6 种植被型组 10 种植被型 27 种植被群系。其中植被群组包括阔叶林、草甸、灌丛、荒漠、沼泽和栽培植物。

1）塔里木河干流的阔叶林主要由胡杨疏林和灰杨疏林构成，胡杨是塔里木河流域荒漠河岸林的建群种，多分布于塔里木河两岸。

2）塔里木河干流草甸分为禾草 - 薹草及杂类草沼泽化草甸、禾草 - 杂类草盐生草甸 2 种植被型，具体如下：禾草 - 薹草及杂类草沼泽化草甸为分布于塔里木河两岸等地势低洼、排水不良的低小块区域，由湿生植物为主所形成的植物区系类型，主要由芦苇、薹草、拂子茅等禾本科植物构成；禾草 - 杂类草盐生草甸主要生长于河旁阶地、河间及扇缘低地和湖滨潮湿地段，多由芨芨草、芦苇、大叶白麻、花花柴等草本构成。

3）塔里木河流域内分布的灌丛为温带落叶灌丛，其中主要为多枝柽柳和刚毛柽柳。

4）荒漠为塔里木河重要的植被类型，包括灌木荒漠、草原化灌木荒漠。

5）栽培植物为两年三熟或一年两熟旱作田和落叶果树园，主要栽培植物有棉花、红枣、梨、苹果等经济作物。

塔里木河干流位于塔克拉玛干沙漠北缘，地势西高东低。塔克拉玛干沙漠植被极为贫乏，在塔里木河沿岸及水分条件较好的地方生长有胡杨、柽柳等乔灌木。由于组成的植物种类很少，其群落结构比较简单。受水系分布影响，塔里木河流域植被呈条带状分布，近河地段植被茂密，远离河道处植被稀疏，盐生或盐化的植被呈斑块状广泛分布于流域内的各个地段。塔里木河上游是干流的主要农业区，农作物包括水稻、小麦、棉花、油料及瓜菜等。

二、奎屯河流域生态环境现状

1．地形

奎屯河流域整体地形受天山山脉影响，地势由东南向西北倾斜，依次分为高山、

中低山、丘陵、平原和风积沙漠 5 个地形带。

流域内土壤、植被分布随着地形、地貌、气候的变化，也呈现出明显的垂直地带性特点。土壤分布类型自高而低依次分布为基岩—高山草甸土—亚高山草甸土—山地黑钙土—山地栗钙土—灰色森林土—棕钙土—灰漠土。

根据我国北方天然草场等级划分标准，奎屯河流域山地草场植物种类繁多，禾本科、豆科、莎草科牧草所占比重大，营养价值高，适口性好，利用程度高，且中山以上夏季湿润凉爽，水草丰盛，蚊蝇少，其等级均在一、二等五级之内，为牲畜的优良夏季放牧场。草原带以下地形开阔平缓，降水少，春季冰雪消融快，牧草萌发早，牧草种类主要是针茅、羊茅及杂类草，其等级为三等五级，为主要的春秋放牧场。

奎屯河流域地貌分山区和平原区，山区分高中山区和低山丘陵区；平原区由山前冲洪积平原、冲积平原、风积平原、冲湖积细土平原构成。

2．地貌

（1）山区

高中山区是指分布在海拔 1 000～3 800m 的区域（3 800m 以上被高山永久冰雪覆盖，无人类活动，是流域的重要水源地）。海拔 2 400～3 200m 的区域为高寒草甸草原，是优良的夏牧场。低山丘陵区海拔 500～1 000m，分布山地寒温带草原带，是冬夏秋牧场。低山丘陵区主要植被为小半灌木、灌木和蒿类。其种类有小蓬、驼绒藜、针枝蓼、地肤、灰蒿等，伴生有角果藜、郁金香及早春短命植物，草层高 10～40cm，覆盖度为 35% 左右，亩产鲜草 140kg 左右。

（2）平原区

平原区是指分布在海拔 200～540m 的区域，依次为干旱荒漠草原、绿洲农业区、固定半固定沙丘并伴有耐旱植被等。自然植被有由芦苇、毛腊、香蒲、黑三棱、泽泻、灯心草、芨芨草、拂子茅、三叶草、甘草、苦豆子、补血草、骆驼刺等组成的草甸植被；草甸外围盐土上生长有花花柴、猪毛菜、碱蓬、盐节木、盐穗木、盐爪爪、柽柳、黑刺等盐生植物，草层高 27～50cm，覆盖度为 30%～40%，为牧业的辅助性放牧地。

在固定、半固定沙丘及细土平原主要植物种类有琵琶柴、猪毛菜、茵陈蒿、骆驼刺、花花柴、碱蓬、盐节木、盐穗木、盐爪爪、柽柳、梭梭等。在下游两岸水分条件较好的一、二级阶地上，分布有胡杨、沙枣片林，林下生长有梭梭、柽柳、驼绒藜、甘草、苦豆子、芦苇和芨芨草等，草层高 20～30cm，高者可达 100cm 以上，覆盖度为 20%，亩产鲜草 30～50kg，为春秋牧场。

平原区分布在奎屯河冲积扇下游，海拔为 240～500m，地面坡降为 1/1 000～1/600，地形平坦，土层深厚，耕地集中，植被茂盛，土壤类型主要有灌耕土、潮土、盐化土、粉沙土等，主要植被群落类型有芨芨草、芦苇、骆驼刺、猪毛草及盐生植物群落。

甘家湖梭梭林国家级自然保护区的植被类型呈典型的荒漠特征，主要的群落有白梭梭群落、梭梭群落、胡杨群落、胡杨 - 柽柳 - 梭梭群落、梭梭 - 柽柳群落等。

1）白梭梭群落主要分布在保护区南部临近佐顿艾力生沙漠的低矮沙丘、沙地及高大沙丘上。在低矮沙丘、沙地上生长的白梭梭分布均匀，密度不大，树体不高，由于近两年保护区的降水量有所增加，生长尚好。高大沙丘上的白梭梭生长在沙丘顶部和背风坡，树体不高，生长较快。

2）梭梭群落分布在保护区中部冲积平原的壤土地带。由于该地带地形平缓，土层厚，肥力较高，土壤水分补给条件优越，梭梭密布，生长良好。

3）胡杨群落分布在奎屯河谷、古尔图河古河床南段及四棵树河流域。

4）胡杨－柽柳－梭梭群落主要分布在奎屯河南岸及古尔图河古河床北段。奎屯河沿岸的胡杨长势良好，古尔图河古河床北段由于常年断流，部分胡杨已枯死。

5）梭梭－柽柳群落主要分布在保护区北侧的奎屯河南岸，其中主要以梭梭为主，灌丛较大。

依据新疆林业勘察设计院2001年7月甘家湖梭梭林国家级自然保护区森林分类区划调查结果，甘家湖梭梭林国家级自然保护区面积为54 667hm^2，其中林业用地面积为51 076.64hm^2，占总面积的93.43%；非林业用地面积为3 590.36hm^2，占总面积的6.57%。林业用地中有林地面积为2 755.21hm^2，疏林地面积为947.34hm^2，灌木林地面积为31 837.80hm^2，宜林地面积为1 124.39hm^2，沙生灌丛面积为14 411.90hm^2。

第四节 典型内陆河流域存在的生态环境问题

一、塔里木河干流存在的生态环境问题

（一）生态环境依然脆弱，生态水调控亟待加强

1. 社会经济用水挤占生态环境用水情况较为严重

塔里木河流域天然林以胡杨为主，灌木有柽柳、盐穗木等，草本以芦苇、罗布麻、甘草、花花柴、骆驼刺等为主，植被具有盐生和旱生的特征。据调查，塔里木河干流天然林的面积为150.47万hm^2，不仅是中国乃至世界范围内最主要的胡杨林分布区，还是胡杨种群重要的基因库，该区的生态保护意义重大。

目前，塔里木河干流的生态需水量为37.4亿m^3，约占总用水量的76%，其两岸形成了以胡杨林为代表的非地带性植被，对维系该区生态系统的稳定作用巨大，下游沿河形成的绿色走廊阻隔了塔克拉玛干沙漠和库木塔格沙漠合拢，因此，可以说塔里木河干流是一条生态河流。但是，水资源的不合理利用、耕地的快速扩张等行为导致大量的生态用水被占用，突出表现为1972～2000年下游河道断流，绿色走廊萎缩严重，生态屏障功能大幅衰退，这已引起国家的高度重视。

2．生态环境的退化趋势虽得到有效遏制，但依然脆弱

自2001年国务院批准《塔里木河流域近期综合治理规划报告》以来，国家投资107亿元用于开展河道治理、退耕封育、生态恢复、水资源调度等的综合治理，实现了下游大西海子断面年均下泄水量基本达到规划要求的3.5亿m^3，地下水埋深逐步回升，水流到达台特玛湖，生态水文过程的完整性得以修复，生态环境得到初步改善，这与近几年源流来水持续偏丰也密不可分。随着下游水分条件的好转，植被生态系统的结构和功能得到一定程度的恢复，近期综合治理取得了明显成效。但上中游人工绿洲侵占天然绿洲的现象依然突出，加上山区控制性水库枢纽的建设，导致下游河道在枯水年再次出现断流的概率不断增加。例如，在2007～2009年，源流来水处在平水偏枯和枯水期情况下，下游大西海子以下几乎无水下泄。若天然绿洲持续萎缩，其终将危及塔里木河河流生态系统的稳定性，导致河流廊道效应及生态屏障效应减弱、植物数量和种类减少、土地荒漠化加剧。一旦塔里木河进入连续枯水年，向下游输送3.5亿m^3生态水将难以保障，同时上中游也会出现大范围水荒，如何避免这一生态风险将成为亟待破解的一大难题。

（二）流域综合管理能力亟待加强

1．水资源统一管理体制不完善，缺乏以生态保护为前提的用水保障制度

新疆维吾尔自治区人民政府已批准实施《塔里木河流域“四源一干”地表水水量分配方案》，并出台了《新疆维吾尔自治区塔里木河流域水资源管理条例》，流域水资源管理将进入一个总量控制、限额用水、科学治水、依法管理阶段。2011年，新疆维吾尔自治区人民政府第19次常务会议决定，整合兼并塔里木河主要源流管理机构，即将源流叶尔羌河流域管理局、和田河流域管理局、阿克苏河流域管理局及具有流域水资源管理职能的巴州水管处等四源流流域管理机构调整建制，并将其管理权移交给塔里木河流域管理局，这标志着流域在统一管理方面取得重大进展。

占塔里木河流域水资源量64%以上“四源一干”河流的管理机构，已由塔里木河流域管理局实行了统一管理，使“四源一干”的管理形式由区域管理变为流域管理模式，在管理体制上形成了由塔里木河流域水利管理委员会、塔里木河流域管理局、“四源一干”源流管理局构建的三级管理体制；但其他五源流中的喀什噶尔河由水利厅直接管理，其他源流由河流所在地的水行政部门直接领导的河流管理处进行管理的两级管理模式。从塔里木河现有的“九源一干”管理形式上看，区域管理与流域管理两种形式并存的模式，管理体制也各有不同。

目前，塔里木河流域还缺乏以生态环境保护为前提的水资源统一管理运行机制，国民经济发展与水资源的开发、利用、保护和生态环境保护之间难以有机协调，塔里木河流域水资源统一管理体制仍不完善，亟待加强。

2．流域水资源管理措施水平整体较低

塔里木河流域的“九源一干”涉及南疆五地州和兵团4个师，地域广阔，其地域面

积约占全国的1/10。广阔的土地中分布众多的绿洲。据统计，仅30万亩以上的大型灌区就有11处，其中叶尔羌河灌区为全国第四大灌区，除人工绿洲外，还存在庞大的自然生态系统。另外，塔里木河流域属于全国贫困地区之一，经济发展整体落后，并且由于历史原因，流域管理手段和措施水平整体落后，给管理带来一定难度。近年来，随着流域内各行政单位经济社会急速发展，塔里木河流域内国民经济与生态环境、上游与下游、源流与干流之间用水关系协调和利益调整趋于复杂；随着城镇化和工业化的发展，国民经济生产、生活与生态用水需求的矛盾突出，因此对水资源管理的难度有所增加。

3．流域缺乏生态调控工程措施

至2018年年底，塔里木河流域内已建成的山区水资源控制水库8座，总库容21.05亿 m^3，仅为九源流河川径流量的5.7%，已建成的山区水资源控制水库调控能力也不足，如已建的乌鲁瓦提水利枢纽工程调节库容仅占和田河径流量的6%，下坂地水利枢纽工程调节库容仅占叶尔羌河径流量的10%左右。在塔里木河“四源一干”中，阿克苏河流域目前尚未建成一座山区控制性工程；和田河流域仅有乌鲁瓦提水库对支流喀拉喀什河进行调蓄，而未对另一支流玉龙喀什河进行调蓄，致使洪峰错时，影响了和田河向塔里木河生态输水任务的完成；同样叶尔羌河也存在山区控制性工程调蓄能力不足的问题；其他“五源”流缺少必要的水资源调节工程，目前仅在渭干河建有克孜尔一座山区水资源控制水库工程，仅约占五源流河川径流量的1.3%。此外，塔里木河流域控制性水库缺少生态库容，这导致在植被需水的高峰期由水库所供给的生态水量不足。尤为重要的是，植被的萌蘖更新多需河水漫溢，但在水库运行的过程中对人造洪峰的考虑较少。因此，水库的运行应注重生态调度，需提出确保生态用水连通性的工程措施（包括监测、调度、工程等），以及完善生态调控工程措施。

二、奎屯河流域存在的生态环境问题

（一）用水需求增长迅猛，水资源承载能力不足，严重挤占生态用水

2000～2009年奎屯河流域经济社会总供水量为12.87亿～16.78亿 m^3，平均为15.42亿 m^3，其中地表水为11.38亿 m^3，地下水为4.04亿 m^3。水资源开发利用率达到89.2%。地下水出现局部超采现象，2009年奎屯市地下水超采2 845万 m^3。随着新型城镇化与工业化进程的加快，经济社会需水量增加，奎屯河流域水资源供需矛盾更加突出，并且流域水资源短缺，将严重制约流域内经济社会的发展。

（二）地下水位持续下降

奎屯河流域地下水资源的形成主要来自南山山区河流渠道地表水的渗漏、农田灌溉渗漏。由于各河下泄水量很少，以及上中游地区耕地大面积扩增，地下水被大幅度无序开采，地下水位持续下降。由2016年奎屯河流域平原区地下水埋深分布图综合分析可

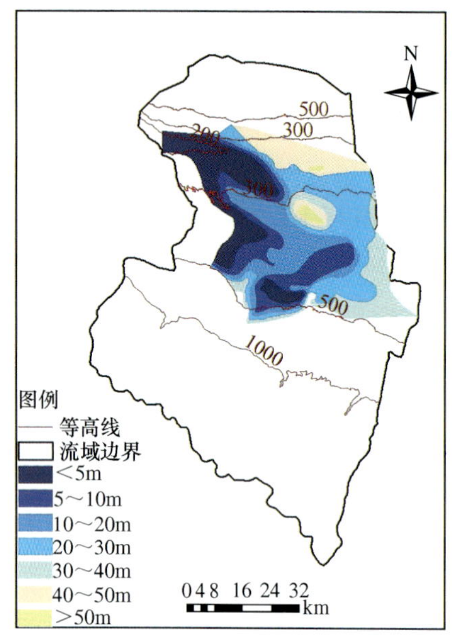

图 2.4.1 2016 年奎屯河流域平原区地下水埋深分布图

知（图 2.4.1），在奎屯河下游细土平原区较为明显地出现了分别以甘家湖乡铁架子村和石桥村为中心的两个地下水降落漏斗，这两个降落漏斗中心地带地下水位埋深均大于 50m，且均分布在新疆甘家湖梭梭林国家级自然保护区东部和东南部，两个中心漏斗可连成水位埋深大于 20m 的降落漏斗分布区，其分布范围已超过 1 200km^2。

（三）甘家湖生态用水严重不足

甘家湖保护区位于奎屯河、四棵树河和古尔图河尾闾地带。随着上游用水量增加，各河下泄水量减少。其中古尔图河大部分水量通过引水渠经柳沟水库调至奎屯河灌区；四棵树河经上游引水后，其余水量除河道渗漏外，被拦河工程拦蓄至柳沟水库；奎屯河除在渠首引水外，在河道中游还有奎屯水库、车排子水库等一系列拦河水库拦蓄剩余河水，水库下游河道实际成为奎屯河灌区的总排水干渠。据估算，目前由奎屯河、四棵树河和古尔图河下泄、灌溉回归及侧向补给进入甘家湖区的水量仅有约 1.1 亿 m^3，远少于甘家湖区域 3.5 亿 m^3 的生态需水量。据粗略统计，20 世纪 50 年代初期，沿奎屯河、四棵树河及古尔图河下游两岸生长茂盛的胡杨林，约 3 万～4 万 hm^2。因沙漠面积小，风沙天气少，荒漠的植被覆盖度很高，一般在 30% 以上。1960 年以来，由于这些区域生态用水减少，以及樵采、滥伐、过牧等原因，大量胡杨因河道无水或地下水位下降而枯死，胡杨林分布由原来的带状、片状退缩为点状、线状。根据遥感解译成果分析，1990 年该区域林地面积有 3.2 万 hm^2，2014 年缩减到 0.83 万 hm^2，林地面积在 24 年间减少了 2.37 万 hm^2。甘家湖天然绿洲生态系统是经过长期自然演化形成的，最适应当地的自然环境，保留了较为完整的生态系统结构，能够发挥系统的整体生态功能，对人工绿洲有保护作用。天然绿洲严重退化，使生态系统的功能随其消失，可持续性受到威胁。

针对南疆（塔里木河干流）、北疆（奎屯河流域）典型流域存在的生态供水量严重不足及供水模式欠佳、天然绿洲萎缩及与人工绿洲的配比失当、地下水位下降等生态环境问题，在分析典型流域生态环境变化规律及驱动因素的基础上，本章研究评价其生态安全等级，进而划定生态保护红线，揭示水与生态的相互作用机理，明确天然、人工绿洲的适宜配比及合理发展规模，提出面向生态系统保护和恢复的水资源（及生态水）优化配置模式。这些研究成果不仅对实现典型流域的生态环境保护和经济社会协调发展具有重要意义，还可为其他相似区域的绿洲发展规划和水资源（尤其是生态水）高效利用提供科学借鉴。

第三章 典型内陆河流域生态保护红线划分

生态保护红线是区域生态安全的底线，对保障区域生态功能稳定、维护环境质量安全和合理利用自然资源，从而促进人口资源环境相均衡，实现经济、社会、生态效益相统一具有重要意义。本章研究以塔里木河干流及奎屯河流域为研究区，分析近二十几年其土地利用/覆被变化、景观格局及绿洲演变规律特征，并且基于区域特点，构建具有针对性的生态安全评价指标及技术体系，其中以塔里木河干流为范本，提出具有符合干旱区绿洲特点的生态保护红线划定内容及方法，从而为促进区域生态保护及修复、绿洲资源开发利用等提供理论依据。

第一节 典型内陆河流域土地利用/覆被变化

土地利用是指人类有目的地开发利用土地资源的一切活动，土地覆被是指地表自然形成的或者人为引起的覆盖状况。土地利用与土地覆被，一个是发生在地球表面的活动过程，另一个则是各种地表活动的产物，二者共同构成了土地资源社会和自然双重属性。

土地利用/覆被变化的研究目标与内容主要有以下几点。

1）土地利用变化的过程与动力机制研究。主要是对城乡作用机制、区域土地利用变化过程中的水资源约束机制，以及全球粮食生产与粮食安全的研究。

2）土地利用类型与区域问题的研究，特别是对热点地区、脆弱区和典型地区的研究。

3）区域或全球性空间统计模型研究，以便能更准确地模拟土地利用变化的速率、空间类型、过程、未来的发展趋势和变化的主要动因。

4）遥感技术和地理信息系统等先进技术在土地利用变化研究中的应用。

5）土地利用变化的可持续研究，主要包括土地利用类型与结构的持续性、土地利用方式与方法的可持续性、土地利用变化过程的可持续性，以及实现可持续土地利用的对策与途径。

土地利用/覆被变化（land use/land cover change，LUCC）一直是国际上研究的热

点问题。人类社会充分利用土地资源，使社会经济快速发展，但也在某种程度上引起了土地覆被的变化，甚至对生态系统的功能及生态环境产生巨大影响。土地利用 / 土地覆盖变化反映了区域生态环境的变化，与此同时对区域生态环境变化的影响也越来越大。研究区域土地利用 / 覆被变化有助于提高对土地管理中的自然 – 社会驱动力变化的认识，了解和掌握土地利用 / 覆被变化动力学的空间变性，对制定区域社会经济发展与生态系统可持续发展对策具有重要意义。

土地利用 / 覆被变化是区域生态环境变化的反映，它一方面与自然环境演变相关，另一方面与人类活动的不断增强密切相关。本章研究以塔里木河干流、奎屯河 1990 年、2000 年及 2013 年遥感影像数据为基础，利用遥感（remote sensing，RS）技术与地理信息系统（geographic information system，GIS）集成技术，根据《土地利用现状分类》（GB/T 21010—2017）国家标准，采用一级标准分类体系，结合室内目视解译及野外实地校验，将两条内陆河流域分为水体、林地、草地、耕地、居工用地和未利用地共 6 类；并按照二级分类标准在一级分类体系的基础上，划分水体、有林地、灌木、疏林地、低覆盖度草地、中覆盖度草地、高覆盖度草地、雪冰、耕地、居工用地和未利用地共 11 类土地利用类型，进而基于遥感解译数据，借助 ArcGIS 平台中 insert 功能得到不同时段的转移矩阵，结合动态度模型，综合分析 1990～2013 年不同内陆河流域的土地利用 / 覆被动态变化特征。

一、塔里木河干流土地利用 / 覆被变化动态分析

（一）塔里木河干流土地利用 / 覆被结构及空间格局演变

根据遥感解译结果可以看出，塔里木河干流区上游、中游、下游地理环境不同所表现出的土地利用问题也有所差异，其中中上游（阿拉尔—恰拉）人工绿洲的扩张，下游（恰拉—台特玛湖）天然绿洲的减少，上游毁林开荒，下游撂荒的现象普遍存在。1990～2013 年，塔里木河干流区土地利用覆被变化显著（图 3.1.1、表 3.1.1）。

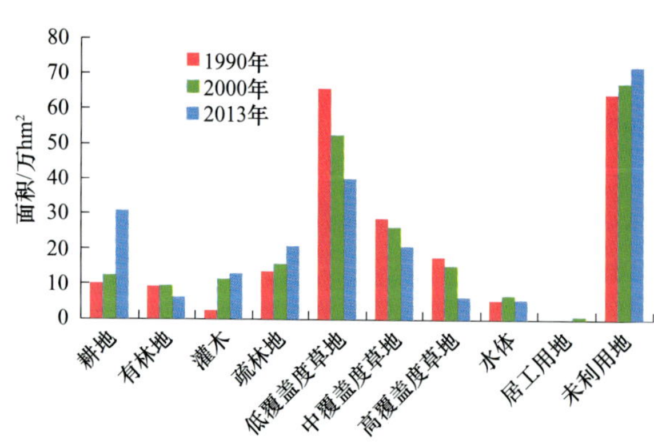

图 3.1.1　1990～2013 年塔里木河干流土地利用变化

1）塔里木河干流区的耕地面积明显增加，尤其是在阿拉尔断面周围的耕地面积迅速扩张，整个干流区耕地面积扩张面积均匀分布。1990 年塔里木河干流耕地面积为 9.77 万 hm^2，2000 年扩张为 12.35 万 hm^2，

到 2013 年末耕地面积迅速扩张为 30.54 万 hm^2，24 年来耕地面积增加了 20.77 万 hm^2，以 8 654hm^2/a 的速度增长，增长率高达 212.58%。

表 3.1.1 1990～2013 年塔里木河干流土地利用变化增减表

土地类型	1990 年		2000 年		2013 年		1990～2000 年	2000～2013 年	1990～2013 年
	面积 / 万 hm^2	占比 / %	面积 / 万 hm^2	占比 / %	面积 / 万 hm^2	占比 / %	增减量	增减量	增减量
耕地	9.77	4.5	12.35	5.7	30.54	14.2	2.58	18.19	20.77
有林地	9.21	4.3	9.27	4.3	6.05	2.8	0.06	−3.22	−3.16
灌木	2.19	1.0	11.09	5.1	12.87	6.0	8.90	1.78	10.68
疏林地	13.35	6.2	15.69	7.3	20.69	9.6	2.34	5.00	7.34
低覆盖度草地	65.62	30.4	52.22	24.2	40.09	18.6	−13.4	−12.13	−25.53
中覆盖度草地	28.48	13.2	25.96	12.0	20.72	9.6	−2.52	−5.24	−7.76
高覆盖度草地	17.50	8.1	15.00	7.0	6.27	2.9	−2.50	−8.73	−11.23
水体	5.23	2.4	6.63	3.1	5.31	2.5	1.40	−1.32	0.08
居工用地	0.34	0.2	0.29	0.1	0.62	0.3	−0.05	0.33	0.28
未利用地	63.99	29.7	67.17	31.1	72	33.5	3.18	4.83	8.01

2）有林地以 1 316hm^2/a 的速度减少，其中 2000～2013 年的减少幅度最大，约为 34.73%，大于 1990～2013 年的整体减少幅度（减少 34.31%）。

3）山区的草地面积自 1990 年同样开始有所减少，高、中、低覆盖度草地均呈现出不同程度的减少，其中高覆盖度草地 24 年来减少 11.23 万 hm^2，减少幅度达到 64.17%；中覆盖度草地至 2013 年减少了 7.76 万 hm^2，减少幅度为 27.23%，多数退化成未利用地或开垦为耕地；而低覆盖度草地减少 25.53 万 hm^2，减少了 38.9%。

4）1990～2013 年，居工用地面积增加幅度较大，24 年的增长幅度为 82.35%，多集中在阿拉尔断面及英巴扎周围。

5）水体面积变化幅度不大，增加幅度约为 1.53%。

（二）塔里木河干流土地类型时空变化的转移过程

由 1990～2013 年塔里木河干流土地利用变化转移矩阵可以看出，近 24 年研究区土地利用 / 土地覆被地类格局变化明显，各土地覆盖类型间的面积转换频繁。1990～2000 年耕地面积的扩张成为较显著的特征之一（表 3.1.2），而且新增的耕地主要由未利用地、草地及林地转化而来，耕地的扩张牵引着整个流域土地利用类型的剧烈变化。耕地向水体和居工用地的转化比例非常小，其中向居工用地转化比例只占 1990 年耕地面积的 0.08%，而耕地增加的来源依次是草地、林地和未利用地，转化比例分别是 72.52%、16.21% 和 6.6%；林地变化最为显著，由于生活方式发生了改变，人们大规模砍伐林地的行为增加，并将砍伐后的林地转化为耕地，以满足生活的需求。林地的减少也为政府敲响了警钟，为退耕还林政策的制定奠定了基础。

表 3.1.2　1990～2000 年塔里木河干流土地利用变化转移矩阵（单位：万 hm^2）

		1990～2000 年转出面积							
		林地	草地	水体	居工用地	未利用地	耕地	总和	转出
1990～2000 年转入面积	林地	**21.33**	2.39	0.41	0	0.42	0.22	24.78	3.44
	草地	12.33	**87.31**	1.35	0.006	8.04	2.42	111.5	24.2
	水体	0.13	0.21	**4.67**	0	0.17	0.03	5.23	0.55
	居工用地	0.01	0.01	0	**0.19**	0.007	0.1	0.33	0.15
	未利用地	2.07	2.89	0.13	0.002	**58.24**	0.54	63.87	5.63
	耕地	0.19	0.25	0.04	0.08	0.17	**9**	9.76	0.75
	总和	36.06	93.08	6.62	0.29	67.06	12.34		
	转入	14.73	5.76	1.94	0.09	8.82	3.33		

耕地扩张主要发生在 2000～2013 年（表 3.1.3），2013 年塔里木河干流增加的耕地面积的 35.47%、20.36% 和 8.1% 分别由草地、林地和未利用地转化而来，居工用地 65.57% 和 8.1% 分别源于耕地及林地，居工用地对耕地的侵占主要发生在这一时段。这期间的水体面积明显减少，且向其他土地类型转化明显。从转出的角度看，主要以恰拉—阿拉干草地退化转化为未利用地和阿拉尔至恰拉草地、未利用地转化为耕地为主要特征。

表 3.1.3　2000～2013 年塔里木河干流土地利用变化转移矩阵（单位：万 hm^2）

		2000～2013 年转出面积							
		林地	草地	水体	居工用地	未利用地	耕地	总和	转出
2000～2013 年转入面积	林地	**14.19**	11.85	0.86	0.05	2.88	6.21	36.07	21.88
	草地	20.65	**39.86**	0.84	0.03	20.85	10.82	93.07	53.2
	水体	0.98	1.49	**3.14**	0.008	0.54	0.45	6.62	3.48
	居工用地	0.01	0.008	0	**0.1**	0	0.15	0.28	0.18
	未利用地	3.62	12.98	0.4	0.01	**47.53**	2.49	67.05	19.52
	耕地	0.65	0.79	0.05	0.4	0.09	**10.34**	12.34	1.99
	总和	40.13	67	5.3	0.61	71.9	30.5	—	—
	转入	25.93	27.13	2.16	0.51	24.37	20.15	—	—

结合当地实际调研情况进一步对研究结果进行了印证。随着 24 年来经济的发展，塔里木河干流中上游大量未利用地开垦为耕地，此外还有相当一部分的林地与草地转换为耕地，而恰拉至阿拉干之间的缓冲区则随着生态环境的恶化耕地被荒漠吞噬，这

也是未利用地面积不断增加的原因之一。耕地和未利用地之间频繁的互相转换使原本敏感的生态环境更加脆弱，更容易导致向沙漠化发展。

（三）塔里木河干流土地利用动态度分析模型

塔里木河干流土地利用变化显著且生态问题突出（表 3.1.4 和表 3.1.5）。1990～2000 年塔里木河干流耕地和未利用地动态度（K）为 1.10% 和 0.21%，与此同时塔里木河干流下游垦区耕地与未利用地动态度为 0.22% 和 0.18%，表明这两个区域耕地和未利用地土地利用类型都有明显扩张趋势。两个区域草地和居工用地动态度出现负值，其中塔里木河干流草地动态度为−0.69%，居工用地动态度为−0.61%，恰拉－阿拉干缓冲区草地和居工用地动态度分别为−0.52% 和−0.82%，减少态势明显。两个地区林地变化出现差异，其中塔河干流林地动态度为−1.90%，呈现减少态势，而缓冲区林地动态度为 1.69%，增加面积 154.72hm^2。两个地区的水体变化非常接近，塔里木河干流动态度为 1.12%，缓冲区动态度为 1.11%。2000～2013 年，塔里木河干流耕地动态度为 6.14%，扩张幅度更为明显。尤其是从 1990 年开始，南疆地区大力调整产业结构，以大面积种植棉花取代种植粮食作物，而 2000 年以后国家先后减免农业税再加上粮食和棉花价格的持续攀升造成耕地面积的快速增加，这一现象在塔里木河干流尤为突出。此外，随着城市化建设的进行，居工用地动态度为 4.74 %，仍呈增加趋势，这一趋势势必导致人们对林地进行盲目地开采，使林地面积减少，2000～2013 年林地动态度为−0.47%，经过长时间的发展，政府不断加强对林地的管制，同时退耕还林政策的实施使研究区林地动态度得到了很大改善。草地动态度仅为−1.17%，减少幅度更为明显。在恰拉－阿拉干缓冲区，2000～2013 年耕地动态度为 1.72%，变化趋势明显；草地、林地、居工用地和水体动态度均为负值，出现不同程度的减小趋势，这也势必导致未利用地面积和耕地面积的增加，其中未利用地动态度达到 0.49%，相比之前有很大提升。

表 3.1.4　1990～2013 年塔里木河干流土地利用动态度表

1990～2000 年土地利用类型	耕地	草地	林地	居工用地	水体	未利用地
K/%	1.10	−0.69	−1.90	−0.61	1.12	0.21
2000～2013 年土地利用类型	耕地	草地	林地	居工用地	水体	未利用地
K/%	6.14	−1.17	−0.47	4.74	−0.83	0.30

表 3.1.5　1990～2013 年塔里木河干流下游垦区土地利用动态度表

1990～2000 年土地利用类型	耕地	草地	林地	居工用地	水体	未利用地
K/%	0.22	−0.52	1.69	−0.82	1.11	0.18
2000～2013 年土地利用类型	耕地	草地	林地	居工用地	水体	未利用地
K/%	1.72	−1.11	−0.31	−1.96	−1.50	0.49

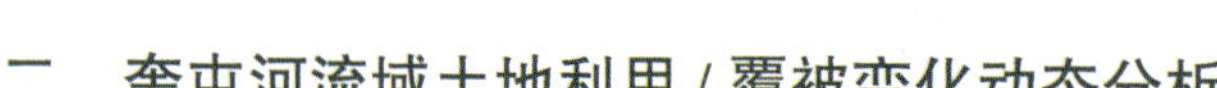

二、奎屯河流域土地利用/覆被变化动态分析

（一）奎屯河流域土地利用/覆被结构及空间格局演变

通过对1990～2013年奎屯河流域主要土地类型的遥感解译，结果（图3.1.2、图3.1.3和表3.1.6）表明，1990年的土地类型中，低覆盖度草地和未利用地是奎屯河流域所占面积最大的两种土地类型，分别占总面积的27.57%和28.49%。1990～2013年，奎屯河流域土地类型发生了巨大变化（图3.1.2）。

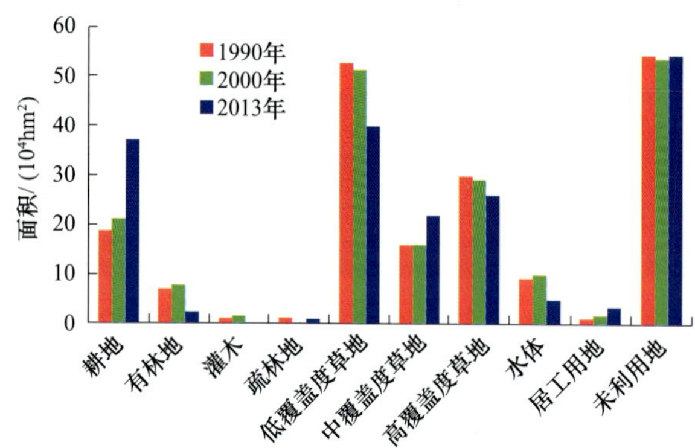

图3.1.2　1990～2013年奎屯河流域土地利用变化

1）有林地面积以1 862.5hm²/a的速度减少，其中1990～2000年的有林地面积呈增加趋势（增加9.97%），从2000年开始有林地面积逐渐下降，2000～2013年减少5.4万hm²。

表3.1.6　1990～2013年奎屯河流域土地利用变化增减表

土地类型	1990年		2000年		2013年		1990～2000年	2000～2013年	1990～2013年
	面积/万hm²	占比/%	面积/万hm²	占比/%	面积/万hm²	占比/%	增减量/万hm²	增减量/万hm²	增减量/万hm²
耕地	18.69	9.8	20.94	11.0	37.04	19.4	2.25	16.1	18.35
有林地	6.92	3.6	7.61	4.0	2.21	1.2	0.68	−5.4	−4.72
灌木	1.11	0.6	1.47	0.8	0.35	0.2	0.36	−1.12	−0.76
疏林地	1.11	0.6	0.11	0.1	0.9	0.5	−1	0.79	−0.21
低覆盖度草地	52.59	27.6	50.93	26.7	39.9	20.9	−1.66	−11.03	−12.69
中覆盖度草地	15.86	8.3	15.85	8.3	21.86	11.5	−0.01	6.01	6
高覆盖度草地	29.89	15.7	29	15.2	25.97	13.6	−0.89	−3.03	−3.92
水体	9.29	4.9	9.74	5.1	4.66	2.4	0.45	−5.08	−4.63
居工用地	0.96	0.5	1.71	0.9	3.47	1.8	0.75	1.76	2.51
未利用地	54.35	28.5	53.42	28.0	54.41	28.5	−0.93	0.99	0.06

2）草地面积自1990年开始有所减少，尤其是以高、低覆盖度草地减少为主，其中1990～2013年高覆盖度草地共减少3.92万hm²，减少幅度为15.1%，部分退化成荒漠或开垦为耕地；低覆盖度草地24年来同样减少了约31.8%，以5 287hm²/a的速度退化；而中覆盖度草地自1990～2000年略微减少，2000年后中覆盖度草地面积有所回升，

增幅达 37.92 %。

3）在 1990～2013 年，耕地面积的迅速扩张使当地的生态环境发生了变化（图 3.1.3），1990 年奎屯河流域的耕地面积为 18.69 万 hm^2，2000 年扩张为 20.94 万 hm^2，到 2013 年末耕地面积迅速扩张为 37.04 万 hm^2，24 年来耕地面积增加了 18.35 万 hm^2，以 7 646hm^2/a 的速度增长，增长率高达 98.18%。经研究发现，增加的耕地大部分由草地、林地和未利用地转化而来，另外只要有一定的灌溉量，一些未利用地也极易开垦为耕地，再加上经济的快速发展和城镇化进程的加快也促使人们不得不开荒种植经济作物，这在一定程度上刺激了耕地面积的扩张。

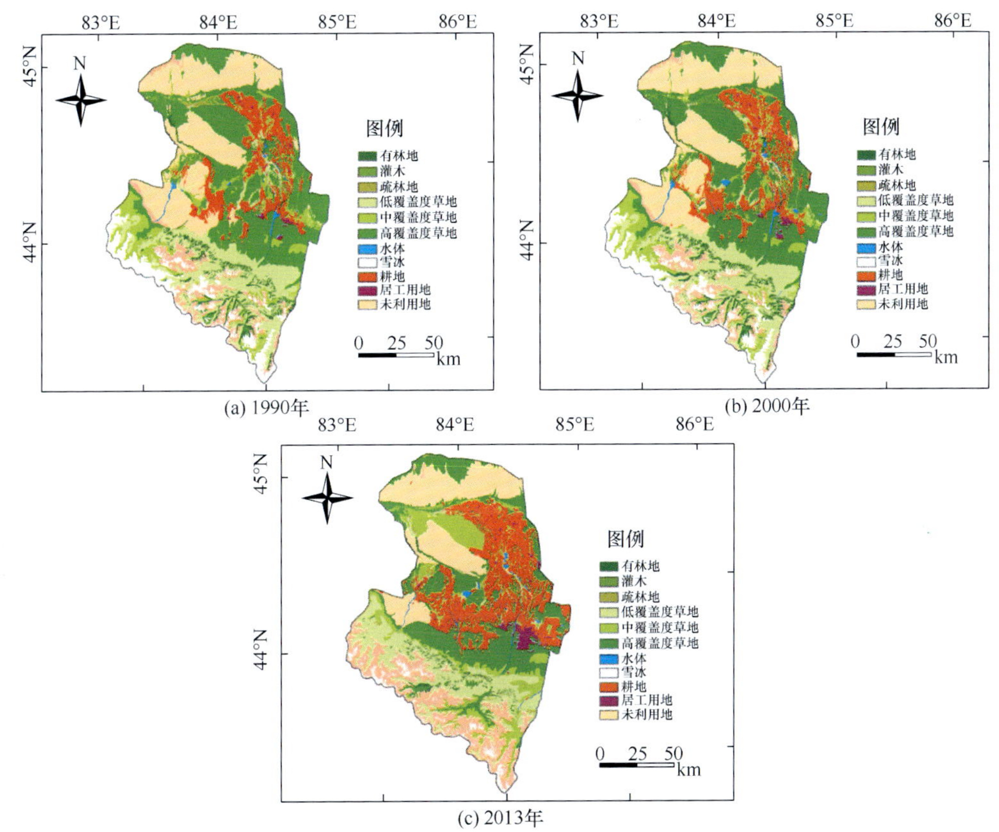

(a) 1990年　(b) 2000年　(c) 2013年

图 3.1.3　1990～2013 年奎屯河流域土地利用分布特征

4）1990～2013 年，居工用地面积增加幅度较大，多集中在以奎屯市、乌苏市及独山子区为中心的新疆经济发展的“金三角”地带，这也是城镇化进程中明显的特征。水体面积在 1990～2000 年呈增加趋势，增加约 4.8%，而在 2000～2013 年转为了减少趋势，十几年间减少了约 52.15%。

（二）奎屯河流域土地类型时空变化的转移过程

为充分掌握奎屯河流域不同时期土地利用类型的变化情况，本节利用矩阵转移分

析了 1990～2013 年各种土地类型之间的转换关系（表 3.1.7 和表 3.1.8）。在土地利用变化转移矩阵中，对角线上的数据是土地利用 / 覆盖类型没有发生改变的数量，而对角线以外的数据则表明收益（转入）、损失（转出）和各土地类型之间相互转换的轨迹。由 1990～2013 年奎屯河流域转移矩阵可以看出，近 24 年来研究区土地利用 / 土地覆被类型格局变化明显，各土地利用类型间的面积转换频繁。本节对 1990～2000 年和 2000～2013 年两个时段的土地利用类型的时空变化情况进行了分析，具体如下。

表 3.1.7　1990～2000 年奎屯河流域土地利用变化转移矩阵（单位：万 hm^2）

		1990～2000 年转出面积							
		林地	草地	水体	居工用地	未利用地	耕地	总和	转出
1990～2000 年转入面积	林地	**7.31**	1.32	0.01	0.01	0.27	0.21	9.13	1.82
	草地	1.53	**91.55**	0.37	0.31	0.95	3.55	98.26	6.71
	水体	0	0.02	**0.88**	0	0	0.01	0.91	0.03
	居工用地	0	0.02	0	**0.81**	0	0.13	0.96	0.15
	未利用地	0.24	1.35	0.06	0.02	**51.94**	0.46	54.07	2.13
	耕地	0.06	1.34	0.04	0.54	0.13	**16.56**	18.67	2.11
	总和	9.14	95.6	1.36	1.69	53.29	20.92		
	转入	1.83	4.05	0.48	0.88	1.35	4.36		

表 3.1.8　2000～2013 年奎屯河流域土地利用变化转移矩阵（单位：万 hm^2）

		2000～2013 年转出面积							
		林地	草地	水体	居工用地	未利用地	耕地	总和	转出
2000～2013 年转入面积	林地	**2.33**	5.17	0.06	0.03	1	0.58	9.17	6.84
	草地	0.98	**69.78**	0.25	1.41	8.1	15.12	95.64	25.86
	水体	0	0.21	**0.8**	0.12	0.19	0.04	1.36	0.56
	居工用地	0.004	0.05	0	**1.21**	0.003	0.42	1.687	0.477
	未利用地	0.13	11.08	0.04	0.05	**39.77**	1.56	32.63	12.86
	耕地	0.036	0.92	0.04	0.62	0.02	**19.28**	20.916	1.636
	总和	3.48	87.21	1.19	3.44	49.083	37		
	转入	1.15	17.43	0.39	2.23	9.313	17.72		

（1）林地

奎屯河流域 2000 年的林地面积为 9.13 万 hm^2，与 1990 年（9.14 万 hm^2）相比，

略微有所减少。其中，7.31 万 hm^2 的林地面积未发生变化，林地向草地转化最为频繁，转化面积为 1.32 万 hm^2。同时，有 1.83 万 hm^2 的林地面积由其他土地类型面积转换而来，包括草地（1.53 万 hm^2）、未利用地（0.24 万 hm^2）和耕地（0.06 万 hm^2）。2000～2013 年林地面积大幅减少，其中大部分转化为草地（5.17 万 hm^2），占林地面积的 56.19%。

（2）草地

奎屯河流域 2000 年的草地面积为 95.6 万 hm^2，与 1990 年（98.26 万 hm^2）相比，减少了 2.67%。其中，91.55 万 hm^2 的草地面积未发生变化，草地向林地、水体、居工用地、未利用地及耕地分别转化的面积为 1.53 万 hm^2、0.37 万 hm^2、0.31 万 hm^2、0.95 万 hm^2 和 3.55 万 hm^2。同时，有 4.05 万 hm^2 的草地面积由其他土地类型面积转换而来，包括林地（1.32 万 hm^2）、水体（0.02 万 hm^2）、居工用地（0.02 万 hm^2）、未利用地（0.24hm^2）和耕地（0.06 万 hm^2）。2000～2013 年，草地面积由 95.64 万 hm^2 下降至 87.21 万 hm^2，减少近 9.16%，其中有 15.12 万 hm^2 的草地面积转化成耕地面积，这一现象多集中在以奎屯市、乌苏市及独山子区为中心的新疆经济发展的“金三角”地带。

（3）水体

奎屯河流域内重要的水体主要包括奎屯河、四棵树河及古尔图河，同时它们也是流域重要的水资源集中地。2000 年的水体面积总和约为 1.36 万 hm^2，与 1990 年相比略微有所增加，增加的水体面积主要由其他土地类型面积转换而来，包括林地（0.01 万 hm^2）、草地（0.37 万 hm^2）、耕地（0.04 万 hm^2）和未利用地（0.06 万 hm^2）。2000 年后，水体面积开始缩减，到 2013 年减少了 15%。

（4）居工用地

奎屯河流域 1990～2013 年的居工用地面积发生了巨大变化，1990～2000 年有 0.88 万 hm^2 的居工用地面积由其他土地类型转化而来，转化幅度较大的是耕地（0.54 万 hm^2）和草地（0.37 万 hm^2）。2000～2013 年，居工用地面积进一步增加，达到 3.44 万 hm^2，其中草地是主要转入类型，有 1.41 万 hm^2，占所有转入土地类型总和的 62.9%，增加的区域主要分布在奎屯市和乌苏市周边等地。

（5）未利用地

未利用地在奎屯河流域土地类型中所占比重较大，仅次于草地。奎屯河流域 2000 年的未利用地面积总和约为 53.29 万 hm^2，与 1990 年相比，仅减少了 0.78 万 hm^2。2000～2013 年未利用地面积逐渐增加，相比 2000 年增加 3.547 万 hm^2，增加的未利用地包括林地（1 万 hm^2）、草地（8.1 万 hm^2）、水体（0.19 万 hm^2）和耕地（0.02 万 hm^2），由此可知，林地和草地的退化是未利用地面积增加的主要原因。

（6）耕地

耕地是研究区变化十分显著的土地利用类型。奎屯河流域 2000 年的耕地面积为 20.92 万 hm^2，与 1990 年（18.67 万 hm^2）相比略微有所增加，而到了 2013 年耕地面积发

生了巨大变化，较2000年相比增加16.08万hm^2，有17.72万hm^2耕地由其他土地类型转换而来，草地和未利用地是主要的转入类型，其中草地转入面积为15.12万hm^2，占整个所有土地类型转入比的85%。

（三）奎屯河流域土地利用动态度分析模型

动态度是分析土地利用空间变化的重要模型之一，它综合考虑研究时段内土地利用类型间的转移程度，用于反映研究区域土地利用变化的剧烈程度，从而在空间上找出土地利用变化的热点区域。1990～2013年，奎屯河流域耕地、林地、水体及居工用地土地利用动态度分别为0.50%、0.02%、0.20%和3.26%，说明这4种土地利用类型扩张趋势明显；草地动态度出现负值，这与其区域总体变化相一致，与此同时，未利用地动态度也出现负值，这反映1990年以来草地和未利用地都呈现不同程度的缩小。2000～2013年，耕地扩张趋势进一步加大，林地和水体的动态度发生了很大变化，变为－0.35%和－2.17%，说明林地和水体面积由之前的增长趋势变为减小趋势；草地动态度进一步减小，是因为随着农牧业与种植业的快速发展，“金三角”地区周边大量草地及未利用地被开垦为耕地；未利用地动态度由－0.07%变为0.08%，说明未利用地面积有所增长，并由其他土地类型转化而来。

第二节　典型内陆河流域景观格局变化分析

一、景观生态分类体系与指标选取

（一）景观生态分类体系

为了准确了解不同景观类型的演化，根据干旱内陆河流域景观特点，综合各流域水文地貌特征和人类管理力度，并参照《中国资源环境遥感宏观调查与动态研究》（刘纪远，1996），本节研究采用两级分类系统，共划分为7个一级类、24个二级类：其中一级类包括农田景观、林地景观、草地景观、人居景观、湿地景观、冰川雪被景观、荒漠景观，具体的景观分类见表3.2.1。

（二）分析方法指标选取

景观格局既是景观异质性的具体体现，又是各种生态过程在不同尺度上作用的结果。景观格局指数是高度浓缩的景观格局信息，也是反映景观结构组成、空间配置特征的简单量化指标。景观格局指数在时间维度上的变化反映景观格局演变趋势，这为探寻产生演变的内在机制奠定了基础。

表 3.2.1　景观分类系统

一级类	二级类	含义
农田景观	平原水田	平原地区有水源保证和灌溉设施，在一般年景能正常灌溉，用以种植水稻、莲藕等水生农作物的耕地，包括实行水稻和旱地作物轮种的耕地
	丘陵旱地	在丘陵地区无灌溉水源及设施，靠天然降水生长作物的耕地；有水源和浇灌设施，在一般年景下能正常灌溉的旱作物耕地；以种采为主的耕地；正常轮作的休闲地和轮歇地
	平原旱地	在平原地区无灌溉水源及设施，靠天然降水生长作物的耕地；有水源和浇灌设施，在一般年景下能正常灌溉的旱作物耕地；以种采为主的耕地；正常轮作的休闲地和轮歇地
林地景观	有林地	郁闭度大于 30% 的天然林和人工林。包括用材林、经济林、防护林等成片林地
	灌木林地	郁闭度大于 40%、高度在 2m 以下的矮林地和灌丛林地
	疏林地	郁闭度为 10%～30% 的稀疏林地
	其他林地	未成林、造林地、迹地、苗圃及各类园地（果园、桑等）
草地景观	高覆盖度草地	覆盖度大于 50% 的天然草地，一般水分条件较好，草被生长茂密
	中覆盖度草地	覆盖度为 20%～50% 的天然草地，一般水分条件不足，草被较稀疏
	低覆盖度草地	覆盖度为 5%～20% 的天然草地，此类草地水分条件缺乏，草被稀疏，牧业利用条件差
人居景观	城镇用地	大城市、中等城市、小城市及县镇以上的建成区用地
	农村居民用地	镇以下的居民用地
	工交建设用地	独立于各级居民点以外的厂矿、大型工业区、油田、盐场、采石场等用地，以及交通道路、机场、码头及特殊用地
湿地景观	河渠	天然形成或人工开挖的河流及主干渠常年水位以下的土地，人工渠包括堤岸
	湖泊	天然形成的积水区常年水位以下的土地
	水库	人工修建的蓄水区常年水位以下的土地
	沼泽地	地势平坦低洼、排水不畅、长期潮湿、季节性积水或常年积水，表层生长湿生植物的土地
	滩地	河湖水域平水期水位与洪水期水位之间的土地
冰川雪被景观	冰川和永久积雪地	常年被冰川和积雪覆盖的土地
荒漠景观	沙地	地表为沙覆盖、植被覆盖度在 5% 以下的土地，包括沙漠，不包括水系中的沙滩
	戈壁	地表以碎砾石为主、植被覆盖度在 5% 以下的土地
	盐碱地	地表盐碱聚集、植被稀少，只能生长强耐盐碱植物的土地
	裸土地	地表土质覆盖、植被覆盖度在 5% 以下的土地
	裸岩石砾地	地表为岩石或石砾、覆盖面积大于 50% 的土地

以栅格为基础景观格局分析方法是一种常用的空间分析方法，已被广泛用于景观格局的分析中（Abdullah and Nakagoshi，2006）。本节首先利用 ArcGIS 平台的 Conversion tools 模块将各时段矢量数据转换成 50m×50m 的栅格，然后采用目前国际上流行的景观空间格局分析软件包 FragStats（栅格版），最后在分析景观结构和空间异质性变化的基础上探寻景观格局在时间上的变化规律。FragStats 是由美国俄勒冈州州立大学森林科学系开发的一个景观格局分析软件，具有强大的分析计算功能，可以计算出许多个景观指数，这些指数可以分为斑块水平指数、斑块类型水平指数和景观水平指数（McGarigal and Cushman，2002）。斑块水平指数反映景观中单个斑块的结构特征，包括斑块的大小、形状、周长等，也是计算其他景观水平指标的基础；斑块类型水平指数反映景观中不同斑块类型各自的结构特征，包括各种斑块类型的斑块密度、大小、周长等；景观水平指数反映景观的整体结构特征，包括景观的多样性、镶嵌性、破碎度、优势度等（邬建国，2007）。这些景观指数之间有些具有高度的相关性，只是侧重面有所不同，因而使用者在全面了解每个指标所指征的生态意义及其所反映的景观结构侧重面的前提下，可以依据各自研究的目标和数据的来源与精度来选择合适的指标与尺度。其中，斑块水平指数对于了解整个景观的结构所具有的解释价值并不大，往往只作为计算其他景观指数的基础（邬建国，2007）。因此，根据研究区特点和研究需要，本节筛选了部分典型的景观指数，只选取斑块类型水平指数和景观水平指数两个层次对景观格局的变化进行对比分析。

1．斑块类型水平指数

本章在研究斑块类型水平时，选择景观类型百分比（percent of landscape，PLAND）、斑块密度（patch density，PD）、斑块平均面积（mean patch size，MPS，其中 i 类景观的斑块平均面积表示为 MPS_i）、最大斑块指数（largest patch index，LPI）、边界密度（edge density，ED）和景观形状指数（landscape shape index，LSI）共 6 个指数进行分析；在研究斑块类型指数时空差异时，选择斑块平均面积、最大斑块指数和景观形状指数 3 个指数，各个指数的生态学意义和公式的表达式如下。

（1）景观类型百分比

景观类型百分比是景观中某类斑块的面积占整个景观面积的百分率，是确定景观中基质或优势景观元素的依据之一（McGarigal and Cushman，2002）。

$$\mathrm{PLAND}=p_i=\frac{\sum_{j=1}^{n}a_{ij}}{A}\times 100 \tag{3.2.1}$$

式中，A 为景观类型的总面积（余同）；a_{ij} 为第 i 类景观类型第 j 个斑块的面积（余同）。

（2）斑块密度

斑块密度表示每 100 公顷面积中某类景观类型斑块数目所占的比例，反映景观的破碎化程度，同时反映景观空间异质性程度。斑块密度值越大，表明一定面积上异质景观要素斑块数量越多；斑块规模小，破碎化程度越大，空间异质性程度越大（McGarigal and Cushman，2002）。

$$\mathrm{PD}=\frac{n_i}{A}\times 10\ 000\times 100 \tag{3.2.2}$$

（3）斑块平均面积

斑块平均面积是景观中某类景观要素斑块面积的算术平均值，反映了该类景观要素斑块规模的平均水平，用于描述景观粒度，在一定意义上揭示景观破碎化程度（赵敏慧等，2005）。斑块平均面积可以指征景观类型的破碎化程度，在斑块类型级别上，一个具有较小斑块平均面积值的斑块类型比一个具有较大斑块平均面积值的斑块类型更破碎。

$$\mathrm{MPS}_i=\frac{\sum_{j=1}^{n}a_{ij}}{n_i}\times\frac{1}{10\ 000} \tag{3.2.3}$$

（4）最大斑块指数

最大斑块指数是某一景观要素的最大斑块占整个景观面积的比例，最大斑块指数有助于确定景观的规模或优势类型等。最大斑块指数显示最大斑块对整个类型或者景观的影响程度，即一个土地利用分区中的最优势类型对整个土地利用格局的影响程度（阳柏苏等，2006）。

$$\mathrm{LPI}=\frac{\max_{j=1}^{n}(a_{ij})}{A}\times 100 \tag{3.2.4}$$

（5）边界密度

边界密度反映了土地类型斑块形状的简单程度。边界密度越小，单位面积上边界长度的数量越小，形状越简单。反之，形状越复杂。同时边界密度越大，表明景观（类型）的边缘效应越显著，开放性越强，易于同周围斑块的物质能量流通（方从刚等，2006）。

$$\mathrm{ED}=\frac{\sum_{k=1}^{m}e_{ik}}{A}\times 10\ 000 \tag{3.2.5}$$

式中，e_{ik} 表示 i 类斑块第 k 个斑块的周长。

（6）景观形状指数

斑块的形状具有重要的生态学意义，对生物的扩散和物质能量的迁移具有重要的影响，斑块形状多样性是景观斑块多样性的重要组成（刘茂松和张明娟，2004），主要反映斑块形状的复杂程度，它是景观空间格局中一个很重要的特征，对于研究功能如景观中物质的扩散、能量的流动和物质的转移等情况有重要的意义（郑树峰等，2015）。景观形状指数值越大，说明景观中不同斑块类型的集合程度越低。

$$\mathrm{LSI}=\frac{e_i}{\min e_i} \tag{3.2.6}$$

式中，LSI≥1；e_i 为景观类型 i 所有斑块的周长；$\min e_i$ 为景观类型 i 最小周长；LSI≥1。

2．景观水平指数

在综合考虑研究区特点的基础上，结合土地利用分类体系等实际情况，在景观水平上选择斑块数量（number of patches，NP）、斑块平均面积、香农－维纳多样性指数（Shannon's diversity index，SHDI，也称为景观多样性指数）、香农均匀度指数（Shannon's evenness index，SHEI，也称为景观均匀度指数）、景观优势度指数（RD）、景观破碎度指数（FN）和蔓延度指数（CONTAG）共 7 个指数来分析整个景观的格局变化，在景观水平指数时空分异研究时选择景观多样性指数、景观优势度指数、蔓延度指数和景观破碎度指数 4 个指数，各个指数的生态学意义和公式的表达式如下。

（1）斑块数量

斑块数量是整个景观中各类型斑块数量的总和。取值范围 NP≥1，无上限。斑块数量反映景观的空间格局，经常被用来描述整个景观的异质性，其值的大小与景观的破碎度也有很好的正相关性，一般规律是斑块数量多，破碎化程度高；斑块数量少，破碎化程度低。

$$\mathrm{NP}=N \tag{3.2.7}$$

式中，N 为景观中各类型斑块数量的总和。

（2）斑块平均面积

斑块平均面积是景观中所有斑块面积的算术平均值，反映了景观斑块规模的平均水平，用于描述景观粒度，在一定意义上揭示景观破碎化程度。斑块平均面积指征景观的破碎程度，在景观级别上一个具有较小斑块平均面积值的景观比一个具有较大斑块平均面积值的景观更破碎。反映人类活动对景观的干扰强度，人类干扰强度越大的地区斑块面积相对较小，人类干扰强度小的地区斑块面积相对较大（周华锋和马克明，1999）。

$$\mathrm{MPS}=\frac{\sum_{i=1}^{m}\sum_{j=1}^{n}a_{ij}}{N}\times\frac{1}{10\ 000} \tag{3.2.8}$$

（3）景观多样性指数

本章研究采用景观多样性指数来计算景观多样性，该指标能反映景观异质性，可以反映景观要素的多少和各类景观所占比例的变化，特别对景观中各斑块类型非均衡分布状况较为敏感，即强调稀有斑块类型对信息的贡献。在比较和分析不同景观或同一景观不同时期的多样性与异质性变化时，景观多样性指数也是一个敏感指标。例如，在一个景观系统中，土地利用越丰富，破碎化程度越高，其不定性的信息含量也越大，计算出的景观多样性指数值也就越高（丁圣彦和梁国付，2004）。当景观多样性指数为0时，整个景观仅由一种斑块类型组成；随着景观多样性指数的增加，斑块类型增加或各斑块类型在景观中呈均衡化趋势分布，景观结构组成的复杂性也趋于增加。

$$SHDI=-\sum_{i=1}^{m}P_i\ln P_i \tag{3.2.9}$$

式中，P_i 为第 i 类景观类型面积占景观总面积的比例，且 $P_i=\sum_{j=1}^{n}a_{ij}/A$。SHDI 值越大，景观类型越丰富，各类型面积均匀程度越高，景观多样性越大。

（4）景观均匀度指数

景观均匀度指数是比较不同景观或同一景观不同时期多样性变化的一个有力手段。景观均匀度指数值的大小，反映了景观类型所分布的均匀程度，当景观均匀度指数趋于1时，景观斑块分布的均匀程度亦趋于最大。在土地利用研究中，景观均匀度指数反映一个区域中不同土地类型分布的均匀程度，景观均匀度指数低的地区，土地类型少且有占支配地位的类型，景观均匀度指数高的地区，土地类型分布均匀（尹昌应等，2008）。

$$SHEI=\frac{-\sum_{i=1}^{m}P_i\ln P_i}{\ln m} \tag{3.2.10}$$

式中，m 为景观中斑块类型的数量。

（5）景观优势度指数

景观优势度指数反映整体景观格局受一种或者少数几种景观要素控制的程度。景观优势度的大小表示景观多样性对最大多样性的偏离程度，景观中某类景观要素优势度越高，则景观受该类景观要素控制程度越高；相反，如果不存在明显占优势的景观要素，则表明景观具有较高的异质性（丁圣彦和梁国付，2004）。

$$RD=SHDI_{max}+\sum_{i=1}^{m}P_i\ln P_i \tag{3.2.11}$$

式中，$SHDI_{max}$ 为最大多样性指数，其值为 ln$m$。

（6）景观破碎度指数

景观破碎化是景观的一个重要特征。景观破碎度指数反映景观被分割的破碎程度，即景观内某一景观类型在给定的时间和给定的性质上的破碎化程度，是景观异质性的一个重要组成，其破碎化的程度与人类活动密切相关，与景观格局、功能和过程密切联系，又与自然资源保护密切相关（刘丹，2007）。土地利用的景观破碎度指数是描述土地利用被分割的程度，在一定程度上揭示了人类活动对土地利用的影响。

$$FN=(NP-1)/MPS \tag{3.2.12}$$

（7）蔓延度指数

蔓延度指数描述的是景观内不同斑块类型的团聚程度或延展趋势。蔓延度指数包

含空间信息，是描述景观格局的最重要的指数之一。一般而言，高蔓延度指数说明景观中的某种优势斑块类型形成了良好的连接性；反之，则表明景观是具有多种要素的密集格局，景观的破碎化程度较高（张银辉等，2005）。

$$\text{CONTAG}=\left[1+\frac{\sum_{i=1}^{m}\sum_{k=1}^{m}\left[P_i\left(\frac{g_{ik}}{\sum_{k=1}^{m}g_{ik}}\right)\right]\left[\ln P_i\left(\frac{g_{ik}}{\sum_{k=1}^{m}g_{ik}}\right)\right]}{2\ln m}\right]\times 100 \qquad (3.2.13)$$

式中，g_{ik} 为斑块类型 i 和斑块类型 k 之间所有邻接的栅格数目（包括景观 i 中所有邻接的栅格数目）。

二、各典型流域景观格局变化分析

（一）塔里木河干流

1．斑块类型水平上景观格局动态分析

（1）景观类型百分比分析

由图 3.2.1 可以看出，塔里木河干流是以草地和荒漠景观为基质的区域。在整个研究时间段，荒漠景观、农田景观、林地景观和人居景观所占的比例持续增加，草地

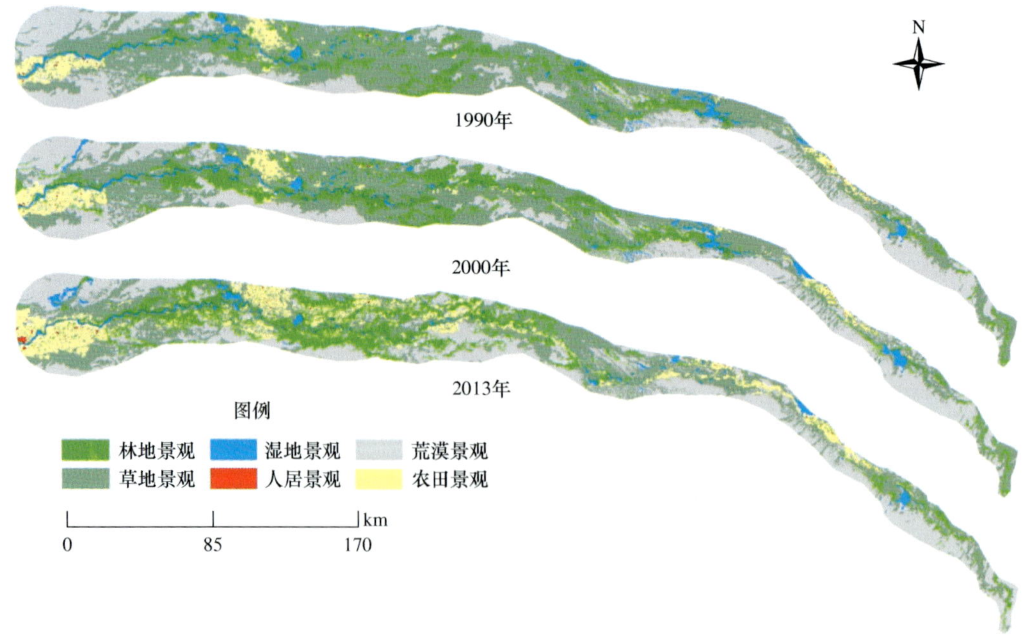

图 3.2.1　1990～2013 年塔里木河干流的景观格局演变

景观持续下降，湿地景观呈现出先增后减的趋势（图 3.2.2）。随着人口增长和经济的发展，塔里木河干流的草地景观面积明显减少，而农田和人居景观面积持续增加，由此可以反映出农业是塔里木河干流区重要的经济活动（Jiang et al. ，2005），同时农田和人居景观的持续增加也说明人类活动是农业景观变化的主要驱动因素（Fu et al.，2006）。

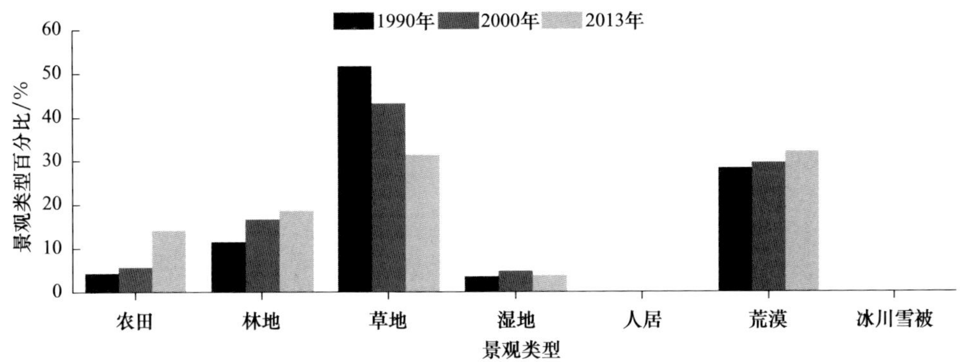

图 3.2.2　1990～2013 年塔里木河干流的景观类型百分比

（2）斑块密度和斑块平均面积分析

在整个塔里木河干流，各景观类型的斑块密度均呈不同程度的增加趋势（图 3.2.3）。从斑块平均面积看，流域内草地和荒漠景观的斑块平均面积最大（图 3.2.4），但在研究时段内呈快速减小的趋势。塔里木河干流是以草地和荒漠为基质的景观类型区域，在自然因素和人类活动的双重作用下，各景观类型的斑块密度均增加而斑块平均面积减小，破碎化程度增大，特别是草地破碎化程度增加更是明显。

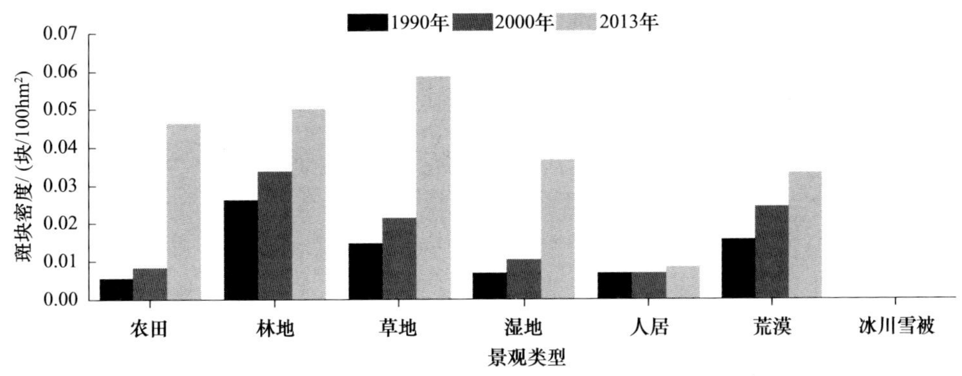

图 3.2.3　1990～2013 年塔里木河干流的斑块密度

（3）最大斑块指数分析

在塔里木河干流，草地的最大斑块指数最大，其次为荒漠景观（图 3.2.5）。从变化

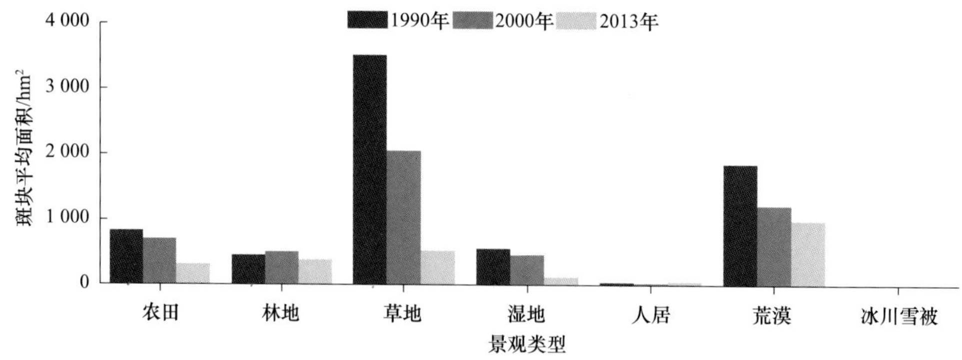

图 3.2.4　1990～2013 年塔里木河干流的斑块平均面积

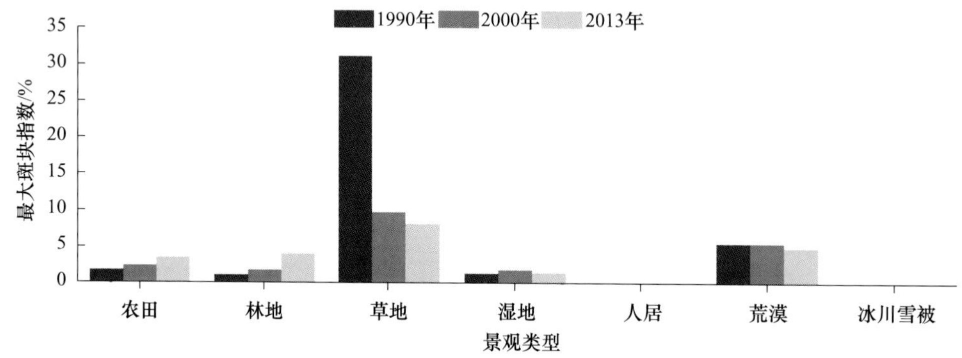

图 3.2.5　1990～2013 年塔里木河干流的最大斑块指数

趋势可知，最大斑块指数增加最大的是林地，2013 年与 1990 年相比增加了 2.80%；其次为农田景观，增加了 1.57%；最大斑块指数减小最大的是草地，下降了 22.96%。这说明在塔里木河干流，整个研究时段内优势景观类型为草地景观和荒漠景观，但随着人类活动的影响，农田景观和人居景观等景观的优势度逐渐增加，草地景观和荒漠景观的优势度逐渐降低。

（4）边界密度分析

在塔里木河干流区域，草地景观和荒漠景观是优势景观类型，故边界密度值较大，而林地景观是沿河岸分布的，其形状不规则，较为复杂，故边界密度值较大，其他景观类型的边界密度也呈增加趋势（图 3.2.6）。这表明塔里木河干流在人类活动和自然作用的双重影响下，各景观类型单位面积的边界长度增加，斑块的形状更加不规则，趋于复杂化。

2．景观水平上景观格局动态分析

（1）斑块数量和斑块平均面积分析

从图 3.2.7 可以看出，在景观水平上，塔里木河干流景观斑块数量相对较少，斑块粒度较粗，斑块平均面积较大，且在整个研究时段内，斑块数量持续增加，由 1990

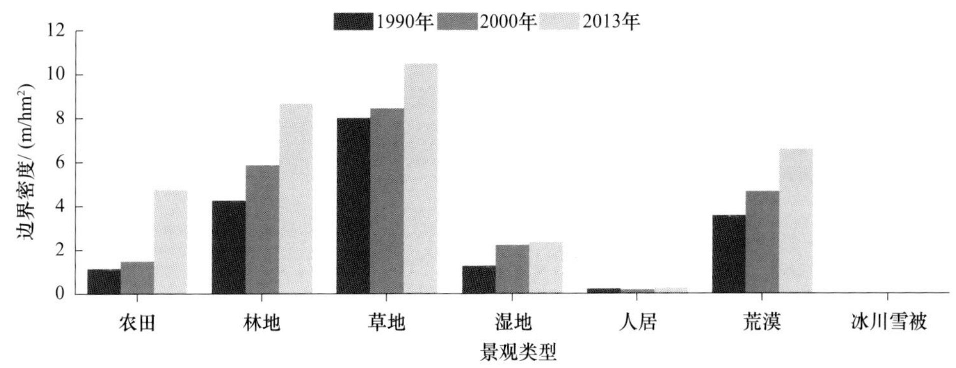

图 3.2.6　1990～2013 年塔里木河干流的边界密度

年的 1 625 块增加到 2013 年的 5 011 块，而斑块平均面积持续减少，由 1 326.03hm^2 减少到 430.01hm^2。这说明在自然作用和人类活动的双重作用下，塔里木河干流的破碎化程度逐渐增加。

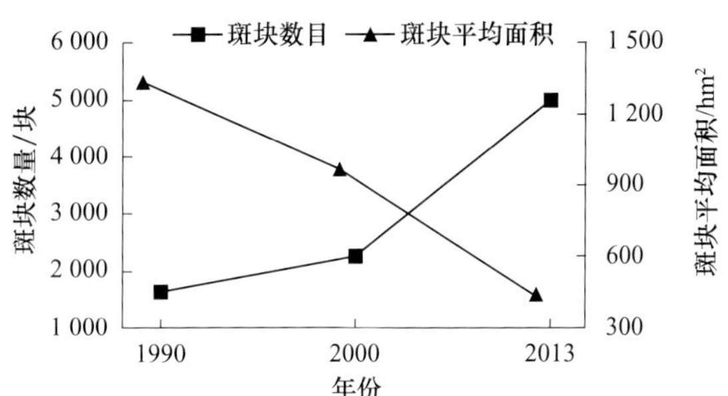

图 3.2.7　1990～2013 年塔里木河干流的斑块数量和斑块平均面积

（2）景观空间结构分析

塔里木河干流景观多样性指数和均匀度指数持续增大，与其相对应的是优势度指数持续下降（表 3.2.2）。多样性指数和均匀度指数的增大，说明人类活动不断增强，人类对自然景观的影响逐渐增大，各景观类型所占比例差异减少，景观的异质性程度和景观结构的复杂性加大。优势度指数的降低，表明研究区支配整个土地利用的景观类型与其他景观类型所占比例的差异减少，景观结构趋于均匀。多样性指数的增加和优势度指数的降低主要是受人类活动的加强，以及自然因素的综合作用影响，使塔里木河干流在研究初期占优势地位的草地斑块面积减少，农田景观和人居景观面积增加，侵占了大量的草地，自然环境的整体结构被打破，造成原先景观基质中的草地景观所占比例降低，对整个景观的控制支配作用减少。

表 3.2.2　塔里木河干流不同时期的多样性指数、均匀度指数和优势度指数

年份	SHDI	SHEI	RD
1990	1.218 2	0.679 9	0.573 5
2000	1.337 1	0.746 3	0.454 5
2013	1.458 2	0.813 9	0.333 4

（3）景观破碎度分析

从图 3.2.8 可以看出，塔里木河干流景观整体的破碎化程度较低，景观整体比较

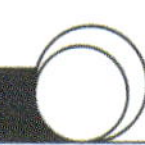

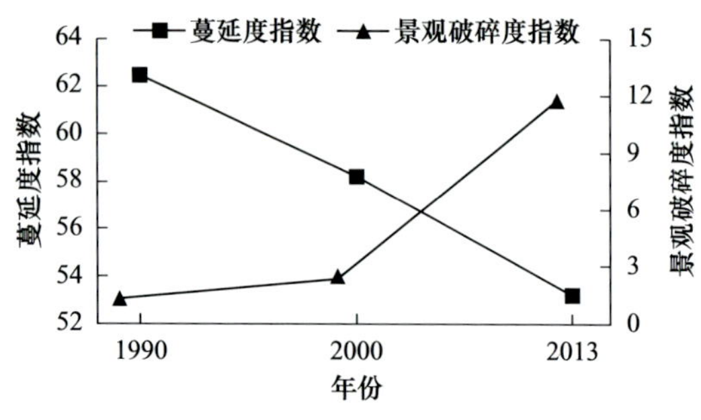

图 3.2.8 塔里木河干流不同时期景观的破碎度指数和蔓延度指数

完整。1990～2013 年，研究区内景观的破碎化指数增加了 10.43，景观破碎化程度提高，少数大斑块瓦解，小斑块数量增多，景观变得破碎化。其主要原因是，农田景观、人居景观等对草地的侵占，以及公路、渠道等人工设施对原有的大斑块（如草地和荒漠）的切割变为小型斑块，从而导致了土地整体的破碎程度增加，自然环境的整体结构被打破。整个流域景观的蔓延度指数持续下降，说明景观的空间连接性下降，景观要素类型空间分布不均衡，优势斑块类型的比例下降，其他几种斑块类型的优势度增加，斑块分布更为分散，并混合在一起。

（二）奎屯河流域

1．斑块类型水平上景观格局动态分析

（1）景观类型百分比分析

奎屯河流域的景观要素基本保持着以草地景观和荒漠景观为基质的景观特征（图 3.2.9）。在研究时段内，奎屯河流域景观发生了不同程度的变化，农田景观、人居景观和湿地景观呈增加趋势，分别增加了 9.61%、1.32% 和 2.88%，草地景观、林地景观、冰川雪被景观持续减小（图 3.2.10）。这反映出奎屯河流域随着人类对环境作用的

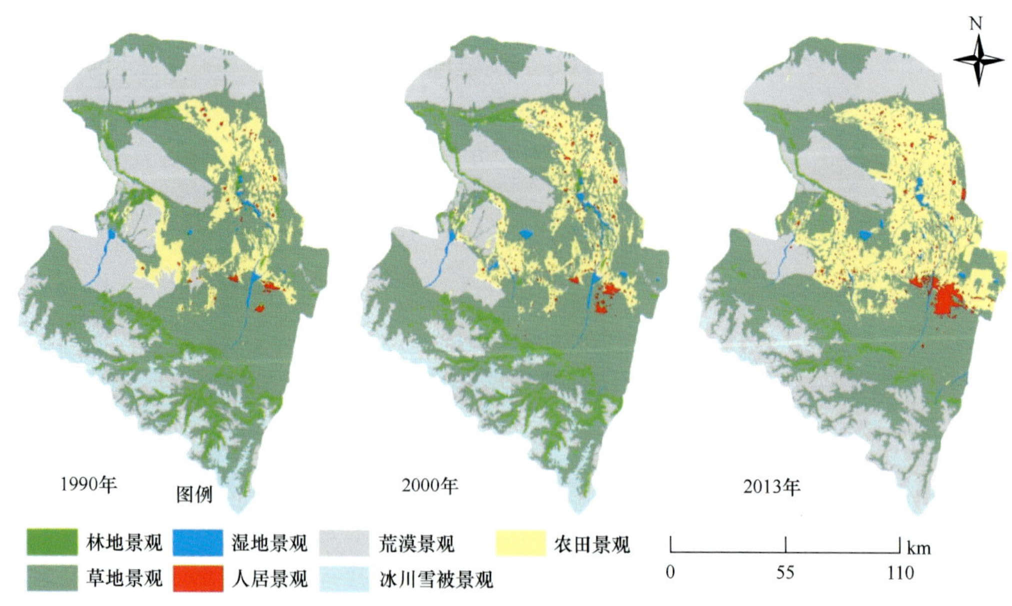

图 3.2.9 1990～2013 年奎屯河流域的景观格局演变

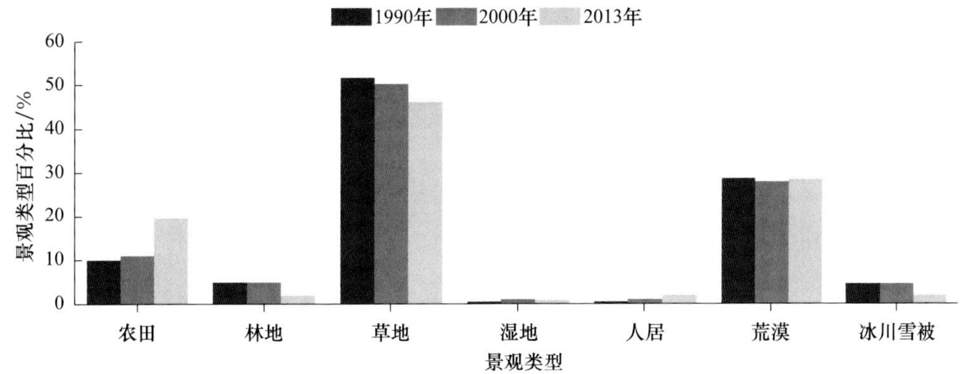

图 3.2.10　1990～2013 年奎屯河流域的景观类型百分比

加剧，农田景观和人居景观面积不断扩大，导致原先以草地和荒漠景观为基质的景观格局发生了变化，同时也反映出农业是流域重要的经济活动，林地景观、草地景观和冰川雪被景观面积的减少说明奎屯河流域土地的开发活动日益加剧，导致奎屯河流域生态系统的服务功能的下降，使该流域生态环境趋于恶化（魏艳敏等，2010）。

（2）斑块密度和斑块平均面积分析

从图 3.2.11 和图 3.2.12 可以看出，奎屯河流域草地景观和荒漠景观的斑块平均面积最大，反映出整个流域是以荒漠景观和草地景观为基质的景观类型区域。在变化趋势上，除荒漠景观外，其他景观类型的斑块平均面积呈下降趋势而斑块密度趋于增加，各景观类型的破碎化程度增加。由此可以看出，整个奎屯河流域的景观格局发生了明显的改变，人为因素对环境的影响不断加剧，原先偏自然的景观生态结构不断向偏人工景观生态结构演变。

（3）最大斑块指数分析

从图 3.2.13 可以看出，草地景观和荒漠景观的最大斑块指数最高，特别是草地景观呈减小趋势，同时，农田景观和人居景观呈不断增加趋势，反映出在奎屯河流域，优势景观类型为草地景观和荒漠景观，但随着流域土地利用开发的加强，人类活动的对环境影响的加剧，农田景观的优势度逐渐增加，草地景观、林地景观和冰川雪被景观等自然景观的优势度逐渐降低。

（4）边界密度分析

在奎屯河流域，草地景观、荒漠景观和农田景观在景观中所占的比重较大，因此边界密度较大。在研究时段内，除林地景观和冰川雪被景观外，其他景观类型的边界密度均呈增加趋势（图 3.2.14）。这反映出奎屯河流域在人类活动的影响下，各景观类型单位面积的边界长度增加，斑块的形状更加不规则，趋于复杂化，破碎度增加。

2．景观水平上景观格局动态分析

（1）斑块数量和斑块平均面积分析

在景观水平上，奎屯河流域斑块数目呈现出持续增加的趋势，而斑块平均面积呈

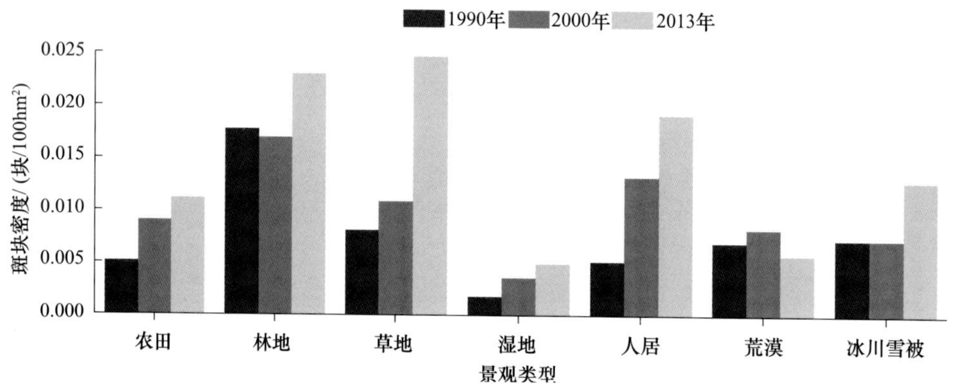

图 3.2.11　1990～2013 年奎屯河流域的斑块密度

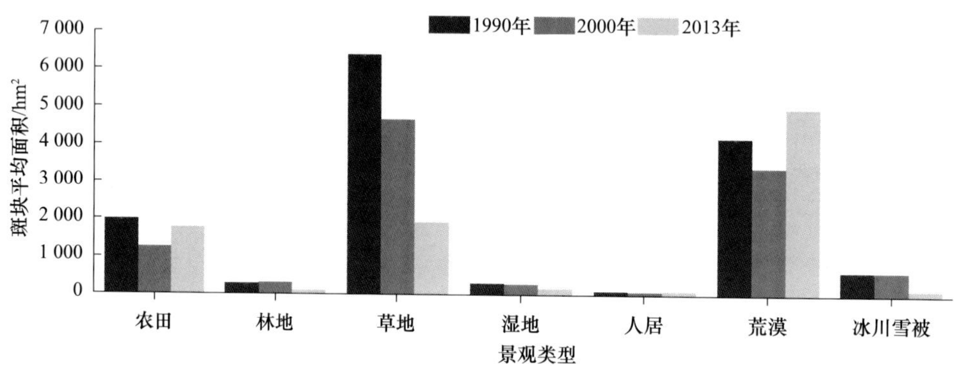

图 3.2.12　1990～2013 年奎屯河流域的斑块平均面积

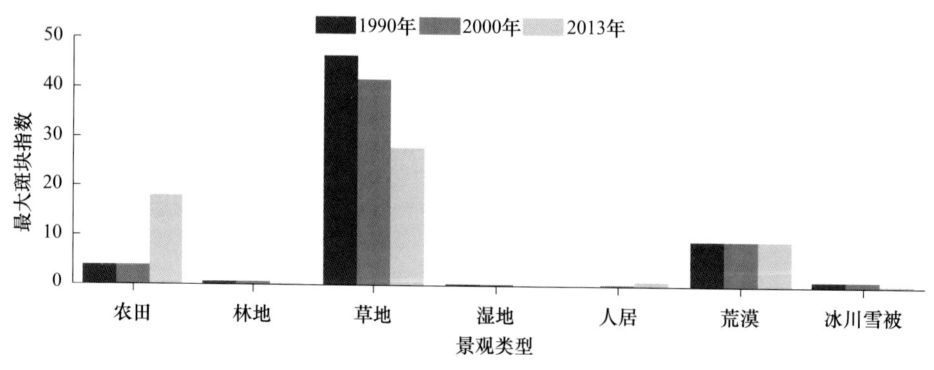

图 3.2.13　1990～2013 年奎屯河流域的最大斑块指数

持续下降的趋势（图 3.2.15）。这反映出在研究时段内，由于人为因素和自然因素共同作用，奎屯河流域的破碎化程度不断增大。

（2）景观空间结构变化分析

在研究时段内，奎屯河流域多样性指数和均匀度指数呈现先增加后减少的趋

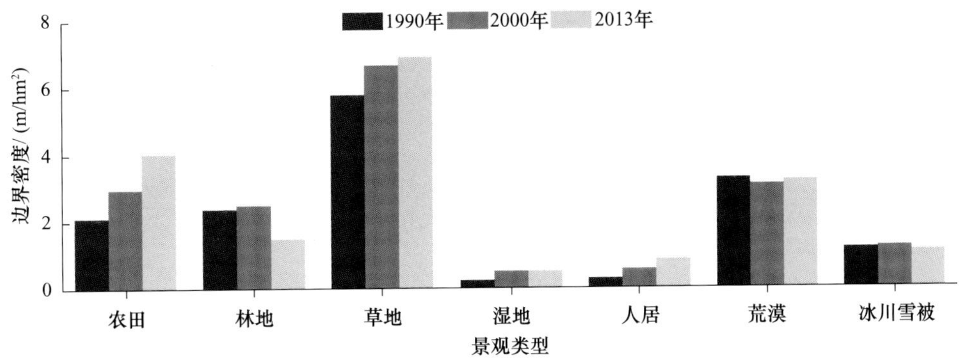

图 3.2.14 1990～2013 年奎屯河流域的边界密度

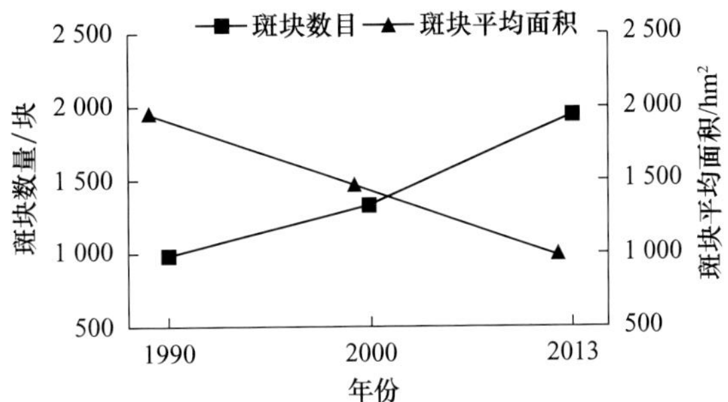

图 3.2.15 1990～2013 年奎屯河流域的斑块数量和斑块平均面积

势，优势度指数是先减后增的趋势（表 3.2.3）。1990～2000 年，景观多样性指数和均匀度指数的增加，说明奎屯河流域的人类活动不断增强，而人类对自然景观的影响逐渐增大，这导致农田、人居和湿地景观的增加，草地和荒漠等优势景观比例减小，各景观类型所占比例差异减小，景观的异质性程度和景观结构的复杂性加大。2000～2013 年，景观多样性指数和均匀度指数下降，优势度增加，反映了在这一阶段人类在对奎屯河流域土地开发利用过程中，农田面积不断扩大，且连片分布，人为干扰破坏了生态原先的平衡，优势景观类型逐渐转变为农田景观，使得优势度增加，景观异质性降低。

表 3.2.3 奎屯河流域不同时期景观多样性指数、景观均匀度指数和景观优势度指数

年份	SHDI	SHEI	RD
1990	1.262 5	0.648 8	0.683 4
2000	1.314 2	0.675 4	0.631 6
2013	1.289 3	0.662 6	0.652 5

（3）景观破碎度分析

通过景观破碎化分析，可以了解景观生态系统的稳定性及人类活动对景观的影响。从图 3.2.16 中可以看出，奎屯河流域的破碎化程度在整个研究时间段呈现出持续增加的趋势，反映出农业是奎屯河流域重要的经济活动，人类不断地开垦耕地，不仅导致原先草地、林地等景观类型面积的减少，还导致草地、林地、荒漠和冰川等大的斑块被分解演化为小的斑块。景观的破碎化程度加剧。

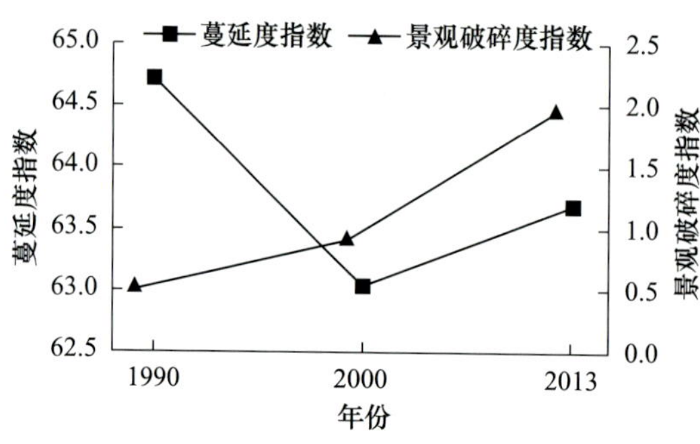

图 3.2.16　奎屯河流域不同时期的景观破碎度指数和蔓延度指数

在整个研究时段，奎屯河流域的蔓延度指数呈现出先减小后增加的趋势。1990～2000 年，奎屯河流域的蔓延度指数下降了 1.69，主要是这一时段，大量的草地和荒漠景观转变为农田，使优势景观类型草地和荒漠的连通性减低；而 2000～2013 年，奎屯河流域的蔓延度指数增加了 0.66，反映了奎屯河流域农田景观的不断增加且连片分布，逐步转换为优势景观类型，使景观的团聚程度或延展趋势提高。

三、景观格局变化的生态环境效应

（一）景观格局演变的干扰强度分析

1. 研究方法

人为干扰可以改变流域内景观格局与生态过程，同样不同的景观类型也反映出不同的人类开发利用强度。为制定适用于塔河流域和奎屯河流域的景观分类系统，本章结合《土地利用现状分类》(GB/T 2010—2017)，以及对干旱区干扰度的相关研究成果（贡璐，2009；李程程等，2012)，综合考虑研究区的土地利用现状，最终确定 18 种景观类型（表 3.2.4）。再对 18 种景观类型进行生态干扰度指数赋值（陈爱莲等，2010），将 18 种景观类型分为 3 种干扰类型，即无干扰型、半干扰型、全干扰型。其中，无干扰型或全干扰景观分别指几乎无人为干扰或干扰度很强的景观，并非完全无人为干扰或全人为干扰的景观。

表 3.2.4　景观类型人为干扰度赋值表

一级类型	二级类型	含义	干扰度指数
全干扰型（人造地物）	城镇用地	指大、中、小城市及县镇以上建成区用地	0.95
	农村居民点	指镇以下的居民点用地	0.95
	工交建设用地	指独立于各级居民点以外的厂矿、大型工业区、油田、盐场、采石场等用地，以及交通道路、机场、码头及特殊用地	0.99
半干扰型（人为、自然作用参半）	滩地	指河湖水域平水期水位与洪水期水位之间的土地	0.63
	耕地	水田、旱地	0.54
	湖泊	指天然形成的积水区常年水位以下的土地	0.3
	水库坑塘	指人工修建的蓄水区常年水位以下的土地	0.3

续表

一级类型	二级类型	含义	干扰度指数
半干扰型（人为、自然作用参半）	戈壁	指地表以碎砾石为主，植被覆盖度在5%以下的土地	0.33
	盐碱地	指地表盐碱聚集，植被稀少，只能生长耐盐碱植物的土地	0.38
无干扰型（几乎无人为干扰）	林地	林地、灌木林地、疏林地、其他林地	0.11
	草地	高覆盖度草地、中覆盖度草地、低覆盖度草地	0.24
	河渠	指天然形成或人工开挖的河流及主干渠常年水位以下的土地，人工渠包括堤岸	0.23
	永久性冰川雪地	指常年被冰川和积雪所覆盖的土地	0.1
	沙地	指地表为沙覆盖，植被覆盖度在5%以下的土地，包括沙漠，不包括水系中的沙滩	0.08
	沼泽地	指地势平坦低洼，排水不畅，长期潮湿，季节性积水或常积水，表层生长湿生植物的土地	0.15
	裸土地	指地表土质覆盖，植被覆盖度在5%以下的土地	0.08
	裸岩石砾地	指地表为岩石或石砾，其覆盖面积大于5%以下的土地	0.08
	其他	指其他未利用地，包括高寒荒漠、苔原等	0.06

在此基础上，进一步分析人为干扰指数（human disturbance index，HDI），根据已有研究结果（孙永光等，2012），确定HDI<0.3为无干扰；0.3≤HDI≤0.75为半干扰；HDI>0.75为全干扰。通过干扰指数先对不同的流域的干扰情况做出时间和空间上的分析，之后通过人为干扰度指数模型，对各流域的干扰强度进行对比分析。人为干扰度模型公式如下：

$$\mathrm{HDI}=\sum_{i=0}^{N} A_i P_i / A_j \tag{3.2.14}$$

式中，HDI表示研究区总的人为干扰度；n为景观类型的数量；A_i为研究区第i种景观类型的面积；A_j为景观总面积；P_i为第i种景观类型所反映的干扰度指数（陈鹏等，2014）。

2．塔里木河干流人为干扰度时空动态

塔里木河干流在1990～2013年人为干扰的面积变化呈现增加的趋势（表3.2.5）。1990～2000年全干扰型的面积不断减少，面积减少了495.42hm^2，2000～2013年全干扰型的面积出现了明显增加，面积增加了3 292.16hm^2。1990～2013年半干扰型的面积呈现出持续增加趋势，1990～2000年和2000～2013年这两个时段分别增加了0.38%和9.95%。1990～2013年无干扰型的面积在研究时段内呈现出持续减少的趋势，其中1990～2000年减少了7 852.37hm^2，2000～2013年减少了217 588.9hm^2。反映了塔里木河干流流域在研究时段由于人为干扰程度的提升，无干扰型的面积持续减少，半干扰型和全干扰型的面积不断增加。

表 3.2.5　塔里木河干流干扰类型面积统计

干扰类型	1990 年		2000 年		2013 年	
	面积 /hm^2	比例 /%	面积 /hm^2	比例 /%	面积 /hm^2	比例 /%
无干扰型	1 860 604.50	86.35	1 852 752.13	85.98	1 635 163.64	75.89
半干扰型	290 794.08	13.50	299 139.69	13.88	513 432.01	23.83
全干扰型	3 390.97	0.16	2 895.55	0.13	6 191.71	0.29

图 3.2.17 反映出塔里木河干流干扰类型在空间上的变化状况。由图 3.2.17 可以看出，全干扰型多零星分布在流域的上游。全干扰型的用地类型主要是城镇用地和农村居民点用地（表 3.2.6）。半干扰型的用地类型集中分布在流域的西部，在流域中部和流域下游也有零星分布，半干扰型的主要用地类型为耕地和盐碱地，其中 1990～2013 年耕地在持续增加，盐碱地逐渐减少，这反映出研究区随着人口的增加，农业用地不断扩张，同时老灌区盐渍化耕地经过不断治理改造，其盐渍化危害程度明显减弱，耕地盐渍化呈脱盐趋势，盐碱化的耕地在逐渐地减少（乔木等，2011）。无干扰型在塔里木河流域内分布较广，1990 年和 2000 年主要集中分布在塔里木河流域中部，2013 年主要集中分布在塔里木河流域的下游。其主要用地类型为林地、草地和沙地。其中林地和沙地的面积持续增加，这反映出塔河干流受人类活动的干扰，促使人工绿洲替代天然绿洲（雍会，2011），从而使干扰类型的面积不断扩大。

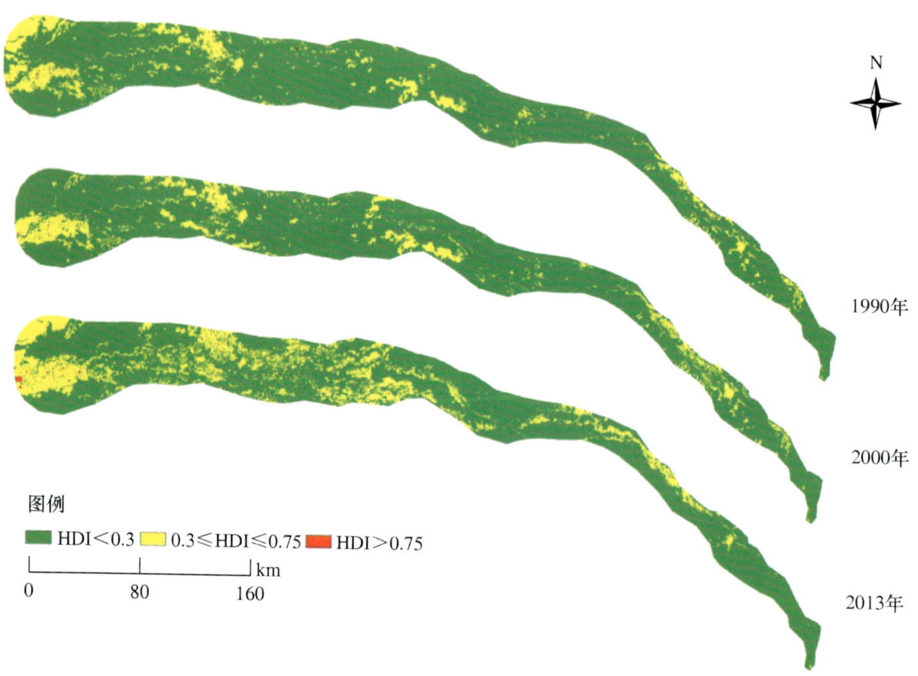

图 3.2.17　不同年份塔里木河干流人为干扰度

表 3.2.6　塔里木河干流不同年份人为干扰度指数景观类型面积百分比（单位：%）

干扰类型	景观类型	面积百分比		
		1990 年	2000 年	2013 年
无干扰型	林地	13.32	19.47	24.54
	草地	59.92	50.24	40.98
	河渠	1.00	1.57	1.05
	沙地	24.33	26.85	31.69
	沼泽地	1.41	1.81	1.73
	裸土地	0.03	0.05	0.01
半干扰型	耕地	33.57	41.26	59.41
	湖泊	2.46	2.29	1.55
	水库坑塘	6.47	6.72	2.21
	滩地	2.68	3.39	3.24
	戈壁	—	—	7.42
	盐碱地	54.83	46.33	26.18
全干扰型	城镇用地	—	5.88	28.22
	农村居民点	100.00	94.09	71.77

3．奎屯河流域人为干扰度时空动态

1990～2013 年奎屯河流域人为干扰程度总体上呈现增加的趋势（表 3.2.7）。如表 3.2.8 所示；在 1990～2013 年研究时段内，全干扰型呈持续增长的态势，1990～2000 年全干扰型的面积增加了 7 443.83hm^2，2000～2013 年增加了 17 596.20hm^2。半干扰型面积在研究时段持续增加，相比 1990 年，2013 年半干扰型面积增加了 5.7%。无干扰型面积在研究时段持续减少，相比 1990 年，2013 年无干扰型下降了 7.0%。这反映出奎屯河流域在研究期人类的开发利用强度不断提升，促使半干扰型和全干扰型的面积在不断的扩张。

表 3.2.7　1990～2013 年奎屯河人为干扰度指数景观类型面积百分比（单位：%）

干扰类型	景观类型	面积百分比		
		1990 年	2000 年	2013 年
无干扰型	林地	10.07	10.15	12.50
	草地	65.30	66.99	64.49
	永久性冰川雪地	0.02	0.03	—
	沙地	9.86	11.04	18.80
	裸土地	11.60	8.24	0.59
	裸岩石砾地	3.14	3.54	3.61

续表

干扰类型	景观类型	面积百分比		
		1990 年	2000 年	2013 年
半干扰型	耕地	98.71	98.72	96.91
	水库坑塘	0.11	0.18	0.16
	戈壁	—	—	1.09
	盐碱地	1.18	1.09	1.84
全干扰型	城镇用地	0.91	—	—
	农村居民点	99.05	100.00	100.00

表 3.2.8　奎屯河流域干扰类型面积统计

干扰类型	1990 年		2000 年		2013 年	
	面积 /hm^2	比例 /%	面积 /hm^2	比例 /%	面积 /hm^2	比例 /%
无干扰型	1 381 188.59	72.4	1 352 747.37	70.9	1 246 749.13	65.4
半干扰型	516 684.80	27.1	537 680.23	28.2	626 082.27	32.8
全干扰型	9 609.94	0.5	17 053.77	0.9	34 649.97	1.8

图 3.2.18 为奎屯河流域干扰类型在空间上的分布状况。全干扰型多集中分布于流域的东南部，在流域东部也有零星的分布。全干扰型的用地类型主要是城镇用居民点、工交建设用地（表 3.2.9）。奎屯河流域是新疆经济发展的重点地区之一，其石油化工业是实现跨越式发展的重要突破口。经过多年发展，该流域已成为北疆地区人口较为集中、交通发达、信息畅通、基础设施齐全、经济充满活力的区域，形成了以石油化工、煤炭、电力、卷烟、纺织、建材、食品、制糖、酿酒、番茄酱制作、农机制造等为主体的工业体系（邓铭江等，2012）。半干扰型多分布于流域的北部、西南部和中部，分布较分散。其主要用地类型为耕地和戈壁（表 3.2.9）。无干扰类型占流域面积较大，主要集中分布

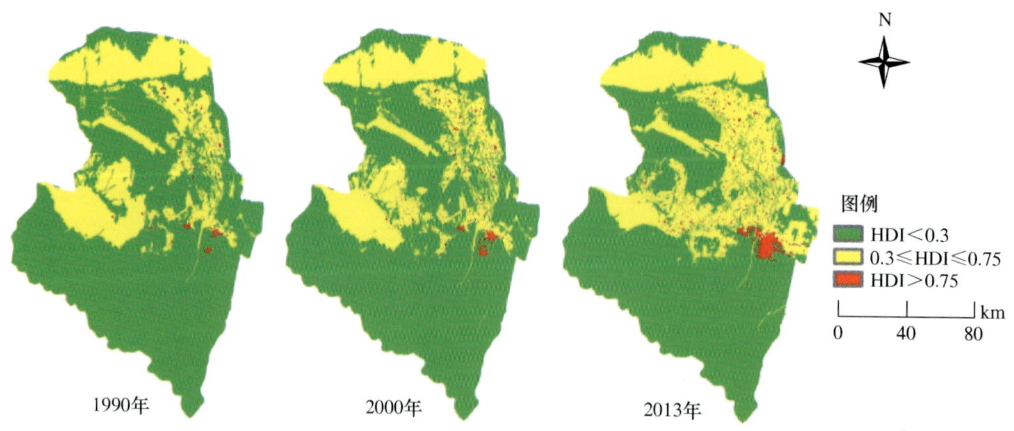

图 3.2.18　奎屯河不同年份人为干扰度

在流域南部，在流域中部和北部也有零星分布。其主要的用地类型为林地、草地和裸岩石砾地，其中草地和林地的面积在持续下降，被半干扰型所占用（表 3.2.9）。随着人口的增加，农业开发用水量剧增，同时入湖水量减少，地下水位下降，人为樵采、开荒造地，过度放牧等，胡杨林、梭梭林、芦苇等破坏十分严重（母敏霞等，2007）。

表 3.2.9 奎屯河不同年份人为干扰度指数景观类型面积百分比 （单位：%）

干扰类型	景观类型	面积百分比		
		1990 年	2000 年	2013 年
无干扰型	林地	6.63	6.80	2.81
	草地	71.18	70.78	70.35
	河渠	—	0.00	0.03
	永久性冰川雪地	6.06	6.19	2.76
	沙地	4.86	4.97	5.16
	沼泽地	0.15	0.31	0.22
	裸土地	0.34	—	0.00
	裸岩石砾地	8.40	8.46	18.67
	其他	2.39	2.48	—
半干扰型	耕地	36.18	38.94	59.14
	湖泊	0.12	0.12	0.08
	水库坑塘	0.42	0.91	0.97
	滩地	1.25	1.54	0.83
	戈壁	49.08	46.04	34.72
	盐碱地	12.95	12.45	4.26
全干扰型	城镇用地	43.25	38.15	43.53
	农村居民点	56.75	58.51	39.93
	工交建设用地	—	3.33	16.54

（二）不同土壤类型的土地利用景观多样性分析

1. 研究方法

以 1：100 万的土壤类型图和研究区各流域不同年份 1：10 万的景观空间格局图作为基本分析图件，在 ArcGIS 软件的支持下，将土壤类型、景观空间格局图 2 个图层叠加，得到各流域土壤利用景观图。在土地利用类型的基础上，依据土地利用现状划分了 7 类景观类型，包括农田、草地、林地、荒漠、人居、冰川雪被、湿地，以不同土壤不同利用方式形成的景观斑块为基本分析单元。参考相关研究文献（Petersen，2010；郭慧和毕如田，2009），在分析土壤利用景观多样性和空间格局时，采用的景观空间格局指数包括斑块数目、斑块平均面积、景观破碎度、蔓延度、景观多样性指数、景观均匀性指数、优势度指数。

2．塔里木河干流

（1）土壤类型与分布

表 3.2.10 和图 3.2.19 反映出塔里木河干流土壤面积构成比例和空间分布状况。首先，风沙土所占土壤比例最大，占土壤面积的 31.89%，流域内分布广，在流域西部和东部相对集中连片分布，中部零星分布。其次，草甸土，占土壤面积的 27.18%，主要分布在中游，流域西部和东部也有分布，相对较为分散。再次，林灌草甸土所占面积，占土壤面积的 22.52%，主要分布在流域中上游。这 3 类土壤占了土壤总面积的 81.59%，其他土壤类型所占相对较小，分布分散。

表 3.2.10　塔里木河干流土壤类型统计

土壤类型	面积 / 万 hm^2	面积比例 /%
草甸土	58.577 2	27.18
潮土	1.647 7	0.76
风沙土	68.723 8	31.89
龟裂土	11.583	0.54
江河内沙洲	0.304 1	0.14
林灌草甸土	48.520 5	22.52
漠境盐土	2.119 3	0.98
新积土	0.613 8	0.28
盐土	21.103 8	9.79
沼泽土	5.957 4	2.76

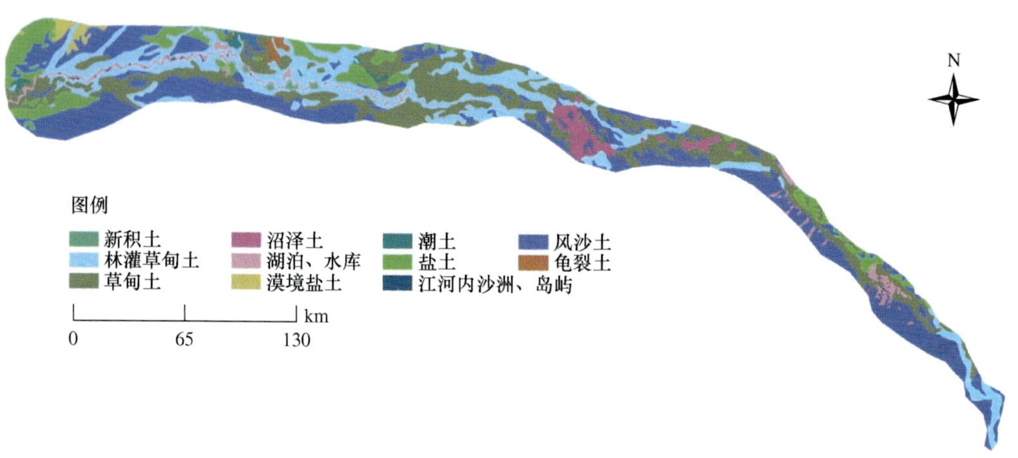

图 3.2.19　塔里木河干流土壤空间分布

（2）塔里木河流域不同土壤利用景观空间格局及多样性分析

1）斑块数目、斑块平均面积分析。塔里木河干流土壤利用景观的斑块数量持续增加（表 3.2.11），相比 1990 年的 4 442 个，2013 年增加了 0.26 倍。其中漠境盐土增加的幅度最大，相比 1990 年，2013 年增加了 1.24 倍。塔里木河干流斑块平均面积除漠

表 3.2.11　1990～2013 年塔里木河干流不同土壤利用景观相关指数

土壤类型	斑块数量			斑块平均面积 /hm^2			破碎度			蔓延度			多样性			均匀性			优势度		
	1990年	2000年	2013年	1990年	2000年	2013年	1990年	2000年	2013年	1990年	2000年	2013年	1990年	2000年	2013年	1990年	2000年	2013年	1990年	2000年	2013年
草甸土	1 340	1 689	3 064	437.14	346.82	191.18	3.06	4.87	16.02	64.04	62.48	56.06	1.15	1.29	1.47	0.64	0.66	0.76	0.64	0.66	0.48
潮土	74	86	175	222.66	191.59	94.15	0.33	0.44	1.85	67.14	64.93	63.69	1.05	1.10	1.06	0.58	0.62	0.59	0.74	0.69	0.74
风沙土	1 027	1 267	2 019	669.17	542.41	340.39	1.53	2.33	5.93	73.61	71.59	65.96	0.86	0.91	1.07	0.48	0.51	0.59	0.94	0.88	0.73
龟裂土	41	42	63	282.51	275.78	183.85	0.14	0.15	0.34	61.14	55.82	54.67	0.92	1.25	1.22	0.66	0.77	0.76	0.47	0.36	0.39
林灌草甸土	1 173	1 599	3 133	413.64	303.44	154.87	2.83	5.27	20.22	66.85	63.46	55.98	1.04	1.24	1.45	0.58	0.64	0.75	0.75	0.71	0.49
漠境盐土	21	23	57	1 009.19	921.43	371.81	0.02	0.02	0.15	68.80	81.42	76.03	0.40	0.47	0.56	0.57	0.34	0.41	0.30	0.91	0.82
新积土	54	54	88	113.67	113.67	69.75	0.47	0.47	1.25	55.19	54.99	53.74	1.01	1.02	0.98	0.73	0.74	0.71	0.38	0.37	0.41
盐土	497	564	963	424.62	374.18	219.15	1.17	1.50	4.39	65.33	63.04	58.10	1.12	1.29	1.43	0.63	0.66	0.74	0.67	0.66	0.51
沼泽土	215	276	409	277.09	215.85	145.66	0.77	1.27	2.80	65.75	61.59	57.06	1.02	1.12	1.27	0.57	0.62	0.71	0.77	0.68	0.52

境盐土外相对较小，并且斑块平均面积均呈下降趋势，漠境盐土下降的幅度最大，相比 1990 年，2013 年下降了 63.16%。斑块数目的增加和斑块平均面积的减少反映了塔里木河干流的各土壤类型景观趋于破碎化，土壤的利用更加细化。

2）景观破碎度、蔓延度分析。塔里木河干流区的各土壤类型蔓延度相对较高（表 3.2.11），均高于 50，反映了塔里木河干流不同土壤利用景观的聚集程度较高，内部连接性较好。从变化趋势来看，除漠境盐土和江河内沙洲这两类土壤利用景观外，其他的土壤利用景观蔓延度相比 1990 年，2013 年均有一定幅度的增加。总体而言，人类对流域开发利用程度的加剧，导致流域内不同土壤利用的差异增加，分割程度加剧，土壤利用景观的破碎化加剧。

3）景观多样性、均匀性和优势度分析。塔里木河干流内各种土壤类型景观多样性和均匀性相对较高，仅有漠境盐土在 1990 年和 2000 年多样性低于 0.5，反映了塔里木河干流不同土壤的内部利用方式差异大（表 3.2.11）。相比 1990 年，2013 年除新积土外，其他土壤利用景观多样性均有一定幅度的增加；除林灌草甸土和草甸土外，其他土壤利用景观的均匀性指数均有下降，而优势度的变化趋势与均匀性相反。多样性和均匀性指数的增加及优势度指数的下降，反映了塔里木河干流土壤的土地利用方式趋于多样化。

3．奎屯河流域

（1）土壤类型与分布

奎屯河流域土壤面积构成如表 3.2.12 所示。整个奎屯河流域内，灰漠土面积最大，达 27.45%，在流域北部和中部分布较为集中，东部分布零星（图 3.2.20）。其次是盐土，占 9.07%，主要分布在流域中部，分布较为分散。再次是草甸土，占 8.52%，主要分布在流域中东部和西北部，较为分散。其他类型的土壤相对面积较小，分布也相对分散。由此可以看出，在奎屯河流域土壤类型种类多，但主要以灰漠土、盐土和草甸土为主，并且主要分布在流域中北部，分布集中，共同起着支配作用，其中灰漠土的面积占明显的优势。

表 3.2.12　奎屯河流域土壤类型统计

土壤类型	面积 / 万 hm^2	比例 /%
草甸土	162.573	8.52
草毡土	13.521 1	7.09
潮土	8.555 9	4.49
风沙土	8.154 7	4.28
灌漠土	1.542 1	0.81
寒冻土	4.971 1	2.61
黑钙土	8.466 9	4.44
黑毡土	13.986 4	7.33

续表

土壤类型	面积 / 万 hm^2	比例 /%
灰褐土	2.007 4	1.05
灰漠土	52.352 8	27.45
栗钙土	11.919 3	6.25
林灌草甸土	3.648 5	1.91
石质土	0.321 3	0.17
新积土	1.657 6	0.87
盐土	17.303 5	9.07
沼泽土	1.312 8	0.69
棕钙土	12.087 6	6.34
冰川雪被	12.367 6	6.48
湖泊、水库	0.316 1	0.17
合计	337.065 7	100

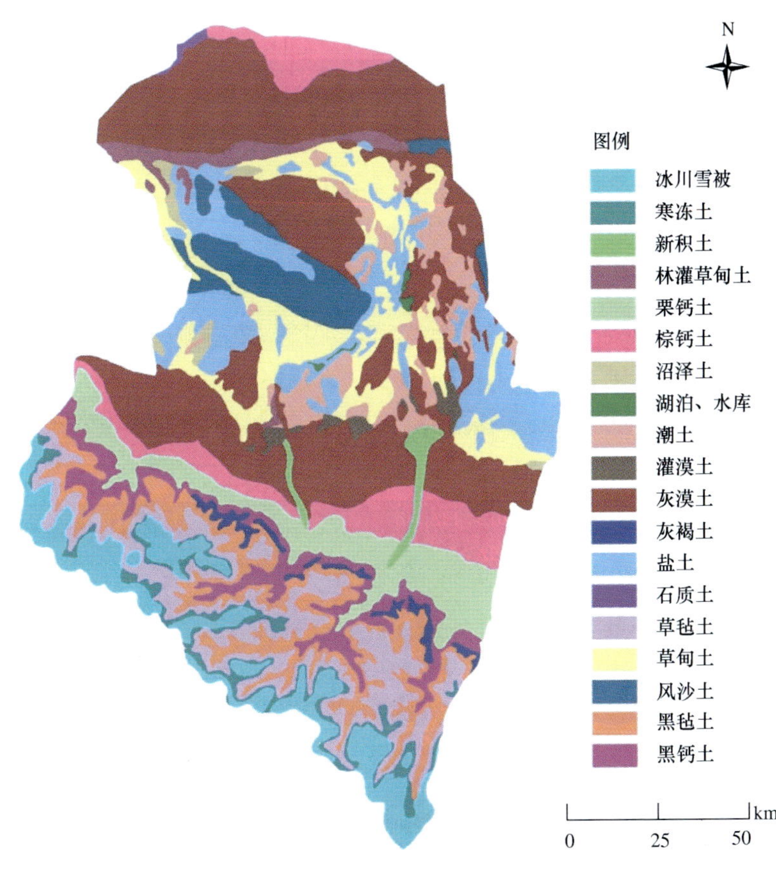

图 3.2.20 奎屯河流域土壤空间分布

（2）奎屯河流域不同土壤利用景观空间格局及多样性分析

1）斑块数量、斑块平均面积分析。奎屯河流域总的土壤利用景观斑块数目呈持续增加的趋势，2013 年是 4 730 个，比 1990 年增加了 27.7%，且多数土壤利用景观斑块数量相比 1990 年均有一定程度的增加（表 3.2.13），其中灌漠土增加幅度最大，增幅为 82.89%。奎屯河流域土壤利用景观斑块平均面积差异很大，2013 年最大的斑块平均面积棕钙土与最小的灰褐土相比，相差 32.38 倍。斑块平均面积变化趋势与斑块数量相反。总体上看，斑块数目增加和斑块平均面积减少，反映了奎屯河流域内各土壤类型景观斑块破碎化程度加剧。

2）景观破碎度、蔓延度分析。从表 3.2.13 可看出，奎屯河流域的各土壤类型景观的蔓延度相对较高，除 1990 年和 2000 年草毡土、寒冻土、灰褐土、石质土和沼泽土，2013 年的灰褐土和新积土低于 60 外，其他不同时期不同土壤利用景观的蔓延度均高于 60。并且相比 1990 年，2013 年除风沙土、灰漠土、新积土和盐土外，其他土壤利用景观的蔓延度均呈现一定程度增加。这反映出在奎屯河流域不同土壤类型景观的斑块聚集程度较高，内部具有良好连通性。而奎屯河流域内破碎度差异较大，棕钙土、新积土、石质土和栗钙土破碎化程度在 1990～2013 年均保持低水平。相比 1990 年，2013 年除草毡土、寒冻土、黑毡土、栗钙土、林灌草甸土、新积土和沼泽土外，其他土壤利用景观的破碎度均呈现一定程度增加，破碎化加剧。

3）景观多样性、均匀性和优势度分析。奎屯河流域的各种土壤类型景观的多样性和均匀性相对较高，优势度相对较低，其中仅有栗钙土多样性和均匀性比其他土壤类型的低，但优势度比其他土壤类型高，反映了流域内除栗钙土景观类型较为单一外，其他土壤类型利用形式较为多样。在 1990～2013 年，奎屯河流域各土壤利用类型多样性和均匀性变化趋势各有差异，2000 年以后，除灰漠土、新积土和盐土等少数土壤类型外，其他土壤类型多样性和均匀性呈下降趋势（表 3.2.13），优势度增加，反映了奎屯河流域的土壤利用方式趋于单一化。

（三）不同景观的生态系统服务功能价值评估

1. 研究方法

（1）单位面积农田食物生产服务功能的确定

在研究区粮食作物播种面积、粮食单产、各粮食作物的全国平均价格（2000 年不变价）基础上，根据公式计算（肖玉等，2003）可知，

$$E_a=\frac{1}{7}\sum_{i=1}^{n}\frac{m_i p_i q_i}{M}\ (i=1,\cdots,n) \tag{3.2.15}$$

式中，E_a 为单位面积农田生态系统提供食物生产服务功能的经济价值；i 为作物种类，新疆主要粮食作物有小麦、玉米；p_i 为 i 种作物全国平均价格；q_i 为 i 种粮食作物单产；m_i 为 i 种粮食作物面积；M 为 n 种粮食作物总面积；1/7 是指没有人力投入的自然

表 3.2.13 1990～2013 年奎屯河流域不同土壤利用景观相关指数

土壤类型	斑块数量			斑块平均面积 /hm²			破碎度			蔓延度			多样性			均匀性			优势度		
	1990 年	2000 年	2013 年	1990 年	2000 年	2013 年	1990 年	2000 年	2013 年	1990 年	2000 年	2013 年	1990 年	2000 年	2013 年	1990 年	2000 年	2013 年	1990 年	2000 年	2013 年
草甸土	375	566	658	433.53	287.23	247.07	0.86	1.97	2.66	65.16	61.48	66.66	1.13	1.21	1.04	0.63	0.68	0.58	0.66	0.58	0.75
草毡土	547	543	512	247.19	249.01	264.08	2.21	2.18	1.93	54.16	53.55	69.00	1.10	1.11	0.73	0.79	0.80	0.52	0.29	0.27	0.66
潮土	258	372	432	331.62	230.00	198.05	0.77	1.61	2.18	72.54	69.76	76.73	0.85	0.91	0.68	0.47	0.51	0.38	0.94	0.88	1.11
风沙土	68	75	77	1 199.22	1 087.29	1 059.05	0.06	0.07	0.07	78.84	79.00	78.59	0.55	0.54	0.64	0.39	0.39	0.40	0.84	0.84	0.97
灌漠土	76	100	139	202.91	154.21	110.94	0.37	0.64	1.24	64.98	65.10	65.16	1.05	0.91	0.74	0.58	0.56	0.54	0.75	0.70	0.64
寒冻土	362	357	309	137.32	139.25	160.88	2.63	2.56	1.91	52.21	52.44	76.80	1.16	1.15	0.53	0.84	0.83	0.38	0.23	0.23	0.86
黑钙土	262	297	273	323.16	285.08	310.14	0.81	1.04	0.88	78.33	80.71	80.94	0.49	0.56	0.52	0.36	0.31	0.32	0.89	1.23	1.09
黑毡土	520	532	483	268.97	262.90	289.57	1.93	2.02	1.66	67.62	74.17	78.76	0.77	0.79	0.57	0.55	0.44	0.36	0.62	1.00	1.03
灰褐土	159	191	242	126.25	105.10	82.95	1.25	1.81	2.91	56.01	54.42	58.26	0.76	0.77	0.65	0.69	0.70	0.59	0.34	0.32	0.45
灰漠土	399	569	817	1 312.10	920.08	640.79	0.30	0.62	1.27	69.48	67.62	62.84	1.03	1.08	1.24	0.57	0.60	0.69	0.76	0.71	0.56
栗钙土	63	77	49	1 891.95	1 547.96	2 432.51	0.03	0.05	0.02	89.01	89.00	94.60	0.32	0.36	0.15	0.20	0.20	0.09	1.29	1.44	1.46
林灌草甸土	91	96	86	400.93	380.05	424.24	0.22	0.25	0.20	60.05	72.70	74.52	0.97	0.92	0.85	0.70	0.47	0.44	0.42	1.03	1.09
石质土	12	13	12	267.77	247.17	267.77	0.04	0.05	0.04	59.56	59.64	82.06	0.78	0.77	0.33	0.71	0.70	0.30	0.32	0.32	0.77
新积土	25	29	58	663.05	571.59	285.80	0.04	0.05	0.20	65.29	69.33	50.51	0.99	0.83	1.12	0.61	0.52	0.81	0.62	0.78	0.26
盐土	356	463	451	486.05	373.73	383.67	0.73	1.24	1.17	66.20	65.50	64.21	1.10	1.11	1.16	0.61	0.62	0.65	0.69	0.68	0.63
沼泽土	95	90	87	138.18	145.86	150.89	0.68	0.61	0.57	50.86	56.51	67.92	1.33	1.31	0.95	0.83	0.73	0.53	0.28	0.48	0.85
棕钙土	36	38	45	3 357.65	3 180.93	2 686.12	0.01	0.01	0.02	81.89	82.26	88.82	0.62	0.61	0.38	0.35	0.34	0.21	1.17	1.18	1.41
合计	3 704	4 408	4 730																		

生态系统中提供的经济价值是现有单位面积农田提供的食物生产服务经济价值的 1/7。

（2）生态系统单位面积生态服务经济价值的确定

根据 Costanza 等（2003）的研究成果结合谢高地等（2015）根据单位面积价值调整的国际通用 2010 的中国生态系统服务价值当量因子表（表 3.2.14）和研究区农田单位面积食物生产服务的经济价值，可得到该区域其他土地类型生态服务功能的单价为

$$E_{ij}=e_{ij}E_{\mathrm{a}}\ (i=1,\cdots,n;\ j=1,\cdots,n) \tag{3.2.16}$$

式中，E_{ij} 为 j 种生态系统 i 种生态服务功能的单价；e_{ij} 为 j 种生态系统 i 种生态服务功能相对于农田生态系统提供生态服务单价的当量因子；i 为生态系统服务功能类型，包括食物生产、原料生产、水资源供给、气体调节、气候调节、净化环境、水文调节、净化土壤、维持养分循环、生物多样性和美学景观；j 为生态系统类型，包括农田、林地、草地、湿地、冰川雪被、荒漠。参考 Costanza 等（2003）的研究，将人居系统的生态服务功能价值定为零。

表 3.2.14　单位面积生态系统服务价值当量　　（单位：元 /hm^2）

景观类型	供给服务			调节服务				支持服务			文化服务
	食物生产	原料生产	水资源供给	气体调节	气候调节	净化环境	水文调节	净化土壤	维持养分循环	生物多样性	美学景观
农田	1.11	0.25	−1.31	0.89	0.46	0.14	1.49	0.52	0.155	0.17	0.075
林地	0.25	0.58	0.3	1.91	5.71	1.67	3.735	2.33	0.178	2.115	0.93
草地	0.23	0.34	0.19	1.21	3.19	1.05	2.34	1.47	0.11	1.34	0.59
湿地	0.80	0.50	8.29	1.90	3.60	4.58	102.24	2.31	0.18	7.87	4.73
冰川雪被	0	0	2.16	0.18	0.54	0.16	7.13	0	0	0.01	0.09
荒漠	0.01	0.03	0.02	0.11	0.1	0.31	0.21	0.13	0.01	0.12	0.05

（3）生态系统服务功能经济价值的确定

根据各类生态系统面积和各类生态系统服务功能的单价可以计算出生态系统服务功能的经济价值（ecosystem service value，ESV）为

$$\mathrm{ESV}=\sum_{i}^{11}\sum_{j}^{6}A_jE_{ij}\ (i=1,\cdots,11;\ j=1,\cdots,6) \tag{3.2.17}$$

式中，ESV 为区域生态系统服务总价值；A_j 为 j 类生态系统的面积；E_{ij} 为 j 类生态系统的 i 类生态服务单价；i 为生态系统服务功能类型；j 为生态系统类型（肖玉等，2003）。

2. 塔里木河生态系统服务功能价值的时空动态变化特征

塔里木河干流位于塔里木盆地，海拔较低，在研究时段内，塔里木河干流生态系统服务功能价值呈现先上升后减小的趋势，在 2000 年生态系统服务功能价值达到最高。在 3 个时期内提供生态系统服务功能价值最多的是草地景观类型，提供了 25.39 亿元（表 3.2.15）。

表 3.2.15　塔里木河干流不同景观类型生态系统服务功能价值

景观类型	1990 年		2000 年		2013 年	
	价值 / 万元	比例 /%	价值 / 万元	比例 /%	价值 / 万元	比例 /%
农田	21 772.40	1.63	44 948.92	1.95	110 914.29	5.38
林地	275 742.02	20.61	655 380.06	28.45	727 786.63	35.28
草地	759 502.87	56.78	1 035 442.90	44.94	744 145.38	36.07
湿地	242 526.13	18.13	503 524.23	21.85	409 988.60	19.88
荒漠	38 081.86	2.85	64 657.07	2.81	69 957.47	3.39

1）1990～2000 年生态系统服务功能价值，各个景观均有上升趋势，所占比例上升幅度最大的是林地景观，增长了 37.96 亿元；所占比例降幅最大的是草地景观，下降了 11.84%，其他景观类型提供的生态系统服务功能价值都在上升。

2）2000～2013 年生态系统服务功能价值减少幅度最大的是草地景观，减少了 29.13 亿元；除了草地景观、湿地景观和荒漠景观在减少之外，其他景观都为增长，尤其是农田景观增长幅度最大，增长了 6.60 亿元。

1990～2000 年提供的生态系统服务功能价值均呈增加趋势，其中增加幅度最大的是水文调节，增加幅度为 25.48 亿元。从占当年生态经济服务功能总价值的比例来看，食物生产、水资源供给、水文调节、生物多样性、美学景观共 5 个生态分类所占比例均有不同程度上升，其他 6 个生态分类均在下降；其中所占比例上升幅度最大的是水文调节，增加了 0.96%，所占比例下降幅度最大的是气候调节，下降了 0.58%（表 3.2.16）。

表 3.2.16　塔里木河干流不同生态分类的生态系统服务功能价值

生态分类	1990 年		2000 年		2013 年	
	价值 / 万元	比例 /%	价值 / 万元	比例 /%	价值 / 万元	比例 /%
食物生产	28 208.27	2.11	48 953.4	2.13	61 381.37	2.98
原料生产	34 340.76	2.57	57 920.22	2.51	55 143	2.67
水资源供给	33 774.2	2.52	62 678.02	2.72	28 195.84	1.37
气体调节	119 809.7	8.96	201 118.2	8.73	191 137.3	9.27
气候调节	302 721.7	22.63	508 010.5	22.05	454 054	22.01
净化环境	121 485.6	9.08	207 919.5	9.03	184 559.6	8.95
水文调节	322 312.2	24.10	577 173.7	25.05	519 036.2	25.16
净化土壤	142 668.9	10.67	238 267.4	10.34	216 669.7	10.50
维持养分循环	11 618.63	0.87	19 641.76	0.85	19 886.52	0.96
生物多样性	153 739	11.49	266 515.2	11.57	231 976.2	11.25
美学景观	66 946.18	5.00	115 755.3	5.02	100 752.7	4.88
合计	1 337 625	100	2 303 953.2	100	2 062 792.23	100

2000～2013 年提供的生态系统服务功能价值，食物生产和维持养分循环两个分类为增长趋势，其余生态分类均有减少趋势。其中，食物生产提供的生态系统服务功能价值增长了 1.24 亿元，增长幅度最大。水文调节提供的生态系统服务功能价值减少了 5.81 亿元，减少幅度最大。从占当年生态经济服务功能总价值的比例来看，水资源供给、气候调节、净化环境、生物多样性和美学景观均有下降，其中下降幅度最大的是水资源供给，下降了 1.35%；其余的生态分类占比都在上升。

3．奎屯河生态系统服务功能价值的时空动态变化特征

在研究时段内，奎屯河流域生态系统服务功能价值也呈现出先增加后减少的趋势，在 2000 年，生态系统服务功能价值达到最高（表 3.2.17）。

表 3.2.17　奎屯河不同景观类型生态系统服务功能价值

景观类型	1990 年		2000 年		2013 年	
	价值 / 万元	比例 /%	价值 / 万元	比例 /%	价值 / 万元	比例 /%
农田	41 661.94	4.48	76 195.64	4.98	134 526.32	10.09
林地	101 692.11	10.94	166 966.64	10.90	63 371.85	4.76
草地	669 257.24	71.98	1 064 251.19	69.50	973 062.12	73.01
湿地	35 096.32	3.78	91 177.07	5.95	74 452.86	5.59
冰川雪被	48 449.62	5.21	79 109.04	5.17	32 576.88	2.44
荒漠	33 598.72	3.61	53 693.88	3.51	54 750.52	4.11

1）不同景观类型上，1990～2000 年所有景观类型提供的生态服务价值都在增长，增长幅度最大的是草地景观类型，增长了 39.50 亿元；除了农田景观和湿地景观占当年生态经济服务功能总价值的比例在上升外，其余都在下降，上升幅度最大的是湿地景观类型，上升了 2.18%。

2）2000～2013 年，农田景观和荒漠景观提供的生态系统服务功能价值在增长，分别增长了 5.83 亿元和 0.11 亿元；其余的都在减少，减少最多的是林地景观，减少了 10.36 亿元，而且林地景观类型也是占当年生态经济服务功能总价值的比例下降最多的景观类型，占当年生态经济服务功能总价值的比例下降了 6.14%。

奎屯河流域的不同生态分类在三个时期内提供的生态系统服务功能价值最多的是水文调节功能；提供的生态系统服务功能价值最少的是水资源供给功能（表 3.2.18）。

1）1990～2000 年提供的生态系统服务功能价值均呈增加趋势，其中增加幅度最大的是水文调节，增加了 15.19 亿元，其次是气候调节，增加幅度为 13.46 亿元。食物生产、水资源供给、水文调节、维持养分循环、生物多样性、美学景观 6 个生态分类上升幅度最大的是水文调节，增加了 0.61%，其余 5 个生态分类均为下降，其中下降幅度最大的是气候调节，下降了 0.48%。

表 3.2.18　奎屯河不同生态分类的生态系统服务功能价值

生态分类	1990 年		2000 年		2013 年	
	价值 / 万元	比例 /%	价值 / 万元	比例 /%	价值 / 万元	比例 /%
食物生产	26 721.98	2.87	45 862.19	2.99	58 853.31	4.42
原料生产	25 863.17	2.78	42 229.58	2.76	40 077.83	3.01
水资源供给	12 615.78	1.36	20 811.43	1.36	−12 904.17	0.97
气体调节	91 606.94	9.85	149 713.73	9.78	142 412.43	10.68
气候调节	219 258.51	23.58	353 817.73	23.10	303 102.30	22.74
净化环境	81 654.11	8.78	133 696.48	8.73	117 106.00	8.79
水文调节	220 278.73	23.69	372 193.22	24.30	317 453.91	23.82
净化土壤	104 481.03	11.24	169 598.92	11.08	153 369.99	11.51
维持养分循环	9 259.69	1.00	15 281.11	1.00	15 734.39	1.18
生物多样性	95 629.19	10.29	158 179.68	10.33	137 127.02	10.29
美学景观	42 386.80	4.56	70 009.39	4.57	60 407.54	4.53
合计	929 755.93	100	1 531 393.46	99.99	1 332 740.55	100

2）2000～2013 年提供的生态系统服务功能价值除食物生产和维持养分循环功能为增长趋势外，其余生态分类提供的生态服务功能价值均为降低趋势。其中，食物生产功能提供的生态系统服务功能价值增长了 1.30 亿元，增长幅度最大；水文调节功能提供的生态系统服务功能价值减少幅度最大，减少了 5.47 亿元，占当年生态经济服务功能总价值的比例也下降了 0.49%；另外，气候调节、生物多样性、美学景观这 3 个生态类型占当年生态经济服务功能总价值的比例也在下降，其余的生态类型都在上升。

第三节　典型内陆河流域绿洲的演变规律分析

一、绿洲的概念及分类特征

在干旱、半干旱地区，绿洲属于综合自然地理学范畴，其涉及气候、土壤、地貌、植被、水资源及人类活动等诸多因素。20 世纪 80 年代以来，学者们针对绿洲的概念和内涵提出了诸多观点，一些学者认为绿洲是荒漠中以人工灌溉为基础，适宜植物生长及人类活动繁衍的水资源丰沛的高效镶嵌系统，并提出广义绿洲与狭义绿洲（韩德林和陈正江，1994；刘秀娟，1994；任旺兵，1995）；此后，热合木都拉等（2000）认为绿洲是指人类为某种目的在干旱、半干旱和旱寒气候区特有植被带中依靠人为供水所建立的人工生物群落的地理综合景观区。

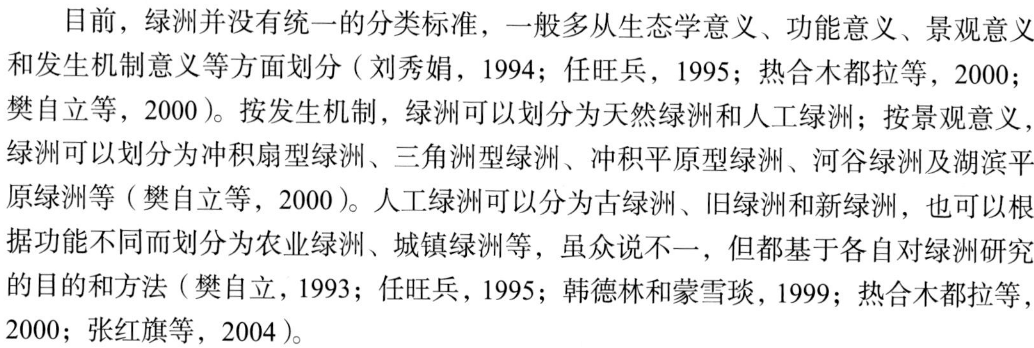

目前，绿洲并没有统一的分类标准，一般多从生态学意义、功能意义、景观意义和发生机制意义等方面划分（刘秀娟，1994；任旺兵，1995；热合木都拉等，2000；樊自立等，2000）。按发生机制，绿洲可以划分为天然绿洲和人工绿洲；按景观意义，绿洲可以划分为冲积扇型绿洲、三角洲型绿洲、冲积平原型绿洲、河谷绿洲及湖滨平原绿洲等（樊自立等，2000）。人工绿洲可以分为古绿洲、旧绿洲和新绿洲，也可以根据功能不同而划分为农业绿洲、城镇绿洲等，虽众说不一，但都基于各自对绿洲研究的目的和方法（樊自立，1993；任旺兵，1995；韩德林和蒙雪琰，1999；热合木都拉等，2000；张红旗等，2004）。

1．天然绿洲的特征及环境解释

天然绿洲主要指在干旱荒漠区形成的自然景观，基本上无人类活动介入，靠自然因素形成的绿洲。绿洲形成的基本因素是由于特定的水文或水文地质条件的影响，地形平坦，土层较厚，光照丰富，为以绿色植物为主体的生物提供了较好的繁衍生息的环境。在自然条件下，上述环境仅能沿河谷、河流两岸、山前扇形地前沿、湖泊沿岸及某些低洼地呈条带状或斑块状出现，面积在数平方千米至数千平方千米、乃至上万平方千米以上，这些地段地下水位较高，一般为3～5m，其中有的仅为0.5～2.0m，一年中常可呈季节性被淹没，可以出现天然的乔木或灌木林、沼泽或草甸，林木高大，水草丰茂，动物出没，这就形成了所谓天然绿洲。按分布的地理部位，天然绿洲可以划分为沿河绿洲、扇缘绿洲与湖滨绿洲等。塔里木河中游沿岸的原始胡杨林绿洲、和田河、克里雅河和叶尔羌河下游的天然胡杨林绿洲属于天然绿洲范畴。

随着人类活动的增强，科学技术发展，生产水平的不断提高，目前新疆真正无人干扰的绿洲几乎不复存在，取而代之的是大量的天然－人工复合绿洲或完全由人类创造的人工绿洲。

2．人工绿洲系统的特征及可持续性

新疆人工绿洲的形成，一是在天然绿洲的基础上，根据人类生产活动的需要，利用天然绿洲有意识地予以改造而成的，如营造林木、种植果树、熟化土壤、改善灌溉系统（打井、修渠）、适时灌溉等，这些以种植土地为对象的生产活动，在很大程度上改变了自然绿洲的属性，提高了自然绿洲的土地生产力。二是在原来并非为绿洲的土地上，经人们修建引水工程而建设成的。这种绿洲一般都有较完整的水利灌溉系统与防护林系统。决定这种人工绿洲建设的地点与规模的因素，仍然是引水的条件或当地的水文地质条件。当水源问题解决后，就需要选择较平坦的地形与适宜的土壤质地条件，一般以沙壤质（地表覆沙一般小于40cm，下层埋藏有黏土的耕地）、壤质最好，其含水量较高，一般不耙地含水量为14.5%，耙地一次含水量达16.4%，耙地二次含水量达20.8%。

新疆的大部分绿洲属于在天然绿洲基础上，投入劳动形成的高于天然绿洲生产力的人工－天然复合绿洲，如塔里木盆地的喀什绿洲、阿克苏绿洲和和田绿洲，现已成为新疆乃至全国的粮食、棉花及糖、油生产基地。人工绿洲大多数是在新中国成立后，主要在近30～50年通过人类劳动、开荒造田、引水灌溉而开垦出来的，如塔里木河下游的兵团二师3个团场、阿克苏河下游的阿拉尔绿洲和玛纳斯河下游的莫索湾及奎屯河下游的车排子绿洲。

天然绿洲的出现，最初仅是大自然在特定环境下的一种特殊景观，是一种单纯的自然现象。当人类开始逐水草而居时，就意识到天然绿洲不是一种单纯的自然现象，而是一种可利用的自然资源了，并且认为天然绿洲构成了人类在干旱地区赖以生存的较为理想的环境。随着人类的发展及生活与生产的多样化，人们认识到单纯依靠大自然所赐予的一些物质资源已不能更好生活，而必须更多依靠人们的主观努力改善生活条件，因此人类逐渐开始改造绿洲。并且将改造绿洲由简单逐渐复杂，建设水利工程设施，逐渐发展成一个包含有自然资源、生态环境与多种经济产业的复合体系。

二、典型内陆河流域天然绿洲、人工绿洲的演变规律

（一）新疆绿洲的区域差异性

以天山为界的南北疆绿洲存在明显的区域差异性。南疆地区塔里木河流域绿洲具有干旱少雨的气候特点，多年平均降水量不足50mm，南疆天然植被的水分来源多依靠天然河道的渗漏及漫溢水量，因此在南疆地区多出现荒漠河岸林生态系统的植被景观类型；以玛纳斯河及奎屯河等流域为典型代表的北疆绿洲多年平均降水量在125～200mm以上，较多的降水使北疆绿洲形成了大面积以依靠土壤水及降雪融水生存的梭梭及短命植物为主要植被类型的荒漠草原景观，而河道两岸的天然河岸林植被等则被人工林或耕地取代。此外，南北疆绿洲虽都分布在沙漠边缘，但北疆绿洲边缘的古尔班通古特沙漠的内部绝大部分为固定和半固定沙丘，而南疆绿洲边缘的塔克拉玛干沙漠为流动性沙漠，风沙侵袭严重，是南疆绿洲面临的主要生态问题之一。同时，近50年来随着人类大规模的水土资源开发利用进程的加剧，南疆出现了河道断流、植被大面积衰退、绿洲沙化等严重的生态环境问题，其中以塔里木河干流下游最为明显。相比南疆地区受自然环境因素等的影响，北疆水土资源开发利用程度虽强于南疆，但并未出现与南疆地区相当程度的生态环境问题。

通过以上分析可以看出，南疆与北疆绿洲在自然环境特点、人类开发利用程度及面临的主要生态环境问题等方面存在着根本性差异。因此，对绿洲的生态环境评价及绿洲发展的定位等应根据其绿洲自然环境特点进行差异性分析。根据区域自然环境特点及当前面临的主要生态环境问题等，南疆地区应侧重水与生态环境的关系，强调水资源开发利用与生态保护及修复的关系；而北疆地区则应注重水与绿洲发展的关系，着重于绿洲内部发展模式及水资源利用的优化配置。

（二）南疆绿洲演变规律分析

天然－人工绿洲的转化过程能够反映人类活动的过程、生态环境的变化特点等，同时受以水资源为主要因素等的限制，天然绿洲与人工绿洲存在此消彼长的现象。分析天然绿洲与人工绿洲的转化关系，可了解区域生态环境变化特点，明确人工绿洲（主要为耕地）的无序扩展对流域生态环境的影响。为此，本章节依据前文遥感解译数据，分析近 20 年新疆天然绿洲与人工绿洲转化过程，明晰绿洲发展特点，从而为绿洲水资源有序开发提供重要的科学依据。

1．塔里木河干流人工与天然绿洲面积变化特征

由图 3.3.1 可知，1990～2013 年，在人工绿洲扩张过程中，人工绿洲各土地利用要素变化也存在很大差异，在变化速率上，耕地面积增长速率较快。1999～2000 年，耕地面积增加了 2.58 万 hm^2，扩增速率为 0.258 万 hm^2/a。2000～2013 年，耕地面积增加了 18.19 万 hm^2，扩增速率为 1.4 万 hm^2/a。居工用地 1999～2000 年，面积减少了 0.05 万 hm^2，2000～2013 年，面积增加了 0.33 万 hm^2，增速较为稳定。对于天然绿洲，1999～2000 年，林地面积增加了 11.5 万 hm^2，增速为 0.115 万 hm^2/a，2000～2013 年，面积增加 3.56 万 hm^2，增速为 0.27 万 hm^2/a。草地面积 1990～2013 年，减少了 44.52 万 hm^2，减少速率为 1.94 万 hm^2/a，其中 1990～2000 年，面积减少了 18.42 万 hm^2，减少速度为 1.842 万 hm^2/a，2000～2013 年，面积减少了 26.1 万 hm^2，减少速度为 2 万 hm^2/a。

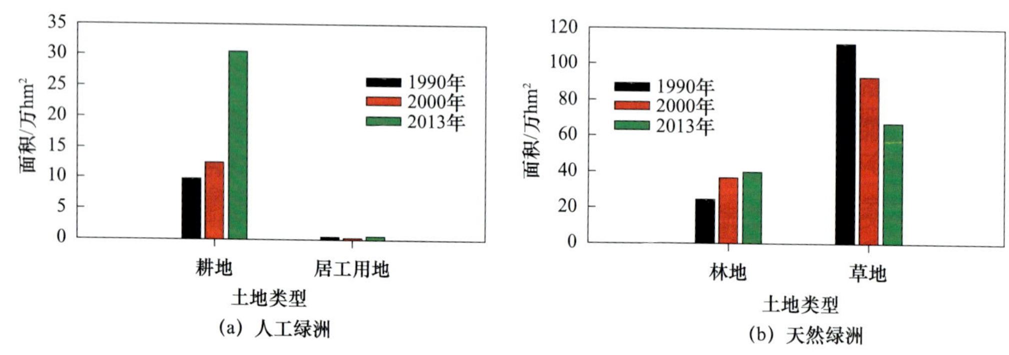

图 3.3.1　1990～2013 年塔里木河流域人工绿洲和天然绿洲的土地类型利用面积

2．塔里木河干流人工与天然绿洲面积比例分析

塔里木河干流 1990～2013 年人工绿洲面积、天然绿洲面积和绿洲总面积的变化结果如图 3.3.2 所示。

依据人工与天然绿洲的划分，对属于人工绿洲范畴、天然绿洲范畴的土地利用类型分别进行面积相加，得到人工、天然绿洲面积。在 1990 年塔里木河流域人工绿洲面积为 10.11 万 hm^2，天然绿洲面积为 136.35 万 hm^2；在 2000 年塔里木河流域人工绿洲面积为 12.64 万 hm^2，天然绿洲面积为 129.23 万 hm^2；在 2013 年塔里木河流

域人工绿洲面积为 31.16 万 hm^2，天然绿洲面积为 106.69 万 hm^2。人工绿洲从 1990～2013 年面积增长了 21.05 万 hm^2，其中，1990～2000 年人工绿洲面积增长 2.53 万 hm^2，扩张速度为 0.253 万 hm^2/a，2000～2013 年人工绿洲面积增长了 18.52 万 hm^2，扩张速度为 1.42 万 hm^2/a；天然绿洲从 1990～2013 年减少面积 29.66 万 hm^2，减少速度为 2.28 万 hm^2/a。其中，1990～2000 年天然绿洲面积减少了 7.32 万 hm^2，减少速度为 0.732 万 hm^2/a。而在 2000～2013 年，天然绿洲面积减少了 22.54 万 hm^2，减少速度为 1.73 万 hm^2/a。由此可知，天然绿洲面积减少的速度较人工绿洲面积增长的速度要快。

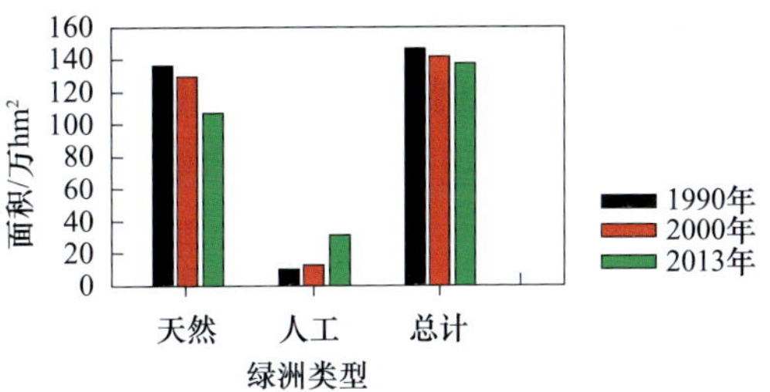

图 3.3.2 1990～2013 年塔里木河流域人工绿洲面积、天然绿洲面积和绿洲总面积

（三）北疆绿洲的演变规律分析

干旱区内陆河流域典型绿洲的形成和演变是自然和人为因素长期综合作用的结果。人工－天然绿洲的演变过程对绿洲水资源利用、生态格局及经济发展模式影响深远，而明确人工－天然绿洲的转变过程对区域生态保护及长远发展规划具有重要的借鉴意义。本章选取奎屯河为北疆典型内陆河，基于遥感解译数据，分析近 24a 内人工－天然绿洲的演变过程，进而明确奎屯河流域绿洲演变规律。

1. 奎屯河流域人工与天然绿洲面积变化特征

由图 3.3.3 可知，1990～2013 年，在人工绿洲扩张过程中，人工绿洲各土地利用要素变化也存在很大差异，在变化速率上，耕地面积增长速度较快。1990～2000 年，耕地面积增加了 2.25 万 hm^2，扩增速率为 0.225 万 hm^2/a。2000～2013 年，耕地面积增加了 16.1 万 hm^2，扩增速率为 1.61 万 hm^2/a。居工用地 1990～2000 年，面积增加了 0.75 万 hm^2，2000～2013 年，面积增加了 1.76 万 hm^2，增速较为稳定。对于天然绿洲，1990～2000 年，林地面积增加了 0.05 万 hm^2，2000～2013 年，面积减少了 5.73 万 hm^2，减少速度较为平

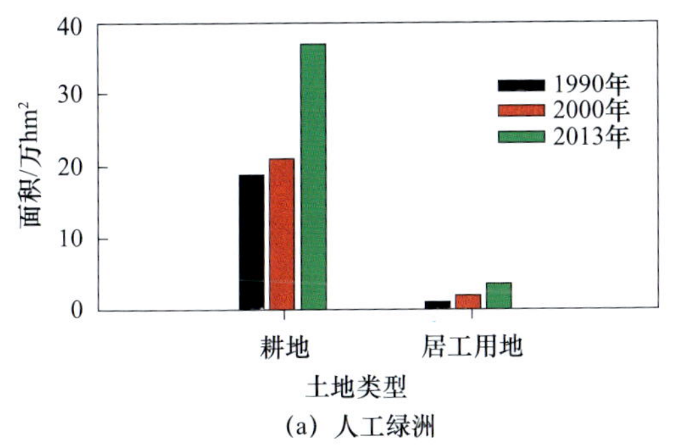

(a) 人工绿洲

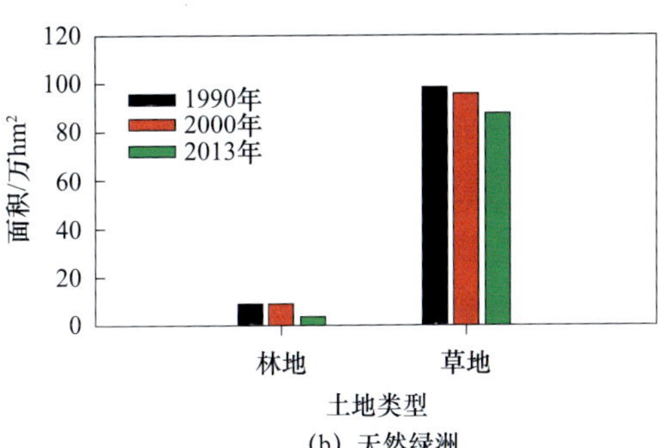

(b) 天然绿洲

图 3.3.3 1990～2013 年奎屯河流域人工绿洲和天然绿洲的土地类型利用面积

缓。草地面积 1990～2013 年，减少了 10.61 万 hm^2，其中 1990～2000 年，面积减少了 2.56 万 hm^2，减少速度为 0.256 万 hm^2/a，2000～2013 年，面积减少了 8.05 万 hm^2，减少速度为 0.62 万 hm^2/a。

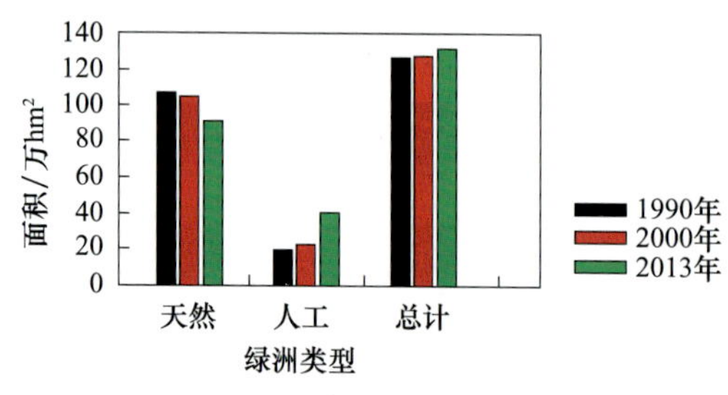

图 3.3.4　1990～2013 年奎屯河流域人工绿洲和天然绿洲面积

2．奎屯河流域人工－天然绿洲面积比例分析

1990～2013 年奎屯河流域人工绿洲面积、天然绿洲面积以及绿洲总面积的变化结果如图 3.3.4 所示。

依据人工与天然绿洲的划分，对属于人工绿洲范畴、天然绿洲范畴的土地利用类型分别进行面积相加，得到人工、天然绿洲面积。在 1990 年奎屯河流域人工绿洲面积为 19.65 万 hm^2，天然绿洲面积为 107.48 万 hm^2；1990～2000 年人工绿洲面积增长 3 万 hm^2，扩张速度为 0.3 万 hm^2/a，2000～2013 年人工绿洲面积增长了 17.86 万 hm^2，扩张速度为 1.37 万 hm^2/a。天然绿洲从 1990～2013 年减少面积 16.29 万 hm^2，减少速度为 0.7 万 hm^2/a。其中，1990～2000 年天然绿洲面积减少了 2.51 万 hm^2，减少速度为 0.251 万 hm^2/a。而在 2000～2013 年，天然绿洲面积减少了 13.78 万 hm^2，减少速度为 1.06 万 hm^2/a。在 1990 年、2000 年和 2013 年，天然绿洲与人工绿洲的比例分别为 5.5：1、4.6：1 和 2.3：1。

第四节　内陆河生态安全建设的评价体系

一、生态安全评价概述

南疆绿洲与北疆绿洲在自然环境特点、人类开发利用程度及面临的主要生态环境问题等方面存在着明显差异，因此，生态安全建设的评价指标与评价技术体系应各有所侧重。南疆绿洲应从水与生态保护及恢复的角度出发，注重生态系统生态功能的完整与生态结构的稳定的评价；而北疆绿洲应侧重水－生态系统－经济系统的协调发展，评价水约束条件下绿洲经济的可持续发展与生态安全的保障程度。本节选取塔里木河干流及奎屯河流域作为南、北疆典型区，基于区域自然环境特点、经济发展现状及面临的生态安全问题，构建具有针对性的生态安全评价指标体系，采用综合指数法、主成分分析法（principal components analysis，PCA）及层次分析法（analytic hierarchy process，AHP）等方法，对流域生态安全变化趋势做出科学评价。

（一）生态安全评价及重要性

生态安全是对生态系统的健康性、完整性的描述，间接反映了人类在日常生活、生产、健康等方面受生态破坏的影响程度。健康的生态系统是稳定的、可持续的，在时间上对系统的威胁还保有一定的恢复能力。相反，不健康的生态系统就是处于危险及不正常的状态中。生态安全对国家和社会的稳定具有重要的作用。

生态安全评价是在特定的时间和空间范围内，对生态安全状况的定性或定量描述。生态安全评价的对象一般是因为人类活动造成的影响所经历的过程及最后产生的结果。生态安全评价的结果具有整体性、层次性和动态性。生态安全评价在内容上主要是针对生态安全、生态健康影响、生态足迹、生态经济影响、风险等方面的影响评价。在评价过程中，因为涉及的类型或出发点不同，个人选择的参数和标准也有差异，所以结论也不一样。生态安全对国家和社会的稳定具有重要作用。

（二）生态安全评价方法

在生态安全评价工作中，选择恰当的评价方法可以起到事半功倍的效果。因此国内外对方法的研究投入了很多的时间和精力。目前比较成熟的应用于生态安全评价方法大致可以分为以下几种。

（1）主成分分析法

主成分分析法与模糊评价法具有一定的相对性，是一种比较实用的多元统计方法。主成分分析法是一种线性变换的数学方法。主成分分析是利用较少的变量尽可能多地解释原始数据中的变化情况，以客观确定的各个指标权重进行最佳评定变量。而综合评价是考虑如何科学的、客观的把所有可能涉及的变量进行统计综合成一个单一的指标形式进行分析。因此，主成分分析法其实是一种降维的方法。在保证数据信息损失最小的情况下可以考虑利用主成分分析法进行生态安全的评价。

（2）层次分析法

层次分析法的特点是一种决策思维方式，将复杂的问题，相互影响的关系或因素按照主次关系分解为不同的层次结构，根据对每一层的判断就其相对重要性给予定量表示，利用数学方法确定表达每一层中所有元素相对重要性的权重，最后通过对排序结果的分析来解决问题。层次分析法就是通过系统的规划将复杂问题和决策思维过程系统化，利用模型定量的表示出来。其优点是适用于存在不确定性和主观性信息的研究，可以将定量分析与定性分析有机结合起来，缺点是无法有效反映评价结果的空间分布格局。

（3）综合指数法

因为综合指数法可以从宏观的角度体现出环境质量的好坏，反映出评价中的综合性和整体性，所以被广泛地应用于实际环境质量的评价过程中。应用综合指数法进行评价，主要是需要选取合适的具有代表性的影响因子。国外较早使用此法评价环境质

量的国家是美国和加拿大。

（4）模糊评价法

在环境质量的评价工作中，除了能完全量化出精确值的影响因子外，还包含有无法量化、具有模糊含义的因子。所以基于全方位的考虑在环境质量评价工作中又引入了模糊评价法（谢宏斌，1998；叶文虎和陈国谦，1997）。模糊综合评价法、模糊聚类评价法等是常用的模糊评价法。然而，模糊评价过程中会损失大量有用信息。因此，模糊评价法是一种对主观产生的离散过程进行综合处理的方法（赵敬，2006），但是这种方法采用的是舍小取大的原则，丢失了很多细节因素的考虑，有一定的缺陷，其结果的精度相比其他方法较低。

（5）人工神经网络评价法

人工神经网络（Wu et al.，2002）是通过大量简单基础元件的相互连接构成的一种处理信息的方法。在连续时间的信息处理过程中，神经网络发现了用于联想记忆和优化计算的新途径，通过不停地对微观结构的认知研究，对神经网络提出了并行分布处理的能力。人工神经网络是一种非线性的现象，这样也代表了大多数自然界的特性。由于多个基础元件的构架，人工神经网络并不局限于单个元件的特性，而主要由元件之间的相互作用和相互连接所影响。人工神经网络的自适应学习能力决定了人工神经网络的不定性，而且在信息处理的过程中，系统会有多个平衡点，导致了系统的多样性。

（6）景观生态学法

景观生态学法是景观与生态相结合，以多个生态系统所组成的一个景观为研究区域，利用生态学方法对其空间结构及相互作用进行研究。应用景观生态学法对生态安全进行评价主要就是从空间结构及功能作用中展开。景观生态学中的空间结构认为景观是由拼块、模地和廊道组成。景观的功能性分析包括因子的生态适应性分析、生物的恢复能力分析、系统的抗干扰或抗退化能力分析和可达性分析等。最后通过专家评分法打分计算。景观生态学法可应用于城市和区域生态环境影响评价以及景观资源评价等。

除了上述重要的评价方法外，还有其他一些评价方法，如图形叠置法、灰色评价法等，因为这些评价法在单独使用时实际的应用中有许多限制条件不易被提取出来，需要与其他方法配合使用。本节研究选取的方法是综合指数法，理由在于其他的评价方法因涉及的因子较多、获取的途径有限，最重要的是此评价方法可以从宏观的角度体现出环境质量的好坏，整体反映评价质量。

（三）评价指标选择的原则

生态安全评价指标的选择不仅能够表明研究区域的生态系统的特征，而且要有一定的代表性，必须要建立在现实数据资源的获取上（朱晓华和杨秀春，2001）。所以评价指标选取时一般遵循的原则主要有以下几点。

1）科学性原则。在选择评价因子时，要从科学的角度出发，所选指标要能客观反映生态安全的基本特征，同时其概念要明确。

2）全面性原则。选取的评价因子及构建的评价体系要尽量能全面反映出研究区内自然、社会以及生态本身的特征。

3）综合性原则。要从整体把握所涉及的环境因子，进行综合分析。

4）主导性原则。生态安全受自然和人类活动等多种因素的制约，在众多的因子中，各种因子的作用过程及方式是有差异的，需要选择具有主要影响作用的因子。

5）方便性原则。选择的指标数据要易于获得并且可以随时间的变化随时有更新结果，可以方便有效开展评价工作。

（四）评价指标体系建立

为推动我国生态安全评价规范方向发展，环境保护部于2015年3月13日发布了《生态环境状况评价技术规范》（HJ 192—2015），规定生态安全评价的指标体系和各指标的计算方法，该规范中大部分评价指标的提取和更新能够依赖遥感手段，适用于我国县级以上区域生态环境现状及动态趋势的年度综合评价。

研究初期，本研究曾采用《生态环境状况评价技术规范》（HJ 192—2015）中的指标进行评价，但在计算过程中，各项指标和选取和权重，具体指标的计算结果与实际情况相差很大。如在各项指标选取中，由于该研究区为大量的内陆河、沙漠地带以及绿洲，环境监测数据有限，环境质量指数这一项数据很难得到；且经核查，塔里木河干流各项污染物指标均未发生明显改变，结果没有明显指向性。在具体指标的计算过程中，干旱区水网密度指数的计算中，湖库面积的归一化系数（A_{lak}）过大，计算结果不具对比性，也不符合塔里木河流域实际情况。

究其原因，可能与研究地区特殊的地理环境有关，既属于极端干旱地区，但也分布有内陆河、绿洲，属于典型的绿洲灌溉农业，水系的季节性极强，大多数时期都是干涸状态。经过专家们的讨论和反复测算、调整。认为《生态环境状况技术规范》（HJ/T 192—2006）标准中各项指标选取和指标计算符合该地区的实际情况，故本研究选用此规范体系作为评价标准。

1．生物丰富度指数的权重及计算方法

（1）权重

生物丰富度指数权重见表3.4.1。

表3.4.1　生物丰富度指数权重

土地分类	森林	草地	水域湿地	耕地	建筑用地	未利用地
权重	0.35	0.21	0.28	0.11	0.04	0.01

（2）计算方法

$$生物丰富度指数 = A_{bio} \times (0.35 \times 林地 + 0.21 \times 草地 + 0.28 \times 水域湿地 + 0.11 \times 耕地 + 0.04 \times 建设用地 + 0.01 \times 未利用地) / 区域面积$$

式中，A_{bio} 表示生物丰富度指数的归一化系数。

2．植被覆盖指数的分权重及计算方法

（1）权重

植被覆盖指数的分权重见表 3.4.2。

表 3.4.2 植被覆盖指数的分权重

土地分类	林地	草地	耕地	建设用地	未利用地
权重	0.38	0.34	0.19	0.07	0.02

（2）计算方法

$$植被覆盖指数=A_{veg}\times（0.38\times 林地+0.34\times 草地+0.19\times 耕地+0.07\times 建设用地+0.02\times 未利用地）/ 区域面积$$

式中，A_{veg} 表示植被覆盖指数的归一化系数。

3．水网密度指数计算方法

$$水网密度指数=A_{riv}\times 河流长度 / 区域面积+A_{lak}\times 湖库（近海）面积 / 区域面积+A_{res}\times 水资源量 / 区域面积$$

式中，A_{riv} 表示河流长度的归一化系数；A_{lak} 表示湖库面积的归一化系数；A_{res} 表示水资源量的归一化系数。

4．土地退化指数的权重及计算方法

（1）权重

土地退化指数权重见表 3.4.3。

表 3.4.3 土地退化指数权重

土地退化类型	轻度侵蚀	中度侵蚀	重度侵蚀
权重	0.05	0.25	0.7

（2）计算方法

$$土地退化指数=A_{ero}\times（0.05\times 轻度侵蚀面积+0.25\times 中度侵蚀面积+0.7\times 中度侵蚀面积）/ 区域面积$$

式中，A_{ero} 表示土地退化指数的归一化系数。

5．生态安全状况指数（ecological index，EI）计算方法

（1）各项评价指标权重

由于该研究区为大量的内陆河、沙漠地带以及绿洲，塔里木河干流各项污染物指标均未发生明显改变（二氧化硫 SO_2、化学需氧量 COD、固体废物），结果没有明显指向性。加之环境监测数据有限，环境质量指数这一项数据很难得到故未在研究区生态安全评价中采用环境质量指数。因该地区为典型的内陆河，本身不产流，其河流长度、水域面积对流域生态环境影响极大，所以将其指标进行放大，调整水网密度权重为 0.2；考虑到下游地处塔克拉玛干沙漠和库鲁克沙漠间的绿色走廊，流域生态环境安

全受流域风沙侵蚀严重，所以讲土壤胁迫指数权重放大为0.25，而生物丰度指数适当降低，调整为0.3。

各项评价指标权重见表3.4.4。

表3.4.4　各项评价指标权重

指标	生物丰富度指数	植被覆盖指数	水网密度指数	土地退化指数
权重	0.3	0.25	0.2	0.25

（2）计算方法

生态安全状况指数＝0.30×生物丰富度指数＋0.25×植被覆盖指数
＋0.2×水网密度指数＋0.25×土地退化指数

（3）生态安全状况分级

根据生态安全指数，将生态安全分为5级，即优、良、一般、较差和差，具体见表3.4.5。

表3.4.5　生态安全分级

级别	优	良	一般	较差	差
指数	EI≥75	55≤EI＜75	35≤EI＜55	20≤EI＜35	EI＜20
状态	植被覆盖度高，生物多样性丰富，生态系统稳定，最适合人类生存	植被覆盖度较高，生物多样性较丰富，基本适合人类生存	植被覆盖度中等，生物多样性一般水平，较适合人类生存，但有不适人类生存的制约性因子出现	植被覆盖较差，严重干旱少雨，物种较少，存在着明显限制人类生存的因素	条件较恶劣，人类生存环境恶劣

（4）生态安全变化幅度分级

根据我国生态安全变化幅度，将生态安全变化幅度分为4级，即无明显变化、略有变化（好或差）、明显变化（好或差）、显著变化（好或差），具体见表3.4.6。

表3.4.6　生态环境状况变化度分级

级别	无明显变化	略有变化	明显变化	显著变化
变化值	|ΔEI|≤2	2＜|ΔEI|≤5	5＜|ΔEI|≤10	|ΔEI|＞10
描述	生态环境状况无明显变化	如果2＜ΔEI≤5，则生态环境状况略微变好；如果−2＞ΔEI≥−5，则生态环境状况略微变差	如果5＜ΔEI≤10，则生态环境状况明显变好；如果−5＞ΔEI≥−10，则生态环境状况明显变差	如果ΔEI＞10，则生态环境状况显著变好；如果ΔEI＜−10，则生态环境状况显著变差

二、南疆内陆河生态安全建设的评价体系

（一）塔里木河干流区生态安全评价

基于《生态环境状况评价技术规范》（HJ/T 192—2006）构建的塔里木河生态环境

评价指标体系，具体见表 3.4.7。

表 3.4.7　各分项指标归一化系数

归一化系数	数值	归一化系数	数值
生物丰富度指数	400.62	土地退化指数	146.33
植被覆盖指数	355.24	二氧化硫	0.06
河流长度	46.63	化学需氧量	0.33
湖库面积	17.88	固体废弃物	0.77
水资源量	61.42		

1. 生物丰富度指数

根据指数公式，并结合表 3.4.8 计算干流区的生物丰富度指数。

表 3.4.8　2000 年、2007 年和 2010 年生态环境遥感解译面积统计表

土地分类	2000 年		2007 年		2010 年	
	面积 / 万 hm^2	比例 /%	面积 / 万 hm^2	比例 /%	面积 / 万 hm^2	比例 /%
耕地	4.028 34	0.65	53.025 2	8.05	71.476 3	10.87
林地	57.535 6	9.24	53.358 2	8.10	36.174	5.50
草地	227.436 9	36.53	209.160 4	31.75	236.373 6	35.93
城乡建设用地	1.311 9	0.21	2.274 5	0.35	1.305 6	0.22
水域	10.752 1	1.73	13.226 2	2.01	15.317 4	2.33
未利用地	321.546 7	1.64	327.627 5	49.74	297.16	45.17

生物丰富度指数指通过单位面积上不同生态系统类型在生物物种数量上的差异，间接地反映被评价区域内生物的丰贫程度。由表 3.4.9 可知，塔里木河干流区生物丰富度指数在 2000 年数值最大，在 2007 年降低到 45.92，而后于 2010 年回升至接近于 2000 年水平，其中主要原因是 2000～2007 年，草地的面积有较大幅度的减少。天然草地的面积主要是受到塔里木河流域整体水资源量的影响。根据阿拉尔站的水文观测资料，2000 年、2007 年和 2010 年的水资源量分别是 34.5 亿、30.9 亿和 72.0 亿 m^3，这就造成了草地面积呈现出与水资源量相同的波动趋势。同时林地面积的变化也对生物丰富度指数产生了较大影响。根据计算，2010 年的耕地、草地面积均大于 2000 年的耕地和草地面积，但是由于林地面积的减少，2010 年的生物丰富度指数仍然低于 2000 年的水平，这也说明林地这一具有较高植物生产力的覆盖类型具有更高的生物多样性价值。因此注重保护干流区域林地资源对维护干流区域的生物丰富度，保持该地区的生物多样性具有极其重要的意义。

表 3.4.9　2000～2010 年塔里木河干流区生物丰富度指数变化表

指标	2000 年	2007 年	2010 年
生物丰富度指数	47.80	45.92	47.18

2．水网密度指数

水网密度指数需要获得三期的河流长度、湖库面积、水资源量等数据，根据水网密度的计算公式，最终计算获得干流区域三期的水网密度指数（表 3.4.10 和表 3.4.11）。

表 3.4.10　2000～2010 年塔里木河干流区水网密度类型

年份	河流长度 /km	湖库面积 / 万 hm^2
2000	1 250.60	5.403 5
2007	1 250.60	6.302 0
2010	1 250.60	6.803 1

表 3.4.11　2000～2010 年塔里木河干流区水网密度指数

指标	2000 年	2007 年	2010 年
水网密度	18.84	18.29	20.97

水网密度用来评价区域内河流总长度、水域面积和水资源量占被评价区域面积的比重，用于反映被评价区域水的丰富程度。干流区域的水资源量主要受到上游水源地的降水和冰雪融水的影响，而湖库面积则主要受到当年水资源量的供给和当地对水资源量的利用情况。2000～2010 年，干流区域的湖库面积持续增加，而水资源量先降后升，水网密度受二者影响总体也表现出从 2000 年的 18.84 降至 2007 年的 18.29 后迅速上升至 2010 年的 20.97。

2000 年、2007 年和 2010 年塔里木河干流区水网分布如图 3.4.1 所示。

3．植被覆盖指数

植被覆盖指数指被评价区域内林地、草地、农田、建设用地和未利用地 5 种类型的面积占被评价区域面积的比重，用于反映被评价区域植被覆盖的程度，植被覆盖度主要通过土地利用覆盖数据结合评价指标体系计算方式进行计算。计算结果见表 3.4.12。

表 3.4.12　植被覆盖指数

指标	2000 年	2007 年	2010 年
植被覆盖指数	61.12	58.34	61.42

干流区域内的植被覆盖度表现出先降后升的趋势如图 3.4.2 所示。其原因主要是研究区内林地由 2000 年的 57.535 6 万 hm^2 降低至 2007 年的 53.358 2 万 hm^2，而后降至 2010 年的 36.174 万 hm^2；耕地从 2000～2010 年持续上升；草地则从 2000 年的 227.436 9 万 hm^2 先降后升，在 2007 年降至 209.160 4 万 hm^2，到 2010 年升至 236.376 万 hm^2。这说明，干流区域植被覆盖指数主要受到面积最大、对整个区域的影响范围

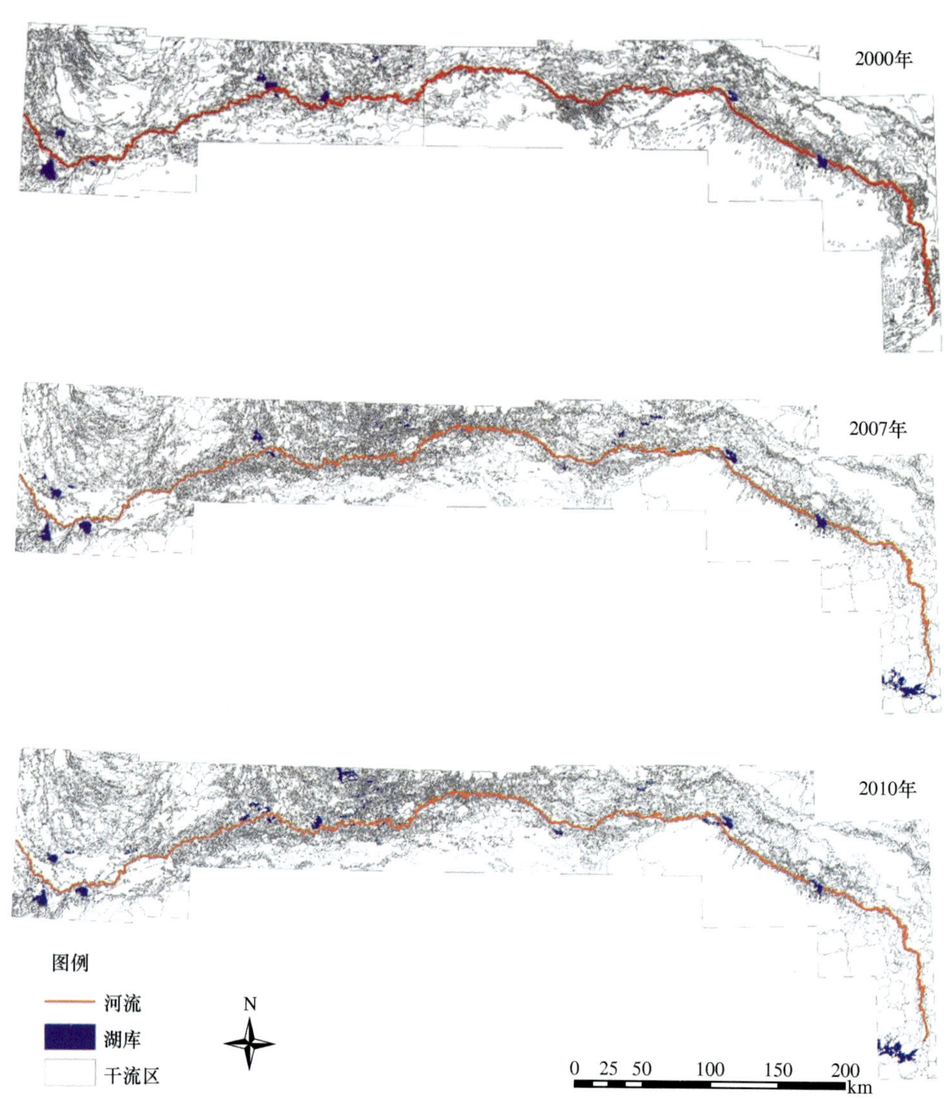

图 3.4.1　2000 年、2007 年及 2010 年塔里木河干流区水网分布

最广的草地的影响。流域范围内草地面积变化易受到气候和地表水资源的影响，特别是容易受到流域水资源量的影响。同时，在人类活动及气候年际变化的共同作用下，城镇化进程扩大建设用地、毁林开荒及弃牧造地等活动，同样也可导致林地和草地面积的减少，造成植被覆盖度指数总体下降。因此，流域范围内，应当注重林地资源的保护，限制毁林开荒、毁草开荒等活动，以保证干流区域内的植被覆盖度处在可持续发展的范围内。

4．土地退化指数

土地退化指数指被评价区域内土地质量遭受胁迫的程度，利用评价区域内单位面

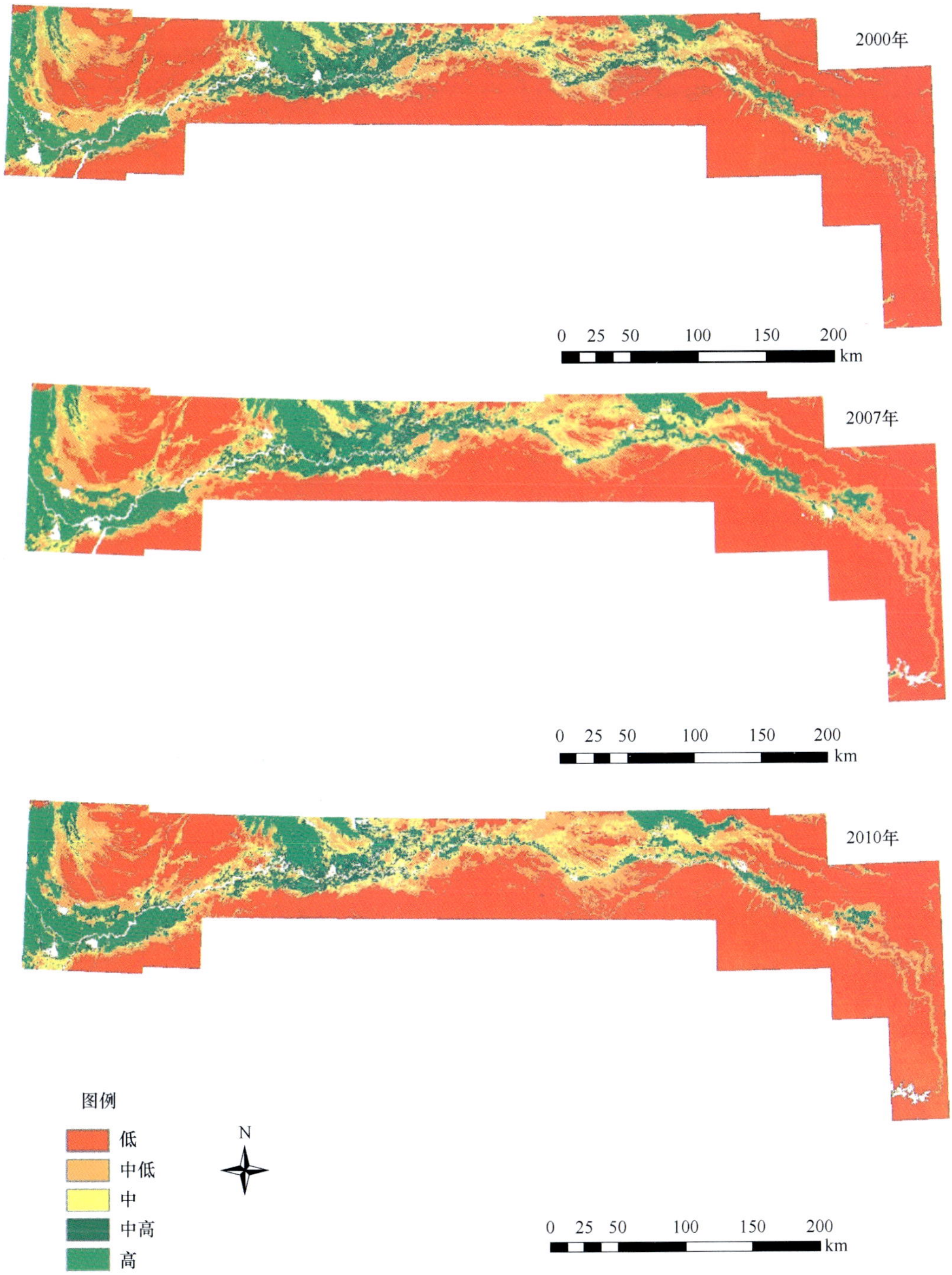

2000年

0　25　50　100　150　200 km

2007年

0　25　50　100　150　200 km

2010年

图例

低

中低

中

中高

高

N

0　25　50　100　150　200 km

图 3.4.2　2000 年、2007 年及 2010 年塔里木河干流区植被覆盖分级图

积上水土流失、土地沙化、土地开发等胁迫类型面积表示。

土壤侵蚀是导致土地退化现象的主要驱动力之一，是一个复杂的人文和地理过程。从外营力的角度，土壤侵蚀通常可分为水蚀、风蚀、重力侵蚀、冻融侵蚀和人为侵蚀等类型。

研究区内的土壤侵蚀主要以风蚀、水力侵蚀和重力侵蚀为主。参照水利部 2008 年颁布的《土壤侵蚀分类分级标准》(SL190—2007)，根据研究区的具体情况和后继研究工作的方便性，制定了研究区土壤侵蚀强度分级指标。将研究区土地侵蚀分为 5 个等级，分别为剧烈、极强度、强度、中度和轻度，如表 3.4.13 所示。

表 3.4.13　研究区土壤侵蚀强度分级指标表

地类	地面坡度/°	5～8	8～15	15～25	25～35	>35
非耕地类型林草覆盖度	60～75	轻度	轻度	轻度	中度	中度
	45～60	轻度	轻度	中度	中度	强烈
	30～40	轻度	中度	中度	强烈	极强烈
	<30	中度	中度	强烈	极强烈	剧烈
坡耕地		轻度	中度	强烈	极强烈	剧烈

经计算后获得了整个干流区的土地侵蚀面积见表 3.4.14。

表 3.4.14　2000～2010 年塔里木河干流区土地侵蚀面积　（单位：万 hm^2）

年份	轻度侵蚀面积	中度侵蚀面积	重度侵蚀面积
2000	235.164 2	407.236 3	5.069 5
2007	278.479 0	361.957 9	5.017 1
2010	290.879 9	346.885 3	5.014 8

根据土地退化指数计算方式，获得了 2000～2010 年塔里木河干流区土地退化指数，计算结果见表 3.4.15。

表 3.4.15　2000～2010 年塔里木河干流区土地退化指数

指标	2000 年	2007 年	2010 年
土地退化指数	26.01	23.98	23.31

其中，2000 年、2007 年和 2010 年的塔里木河干流土地退化分级图，如图 3.4.3 所示。

研究区内土地退化指数情况表明，2000 年土地退化程度较高，而 2007 年和 2010 年的土地退化程度相对减弱。由土地退化空间分布情况看，干流区内的土地退化主要是以轻度，中度为主。轻度主要是以沿河道绿洲周围的植被状况较好的区域，而中度

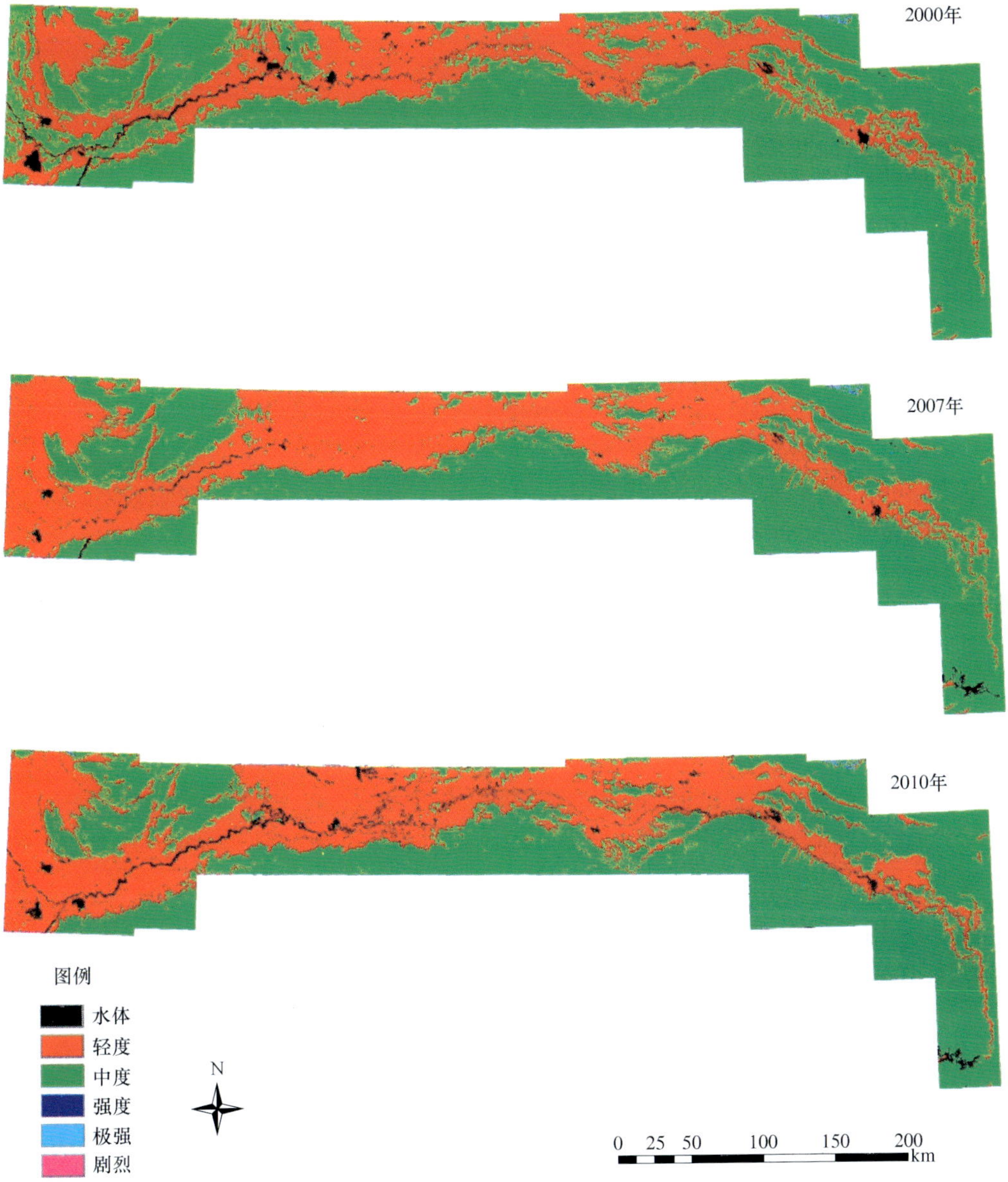

2000年

2007年

2010年

图例

水体

轻度

中度

强度

极强

剧烈

图 3.4.3　2000 年、2007 年及 2010 年塔里木河干流区土地退化分级图

则以荒漠区附近的区域为主，这些区域的植被覆盖情况相对较低，水土保持状况也较差，更易受到风蚀的侵扰。三期的研究状况表明，塔河干流区土地退化情况相对改善，趋向好的情况发展。

5．生态环境状况指数

根据生物丰富度指数、植被覆盖指数、水网密度指数和土地退化指数计算得到干流区域的生态环境状况指数见表 3.4.16。

表 3.4.16　塔里木河干流区域各项生态环境状况指标汇总表

年份	生物丰富度指数	植被覆盖指数	水网密度指数	土地退化指数	EI 指数
2000	47.8	61.12	18.84	26.01	26.89
2007	45.92	58.34	18.29	23.98	26.03
2010	47.18	61.42	20.97	23.31	27.88

塔里木河干流区各项评价指数总体变化不大，生物丰富度指数和植被覆盖指数均表现出先降后升的趋势，该两项指数的变化主要是由于土地利用覆盖情况变化导致，特别是因为林地面积的减小和草地面积的先降后升；水网密度指数在 2000 年和 2007 年基本相似，但在 2010 年升高较为明显，该项指数主要受到水资源量变化的影响；土地退化指数在 2000 年较大，2007 年和 2010 年降幅较为明显。在四项生态安全因子的综合影响下，干流研究区总体 EI 指数在 2000 年、2007 年和 2010 年属于较差范围，整体干流区域生态状况可表述为植被覆盖较差，严重干旱少雨，物种较少，存在明显限制人类生存的因素。

在三期监测中，EI 指数的变化范围较小，其中 2007 年的 EI 指数最低，意味着 2007 年的生态环境在三期中是最差的，2010 年 EI 指数最高，说明其生态安全相对最好。由表 3.4.17 可知，从 EI 指数值的变化情况（ΔEI）来看，整体的绝对值变化量均小于 2，这说明，整体而言干流区域内的生态环境状况未发生显著变化，尽管 2010 年的 EI 指数最高，但是其 EI 增加值很小，生态环境有改善的趋势，但改善的程度仍然较低，生态环境状况在这一时间段内没有发生明显变化。

表 3.4.17　2000～2010 年塔里木河干流区 EI 指数变化表

ΔEI	2000 年	2007 年	2010 年
2000 年	0	−0.86	0.99
2007 年	0.86	0	1.85
2010 年	−0.99	−1.85	0

（二）塔里木河干流分河段生态安全评价

前面的内容主要分析了塔里木河干流区内的生态安全状况，然而对于整个流域而言，其上游区、中游区和下游区在水资源量、自然生态本底状况和人类活动强度上存在较大差异，有必要进行分区的生态安全评价。本节采用与干流区相同的生态安全评价体系，利用 ArcGIS 平台，将塔里木河流域分成上游、中游、下游三区，分别进行 3 个区域的生态安全评价。

1．生物丰富度指数

利用地理信息系统软件在已有数据的基础上获得上游、中游、下游三期的土地利用与土地覆被数据并以此进行生物丰富度指数的计算（表 3.4.18）。

表 3.4.18　塔里木河干流上游、中游、下游土地分类面积统计表（单位：km^2）

土地类型	上游			中游			下游		
	2000 年	2007 年	2010 年	2000 年	2007 年	2010 年	2000 年	2007 年	2010 年
水浇地	3 247.32	4 235.63	5 950.8	407	642.06	921.62	374.04	424.53	545.4
林地	3 979.13	3 487.33	2 389.3	1 119.39	1 199.78	657.51	655.05	648.53	570.63
天然草地	11 509.57	10 997.9	11 717	6 157.97	5 879.25	6 670.91	5 076.24	4 038.31	5 249.3
居民用地	99.54	192.85	105.07	10.77	12.1	16.45	20.87	22.5	9.2
水域	853.25	894.56	1 050.9	105.92	135.43	178.07	116.05	292.59	302.76
未利用地	11 116.79	10 980.1	9 626.1	7 133.7	7 063.99	6 489.39	13 902.11	14 717.55	13 465.28

生物丰富度指数计算见表 3.4.19。

表 3.4.19　塔里木河干流上游、中游、下游生物丰富度指数计算结果

年份	上游	中游	下游
2000	58.79	49.12	30.01
2007	56.79	49.21	26.88
2010	56.46	49.57	31.46

由表 3.4.19 可以发现，通过分区计算，该流域的上游、中游、下游的生物丰富度指数变化情况显著不同。对比上游、中游、下游的土地利用类型变化情况可以发现，上游的林地面积持续降低最为明显，天然草地则先降后升，耕地面积则有显著增加，三者的面积变化是控制整个上游区域生物丰富度指数大小的重要因素。对于中游而言林地面积在 2010 年也有明显降低，但草地面积增加较大，耕地面积则有显著增加。下游区域主要表现出林地的少量降低和天然草地的先降低后回升的趋势。

地表覆盖状况的变化造成上游区域生物丰富度指数从 58.79 降至 2007 年的 56.79 和 2010 年的 56.46；中游区域整体变化十分微小，数值都在 49～50 范围内；而下游区域变化较大，从 2000 年的 30.01 迅速下降到 2007 年的 26.88，而后在 2010 年回升至 31.46，超出 2000 年的水平。数值表现出：上游区域的生物丰富度指数从 2000 年开始保持降低趋势，中游区域的生物丰富度指数变化微弱，下游区域的生物丰富度指数先降后升。

2．水网密度指数

对上游、中游、下游的河流长度、湖库面积和水资源量进行统计，通过水网密度指数计算方法，获得了塔里木河流域范围内上游、中游、下游的水网密度指数，具体见表 3.4.20。

表 3.4.20 塔里木河干流上游、中游、下游河网信息

指标	上游			中游			下游		
	2000 年	2007 年	2010 年	2000 年	2007 年	2010 年	2000 年	2007 年	2010 年
河流长度 /km	549.67	549.67	549.67	302.7	302.7	302.7	398.22	398.22	398.22
湖泊水库 / 万 hm^2	370.83	307.46	386.21	68.88	95.36	58.82	100.48	227.38	235.28
水资源量 / 万 m^3	3 448.15	3 092.10	7 199.98	2 300	1 000	4 680	0	264.21	1 003.33

仅计算获得的水网密度指数，具体见表 3.4.21。

表 3.4.21 塔里木河干流上游、中游、下游河网密度指数

年份	上游	中游	下游
2000	7.92	10.49	1.01
2007	7.18	5.17	1.93
2010	15.39	20.26	4.19

根据计算所得，上游、中游、下游的水网密度指数主要受到湖泊水库面积和水资源量的影响，特别是水资源量对流域内水网密度指数的计算影响很大，在上游、中游和下游区域，水网密度指数都表现出了先降后升的一致趋势，这一趋势也与该流域水资源量的变化趋势相同。

3．植被覆盖指数

植被覆盖指数指被评价区域内林地、草地、农田、建设用地和未利用地 5 种类型的面积占被评价区域面积的比重，用于反映被评价区域植被覆盖的程度，植被覆盖度计算也主要通过土地利用覆盖数据结合评价指标体系计算方式进行计算。计算结果见表 3.4.22。

表 3.4.22 植被覆盖指数

年份	上游	中游	下游
2000	72.32	65.17	41.01
2007	70.41	64.68	35.20
2010	71.67	67.17	41.89

由表 3.4.22 可知，整体而言：上游植被覆盖度大于中游植被覆盖度大于下游植被覆盖度。上游区域、中游区域和下游区域的植被覆盖度都表现出先降后升的趋势，但变化幅度不大，从变化幅度上看，上游植被覆盖度变化幅度小于中游植被覆盖度变化幅度小于下游植被覆盖度变化幅度。这说明，上游区域的植被覆盖情况较好，变化幅度低，稳定程度高，而下游的植被覆盖情况相对较差，更易受到人类活动和气候年际变化的干扰，稳定性较差。就上游、下游的植被覆盖度变化情况看，上游在 2000 年的

植被覆盖度最高，在2007年有小幅下降后，至2010年有所回升。中游区域也同样在2007年有小幅下降，但在2010年提高明显，这主要归因于中游区域耕地面积的增加和天然植被的恢复。下游区域则波动幅度较大，2000年和2010年水平相同，但在2007年降至35.20，其原因主要是下游区域2007年天然草地的面积有较大程度的萎缩。

4．土地退化指数

将干流区域的土地退化数据按照上游、中游、下游的区域进行裁剪和统计，获得上游、中游、下游的土地退化统计数据表，如表3.4.23所示。

表3.4.23　2000～2010年塔里木河干流上游、中游、下游土地退化面积统计表

（单位：km^2）

类型	上游			中游			下游		
	2000年	2007年	2010年	2000年	2007年	2010年	2000年	2007年	2010年
轻度	14 233	17 784	18 079	6 137	6 556	7 297	3 145	3 506	3 710
中度	15 667	12 313	11 530	8 542	8 052	7 320	16 514	15 829	15 838
重度	151.76	149.42	157.2	318.22	315.38	322.12	543.9	538.6	523.62

由表3.4.23可知，上游区域的轻度退化面积在2000～2010年逐年上升，中度退化面积逐年下降，而重度退化面积先降后升；中游区域的轻度退化面积也表现出逐年上升的趋势，中度退化面积逐年下降，而重度退化面积先降后升；下游区域轻度退化面积在2000～2010年逐年上升，中度退化面积逐年下降，重度退化面积逐年下降。

经计算获得上游、中游、下游的土地退化指数表，具体见表3.4.24。

表3.4.24　2000～2010年塔里木河干流上游、中游、下游土地退化指数计算结果

年份	上游	中游	下游
2000	23.11	26.28	34.26
2007	19.75	25.39	33.66
2010	19.21	23.93	33.33

这说明上游、中游和下游区域的土地退化程度均向好的方向发展，其中上游和中游区域的改善程度要相对更高。这与近年来这些区域植被覆盖状况的恢复及人类活动的合理开展有直接关系。

5．生态环境状况指数

根据生物丰富度指数、水网密度指数、植被覆盖指数和土地退化指数的计算情况，按照生态环境状况指数的权重计算方法，最终汇总获得上游、中游、下游的各项生态安全评价指标和生态环境状况指数（表3.4.25）。

表 3.4.25　塔里木河干流上游、中游、下游生态安全评价结果

评价指标	上游			中游			下游		
	2000 年	2007 年	2010 年	2000 年	2007 年	2010 年	2000 年	2007 年	2010 年
生物丰富度	58.79	56.79	56.46	49.12	49.21	49.57	30.01	26.88	31.46
植被覆盖指数	72.32	70.41	71.67	65.17	64.68	67.18	41.01	35.20	41.89
水网密度	7.92	7.18	15.39	10.49	5.17	20.26	1.01	1.93	4.19
土地退化	23.11	19.75	19.21	26.28	25.39	23.93	34.26	33.66	33.32
EI 指数	31.53	31.14	33.13	26.56	25.62	29.73	10.89	8.84	12.42

由表 3.4.25 可知，塔里木河上游区域生态环境指数从 2000 年 31.53 升至 2010 年的 33.13，生态环境状况总体向好的方向发展，但变化绝对值相对较小，2000～2007 年小幅下降，2007～2010 年有较大提升。2000～2007 年的 EI 变化值低于绝对值 3，但大于 1 的判断阈值，因此可以基本认定 2000～2007 年上游区域的生态安全略有下降，2007～2010 年从 31.14 上升至 33.13，变化值达到 1.99，可以基本认为生态环境状况略微变好。

中游的 EI 指数变化与上游变化趋势相似，也是 2000～2007 年小幅下降后在 2010 年有较大回升，2000～2007 年 EI 指数略有下降，但绝对值较低，可考虑为没有发生变化，但从 2007～2010 年，绝对值从 25.62 升至 29.73，升高了 4.09，变化处于 $3\leqslant|\Delta EI|\leqslant 8$ 范围内，则说明中游区域 2007～2010 年生态环境状况明显变好。

下游区域的 EI 指数从 2000 年 10.89 下降至 2007 年的 8.84，下降了 2.05，变化处于 $1\leqslant|\Delta EI|\leqslant 3$ 范围内，说明下游区域从 2000～2007 年生态环境状况变差，而从 2007～2010 年有所反弹，从 8.84 升至 12.42，变化值为 3.58，生态环境状况明显变好。

研究表明，上游、中游、下游的变化情况各有特点，总体而言，上游优于中游，中游优于下游。这说明该区域水资源的可利用量仍然是决定当地生态环境状况优劣的重要决定因素。从时间变化上看，不论上游、中游、下游，均在时间上表现出一定的波动，但上游更加优势的生态环境状况使该地区的波动幅度要比中下游都要小，这也就使上游区域的生态稳定性较之更强。

（三）塔里木河流域生态输水区生态安全评价

《塔里木河流域近期综合治理规划报告》提出了向塔里木河下游绿色走廊输水的水资源配置方案，采取主要治理工程及流域统一管理措施，使得塔里木河干流，特别是下游生态环境得到改善。生态输水区作为重点的生态环境恢复区域进行独立的生态安全评价有其必要意义，也是反映近年来一系列治理工程对该区域生态环境产生的影响的重要内容。

1．生物丰富度指数

对塔里木河生态输水区进行土地利用覆盖数据的提取，得到表 3.4.26。

表 3.4.26　2000～2010 年塔里木下游生态输水区土地覆盖类型面积统计表

一级分类	2000 年		2007 年		2010 年	
	面积 / 万 hm^2	比例 /%	面积 / 万 hm^2	比例 /%	面积 / 万 hm^2	比例 /%
耕地	0.459	0.21	0.044 6	0.20	0.056 1	0.30
林地	2.247 1	10.25	2.469 0	11.30	2.535 3	11.60
草地	7.489 8	34.18	8.367 2	38.20	8.239 7	37.60
城乡建设用地	0.00	0.00	0.00	0.00	0.00	0.00
水域	0.872 3	3.98	0.914 4	4.20	1.314 8	6.00
未利用地	11.260 9	51.38	10.120 8	46.20	9.77	44.60

根据生物丰富度指数的计算方式，获得 2000 年、2007 年和 2010 年三期的生物丰富度指数变化表（表 3.4.27）。

表 3.4.27　塔里木河生态输水区生物丰富度指数

指标	2000 年	2007 年	2010 年
生物丰富度指数	49.74	54.54	56.48

2000～2010 年生态输水区的土地覆盖情况与整个干流区的变化趋势显著不同，其主要表现在林地的面积不断增加，草地面积在 2000～2007 年有较大幅度的增加，在 2007～2010 年有小幅度的回落。耕地面积略微增加，水域面积也显著逐年增加。这一系列的土地覆盖变化趋向好的方面发展。从生物丰富度指数表现出生态输水区的生物多样性程度呈上升趋势。

2．水网密度指数

通过地理信息系统结合站点观测数据获得生态输水区的河流长度、湖库面积和水资源量（大西海子水库下泄水量），具体见表 3.4.28。

表 3.4.28　塔里木河下游生态输水区河网信息

指标	2000 年	2007 年	2010 年
河流长度 /km	291.87	291.87	291.87
湖库面积 / 万 hm^2	0.872 3	0.914 4	1.314 8
水资源量 /10^8m^3	3.82	2.01	8.03

经过计算，获得三期水网密度指数，具体见表 3.4.29。

表 3.4.29　塔里木河下游生态输水区水网密度指数计算结果

指标	2000 年	2007 年	2010 年
水网密度指数	17.63	12.59	29.79

生态输水区的湖库面积持续增加，同时水资源量在 2000～2007 年有显著下降后于 2010 年达到高峰值 8.03 亿 m^3。水网密度指数表明生态输水区的水资源丰度在 2010 年得到了较大的提高。这与上游及中游地区相关的节水工程和管理措施的有力执行相关。

3．植被覆盖指数

根据土地覆盖 / 利用数据结合植被覆盖指数进行计算获得生态输水区的植被覆盖指数情况（表 3.4.30）。结果表明，塔里木河生态输水区在 2000～2007 年得到了较大的提高，其主要是受到林地面积和草地面积增加的影响。在 2007～2010 年有微弱的下降，其主要原因是天然草地面积的微弱下降。这些结果表明，塔里木河生态输水区植被覆盖程度有明显的提高，其直接原因是水资源量的增加和相关保护措施的执行。

表 3.4.30　塔里木河生态输水区植被覆盖指数

指标	2000 年	2007 年	2010 年
植被覆盖指数	58.91	64.74	64.37

4．土地退化指数

根据生态输水区范围，结合 ArcGIS 平台将研究区土地退化数据进行统计，获得研究区土地退化面积统计表（表 3.4.31）。

表 3.4.31　塔里木河下游生态输水区土地退化分级面积统计表（单位：万 hm^2）

土地退化类型	2000 年	2007 年	2010 年
轻度侵蚀	6.968 5	7.243 2	8.839 3
中度侵蚀	14.417 2	13.409 3	11.82
重度侵蚀	0.000 5	0.000 5	0.000 5

根据土地退化指数的权重计算方法，获得三期生态输水区范围的土地退化指数表（表 3.4.32）。

表 3.4.32　塔里木河下游生态输水区土地退化指数

指标	2001 年	2006 年	2012 年
土地退化指数	26.39	24.80	22.68

土地退化指数表明，2000 年、2007 年和 2010 年土地退化程度逐渐降低，造成土地退化的天然植被的退缩和河岸带林地的人为破坏得到了初步遏制，未来继续改善天

然植被状况并增加林地保护，提高其水土保持能力，增强防风固沙能力将进一步缓解土地退化对当地生态环境造成的负面影响。

5．生态环境状况指数

根据生物丰富度指数、植被覆盖指数、水网密度指数和土地退化指数的计算情况，按照生态环境状况指数的权重计算方法，最终汇总获得上中下游的各项生态安全评价指标和生态环境状况指数（表 3.4.33）。

表 3.4.33　塔里木河生态输水区生态环境评价指标

年份	生物丰富度指数	植被覆盖指数	水网密度	土地退化	EI 指数
2000	49.74	58.91	17.63	26.39	26.58
2007	54.54	64.74	12.59	24.8	28.86
2010	56.48	64.37	29.79	22.68	33.32

由生态环境状况指数 EI 的变化情况来看，生态输水区的生态环境是逐渐改善的；从其变化量来看，2000～2007 年，EI 指数增加 2.32，变化处于 $2<|\Delta EI|\leqslant 5$ 范围内，生态环境状况略微变好，而在 2007～2010 年，EI 指数从 28.86 增加到 33.32，变化也处于 $2<|\Delta EI|\leqslant 5$ 范围内，生态环境状况继续表现出变好的趋势。而在 2000～2010 年这 10 年变化过程中，EI 指数增加了 6.74，属于 $5\leqslant|\Delta EI|\leqslant 10$，可以认为，塔里木河生态输水区在 2000～2010 年生态环境有明显的变好。结果表明：随着近十年来源流平原水库调整和节水改造、干流平原水库调整和改造、地下水开发利用工程、河道治理工程的实施，同时在源流和干流一系列流域统一管理措施的有力执行，使塔里木生态输水区范围的生态环境得到了明显改善。

三、北疆内陆河生态安全建设的评价体系

根据上文所述，北疆地区应侧重水 - 生态系统 - 经济系统协调发展的特点，本节运用主成分分析法对北疆内陆河生态安全进行评价体系建设。

（一）北疆生态安全评价模型的选择

近些年来，出现了一些评价指标体系的概念模型，如由联合国经济合作开发署最初针对环境问题提出的表征人类与环境系统的压力 - 状态 - 响应（P-S-R）框架模式，联合国可持续发展委员会提出的驱动力 - 状态 - 响应（D-S-R）概念模型，而欧洲环境署则在压力 - 状态 - 响应（P-S-R）基础上添加了驱动力和影响两类指标构成了驱动力 - 压力 - 状态 - 影响 - 响应（D-P-S-I-R）框架。这些模型为建立区域生态安全评价指标体系奠定了基础，其中尤以压力 - 状态 - 响应（P-S-R）模型应用最为广泛且认可度最高。

为满足生态环境管理和决策的要求，本节评价选用压力－状态－响应（P-S-R）模型框架。P-S-R 模型从社会经济与环境有机统一的观点出发，反映生态系统安全的自然、经济和社会因素之间的关系，强调对问题发生的原因－结果－对策的逻辑关系进行分析，目的是回答发生了什么、为什么会发生和人类该如何做的问题。P-S-R 框架模型具有非常清晰的因果关系，即人类活动对环境施加了一定的压力，导致环境状态发生了一定的变化；而人类社会应当对环境的变化做出响应，以恢复环境质量或防止环境退化，而这 3 个环节正是决策和制定对策措施的全过程，因而 P-S-R 模型框架非常适合于区域生态监测与评价工作。对于每一个环境问题，P-S-R 模型都有 3 个不同但却相互关联的指标类型，分别是压力指标、状态指标和响应指标。该框架模型中，各个子系统可作如下理解。

1）压力子系统是指人类活动对生态环境施加的直接压力影响，如人口密度、人均 GDP 等。

2）状态子系统是指状态指标表征资源环境及社会经济当前所处的状态或趋势，如植被覆盖度等。

3）响应子系统是指为减轻环境污染和资源破坏所做的努力，如保护区面积等。

（二）奎屯河流域生态安全评价指标的选取

1．评价单元的确定

在本节研究中，将各流域分别作为一个完整的生态系统，以流域内各行政单元作为基本研究单元。因行政区划与流域范围不尽一致，且有的流域的行政区划为乡镇一级，难以在统计年鉴上获得相应的统计指标。因此，本节研究为了获得标准相对一致的统计指标，对各流域的评价单元做了选择。

2．评价指标因子的选取

流域生态安全评价指标的选择不但要考虑到流域生态系统的环境或资源状态，而且要兼顾社会经济及人类活动对生态环境的影响。在流域生态安全评价及其指标选择中，根据工作目的，指标选择方法和侧重点有所不同，如基于生态压力的指标选择、基于环境暴露的指标选择、基于区域生态条件和空间格局的指标选择及基于压力－状态－反映的指标选择方案等（表 3.4.34）。

表 3.4.34　流域生态安全评价的行政单元

河流	流域所属行政区划名称	评价单元
奎屯河	奎屯市（含工一师八团农场、部队农场），第七师所属（除 137 团外）的全部的九个团场，乌苏市所辖的 22 个乡（镇），克拉玛依的独山子区和托里县的庙尔沟镇	奎屯，农七师（除 137 团外）的全部的九个团场，乌苏市，克拉玛依的独山子区和托里县

考虑到内陆河流域的具体特点，如自然环境、经济发展及文化教育水平等，根据

资料和数据的可获得性和完备性情况，本节研究从压力、状态、响应方面构建目标层、准则层和指标层。在全面考虑生态安全影响因素和流域生态安全现状的基础上，需注意各评价因子间的相互关联性和一些指标定量化难度大的实际困难，构建出一套既充分反映研究区实际又切实可行的生态安全评价指标体系（表 3.4.35）。其中，状态指标主要用来反映当前生态系统在自然或人类活动的干扰下所表现出来的状况，压力指标用来反映生态系统承载的压力和产生各种生态问题的潜在原因，响应指标则用来反映人类克服目前生态问题的能力及根据自身能力对各种生态问题所做出的积极响应。

表 3.4.35 流域生态安全评价初选的评价指标

编号	指标	指标定义	指标安全趋向性
1	人均耕地面积	耕地面积与人口总数之比，表征区域内的土地压力	正
2	径流量	流域类径流总量，反映水资源数量的动态变化，也能间接反映生态系统保护程度	正
3	人口密度	区域单位面积的人口数量，表征土地承载人口的压力	负
4	人口自然增长率	用年内净增加人口数占年初总人口数的百分比表示，增长率越高对当地生态环境就会带来更大的压力	负
5	农作物单位面积产量	当年农作物总产量 / 耕地面积	正
6	总牲畜头数	牲畜总头数	负
7	森林覆盖率	森林面积以及四旁树木覆盖面积与土地面积之比，是反映区域森林资源和绿化水平的重要指标	正
8	草地面积比例	草地面积 / 土地面积	正
9	裸土面积比例	裸土面积 / 土地面积	负
10	年降水量	流域降水量的年平均值	正
11	人均粮食产量	粮食总产量与总人口数之比	正
12	人均工业产值	工业总产值与总人口数之比	负
13	单位面积农林牧渔业产值	农林牧渔业总产值与总人口数之比	正
14	人均 GDP	GDP 总值与总人口数之比	正
15	第三产业占 GDP 比重	第三产业总产值与 GDP 总值之比	正
16	农民人均纯收入	农村居民当年从各个来源渠道得到的总收入，相应地扣除获得收入所发生的费用后的收入总和	正
17	单位耕地粮食产量	区域内每一定数量耕地面积能生产的粮食数量	正
18	农作物播种面积	当年农作物播种总面积	负
19	单位面积耕地化肥使用量	当年总化肥施用量 / 耕地面积	负
20	总农林牧渔业产值	当年农林牧渔业产值之和	正
21	土地面积	总土地面积	正

注：指标安全趋向性为正向时，越大越安全；指标安全趋向性为负向时，越小越安全。

本着可比较性和易于信息技术获取和易于量化的原则，本节评价初选了 20 个指标

（表 3.4.35），并运用主成分分析原理，从大量指标中消除冗余指标，进一步筛选确定评价指标体系。

通过查阅统计年鉴、文献以及借助遥感解译的方式，获得 1990 年、2000 年、2013 年各研究单元 20 个评价指标的数值，在此基础上，应用 SPSS 统计分析软件，进行因子分析或主成分分析，计算原始指标的初始特征根值、方差贡献率和累积方差贡献率（表 3.4.36）。从表 3.4.36 可以看出，前 5 个主成分共解释了原有变量总方差的 76%，总体上原有变量的信息丢失较少，因此选择前 5 个主成分可满足本节研究需要。

表 3.4.36 评价指标的主成分分析的统计信息

主成分	初始特征根值			旋转提取因子的载荷平方和		
	总方差	方差贡献率 /%	累积方差贡献率 /%	总方差	方差贡献率 /%	累积方差贡献率 / %
1	4.50	22.48	22.48	4.23	21.14	21.14
2	3.53	17.65	40.13	3.53	17.63	38.77
3	2.82	14.08	54.20	2.753	13.75	52.52
4	2.38	11.90	66.10	2.55	12.73	65.25
5	1.89	9.47	75.57	2.065	10.32	75.57
6	1.31	6.54	82.11			
7	1.12	5.62	87.73			
8	0.65	3.25	90.98			
9	0.61	3.05	94.03			
10	0.44	2.22	96.25			
11	0.34	1.69	97.94			
12	0.17	0.86	98.80			
13	0.11	0.53	99.33			
14	0.09	0.44	99.77			
15	0.03	0.13	99.89			
16	0.01	0.05	99.95			
17	0.01	0.03	99.98			
18	0.00	0.02	99.998			
19	0.00	0.00	99.99			
20	0.00	0.00	100			

采用四次方最大旋转对主成分载荷矩阵实施旋转，缺失值用平均值替代，用主成分分析法，找出对每个主成分贡献率大的原始指标，将这些原始指标集合起来，便可以代表主成分以至整个原始样本数据的全部信息。

基于主成分分析的结果，本节研究选取载荷系数绝对值不小于0.70的指标（表3.4.37中标黑数值），最后组成内陆河流域生态安全研究的指标体系，包括3个指标表征压力子系统，5个指标表征状态子系统，6个指标表征响应子系统（表3.4.38）。

表 3.4.37　旋转的因子载荷阵 Rotated Component Matrix

项目	成分				
	1	2	3	4	5
人均耕地面积	0.196	−0.210	−0.088	0.672	0.044
径流量	0.044	0.082	0.052	−0.010	**0.955**
人口密度	0.144	−0.093	−0.007	0.024	0.607
人口自然增长率	**0.973**	0.001	0.016	−0.016	−0.034
农民人均收入	0.048	0.105	0.030	**0.860**	−0.106
总牲畜头数	−0.396	0.320	0.089	0.679	0.013
单位耕地粮食产量	0.551	−0.013	**0.803**	−0.048	−0.047
单位耕地面积化肥使用量	0.013	0.094	−0.005	**0.722**	−0.159
森林覆盖率	0.027	0.064	−0.065	−0.250	**−0.94**
草地面积比例	0.016	**0.956**	−0.008	−0.122	−0.012
裸土面积比例	0.016	**0.956**	−0.008	−0.121	−0.011
年降水量	−0.062	0.098	0.019	−0.060	**0.744**
人均粮食产量	**0.992**	−0.001	0.032	0.006	0.037
人均工业产值	−0.007	**0.956**	−0.054	0.051	0.164
单位面积农林牧渔业产值	**0.893**	−0.043	0.038	0.039	0.302
人均 GDP	−0.086	**0.759**	−0.096	0.389	−0.087
第三产业占 GDP 比重	0.978	0.006	0.042	0.006	−0.049
总的农林牧渔业产值	−0.083	0.027	**0.849**	0.308	−0.030
农作物播种面积	−0.030	−0.034	**0.960**	0.051	−0.076
土地面积	0.025	−0.099	0.651	−0.146	0.205

表 3.4.38　生态安全评价指标体系

目标层	准则层	指标层
生态系统安全	系统压力	农民人均收入
		单位耕地粮食产量
		单位面积耕地化肥使用量
	系统状态	森林覆盖率
		草地面积比例
		裸土面积比例
		年降水量
		总径流量

续表

目标层	准则层	指标层
生态系统安全	系统响应	人均粮食产量
		人均工业产值
		单位面积农林牧渔业产值
		人均 GDP
		总的农林牧渔业产值
		农作物播种面积

(三)奎屯河流域生态安全评价

1. 计算各指标权重

以构建的内陆河流域生态安全研究指标体系中的各项指标为依据(表 3.4.39),通过层次分析法获得各指标和各子系统的权重(表 3.4.40)。

表 3.4.39　生态安全分级标准

综合安全指数 ESI	安全级别	评价结果说明
0～0.2	非常不安全	生态环境恶劣(生态系统服务功能几近崩溃,生态环境受到严重破坏,生态系统结构残缺不全,功能丧失,生态恢复与重建很困难,生态环境问题经常发生并演变成生态灾害)
0.2～0.4	不安全	生态环境较差(生态系统服务功能严重退化,生态环境受到较大破坏,系统结构恶化较大,功能退化且不全,受外界干扰后恢复困难,生态问题较大,生态灾害较多)
0.4～0.6	临界安全	生态环境一般(生态环境受到一定破坏,系统结构发生恶化,但尚能维持基本功能,受干扰后易恶化,生态问题显现,生态灾害时有发生)
0.6～0.8	安全	生态环境较好(生态系统服务功能较为完善,生态环境较少受到破坏,生态系统结构尚完整,功能尚好,一般干扰下可恢复,生态问题不显著,生态灾害不大)
0.8～1.0	理想安全	生态环境优越(生态系统服务功能基本完善,生态环境基本未受干扰破坏,生态系统结构完整,功能较强,系统恢复再生能力强,生态问题不显著,生态灾害少)

表 3.4.40　内陆河流域生态安全评价指标权重

目标层	准则层	指标层	指标权重
生态系统安全	系统压力	人口自然增长率	0.046 6
		农民人均收入	0.108 7
		单位面积耕地化肥使用量	0.1
	系统状态	森林覆盖率	0.035 9
		草地面积比例	0.032
		裸土面积比例	0.162 9
		年降水量	0.017 5
		总径流量	0.068 3

续表

目标层	准则层	指标层	指标权重
生态系统安全	系统响应	人均粮食产量	0.085 5
		人均工业产值	0.054 9
		单位面积农林牧渔业产值	0.113 4
		人均 GDP	0.093 6
		农作物播种面积	0.080 7

运用层次分析法（AHP），首先分析系统中各因素间的关系，建立层次结构模型，构造成对比较的判断矩阵；然后根据判断矩阵计算被比较元素对于该准则的相对权重，并对判断矩阵作一致性检验；最后计算各层次对于系统的总排序权重，得到各方案对于总目标的总排序。在 13 个指标中，系统压力指标农民人均收入和单位面积耕地化肥使用量所占权重比较高，在系统状态指标中裸土面积比例所占权重最高，在系统响应指标中，单位面积农林牧渔业产值所占权重最高。

根据各指标的权重，经计算得出准则层的生态安全评价值，在此基础上再得出各流域目标层的生态安全指数，对比评估各流域生态安全的总体变化态势。分别以研究单元 1990 年、2000 年和 2013 年的各指标数据为基础，对原始数据进行极差标准化处理，并采用单项评价模型［式（3.4.1）］和综合评价模型［式（3.4.2）］，对 6 个典型流域不同时期的生态安全分别进行定量评价。

$$Y_i=\sum_{j=1}^{m} R_{ij}\times W_{ij} \tag{3.4.1}$$

$$Y=\sum_{i=1}^{n} Y_i\times W_i \tag{3.4.2}$$

式中，Y 为综合安全指数；Y_i 为第 i 个子系统的安全指数；R_{ij} 为第 i 个子系统，第 j 个评价指标的标准化值；W_{ij} 为第 i 个子系统，第 j 个评价指标的权重；W_i 为各子系统的权重；n 为准则层；m 为指标层。

2．奎屯河流域生态安全评价结果

奎屯河流域规划范围东以吐尔条沟与沙湾县的巴音沟河流域为界，西与精河县托托河流域接壤，南靠天山分水岭与伊犁喀什河流域相邻，北接准噶尔界山山脉的玛依尔力山和扎伊尔山分水岭。奎屯河流域按自然水系包括奎屯河、四棵树河、古尔图河及期间的十余条小河（沟）、托里县南部的玛依力山南坡汇入奎屯河的小山沟，流域规划总面积 283 万 hm^2。按行政区划包括奎屯市（含工一师八团农场、部队农场）、第七师所属（除 137 团外）的全部的 9 个团场、乌苏市所辖的 22 个乡（镇），以及克拉玛依的独山子区和托里县庙尔沟镇。

根据各评价指标的权重（表 3.4.40），经计算得出准则层的生态安全评价值，在此基础上再得出目标层的生态安全指数，综合表征了奎屯河流域生态安全的总体变化态势，生态安全评价结果如表 3.4.41 所示。1990 年的生态安全指数最低，为 0.340 0，说明在这个时期，奎屯河流域的生态环境较差，生态安全级别为不安全；2000 年的生态安全指数为 0.484 9，说明此时奎屯河流域生态环境状况一般，生态安全级别为临界安全，而 2013 年的生态安全指数为 0.533 6，此时期奎屯河流域生态安全级别为临界安全。从生态安全评价指数可知，自 1990 年以来，奎屯河流域的生态环境总体变化呈现为良性发展趋势，生态安全状况不断好转，但是改善幅度较小。

表 3.4.41　奎屯河流域生态安全评价结果

生态安全评价	指标	1990 年	2000 年	2013 年
系统压力	人口自然增长率	0	0.041 2	0.046 6
	农民人均收入	0	0.009 0	0.108 7
	单位面积耕地化肥使用量	0.1	0.079 0	0
	合计	0.1	0.129 2	0.155 3
系统状态	森林覆盖率	0.035 6	0.035 9	0
	草地面积比例	0.032 0	0.024 5	0
	裸土面积比例	0.004 4	0.162 9	0
	年降水量	0.015 0	0	0.017 5
	总径流量	0	0	0.068 3
	合计	0.087 1	0.223 3	0.085 8
系统响应	人均粮食产量	0.007 9	0	0.085 5
	人均工业产值	0.054 9	0.047 8	0
	单位面积农林牧渔业产值	0	0.003 9	0.113 4
	人均 GDP	0.012 2	0	0.093 6
	农作物播种面积	0.078 0	0.080 7	0
	合计	0.152 9	0.132 4	0.292 5
生态安全指数	ESI	0.340 0	0.484 9	0.533 6

进一步分析系统压力、系统状态和系统响应的评价指数（表 3.4.42），可知 1990 年时准则层中系统响应评价指数在生态安全评价指数中所占比例最高，2000 年时则是系统状态评价指数所占比例最高，2013 年时则是系统响应评价指数最高，这说明奎屯河流域生态安全状况是动态变化的，2000 年以来系统状态对压力的响应比较强烈。与 2000 年相比，2013 年系统压力评价指数和系统响应评价指数增加，系统状态评价指数下降，反映出流域生态安全的好转得益于人类活动作用的改善如人均粮食产量等的改善，同时流域植被覆盖和水资源量等可能有所下降。

表 3.4.42 奎屯河流域生态安全评价指数表

指标	1990 年	2000 年	2013 年
生态安全评价指数	0.340 0	0.484 9	0.533 6
系统压力评价指数	0.1	0.129 2	0.155 3
系统状态评价指数	0.087 1	0.223 3	0.085 8
系统响应评价指数	0.152 9	0.132 4	0.292 5
生态安全状态	不安全	临界安全	临界安全

第五节　典型内陆河生态红线划分

2015 年 5 月环境保护部制定了《生态保护红线划定技术指南》，为全国生态保护红线划定工作提供了指导。但由于研究区域地理特征差别较大，全国范围内的生态保护红线划定方法并不完全适用于干旱区。在干旱区内陆河流域，天然植被是绿洲的主要构成部分，水则是限制绿洲发生、发展的关键因子，生态保护红线的划定应该在“用水总量、水质、用水效率”三条保护红线的基础上，进一步强调天然植被的保护和生态用水的保障。因此，本节研究以塔里木河干流和奎屯河流域为范本，在分析流域天然植被分布特征的基础上将天然植被划定为不同等级的保护红线区，进而划定天然植被的生态需水红线，维系河流水文过程的完整性的生态流量红线，以及保障地下水资源可持续开发利用和适宜植被生长繁育的地下水保护红线。

一、南疆典型内陆河流域生态红线划分

（一）塔里木河干流生态需水量

合理界定生态需水的概念并明确生态系统需水项是计算生态需水量的基础。生态需水量计算基于特定的研究区域，与该生态系统的组成、水资源结构和利用方式相统一。对于西北干旱区流域而言，由于水资源严重短缺，河道多出现断流，天然植被大面积衰退，维持河道水文过程完整的最小生态径流需水和生态系统中生产者天然植被生态需水尚得不到保证，在这种情况下研究河流水生生物需水量、河流自净需水量和输沙需水量毫无意义。

针对塔里木河干流而言，本节研究生态需水量是指：一定时期内，确保干流河道水文过程完整，沿线天然植被群落结构稳定，地下水达到目标水位且保持水分平衡所需要的水资源总量。

1. 数据收集与研究方法

（1）数据收集及处理

1）数据收集。收集了塔里木河三条源流区阿克苏河的协合拉和沙里桂兰克、叶

尔羌河的玉孜门勒克和卡群、和田河的乌鲁瓦提和同古孜洛克6个出山口水文站1957～2006年的年径流量数据，上述6个水文站径流量均未经分流和人为引流，可以看作天然径流量。同时收集了分别位于干流源头阿拉尔，干流上游段新渠满，上、中游分界点英巴扎，中游段乌斯满以及中、下游分界点恰拉的5个干流水文站1957～2006年逐月径流量监测资料，（以上水文监测资料均由塔里木河流域管理局提供）。本节研究根据水文控制断面将塔里木河流域划分为5个河段，即上游阿拉尔—新其满（段1）、新其满—英巴扎（段2）、中游英巴扎—乌斯满（段3）、乌斯满—恰拉（段4）和下游恰拉—台特玛湖（段5）。

2）不同植被类型面积确定。本节研究采用的遥感数据来源于2005年7～8月的中巴地球资源卫星（CBERS）影像。CBERS即中巴地球资源一号卫星，是由中国与巴西于1999年10月合作发射的卫星，也是我国第一颗数字传输资源卫星，它结束了我国长期依赖国外卫星遥感数据的历史。其空间分辨率为19.5m，覆盖范围为185km×185km，重复覆盖周期为26d，经处理的图像信息可满足1∶100 000比例尺的制图要求。

为获取研究区地物类型和空间格局，便于从遥感影像上解读景观格局信息，需要建立统一规范的景观分类标准和规范的地物解译标志对影像进行分类。通过解译标志可以将图像信息和地物地表特征有效地联系起来。因此，一个分类系统具有两个关键的组成部分，即一套分类规则和一套解译标志。参照中国科学院土地利用分类系统和有关学者在干旱区绿洲研究中土地利用分类系统，考虑到影像分辨率和本研究的需要，将研究区天然植被划分成4种类型，分别为有林地、疏林地、高覆盖度草地和低覆盖度草地（图3.5.1）。塔里木河干流天然植被分类系统见表3.5.1。

表3.5.1　塔里木河干流天然植被分类系统

类别	特征说明	标志颜色
疏林地	盖度为5%～30%，各种疏散的乔灌木	
有林地	盖度在30%以上，主要包括较为茂密的胡杨、柽柳林	
低覆盖度草地	盖度为5%～20%的天然草地，水分条件差，植被生长稀疏	
高覆盖度草地	盖度大于20%的天然草地，一般水分条件较好，生长较茂密	

对获取的CBERS遥感影像采用432波段假彩色合成，在ArcGIS 9.3的支持下，参照土地利用类型分级系统对遥感影像进行目视解译、建立拓扑关系，并根据野外样地调查校准分类结果，获得塔里木河干流天然植被类型分布图，按照典型水文断面阿拉尔、新渠满、英巴扎、乌斯满和恰拉将干流划分为5个区段（图3.5.2）。

3）植被分布及地下水埋深调查。为校正干流景观类型图分类结果，实地调查干流各河段植被分布特征，在干流上、中游河道两岸垂直河道0～5km设置植被调查样带，

图 3.5.1 塔里木河干流天然植被类型

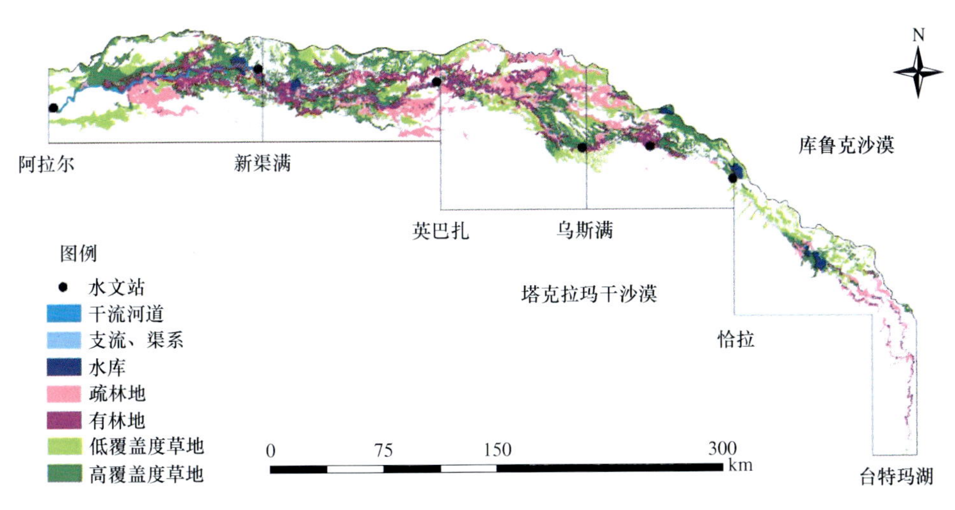

图 3.5.2 塔里木河干流天然植被类型图

共设置样带 19 条（其中南岸 8 条，北岸 11 条），在样带上每隔 1km 设 3 个 25m×25m 的乔、灌木样方，并在每个乔灌木样方内设置 2 个 1m×1m 或 5m×5m 的草本样方。主要调查乔灌草比例，植被的盖度、种类、数量、冠幅、高度，胡杨的胸径、长势等

级等。同时，记录距离河岸 100～2 500m 范围地下水监测设施，具有自动监测设施的井 12 口，人工监测井 30 口。野外作业工作照如图 3.5.3 所示。

图 3.5.3　干流天然植被分布特征实地调查

4）天然植被生态需水量资料获取。塔里木河下游段天然植被生态需水量的计算与上、中游潜水蒸发法和面积定额计算方法相同。下游大西海子以下蒸发皿蒸发量（$E_{\varphi20}$）取铁干里克和若羌两个气象站点 1992～2001 年观测数据均值为 2 754.02mm，下游植被类型划分如图 3.5.4 所示。

（2）研究方法

1）潜水蒸发法。潜水蒸发法适合于干旱区植被生存主要依赖于地下水的情况。塔里木河干流平原区降水稀少，两岸多为中旱生的非地带性植被，主要依靠地下潜水维持生命。因此，本节研究在干流植被景观类型遥感解译的基础上，选择潜水蒸发法来估算天然植被需水量。潜水蒸发法即某一植被类型在某一潜水位的面积乘以该潜水位下的潜水蒸发量。计算公式为

$$W=\sum_{i=1}^{4}10^{-3}A_iW_{gi} \tag{3.5.1}$$

式中，W 为植被需水量；A_i 为植被类型 i 的面积；W_{gi} 为植被类型 i 在地下水某一地下水埋深时的潜水蒸发量。

A_i 通过遥感解译获得，而 W_{gi} 是潜水蒸发法计算植被生态需水量的关键，以阿维利扬诺夫公式计算较为常见，计算公式如下：

$$W_{gi}=a\left(1-h_i/h_{\max}\right)^bE_{\varphi20} \tag{3.5.2}$$

式中，a、b 分别为经验系数；h_i 为植被类型 i 的地下水埋深；$h_{\max}$ 为潜水蒸发极限埋深；$E_{\varphi20}$ 为常规蒸发皿蒸发量。干流上游、中游各河段蒸发量（$E_{\varphi20}$）为阿克苏、阿拉尔、库车、轮台、库尔勒和铁干里克 6 个气象观测站 1992～2001 年监测值。

① 胡杨耗水测定。自 2002 年 10 月 11 日至 2009 年 12 月 26 日，对塔里木河上游上段阿拉尔垦区胡杨进行耗水监测。考虑到满足胡杨林的基本生态需水要求，因此选

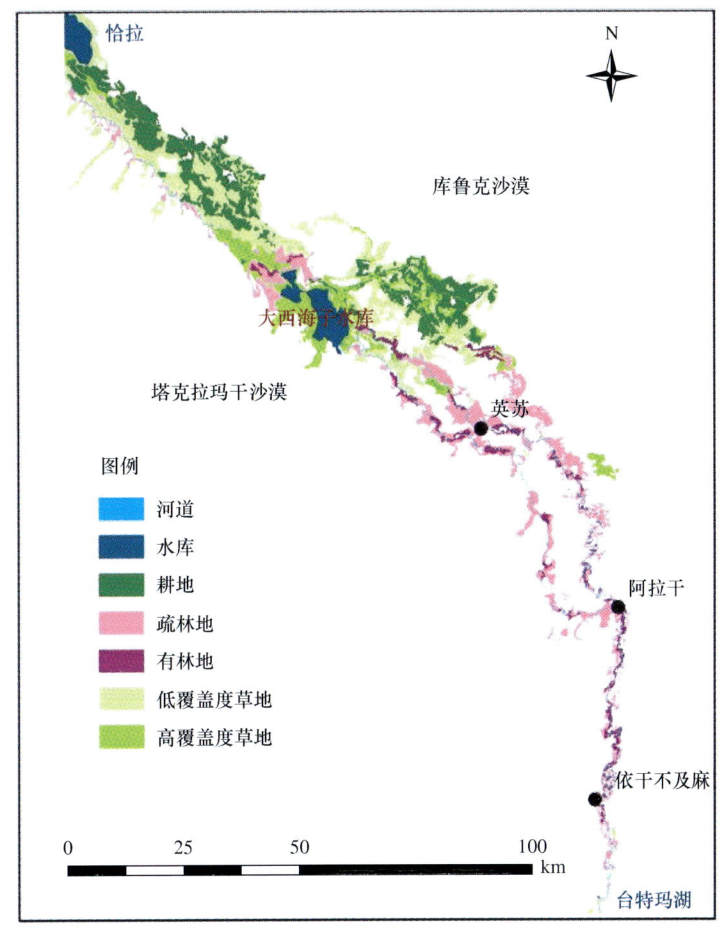

图 3.5.4　塔里木河下游植被分布

择长势较好（胸径平均 22cm，树高平均 15m）的成年林进行试验研究。在胡杨林样地，与胡杨呈十字交叉各布设 4 个 3.5m 的中子仪水分监测管和 1 口 5m 深的地下井，且每隔 5～10d 监测一次土壤水分及地下水埋深。进而，根据水量平衡原理计算该区胡杨耗水量。

② 柽柳耗水测定。自 2003 年 6 月 19 日至 2005 年 10 月 26 日，在塔里木河上游上段选取具有代表性的柽柳灌丛，布设 1 根 3.5m 中子管和 1 口 5m 深的地下水位监测井，且每隔 10～15d 监测一次地下水位及土壤含水量。另外，根据水量平衡原理计算柽柳耗水量。

③ 芦苇耗水测定。2002 年 11 月 2 日至 2005 年 12 月 28 日，在中国科学院阿克苏水平衡试验站挖取面积为 $10m^2$、深度为 2m 的有地可测试验池，种植芦苇并促其分根萌蘖。而后，在生长的芦苇丛布设 1 根 3m 的中子管和 1 口 3m 的地下水位监测井，之后每隔 5～10d 监测 1 次土壤含水量及地下水位。芦苇丛耗水量根据水量平衡

原理计算。

2）遥感影像处理。首先扫描 41 幅塔里木河流域的 1：100 000 地形图，利用 ArcGIS 10 进行配准，误差精度控制在 0.5 个像元以下，生成数字栅格地图（digital raster graphic，DRG），作为其他专题图像数据的参考数据（master data）。对于遥感影像数据，首先用数字栅格地形图来配准 2010 年研究区的 Landsat/TM 影像，在整个影像平面上均匀选取 30 个道路、渠系交叉点、居民点、水库坝头等作为控制标志，在误差小于 0.5 个像元的精度下，利用双线性内插法进行重采样，并将重采样后的影像作为参考影像（master scene）。

目视解译则是利用图像的影像特征（色调或色彩，即波谱特征）和空间特征（形状、大小、阴影、纹理、图形、位置和布局），与多种非遥感信息资料（如地形图、土壤调查报告、图件）组合，运用生物地学相关规律，进行由此及彼、由表及里、去伪存真的综合分析和逻辑推理的思维过程。本节研究利用 ENVI 软件对研究区 Landsat/TM 数据以 4、3、2 三波段假彩色合成，这样植被表现为红色，积雪为白色，水体为蓝色或黑色，沙漠为浅棕黄色，盐碱地则呈现由清白到青灰色调等。根据影像上反映各地物的光谱特征、辐射特征、几何特征（即地物形状、大小、色调、亮度、饱和度、结构、位置和纹理等），建立基于遥感影像的土地利用解译标志。基于建立的解译标志并结合大量的地面调查，利用 ArcGIS 10 软件对塔里木河流域天然植被进行目视解译，最终生成土地利用 / 覆被类型图。

3）植被样方调查。在 2009～2013 年于塔里木河上游段肖夹克、阿拉尔、新其满，中游阿其克河口、乌斯满、沙子河口、英巴扎及下游恰拉、铁依孜、大西海子水库、昆阿斯特、魔鬼坝、948 漫溢区、依干布及麻、阿拉干共 15 个监测断面间的河道两岸进行样地调查。具体方案如下：在塔里木河干流垂直于河道交错设置 49 条样带，样带按胡杨的实际分布，每隔 1km 设 3 个 25m×25m 的乔木和灌木样方，并在每个乔灌木样方设置 2 个 1m×1m 或 5m×5m 的草本样方。

样方调查内容包括：①覆盖度调查，25m×25m 样方内胡杨、柽柳、草本、裸地覆盖比例；②胡杨等级调查，按胸径划分 4 个等级（0～5cm，5～10cm、10～30cm、>30cm）、长势划分 5 个等级（好、良好、中等、中下、衰败）；③多样性调查，25m×25m 样方内乔灌木个数、胸径、高度和冠幅，1m×1m 或 5m×5m 草本样方的物种种类、个体数、盖度、高度和频度。

4）河段的区间耗水总量计算。对于流域而言，水资源利用既存在上下游关系，同时在每一个利用单元上又存在复杂的二元水循环关系。但无论在流域上，还是在利用单元上，均遵守水量平衡基本原理为

$$W_{\text{outflow}}=W_{\text{inflow}}+W_{\text{runoff}}-W_{\text{store}}-W_{\text{use}} \tag{3.5.3}$$

式中，W_{outflow} 为单元的出流；W_{inflow} 为单元的入流；W_{runoff} 为单元的区间天然径流量；W_{store} 为单元河道和水库的蓄变量增值；W_{use} 为单元的地表水耗水量。

对于各河段，则有水量平衡方程为

$$W = W_E + W_H + W_N - W_C \tag{3.5.4}$$

式中，W 为河段的区间耗水总量；W_E 为河段天然植被生态需水量；W_H 为河段的河道损失量；W_N 为河段农业引水总量；W_C 为河段重复水量，即为渗漏水量与漫溢的下渗水量之和。

2．塔里木河干流天然植被分布特征

在荒漠干旱气候的背景下，塔里木河干流区植物分布极其稀疏贫乏，河水漫溢主要发生在近河道两岸。在塔河干流调查的样地中出现的植物有 27 种（表 3.5.2），乔木层有胡杨、沙枣 2 种，灌木层有多枝柽柳、黑果枸杞、铃铛刺，半灌木及草本层有疏叶骆驼刺、大叶白麻、胀果甘草、花花柴、芦苇等。

表 3.5.2 塔里木河干流主要植物

层	植物名	拉丁名	频度	盖度 /%	高度 /m	相对频度	相对盖度	相对高度	重要值
乔灌层	胡杨	*Populus euphratica*	32	26.6	9.7	0.42	0.7	0.78	0.63
	多枝柽柳	*Tamarix ramosissima*	28	9.5	1.6	0.37	0.26	0.13	0.25
	黑果枸杞	*Lycium ruthenicum*	11	0.9	0.9	0.15	0.02	0.07	0.08
	铃铛刺	*Halimodendron halodendron*	3	0.3	0.1	0.04	0.01	0.01	0.02
	沙枣	*Elaeagnus angustifolia*	2	0.1	0.2	0.03	0.01	0.02	0.02
半灌木和草本层	芦苇	*Phragmites australis*	33	7.2	36.1	0.17	0.22	0.29	0.23
	胀果甘草	*Glycyrrhiza inflata*	17	9	35.3	0.09	0.14	0.15	0.13
	疏叶骆驼刺	*Alhagi sparsifolia*	21	4.2	28.7	0.11	0.08	0.15	0.11
	花花柴	*Karelinia caspica*	18	2.9	10	0.09	0.05	0.04	0.06
	大叶白麻	*Poacynum hendersonii*	4	19.5	89.8	0.02	0.07	0.09	0.06
	鹿角草	*Hexinia polydichotoma*	15	3.9	9.8	0.08	0.06	0.04	0.06
	蒿子	*Celery wormwood*	10	7	17.9	0.05	0.07	0.04	0.05
	猪毛菜	*Salsola collina*	8	4.7	20.2	0.04	0.04	0.04	0.04
	小花棘豆	*Oxytropis glabra*	6	10.4	9.3	0.03	0.06	0.01	0.03
	小獐毛	*Aeluropus pungens*	12	1.3	4.2	0.06	0.01	0.01	0.03
	蓼子朴	*Inula salsoloides*	6	6.1	11.6	0.03	0.03	0.02	0.03
	芨芨草	*Achnatherum splendens*	5	4.2	18.2	0.03	0.02	0.02	0.02
	盐生草	*Halogeton glomeratus*	5	6.4	9.2	0.03	0.03	0.01	0.02
	牛皮消	*Cynanchum sibirica*	5	0.7	19.6	0.03	0	0.02	0.02
	叉枝鸦葱	*Scorzonera mongolica*	4	2.3	5.9	0.02	0.01	0.01	0.01
	灰绿藜	*Chenopodium glaucum*	4	1.2	3.9	0.02	0	0	0.01
	假苇拂子茅	*Calamagrostis pseudophragmites*	3	0.6	15.7	0.02	0	0.01	0.01

续表

层	植物名	拉丁名	频度	盖度 /%	高度 /m	相对频度	相对盖度	相对高度	重要值
半灌木和草本层	蒲公英	*Taraxacum mongolicum*	4	1.3	2.8	0.02	0.01	0	0.01
	扁蓄	*Polygonum aviculare*	3	1.8	2.6	0.02	0.01	0	0.01
	问荆	*Equisetum arvense*	3	1.1	3.7	0.02	0	0	0.01
	苜蓿	*Medicago sativa*	2	1.3	6	0.01	0	0	0.01

在研究区内各物种的特征，在调查样地中出现频次最高的是胡杨，在调查的 33 个乔灌样地中的 32 个样地均有出现，约占样地总数的 97%，其次为柽柳，出现于 28 个样地，占样地总数的 85%，黑果枸杞、铃铛刺和沙枣出现频次小于总样地的 50%。在所调查的 90 个草本样方中，出现频次最高的芦苇占 37%，其次为疏叶骆驼刺占 23%，花花柴占 20%，胀果甘草占 19% 等。从相对盖度来看，乔灌样方中胡杨的占最多（覆盖度 26.56%），其次为柽柳（9.49%），草本中大叶白麻覆盖度最大（19.48%），其次为小花棘豆（10.42%），胀果甘草（9.01%），其余物种相对盖度均较小；从相对高度来看，乔木＞灌木＞草本，胡杨居群落的顶部，灌木层以柽柳为最高，在草本层，芦苇＞疏叶骆驼刺＞胀果甘草＞大叶白麻＞花花柴等；综合考虑植物优势度，乔灌层胡杨重要值最大 0.634，其次为柽柳 0.254，黑果枸杞、铃铛刺次之，沙枣作为偶见伴生种，在乔冠层重要值最小；草本层芦苇重要值最大（0.226），其次胀果甘草和疏叶骆驼刺，其余物种的重要值均小于 0.1。本节研究中，大多数植物的重要值较小，这反映出塔里木河干流区多数植物种类在样方中的出现频次较低，在所调查的样地中，胡杨的密度为 12 株 /2 500m^2，柽柳（8 株 /2 500m^2），黑果枸杞（2 株 /2 500m^2），草本中芦苇最高（3 株 /m^2），蒿子（4 株 /m^2），骆驼刺、胀果甘草、花花柴、河西苣、小花棘豆、小獐毛密度约为 1 株 /m^2，其余小于 1。

3．塔里木河植被生态需水机理

在塔里木河，计算不同植物的耗水量，可为揭示荒漠河岸林生态需水规律及机理、确定其生态需水量提供理论依据。因此，本节研究选取塔里木河上游上段荒漠河岸林的 3 种优势植物种，即胡杨（乔木林优势种）、柽柳（灌木丛优势种）和芦苇（草本优势种）为典型代表，分析其月蒸腾过程。

（1）胡杨耗水过程分析

作为塔里木河荒漠河岸林的建群种，胡杨是维系绿洲存在的天然屏障。本节研究选取塔里木河上游（阿拉尔至新渠满）为研究区，选择长势较好的胡杨作为研究对象，并根据水量平衡原理计算得到胡杨的日耗水量（图 3.5.5）和月耗水量（图 3.5.6）的变化过程。

由图 3.5.5 可知，在一年中，胡杨的日耗水量大都呈现先升高后降低的趋势，峰值

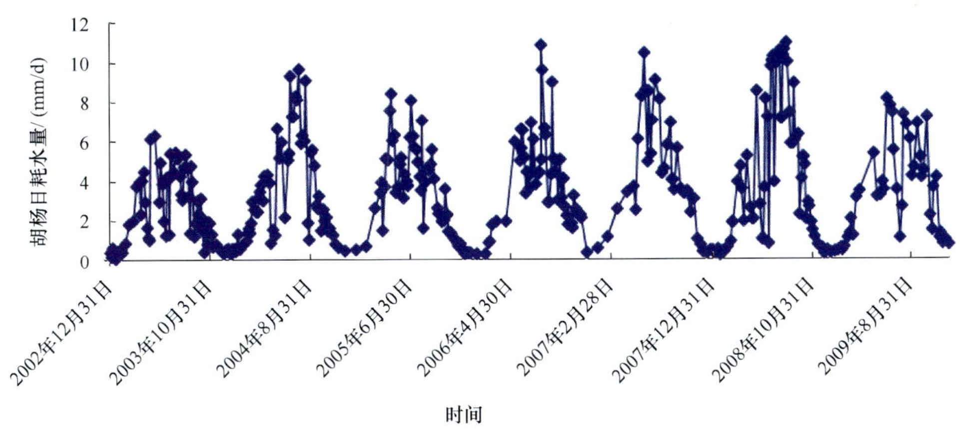

图 3.5.5　胡杨日耗水量变化过程图

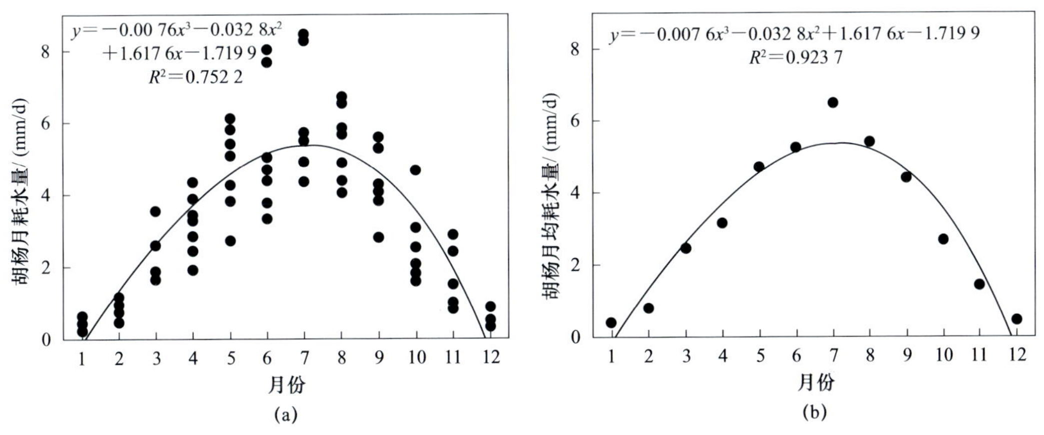

图 3.5.6　胡杨月耗水量和月均耗水量逐月变化及拟合图

一般出现在 5～6 月或 8 月，平均日耗水量为 3.47mm/d。

由图 3.5.6 可知，胡杨 1 月的月耗水量最少（0.194mm/d），而随后逐渐增加，至 7 月出现最大值（8.410mm/d），7～12 月逐渐下降。而对不同年份各月耗水量进行平均，7 月月均耗水量达到 6.494mm/d 的年内最大值。月均耗水量的最小值在 1 月，仅为 7 月的 6.2%。

（2）柽柳耗水过程分析

柽柳是一种耐盐碱、耐干旱的灌木，具有防风固沙和保持水土的作用，多数生长在干旱区绿洲与荒漠过渡带。本节以塔里木河上游为研究区，选取具有代表性的柽柳灌丛，监测其日耗水量（图 3.5.7）和月耗水量（图 3.5.8）的变化过程。

由图 3.5.7 可知，柽柳的日耗水量在年内呈现出先升后降，并在 6 月出现最大值，其平均日耗水量为 1.651 4mm/d。另外，从 2003 年 6 月到 2005 年 8 月，柽柳的日耗水量处于较低水平，最高值仅为 3.19mm/d；到 2005 年 8 月，由于日蒸发相对较强而导

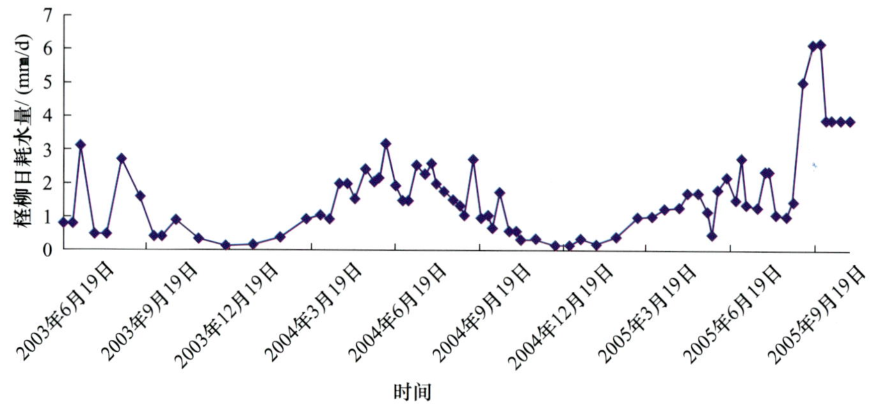

图 3.5.7　柽柳日耗水量变化过程图

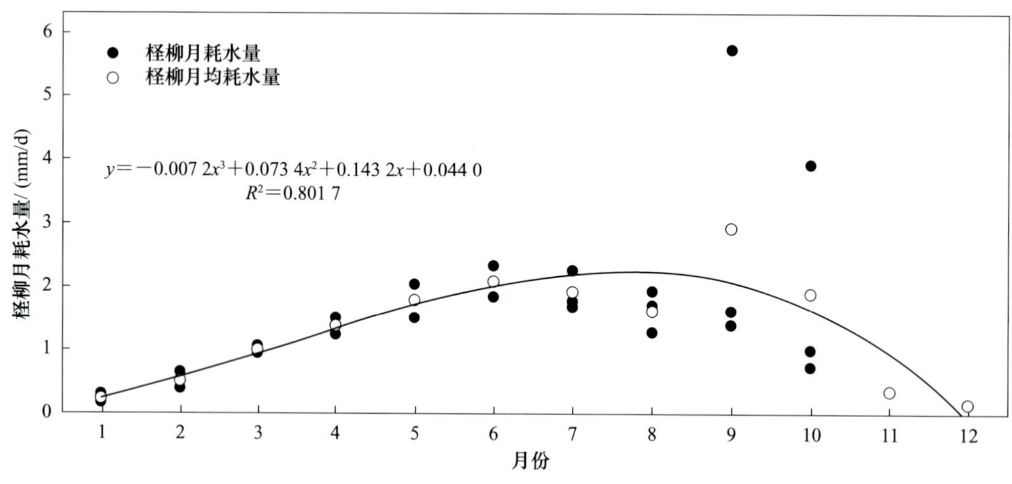

图 3.5.8　柽柳月耗水量变化过程图

致日耗水量有所增加，达到 6.21mm/d。

由图 3.5.8 可知，与胡杨相似，受区域蒸发强度影响，柽柳的月耗水量在 1～6 月逐渐增加，而在随后的 2 个月转变为下降，但在 9 月出现最大值（5.73mm/d），而随后的 9～12 月减少，最少值出现在 12 月（0.16mm/d）。另外，柽柳月均耗水量在 9 月为 2.911mm/d，最小值出现在 12 月，仅为最大值的 5.5%。

（3）芦苇耗水过程分析

芦苇是绿洲外围以及内部非农区沼泽洼地、草滩、荒地的主要植被类型之一。本节研究根据芦苇日耗水量监测数据，分析其生态耗水变化过程（图 3.5.9 和图 3.5.10），从而为确定区域植被生态需水量提供理论依据。

由图 3.5.9 可知，在年际变化上，芦苇日耗水量大体呈单峰型，其平均值为 2.30mm/d。具体从 1～6 月呈现上升趋势，至 6 月和 7 月达到 8.93mm/d 的最大值，之

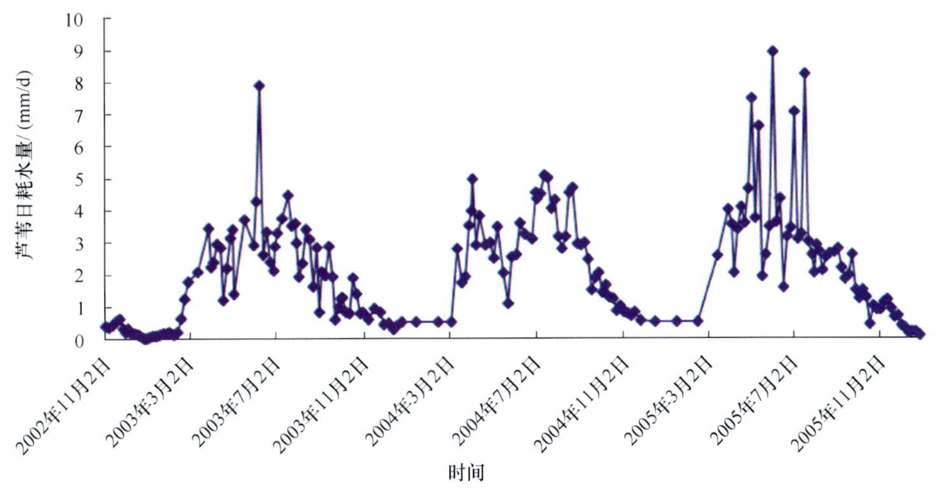

图 3.5.9　芦苇日耗水量变化过程图

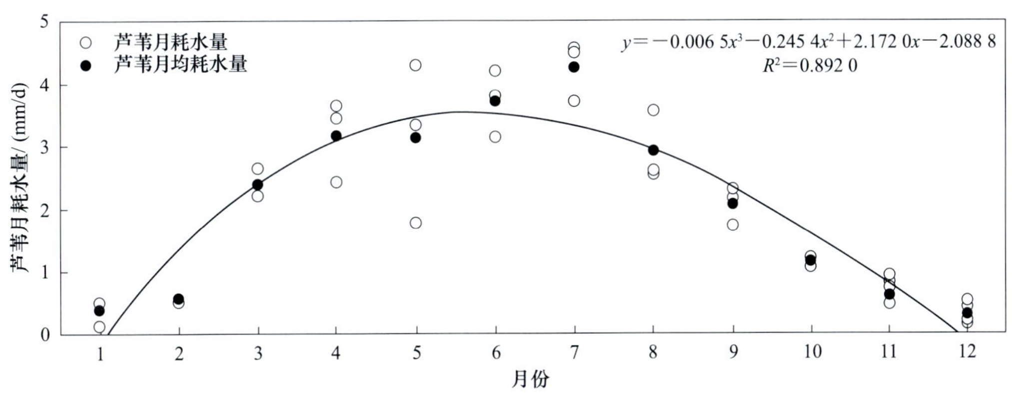

图 3.5.10　芦苇月耗水量变化过程图

后转变为下降趋势。

由图 3.5.10 可知，芦苇的月耗水量在 1～7 月呈波动上升趋势，并在 7 月出现最大值（4.484mm/d）；而在 7～12 月转变为递减，最少值在 12 月（0.129mm/d）。根据芦苇月均耗水量，在 12 月为 0.290mm/d（最少值），仅为 7 月（最大值）的 6.8%。

总体来看，3 种植物 7 月的月蒸腾量最大，占年蒸腾量的 16.5%；蒸腾量主要集中在 4～9 月，占年蒸腾量的 77.2%，可视为研究区荒漠河岸林的主要需水期。

在塔里木河干流，为了维持流域荒漠河岸林群落自我更新和自我繁殖功能，就必须利用生态输水工程调整生态输水的时间，以实现生态输水与荒漠河岸林物种更新二者之间的生态契合。根据相关研究，研究区天然植被完成一个生长周期所需要的生态输水时间适宜为 3～9 月，这也是荒漠河岸林生态需水的高峰期。因此，塔里木河干流生态输水应与荒漠河岸林主要需水期、繁育更新期保持较好的协调一致性。

4．天然植被生态需水量

植被生态需水是指保证生态系统中的植被能够正常生长、发育，维护生态环境不再进一步恶化并逐渐改善、健康运行所需要的地表水和地下水资源总量。近些年，一些学者针对区域生态需水利用面积定额法、潜水蒸发法、水量平衡法、生物量及遥感技术法等进行了大量研究。其中，面积定额法适用于防风固沙林、人工绿洲及农田系统等人工植被的生态需水量计算；潜水蒸发法适合于干旱区植被生态需水的确定；水量平衡法未能从生态系统的结构和功能对水分需求的角度来计算生态需水，具有局限性；生物量及遥感技术法对植物地下部分及乔木生物量的计算精度较差；同时，基于遥感技术的植被生态需水量计算法虽经证明是先进的、科学的，但由于影像资料分辨率的问题、实效性的问题、该方法还不是很成熟，必须结合大量的野外地面调查，获取更丰富的原始资料，以提高遥感判读精度。因此，本节研究以植被生理耗水规律及大量野外实地植被调查为基础，利用潜水蒸发并结合遥感技术来计算干旱区天然植被生态需水的时空分布特点，不仅弥补了利用单一方法的缺点，更为制定合理的生态轮灌制定，将生态需水量的成果应用于实践提供科学参考依据。

在分析 2010 年塔里木河干流 5 个河段天然植被分布规律的基础上，利用不同河段蒸发量（段 1 至段 5 的蒸发量分别为 1 965.3mm、2 053.05mm、2 345.55mm、2 600.35mm 和 2 707.4mm）及地下水埋深，借助潜水蒸发模型，并运用 ArcGIS 10 的空间分析及字段运算模块，得到研究区天然植被生态需水的空间分布图（图 3.5.11）。

由图 3.5.11 可知，塔里木河干流 5 个河段的生态需水量主要集中在距离河道较近的高覆盖度植被区（有林地和高覆盖度草地），而水分条件较差的较远区域，由于多为

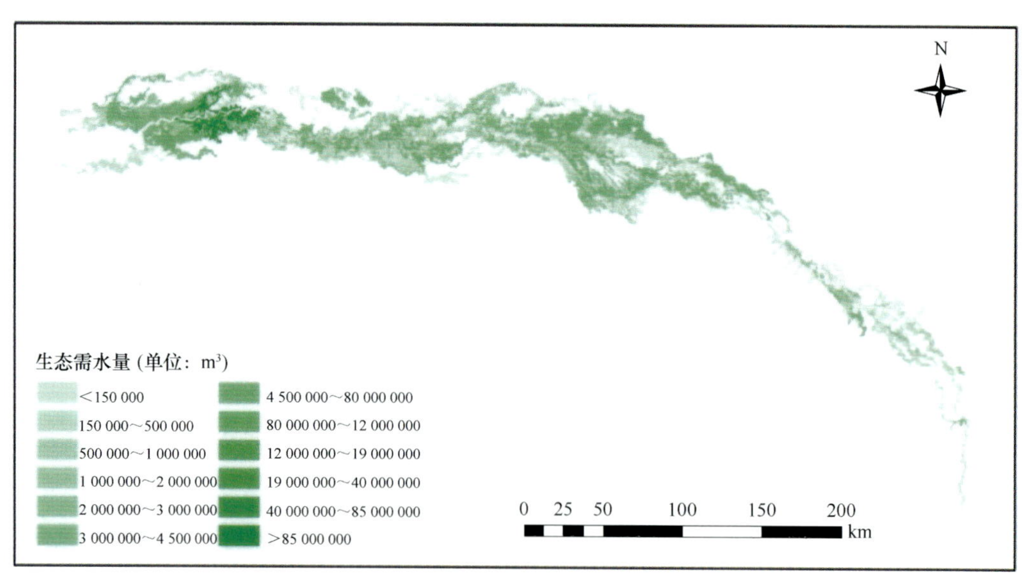

图 3.5.11　研究区天然植被生态需水量的空间分布图

稀疏植被（疏林地和低覆盖度草地），为低覆盖度植被区，生态需水量很少。根据计算，虽然低覆盖度天然植被面积占总植被面积的49.4%，但生态需水量却仅占植被总需水量的0.3%，因此，塔里木河干流的高覆盖度植被面积决定了天然植被的生态需水总量。利用ArcGIS 10软件对塔里木河干流河岸两侧各景观斑块单元的生态需水量进行求和，得到研究区不同河段的生态需水总量。值得关注的是，为了遏制塔里木河下游严重的生态环境退化，自2000年向该区实施生态输水工程以来，河道两岸地下水埋深虽有所抬升，但由于输水的“间歇性”特征，地下水埋深并没有抬升至天然植被正常生长所需的适宜水位（4m的地下水埋深）。根据计算，为实现流域下游（段5）地下水埋深恢复至4m，以保证该区生态环境逐渐改善，需要每年向河道两岸输水1.466亿m^3；加之，段5天然植被生态需水量为1.078亿m^3。因此，塔里木河下游（段5）所需的生态需水总量为2.544亿m^3（表3.5.3）。在表3.5.3中，塔里木河干流5个河段的生态需水量为24.854亿m^3；同时，受植被分布类型及面积的影响，北岸的生态需水量比南岸多达12.262亿m^3。从不同河段来看，段2生态需水量最大，为7.585亿m^3，而段5最小。相似地，河道北岸生态需水量的最大值和最小值仍分别在段2和段5；而南岸却不同，生态需水量的最大值和最少值分别在段1和段4。另外，塔里木河干流上游（段1和段2）的生态需水量为13.283亿m^3，而中游（段3和段4）为9.027亿m^3，这是由于上游的高覆盖度天然植被面积是中游1.8倍。特别在段2，高覆盖度天然植被面积是段5的7.1倍，从而导致两河段生态需水量达到5.041亿m^3的最大差值。

表3.5.3 研究区天然植被生态需水量 （单位：亿m^3）

生态需水量	段1	段2	段3	段4	段5	合计
北岸	3.842	5.753	3.834	3.798	1.331	18.558
南岸	1.856	1.832	1.093	0.302	1.213	6.296
河段总计	5.698	7.585	4.927	4.1	2.544	24.854

利用ArcGIS 10软件对图3.5.14每隔1km进行缓冲区分析，提取每千米内天然植被生态需水数据，并进行累加计算。通过方程拟合，得到不同累积分布频率下的天然植被生态需水量（图3.5.14）。根据图3.5.14可知，在段1，保护90%以上的天然植被的生态需水量为5.602亿±0.096亿m^3，而北岸和南岸分别为3.816亿±0.027亿m^3和1.787亿±0.069亿m^3；在90%以上的相同保护率下，段2～段4的天然植被需水量分别为7.477亿±0.108亿m^3、4.697亿±0.230亿m^3和4.072亿±0.028亿m^3。

（二）塔里木河干流生态红线划分

1．塔里木河干流天然植被生态红线区

《生态保护红线划定技术指南》定义了重点生态功能区、生态敏感区、生态脆弱区3个不同级别的生态红线区。

1）重点生态功能区是指生态系统十分重要，关系全国或区域生态安全，生态系统有所退化，需要在国土空间开发中限制进行大规模高强度工业化城镇化开发，以保持并提高生态产品供给能力的区域，主要类型包括水源涵养区、水土保持区、防风固沙区和生物多样性维护区。

2）生态敏感区是指对外界干扰和环境变化具有特殊敏感性或潜在自然灾害影响，极易受到人为的不当开发活动影响而产生负面生态效应的区域。

3）生态脆弱区是指生态系统组成结构稳定性较差，抵抗外在干扰和维持自身稳定的能力较弱，易于发生生态退化且难以自我修复的区域。

依据《生态保护红线划定技术指南》、塔里木河干流各河段两岸植被累积频率分布曲线及植物群落的生态功能，以河道为中线，平行于河道划定3个不同级别的天然植被生态红线区。

1）重点生态功能区：河流主河道能够影响到的宽度。距河0～15km不等，主要保护沿主河道分布的长势较好、盖度较高的有林地和高覆盖度草地，盖度大于0.3，1～3年漫溢1次，地下水维持在4～5m。

2）生态敏感区：河道正常来水下，工程措施达到的自然漫溢范围。在重点生态功能区外侧2～10km，由于河道漫溢的影响，胡杨林离散状分布，以疏林地和低覆盖度草地为主，盖度0.1～0.3，3～5年漫溢1次，地下水维持在5～8m。

3）生态脆弱区：当来水量增加后，河道工程通过地下水能够影响到的最大范围。在生态敏感区外侧，距河道10～30km，最远可达南北两岸古河道，由于远离水源，胡杨林存在退化现象植被盖度小于0.1，5～10年漫溢1次，地下水位维持在8～10m。制定不同林地的保护范围，对于指导实践中不同水文年的水量分配具有重要意义。因此，分别拟定重点生态功能区、生态敏感区和生态脆弱区，确定各河段的林地保护范围和面积（表3.5.4和表3.5.5）。

表3.5.4 上、中游不同林地面积保护率下天然植被保护范围（单位：km）

河段	河岸	生态脆弱区	生态敏感区	重点生态功能区
阿拉尔—新渠满	北岸	17.8～26.1	9.7～17.8	9.7
	南岸	13.9～18.9	8.2～13.9	8.2
新渠满—英巴扎	北岸	25.1～31.2	15.3～25.1	15.3
	南岸	10.5～15.6	5.8～10.5	5.8
英巴扎—乌斯满	北岸	25.6～33	15.7～25.6	15.7
	南岸	8.1～11.6	4.5～8.1	4.5
乌斯满—恰拉	北岸	21.4～27.9	13.9～21.4	13.9
	南岸	6.1～9.9	2.5～6.1	2.5

表 3.5.5　不同生态红线区天然植被保护面积　　（单位：万 hm^2）

河段	生态脆弱区	生态敏感区	重点生态功能区
阿拉尔—新渠满	35.411 7	29.509 7	19.673 2
新渠满—英巴扎	41.772 1	34.810 1	23.206 7
英巴扎—乌斯满	34.167 7	28.473 1	18.982 1
乌斯满—恰拉	21.754 6	18.128 9	12.085 9
恰拉—台特玛湖	—	—	14.956 9
合计	133.106 1	110.921 8	88.904 8

由表 3.5.4 可知，保护天然植被生态红线区时，应注意：

1）保护生态脆弱区：北岸天然植被保护范围阿拉尔至新渠满最小（17.8km），英巴扎至乌斯满段最大（33km）；南岸天然植被保护范围乌斯满至恰拉最小（6.1km），新渠满至英巴扎最大（15.6km）。

2）保护生态敏感区：北岸天然植被保护范围阿拉尔至新渠满保护范围最小（9.7km），英巴扎至乌斯满最大（25.6km）；南岸天然植被保护范围乌斯满至恰拉最小（2.5km），阿拉尔至新渠满段最大（13.9km）。

3）保护重点生态功能区：北岸天然植被保护范围阿拉尔至新渠满保护范围最小（9.7km），英巴扎至乌斯满段最大（15.7km）；南岸天然植被保护范围乌斯满至恰拉最小（2.5km），阿拉尔至新渠满最大（8.2km）。

在表 3.5.5 中，塔里木河干流的天然植被面积在重点生态功能区、生态敏感区和生态脆弱区分别为 88.904 8 万 hm^2、110.921 8 万 hm^2 和 133.106 1 万 hm^2。

2．塔里木河干流天然植被生态需水红线

根据各河段天然植被保护范围的确定，植被生态需水量取利用潜水蒸发法和面积定额法计算所得的平均值（表 3.5.6）。统计结果显示，在重点生态功能区下确定的天然植被保护范围内，塔里木河干流上、中游阿拉尔—新渠满、新渠满英巴扎、英巴扎—乌斯满、乌斯满—恰拉和恰拉—台特玛湖 5 个河段天然植被生态需水量分别为 3.57 亿 m^3、4.32 亿 m^3、3.19 亿 m^3、2.72 亿 m^3 和 2.54 亿 m^3；生态敏感区下确定的天然植被保护范围内，阿拉尔—新渠满、新渠满—英巴扎、英巴扎—乌斯满和乌斯满—恰拉 4 个河段天然植被生态需水量分别为 1.27 亿 m^3、1.60 亿 m^3、0.99 亿 m^3 和 0.89 亿 m^3；生态脆弱区下确定的天然植被保护范围内，阿拉尔—新渠满、新渠满—英巴扎、英巴扎—乌斯满和乌斯满—恰拉 4 个河段天然植被生态需水量分别为 0.42 亿 m^3、0.75 亿 m^3、0.58 亿 m^3 和 0.59 亿 m^3。

计算出在重点生态功能区、生态敏感区和生态脆弱区下，生态需水量分别为 16.34 亿 m^3、4.75 亿 m^3 和 2.34 亿 m^3。

表 3.5.6　不同生态红线区天然植被生态需水红线　（单位：亿 m^3）

河段	生态脆弱区	生态敏感区	重点生态功能区	合计
阿拉尔—新渠满	0.42	1.27	3.57	5.26
新渠满—英巴扎	0.75	1.60	4.32	6.67
英巴扎—乌斯满	0.58	0.99	3.19	4.76
乌斯满—恰拉	0.59	0.89	2.72	4.19
恰拉—台特玛湖	—	—	2.54	2.54
合计	2.34	4.75	16.34	23.43

3．塔里木河干流生态流量红线

生态流量红线是保障河流生态系统遭受损害后可恢复的下限。当河道中的径流过程小于河道在自然条件下的生态基流红线时，河道的水文条件超过了生态系统和一些物种的耐受能力，会导致某些物种消失、种群结构发生变化，生态系统可能遭受不可恢复的破坏。以塔里木河干流典型水文断面新渠满、乌斯满和恰拉 1957～2010 年的实测径流资料为计算依据，采用逐月最小生态径流量计算法求得各水文断面年内逐月生态流量红线（表 3.5.7）。统计结果表明，阿拉尔、新渠满、英巴扎、乌斯满和恰拉河道内年最小生态径流量分别为 21.50 亿 m^3、17.68 亿 m^3、14.15 亿 m^3、10.03 亿 m^3 和 3.29 亿 m^3。阿拉尔河道生态流量红线即为整个干流段阿拉尔—台特玛湖河道的生态水量红线。

表 3.5.7　典型水文断面河道生态水量红线　（单位：亿 m^3）

水文断面	阿拉尔	新渠满	英巴扎	乌斯满	恰拉
流量	21.50	17.68	14.15	10.03	3.29

4．塔里木河干流地下水调控红线

在不同断面和距离河道不同距离处，随着地下水位的下降，胡杨平均径向生长量逐渐减小，即地下水埋深越大，胡杨径向生长量越小，胡杨径向生长量的变化趋势和地下水位下降（负增长）的趋势相一致。综合分析各种函数模拟的胡杨径向生长量和地下水位的回归模型后发现：对地下水位和胡杨径向生长量的最佳拟合曲线四次多项式函数求导，分析结果表明，胡杨生长的胁迫水位是 4.71m，临界水位是 8.62m，即当地下水位位于 0.5～4.71m 的范围内时，胡杨生长状态最好；当地下水位的波动范围为 4.71～8.62m 时，胡杨生长出现胁迫；当地下水位下降超过 8.62m 时，胡杨将会呈现出衰败景象。

樊自立等（2000）通过联系地下水位与生态环境状况，把适宜生态水位确定在 2～4m，对于主要建群植被胡杨和柽柳生长良好的地下水位基本在 3～5m；陈亚宁等（2005）通过分析塔里木河下游主要建群种胡杨在不同地下水位条件下的生理响应和适应性，探讨了塔里木河下游干旱环境下胡杨的合理生态位问题，结合样地调查结果，推测出塔里木河下游胡杨的合理生态水位埋深在 4m 以内，9m 以下为胡杨死亡的临界地下水位；徐海量等（2004）根据多年塔里木河下游地区的大量监测结果，分析了不同地下水位对植被的影响，通过建立地下水位与植被盖度和植物种类的回归模型，并结合胡杨的生理指标，得出塔里木河中下游地区草本植被生态恢复的最低水位为 3.5m，而引起胡杨水分胁迫的地下水位出现在 5.0m。荣丽杉等（2009）分析应急生态输水后的地下水埋深与胡杨样枝生长情况的关系，结果表明，塔里木河下游合理地下水生态水位埋深为 4～6m。因此，综合以上分析，将乔灌木生长的地下水保护红线定为 4.5m，草本生长的地下水保护红线定为 3.5m。

二、北疆典型内陆河流域生态红线划分

受绿洲开发的影响，奎屯河流域现存天然有林地面积较小，同时该区存在可观的有效降水，从而使沙漠 - 绿洲过渡带及有林地外围形成了以梭梭或短命植物为主的天然荒漠植被景观，进而使得天然植被生态红线区划分与南疆内陆河流域（塔里木河和叶尔羌河流域）存在显著差异。基于“强调天然植被的保护及生态用水保障”的生态红线划分思路，采取类似于南疆典型内陆河流域生态红线区划分过程，选取奎屯河作为典型区，利用遥感解译数据得到其天然植被的空间分布，划分天然植被生态红线区；进而结合天然植被的需水特征，利用面积定额法计算得出天然植被生态需水红线。

（一）奎屯河流域耗水分析

生态系统是人类生存发展的基本自然条件。基于可持续发展的生态模式，在生态系统保护与修复中首先必须明确生态目标。目前关于生态保护目标定义较少。河湖生态需水评估导则中指出生态保护目标是根据生态系统的需要、社会需要和社会期望，由有关政府部门确定，可以通过保护和修复实现的生态系统状态，为生态系统管理的一部分。我国发布的《水污染防治行动计划》中规定，水环境保护的工作目标即“到本世纪中叶，生态环境质量全面改善，生态系统实现良性循环”。生态保护目标应兼顾生态健康和为人类服务，提供一种在生态环境现状与人类对资源的需求现状之间进行协调的一种标准，力图在生态保护与人类开发利用之间取得平衡。

1．保护基本目标的确定

根据各功能区的主要生态功能和生态现状，确定各个功能区的保护目标，见表 3.5.8。

表 3.5.8 奎屯河流域保护的基本目标

生态功能区	保护基本目标
扎伊尔山区水源涵养生态功能区	保护水源，保护天然植被
甘家湖梭梭林保护与沙漠控制生态功能区	保护梭梭林以及河谷林，保护荒漠植被，防止沙漠化加剧，保护野生动物
绿洲农业生态功能区	保护绿洲农田、防止土壤次生盐渍化，保护天然植被
低山丘陵寒温带草原生态功能区	保护地表植被，合理利用草地资源
高中山森林、草甸水源涵养区	保护森林与草地，保护水源，维护森林草原的生态平衡与可持续利用

2．社会经济与生态耗水量分析

根据社会经济用水量和耗水率计算社会经济耗水量。水资源总量减去社会经济耗水量为流域非山区生态耗水量。

（1）2000年流域耗水分析

2000年奎屯河流域经济社会用水总量为12.96亿m^3，其中生活、绿化、工业、农业用水量分别为0.34亿m^3、0.05m^3亿、0.74亿m^3、11.83亿m^3，生活、工业用水以地下水为主，农业用水以地表水为主。水库面积为0.48万hm^2，共蒸发水量0.57亿m^3（表3.5.9）。

表3.5.9　2000年社会经济耗水量统计表

项目	城市生活	农村生活	工业	绿化	农业	水库	合计
用水量/亿m^3	0.30	0.04	0.74	0.05	11.83	—	12.96
耗水系数/%	20	100	90	90	66	—	—
耗水量/亿m^3	0.06	0.04	0.67	0.04	7.81	0.57	9.19

（2）生态耗水量

2000年地下水开采量2.9亿m^3，小于地下水可开采量，地下水不超采。生态耗水量等于水资源总量减少社会经济耗水量为8.10亿m^3（表3.5.10）。

表3.5.10　2000年耗水分析　（单位：亿m^3）

生态	社会经济	合计	水资源总量	流域蓄水量减少量
8.10	9.19	17.29	17.29	0.00

（3）2014年流域耗水分析

1）社会经济耗水量。2014年奎屯河流域经济社会用水总量为20.83亿m^3，其中生活、绿化、工业、农业用水量分别为3 264万m^3、510万m^3、9 463万m^3、195 072万m^3，生活、工业用水为地下水，农业用水以地表水为主。平原区年蒸发量1 200mm，人工绿洲区水库的面积为0.6万hm^2，则共蒸发水量为0.72亿m^3（表3.5.11）。

表3.5.11　2014年社会经济耗水量统计表

项目	城市生活	农村生活	工业	绿化	农业	水库	合计
用水量/亿m^3	0.29	0.03	0.95	0.05	19.50	—	20.82
耗水系数/%	20	100	90	90	66	—	—
耗水量/亿m^3	0.05	0.03	0.86	0.04	12.87	0.72	14.57

2）生态耗水量。流域中上游的天然植被主要为草甸，草甸总面积为435 696hm^2，天然草甸面积占98%，耗水定额为291mm，平原区降水量约为160mm，则天然草甸共消耗地下水量5.5亿m^3。流域中上游林地主要为人工种植林，以灌溉为主。下游天然

绿洲生态耗水为 1.18 亿 m^3，湖泊、河渠等天然水体面积为 0.4 万 hm^2，共蒸发水量为 0.48 亿 m^3。则流域生态耗水量为 7.16 亿 m^3（表 3.5.12）。

表 3.5.12 2014 年耗水分析 （单位：亿 m^3）

生态（a）	社会经济（b）	生态和社会经济用水量合计	水资源总量 /（℃）	流域蓄水量减少量（a+b−c）
7.16	14.57	21.73	17.29	4.44

2014 年流域社会经济耗水量为 14.57m^3，以径流为主的生态耗水量为 7.16 亿 m^3。2014 年奎屯河流域平原区社会经济耗水与天然绿洲耗水比例为 2∶1（表 3.5.13）。

表 3.5.13 奎屯河流域历年社会经济与生态耗水统计

项目	1960～1970 年	1970～1980 年	1990 年	2000 年	2014 年
社会经济耗水量 / 亿 m^3	2	6.3	7.2	9.19	14.57
生态耗水量 / 亿 m^3	15.29	10.99	10.09	8.10	7.16
社会经济耗水占生态耗水的比例	13.1	57.3	71.4	113.4	203.5

注：实际耕地面积按照遥感解译的 85% 计算，因解译中的耕地面积包含道路等其他用地。

（二）奎屯河流域生态红线

1．流域生态演变阶段

概括干旱区水资源开发利用的历史、现状及其与生态景观格局演变关系，大致可以划分为以下 3 个阶段：自然水系时期——生态自然平衡阶段；半自然半人工水系时期——生态平衡失调阶段，受控人工水系时期——生态受损恶化阶段。

2014 年，奎屯河流域社会经济用水量 20.83 亿 m^3，水资源开发利用率 120%，社会经济耗水率 69.9%；1960～2014 年，生态耗水的比例从 88% 降低到 40%；人工绿洲面积从 5 万 hm^2 增加至 41.78 万 hm^2，增加了 710%；同时，造成河道长时间断流、甘家湖常年干涸，局部地区地下水严重超采，天然绿洲大幅减少。奎屯河流域处于受控人工水系时期——生态受损恶化阶段（图 3.5.12～图 3.5.14）。

2．生态保护目标

鉴于社会经济耗水量是流域生态变化的主要驱动因素，主要通过分析社会经济耗水率和相应的生态状况确定生态保护目标。根据前人和其他流域的研究结果，根据新疆的生态和社会经济情况，社会经济耗水占水资源量的 50% 的时候，其生态状况基本可以接受。2000 年流域社会经济耗水占水资源量的 53.2%，接近 50%。2001 年 6 月经国务院办公《关于发布内蒙古大黑山等 16 处新建国家级自然保护区的通知》（国办发〔2001〕45 号）文批准建立甘家湖国家级自然保护区，因此，2000 年甘家湖生态状况是需要保护的。同时，2000 年流域中下游的生态状况是基本可以接受的，这也与生态系统服务价值在 2000 年出现最大值相吻合。因此，确定 2000 年的生态状况为生态保护目标。

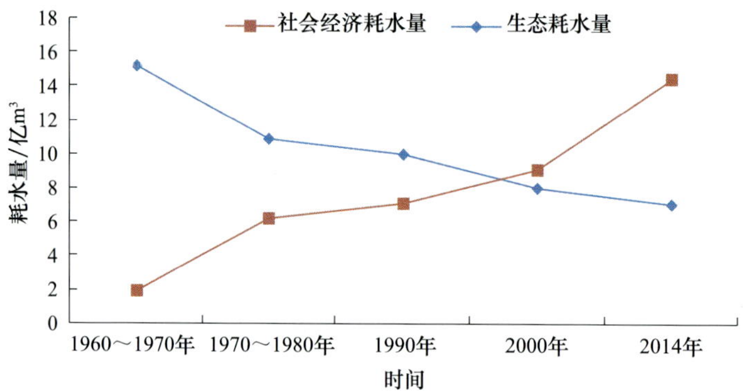

图 3.5.12　奎屯河流域耗水量变化历史图

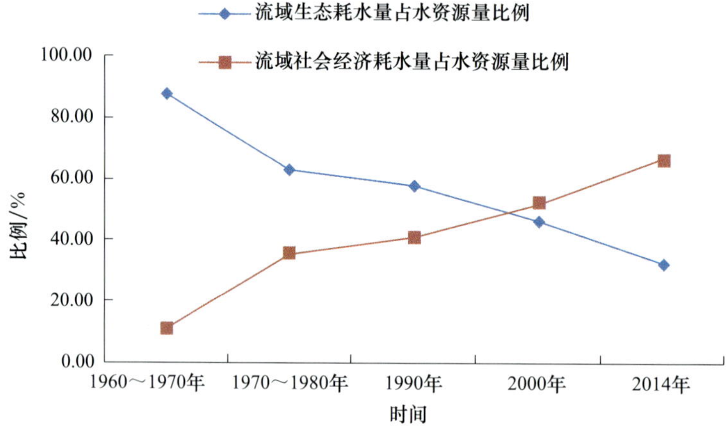

图 3.5.13　奎屯河流域耗水量占水资源量比例变化历史图

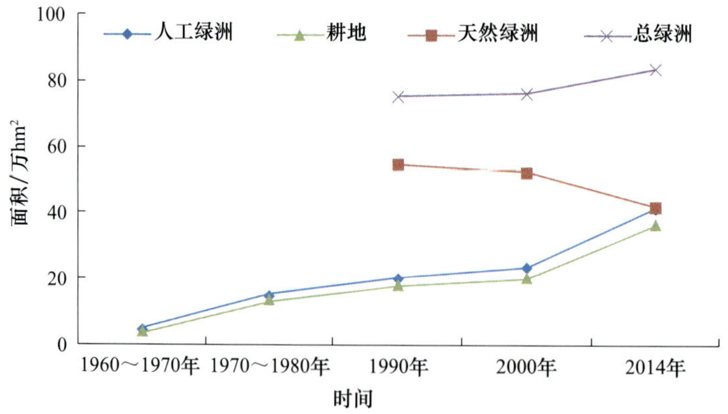

图 3.5.14　奎屯河流域绿洲面积变化历史图

3．生态红线划定

根据2014年和2000年天然植被分布的特点，划分了奎屯河流域的生态保护红线区（表3.5.14）。在2014年，奎屯河流域生态红线中的生态脆弱区、生态敏感区和重点生态功能区的面积分别为62.11万hm^2、26.22万hm^2和4.81万hm^2。

表3.5.14　奎屯河流域生态红线面积　（单位：万hm^2）

类型	生态脆弱区	生态敏感区	重点生态功能区
2014年	62.11	26.22	4.81
保护目标下（2000年）	74.95	20.9	8.9

（三）奎屯河流域生态需水红线

根据前面对各功能区的生态问题分析，得出奎屯河流域的主要生态问题是天然植被面积的减少和植被覆盖度的降低，在流域的中上游，天然植被面积较少，且降水量基本能满足天然植被的生长，而在流域下游，天然植被面积较多，降水量较少，生态环境脆弱。因此，重点分析奎屯河流域下游的生态需水。

1．奎屯河流域下游生态需水

植被生态用水一般通过降水补给、径流补给、人类灌溉补给及地下水补给几种方式获取。奎屯河流域下游3条河道断流，多年平均降水为150mm左右，径流对自然旱生植被的补给微弱。因此，可以认为天然植被的生存主要依靠地下水来维持。可以利用潜水蒸发法计算自然旱生植被的生态需水。

潜水蒸发法适用于干旱区植被生存主要依赖于地下水在毛细管力作用下向植被根系层的输水。计算方法是用某一植被类型在某一地下水位的面积乘以该地下水位的潜水蒸发量与植被系数，得到该面积下该植被生态需水量，各种植被生态需水量之和为该地区植被需水量总量。计算公式为

$$W=\sum W_i=\sum A_i W_{gi} K_c$$

$$W_{gi}=a(1-h_i/h_{max})^b E_{601}$$

式中，W为植被生态需水总量；W_i为植被类型i的生态需水量；A_i为植被类型i的面积；W_{gi}为植被类型i所处某一地下水位埋深时的潜水蒸发量；K_c为植被系数，是有植被地段的潜水蒸发量与无植被地段的潜水蒸发量之比值，常由试验确定；h_i为地下水位的埋深；h_{max}为潜水蒸发极限埋深；E_{601}为601型蒸发皿水域蒸发量；a、b分别为经验系数。

由潜水蒸发法的计算公式可知，利用潜水蒸发法计算自然旱生植被的生态需水的关键是各参数的确定。

（1）地下水埋深

2014 年流域下游地下水埋深等值线图利用 2016 年与 2012 年实测地下水等埋深线图插值得到 2014 年等埋深线图。根据《奎屯河流域规划修编》报告的地下水动态长期监测数据，奎屯河冲洪积细土平原中下部及四棵树河冲洪积细土平原地下水位下降速率为 0.5～1.8m/a。由于缺乏 2000 年流域下游等埋深线图，在已有的 2002 年的实测数据基础上，计算得出 2000 年流域下游的等埋深线图。计算区浅层地下水埋深度如图 3.5.15 和图 3.5.16 所示。

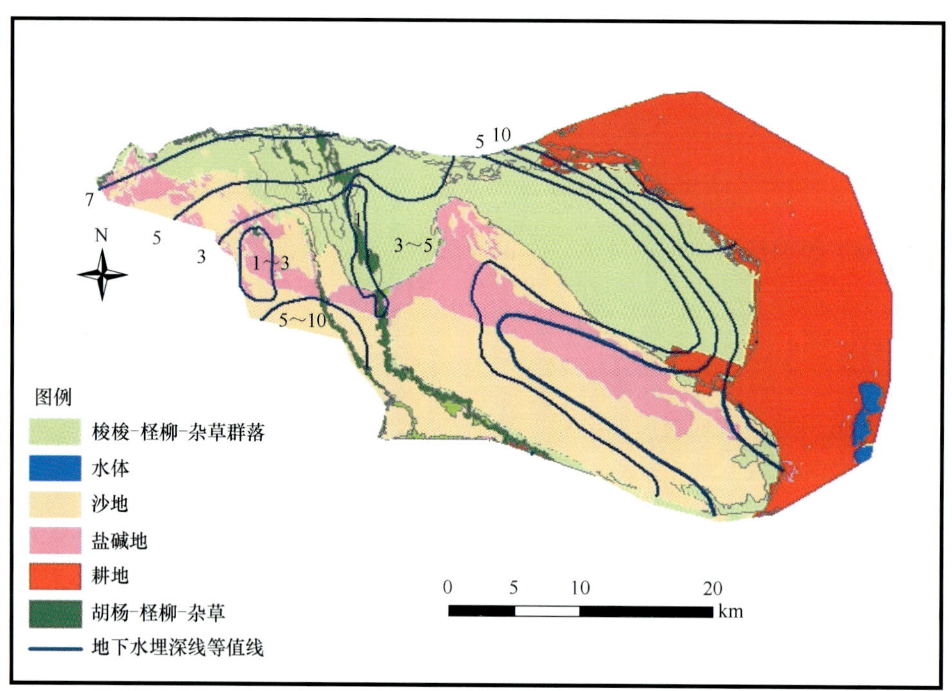

图 3.5.15　2014 年 4～5 月奎屯河流域下游地下水埋深度

利用 ArcGIS 软件提取出不同埋深的土地利用类型，其中，2000 年的生态用水计算区域面积 17.25 万 hm^2，2014 年生态用水计算区域面积为 14.08 万 hm^2，统计见表 3.5.15。

表 3.5.15　不同埋深天然植被面积统计

埋深 /m	2000 年植被面积 /hm^2			2014 年植被面积 /hm^2		
	林地	草地	合计	林地	草地	合计
0～3	7 659	11 328	18 987	723	1 888	2 611
3～5	5 950	19 235	25 185	3 390	56 061	59 451
5～9	18 000	65 004	83 004	4 422	18 548	22 970
合计	31 609	95 567	127 176	8 535	76 497	85 032

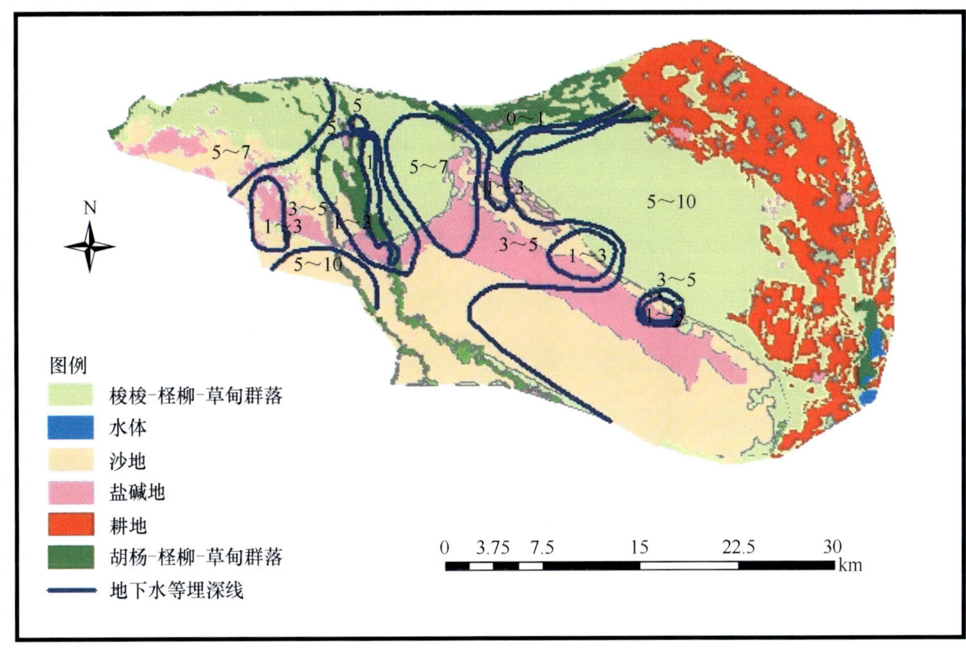

图 3.5.16　2000 年 4～5 月奎屯河流域下游地下水埋深度

（2）潜水蒸发的极限埋深

潜水蒸发的极限埋深（h_{max}）即潜水蒸发趋于零时的深度，即当潜水埋深 $h \geq h_{max}$ 时，蒸发强度 $E=0$。潜水蒸发极限埋深受气候和土质影响而各地不同。奎屯河流域下游分布于乌苏沙漠以北的甘家湖林区地层由全新世早期的河流冲积物组成，质地较细，多粉砂和黏土，根据赵玉杰等在北疆昌吉试验站中测黏土的潜水蒸发极限埋深为 5m，细砂的潜水蒸发极限埋深为 1.5m，则本文生态需水计算区域的裸地潜水蒸发极限埋深定为 5m。

研究区查明的植物资源有胡杨、梭梭、柽柳、芦苇等，由于胡杨在地下水埋深为 9m 时，胡杨一级年轮具有有限的生长量，仍能存活。基于以上分析结合实地勘查资料，本节认为自然旱生植被有林地所在区域的潜水蒸发极限埋深为 9m。

（3）植被系数的确定

植被系数 K_c 为有无植被时潜水蒸发量之比。本节参照新疆地矿局第一水文工程地质大队的方法，将潜水埋深划分出 0～1m、1～3m、3～5m、5～9m 的埋深区间。根据水位埋深确定植被系数，见表 3.5.16。

表 3.5.16　植被系数取值

潜水埋深 /m	0～3	3～5	5～9
植被系数	1.33	1.16	1.09

（4）其他相关参数选取

根据《奎屯河流域规划》，研究区 E20 水域蒸发年平均值为 1 881mm，折算系数取 0.62。经验参数 a 取 0.62，b 取 2.15。

以 ArcGIS 为平台进行植被及其所在区域地下水埋深分析，最终导出属性表，并对属性表进行统计计算 2000 年和 2014 年奎屯河流域下游自然旱生植被的生态用水量，见表 3.5.17。

表 3.5.17 天然植被生态需水量红线

埋深 /m	计算埋深 /m	2000 年生态用水 / 亿 m^3			2014 年生态用水 / 亿 m^3		
		林地	草地	合计	林地	草地	合计
0～3	1.5	0.85	0.90	1.75	0.08	0.15	0.23
3～5	4	0.23	0.12	0.35	0.13	0.35	0.48
5～9	7	0.05	0	0.05	0.01	0	0.01
合计	—	—	—	2.15	—	—	0.72

（5）裸地蒸发量

甘家湖林区和沙漠控制功能区分布有不生长天然植被的裸地，主要分布在地下水埋深 0～3m、3～5m 的范围内，计算裸地潜水蒸发不需要考虑植被系数，计算结果如表 3.5.18 所示。

2．保护目标下的天然植被面积与生态需水量红线

由表 3.5.19 可知，保护目标下的天然植被总面积为 12.71 万 hm^2，其中，林地面积为 3.16 万 hm^2，草地面积为 9.55 万 hm^2。2014 年计算区域天然植被面积为 8.49 万 hm^2，其中，林地面积为 0.85 万 hm^2，草地面积为 7.64 万 hm^2。为恢复奎屯河流域下游生态状况，应在 2014 年的基础上新增植被面积 4.22 万 hm^2，其中，林地面积增加 2.31 万 hm^2，草地面积增加 1.91 万 hm^2。由表 3.5.20 可知，奎屯河生态需水红线为 1.20 亿 m^3。

表 3.5.18 裸地蒸发量统计

埋深 /m	计算埋深 /m	2000 年蒸发量 / 亿 m^3	2014 年蒸发量 / 亿 m^3
0～3	1.5	0.80	0.20
3～5	4.0	0.17	0.28
合计	5.5	0.97	0.48

表 3.5.19 2014 年天然植被面积分析结果 （单位：万 hm^2）

现状植被面积		保护目标下植被面积		现状缺少植被面积	
林地	草地	林地	草地	林地	草地
0.85	7.64	3.16	9.55	2.31	1.91

表 3.5.20 生态需水量分析结果 （单位：亿 m^3）

现状生态耗水	保护目标下生态需水	现状缺水量
1.20	3.12	1.92

3．下游下泄水量红线

（1）下泄艾比湖水量

方案一：按照《艾比湖报告》，奎屯河流域没有下泄艾比湖水量的任务，即奎屯河流域需要补给艾比湖的水量为 0。但根据《奎屯河地下水修编报告》，奎屯河流域平原区地下水向下游艾比湖地区的侧向径流流出量为 0.021 8 亿 m^3/a。

方案二：根据《准噶尔盆地地下水资源及其环境问题调查评价》项目的研究成果，奎屯河地下水注入艾比湖的水量每年应不小于 0.4 亿 m^3。

方案三：按照流域出山口水量的 25% 下泄艾比湖，流域出山口水量多年平均为 17.68 亿 m^3，则需下泄艾比湖水量为 4.42 亿 m^3。

（2）北山区补给水量

根据《奎屯河流域规划》，北山区每年以地下潜水泉水出露补给奎屯河下游河道水量约为 0.21 亿 m^3。

从表 3.5.21 中可以看出，在 3 种方案下，奎屯河流域生态保护红线下的生态需水量分别为 3.03 亿 m^3、3.31 亿 m^3、7.33 亿 m^3。

表 3.5.21 奎屯河流域生态需水总量红线 （单位：亿 m^3）

生态需水	北山区补给		下泄艾比湖			合计		
	补给甘家湖	下泄艾比湖	方案一	方案二	方案三	方案一	方案二	方案三
3.12	0.11	0.10	0.02	0.40	4.42	3.03	3.31	7.33

第四章　典型内陆河流域水分与水生态相互作用研究

第一节　内陆河中下游水分与水生态关系分析

一、南疆内陆河中下游水分与水生态关系分析

（一）下游生态输水情况

1．下游断流河道历次输水情况

下游生态输水可分为两个阶段（表 4.1.1）。第一阶段为应急输水（2000～2004 年），主要利用开都河水量连续偏丰、博斯腾湖水位持续上升的时机，采取应急措施通过孔雀河向塔里木河下游实施生态抢救性输水，输水至台特玛湖 4 次，加上车尔臣河洪水汇入，形成了约 $100km^2$ 的湖面，结束了下游河道断流三十多年的历史。第二阶段为常态化输水。2005 年后，开都河开始进入平水、枯水年，博斯腾湖水位逐年下降，已无充裕水量输往塔里木河下游，而上游阿克苏河、叶尔羌河、和田河 3 条源流总来水进入丰水期，加上塔里木河流域近期综合治理工程建设的开展和工程效益的逐步发挥，塔里木河到达下游的水量增多，逐步替代了博斯腾湖的应急输水，使下游生态输水成为常态化。

表 4.1.1　塔里木河下游大西海子断面历次生态输水统计　（单位：万 m^3）

阶段划分	输水方式	输水时间	大西海子以下输水总量			到达地点
			开都河—孔雀河	塔里木河	合计	
第一阶段	单通道输水	2000 年 5～7 月	9 923	—	9 923	喀尔达依
	单通道输水	2000 年 11 月～2001 年 2 月	22 655	—	22 655	阿拉干
	双通道输水	2001 年 4～11 月	34 733	3 490	38 223	台特玛湖
	双通道输水、汊河输水	2002 年 6～11 月	24 500	8 629	33 129	台特玛湖
	双通道输水、面状型输水	2003 年 3～11 月	24 000	38 509	62 509	两次到达台特玛湖
	单通道输水	2004 年 4～6 月	7 350	2 857	10 207	台特玛湖

续表

阶段划分	输水方式	输水时间	大西海子以下输水总量			到达地点
			开都河—孔雀河	塔里木河	合计	
第二阶段	双通道输水	2005 年 4～11 月	5 246	23 026	28 272	台特玛湖
	单通道输水	2006 年 9～11 月	2 700	16 944	19 644	库尔干
	单通道输水	2007 年 9～10 月	1 410		1 410	喀尔达依
	单通道输水	2009 年 11～12 月	1 066		1 066	喀尔达依
	双通道输水	2010 年 6～11 月		36 393	36 393	台特玛湖
	双通道输水、汊河输水	2011 年 1～11 月		85 211	85 211	两次到达台特玛湖
	双通道输水、汊河输水	2012 年 4～5 月		66 716	66 716	台特玛湖
	双通道输水、枝河输水	2013 年 4～11 月		48 769	48 769	台特玛湖
合计			133 583	330 544	464 127	

下游生态输水主要呈现以下 3 个特征。

1）依靠双水源输水。其中，开都—孔雀河输水约 13.36 亿 m^3，占总输水量的 28.8%；塔里木河干流来水约 33.05 亿 m^3，占总输水量的 71.2%。

2）地表来水不稳定，间歇性输水特征明显。由于是在人为干预的情况下向断流 30 多年的河道恢复输水，各种变化因素多，且水源遥远、流程漫长，输水过程中时常出现径流不稳定、间歇性演进的输水状况。

3）利用大西海子水库储水，集中调控下游河道输水。通过大西海子水库集中蓄存开都—孔雀河和塔里木河来水，人工调控向下游输水的时间、水量、流量及输水方式，提高输水的生态效益，实现水流到达尾闾台特玛湖的目标。

2．河段水量消耗

输水期间，人工设置了大西海子、英苏、阿拉干、依干不及麻、台特玛湖 5 个地表水监测断面，恰拉、英苏、喀尔达依、阿拉干、依干不及麻、库尔干、台特玛湖、老英苏（老塔河）、博孜库勒（老塔河）9 个地下水监测断面 45 眼地下水监测井，以及英苏、阿拉干、依干不及麻 3 个土壤水监测断面。根据监测数据和水平衡分析，计算出下游河道各区间的消耗量（表 4.1.2）。

表 4.1.2　塔里木河下游各河段水量消耗情况

输水次数 / 次	大西海子下泄水量 / 万 m^3	大西海子—英苏耗水量 / 万 m^3	英苏—阿拉干耗水量 / 万 m^3	阿拉干—依干不及麻耗水量 / 万 m^3	依干不及麻—台特玛湖耗水量 / 万 m^3	入湖水量 / 万 m^3
1	9 923	8 416	1 507	—	—	—
2	22 655	13 019	9 044	592	—	—
3	38 223	13 696	15 106	5 229	3 444	748
4	33 129	7 753	14 983	5 620	3 356	1 417

续表

输水次数 / 次	大西海子下泄水量 / 万 m^3	大西海子—英苏耗水量 / 万 m^3	英苏—阿拉干耗水量 / 万 m^3	阿拉干—依干不及麻耗水量 / 万 m^3	依干不及麻—台特玛湖耗水量 / 万 m^3	入湖水量 / 万 m^3
5	62 509	5 944	36 800	11 224	5 564	2 977
6	10 207	1 633	5 765	1 754	1 055	—
7	28 272	7 259	14 528	2 916	3 072	497
8	19 644	10 415	7 603	1 289	337	—
9	1 410	634	776	—	—	—
10	1 066	638	428	—	—	—
11	36 393	13 866	14 754	5 228	1 527	1 018
12	85 211	296	51 951	13 399	11 739	7 826
13	66 716	9 251	35 756	9 927	11 782	—
14	48 769	7 808	19 977	7 320	6 344	7 320
合计	464 127	100 628	228 978	64 498	48 220	21 803
河道长度 /km		120	229	96	40	—
单位河长耗水量 /（万 m^3/km）		839	999	672	1 205	—

注：1）大西海子—英苏段和英苏—阿拉干段河道长度耗水量均包括其文阔尔河和老塔里木河。

2）依干不及麻—台特玛湖段耗水量未包括入台特玛湖水量。

大西海子以下 14 次输水累计下泄水量 46.41 亿 m^3。其中，大西海子—英苏段耗水量 10.06 亿 m^3，占总水量的 21.7%；英苏—阿拉干段（包括老塔里木河）、阿拉干—依干不及麻段、依干不及麻—台特玛湖河段耗水量分别占总耗水量的 49.3 %、13.9% 和 10.4%；台特玛湖耗水量（入湖水量）占总耗水量的 4.7%。由河道水量的消耗分析可知，大西海子—阿拉干河段耗水量达到总耗水量的 71.0%，是耗水量最大的河段。

从单位河长耗水量来看，大西海子—阿拉干河段单位河长耗水相对而言也较大。根据监测结果，大西海子—阿拉干河段也是地下水位抬升最明显，天然植被恢复响应最突出的河段。这说明，天然植被恢复响应与水量补给消耗基本吻合。

3．中下游水生态环境变化及分析

（1）地下水埋深变化特征

塔里木河流域降水稀少，蒸发十分强烈是降水量的 41～106 倍。因此，只靠天然降水无法维持植物生命的延续。对于该区空间和时间的整体而言，地下水是天然植被维持生命活动和延续的主要的、根本的来源。生态输水前，从大西海子至台特玛湖，地势平坦，海拔为 801～846m。断流多年后，沿河道两岸各 2km 范围内大部分地区地下水埋深大于 8m，约占统计面积的 83% 以上。地下水水力坡度平缓，运动缓慢，潜水蒸发极为微弱，消耗以植被蒸腾为主。为了准确把握地下水位对植被的影响，自 2000 年 8 月起，在塔里木河中下游沿河约 40km 的间距共布设了 12 个监测断面，其中在下游有 9 个、中游 3 个断面。在每个断面上按一定间距布设了 58 口地下水监测井（图 4.1.1），具有实时监测数据（表 4.1.3）。

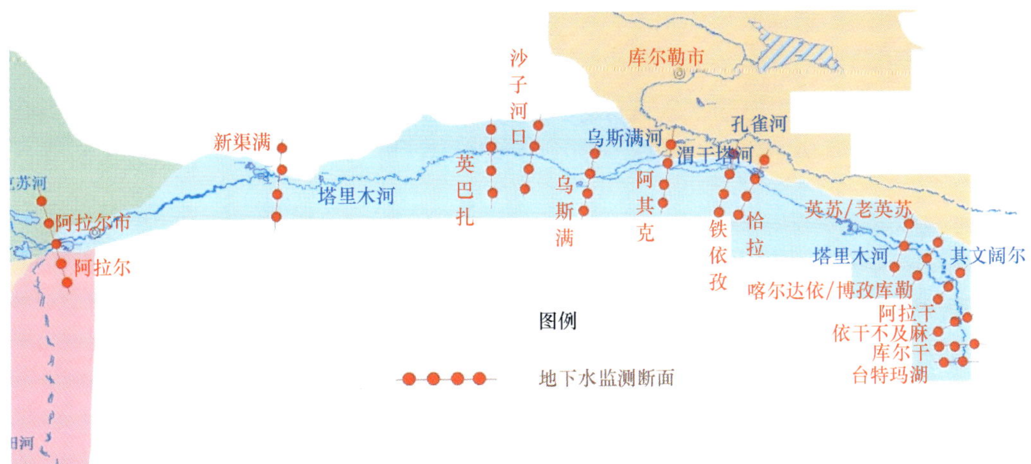

图 4.1.1　塔里木河下游生态监测断面监测井分布图

表 4.1.3　2014 年塔里木河下游实时监测数据

站点名称	时间	水位 /m	埋深 /m	时间	水位 /m	埋深 /m
英苏 / 老英苏 F1	2014 年 1 月 1 日 12 时	832.33	−3.55	2014 年 1 月 27 日 12 时	832.36	−3.52
英苏 / 老英苏 F1	2014 年 1 月 2 日 12 时	832.48	−3.40	2014 年 1 月 28 日 12 时	832.39	−3.48
英苏 / 老英苏 F1	2014 年 1 月 3 日 12 时	832.47	−3.41	2014 年 1 月 29 日 12 时	832.38	−3.50
英苏 / 老英苏 F1	2014 年 1 月 4 日 12 时	832.48	−3.40	2014 年 2 月 1 日 12 时	832.36	−3.52
英苏 / 老英苏 F1	2014 年 1 月 5 日 12 时	832.51	−3.37	2014 年 2 月 7 日 12 时	832.38	−3.50
英苏 / 老英苏 F1	2014 年 1 月 6 日 12 时	832.4	−3.47	2014 年 2 月 8 日 12 时	832.37	−3.51
英苏 / 老英苏 F1	2014 年 1 月 7 日 12 时	832.44	−3.44	2014 年 2 月 9 日 12 时	832.34	−3.54
英苏 / 老英苏 F1	2014 年 1 月 8 日 12 时	832.44	−3.44	2014 年 2 月 10 日 12 时	832.34	−3.54
英苏 / 老英苏 F1	2014 年 1 月 9 日 12 时	832.43	−3.45	2014 年 2 月 12 日 12 时	832.33	−3.55
英苏 / 老英苏 F1	2014 年 1 月 10 日 12 时	832.49	−3.39	2014 年 2 月 13 日 12 时	832.32	−3.56
英苏 / 老英苏 F1	2014 年 1 月 11 日 12 时	832.42	−3.46	2014 年 2 月 14 日 12 时	832.33	−3.55
英苏 / 老英苏 F1	2014 年 1 月 12 日 12 时	832.41	−3.47	2014 年 2 月 15 日 12 时	832.32	−3.56
英苏 / 老英苏 F1	2014 年 1 月 13 日 12 时	832.49	−3.39	2014 年 2 月 16 日 12 时	832.3	−3.58
英苏 / 老英苏 F1	2014 年 1 月 14 日 12 时	832.42	−3.46	2014 年 2 月 17 日 12 时	832.33	−3.55
英苏 / 老英苏 F1	2014 年 1 月 15 日 12 时	832.45	−3.43	2014 年 2 月 18 日 12 时	832.35	−3.53
英苏 / 老英苏 F1	2014 年 1 月 16 日 12 时	832.42	−3.46	2014 年 2 月 19 日 12 时	832.33	−3.55
英苏 / 老英苏 F1	2014 年 1 月 17 日 12 时	832.43	−3.45	2014 年 2 月 20 日 12 时	832.35	−3.53
英苏 / 老英苏 F1	2014 年 1 月 18 日 12 时	832.43	−3.45	2014 年 2 月 21 日 12 时	832.31	−3.57
英苏 / 老英苏 F1	2014 年 1 月 19 日 12 时	832.38	−3.49	2014 年 2 月 22 日 12 时	832.34	−3.54
英苏 / 老英苏 F1	2014 年 1 月 20 日 12 时	832.44	−3.44	2014 年 2 月 23 日 12 时	832.32	−3.56
英苏 / 老英苏 F1	2014 年 1 月 21 日 12 时	832.4	−3.47	2014 年 2 月 24 日 12 时	832.30	−3.58
英苏 / 老英苏 F1	2014 年 1 月 22 日 12 时	832.41	−3.47	2014 年 2 月 25 日 12 时	832.33	−3.55
英苏 / 老英苏 F1	2014 年 1 月 23 日 12 时	832.39	−3.48	2014 年 2 月 26 日 12 时	832.31	−3.57
英苏 / 老英苏 F1	2014 年 1 月 24 日 12 时	832.4	−3.47	2014 年 2 月 27 日 12 时	832.30	−3.58
英苏 / 老英苏 F1	2014 年 1 月 25 日 12 时	832.39	−3.48	2014 年 3 月 1 日 12 时	832.23	−3.65

塔里木河的生态输水主要用于补给地下水以减小地下水埋深，满足荒漠河岸胡杨林的蒸腾耗水需求。首先本节研究模拟了塔里木河地下水埋深的空间分布图［图 4.1.2（a）］。考虑到第一次生态输水水流仅达到英苏断面，因此本节研究选取英苏断面为典型断面，通过计算地下水埋深的距平值，分析输水后塔里木河下游地下水埋深的变化特点［图 4.1.2（b）］。

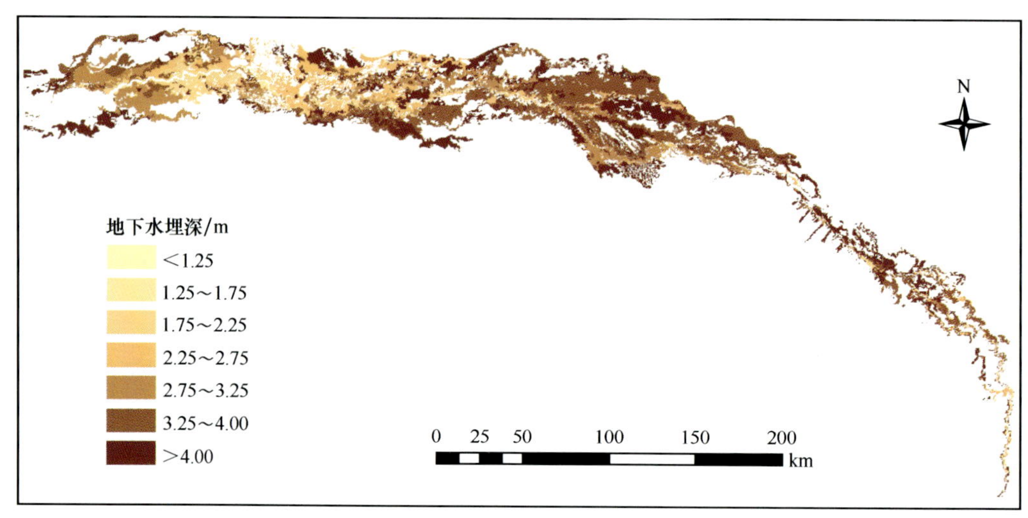

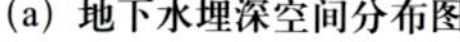
(a) 地下水埋深空间分布图

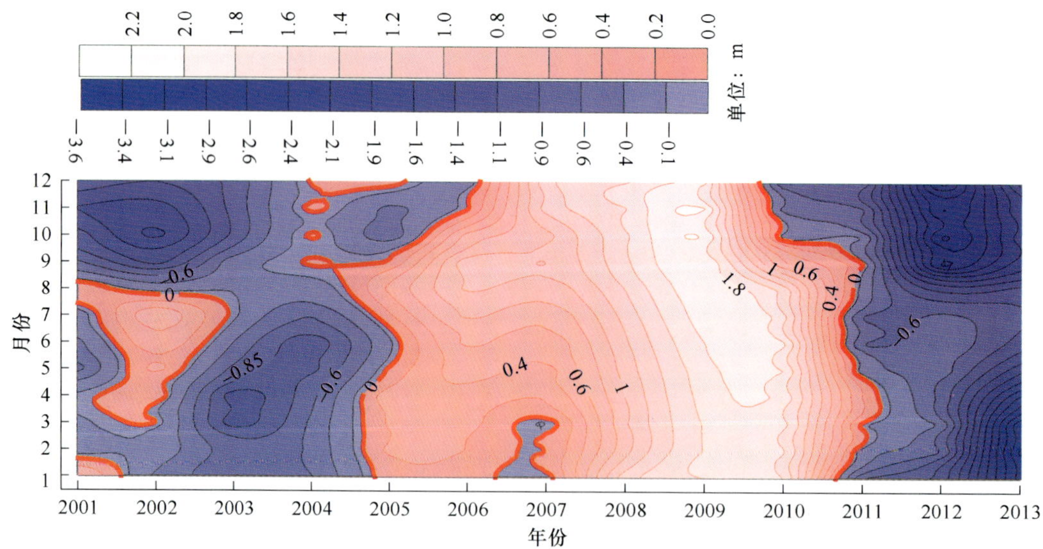

(b) 英苏地下水埋深等值线分布图

图 4.1.2　塔里木河地下水埋深空间分布图和下游英苏断面生态输水后的地下水埋深距平值的等值线分布图

红色区域表示地下水埋深大于平均值，即正距平；蓝色区域代表地下水埋深小于平均值，即负距平；粗红实线（即 0 值线）代表平均值。

在图 4.1.2 中，生态输水后，塔里木河下游地下水埋深的正距平主要出现在两个时段。一个时段是在 2002 年的 4～8 月，高值中心出现在 7 月初，这是由于第 4～5 次生态输水间隔 253d，在输水初期地下水未被充分补给的条件下又遭遇长时间的大量耗散，地下水埋深呈现增大趋势。另一时段是在 2005～2011 年，高值中心出现在 2009 年 10 月，这是由于 2007 年 10 月 20 日（第 12 次输水末）至 2009 年 11 月 24 日（第 13 次输水初）期间，长达 2 年时间未进行生态输水，地下水埋深急剧增加。地下水埋深负距平的低值中心出现在 2002 年 10 月、2003 年 4 月和 2012 年的 11 月，这 3 个时段的生态输水量比平均值分别多 42.9%、45.4% 和 187.9%，输水时间较平均值长 37.3%、57.7% 和 152.9%。为了进一步分析生态输水水量、输水时间与地下水埋深变化之间的相关关系，本节计算了地下水埋深的累积距平值（图 4.1.3）。在图 4.1.3 中，第 2～4 次平均生态输水水量为 2.03 亿 m^3，下游地下水埋深减小了 40.3%，呈下降趋势；但在第 4～5 次输水间隔时间较长，导致地下水埋深增幅为 50.3%，呈上升趋势。第 5～8 次平均生态输水水量为 2.64 亿 m^3，地下水埋深呈明显下降趋势，其减少幅度为 27.9%。但在第 8～14 次，受源流来水减少影响，下游平均生态输水水量仅为 0.89 亿 m^3，地下水埋深增幅高达 68.8%，呈明显上升趋势。第 15～20 次平均生态输水水量为 3.92 亿 m^3，地下水埋深减少了 43.6%；特别在第 17 次和 18 次，平均生态输水水量高达 7.27 亿 m^3，输水时间长达 430d，地下水埋深在第 18 次输水后下降趋势最为显著。

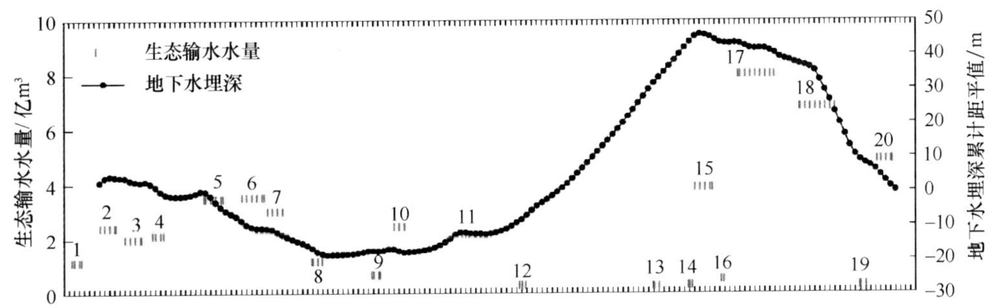

图 4.1.3　塔里木河下游英苏断面生态输水水量与地下水埋深累计距平曲线的相关关系图
红实线代表生态输水量；红实线跨度越大，表明一定水量的输水时间越长。

（2）地下水水质变化特征

通过野外调查和资料收集，取同一断面离河 50～100m 范围内多组地下水矿化度的平均值，绘制出英苏、阿拉干、喀尔达依 3 个断面输水后水质变化趋势图，如图 4.1.4 所示。这表明，输水初期矿化度变幅较大，但随着时间的推移，其变幅逐渐减小，并趋于稳定。输水量与地下水矿化度密切相关，2007～2009 年输水减少后，地下水矿化度有明显的上升趋势。

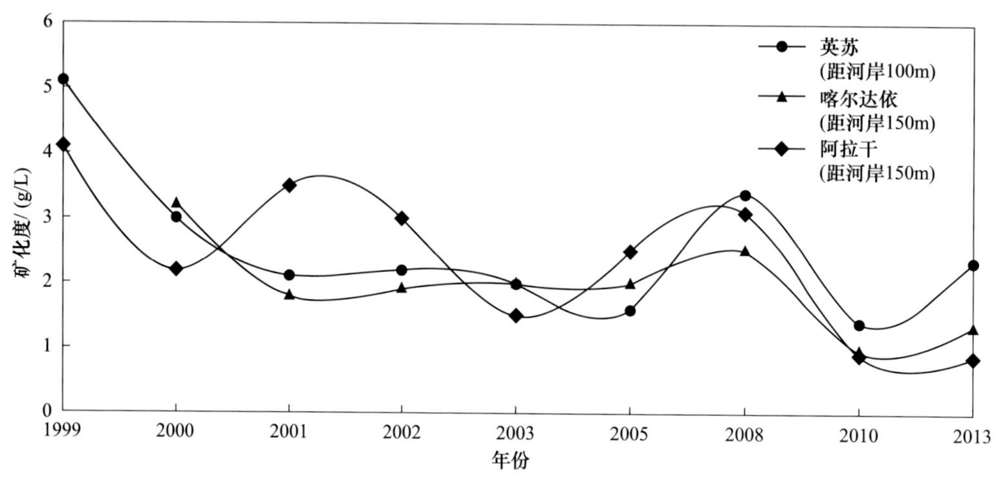

图 4.1.4　塔里木河下游各监测断面地下水水质变化趋势图

从图 4.1.4 中阿拉干断面的水质变化曲线形态可以看出：输水前，由于长期断流，表层土壤在潜水蒸发作用下不断积盐，地下水处于浓缩状态，矿化度初始值较高。输水后，表层的积盐溶解于水并随之渗入地下，潜水的矿化度会随之上升，曲线出现一个峰值。经过几次输水后，地下水的盐分随着地下水的运移逐渐排向下游及河道两侧，因而矿化度的变幅逐渐减小。

截至 2013 年，各断面近河道区域地下水矿化度由输水初期的 4～5g/L 降至 1～2g/L，地下水化学类型由 $Cl^- \cdot SO_4^{2-}$—Na^+（$Na^+ \cdot Mg^{2+}$）型四元水逐渐演化为 Cl^-—Na^+型二元水，地下水质明显改善，淡化带的影响范围约 1km。

4．生态输水后下游沙漠化程度的变化特征

沙漠化过程是土地、自然因素和人为因素三者之间发生不协调，并导致土地的生物或经济生产力下降及复杂性（如生物多样性）降低的过程（吴正等，1987）。因此，对沙漠化过程不能仅以植被盖度大小、地面覆沙等单一指标来描述，否则不能解释空间差异现象，应找出组合特征，才能揭示沙漠化的本质。同样道理，沙漠化逆转的过程也是一个渐变的过程。在塔里木河下游这一特定区域，沙漠化发生逆转，其动力条件是生态输水，随着生态输水的实施，原先引起沙漠化的一些环境因子出现了大的变化，但它们在时间和空间上的响应是不一致的。生态输水后，地下水位发生巨大变化，并由此带来了一系列其他环境因子的改变，如土壤含水率、植被覆盖度和植物种类（生物多样性）的变化，而土壤结构和组成的变化要明显滞后。因此，在对沙漠化逆转过程的描述上也不应该完全照搬沙漠化过程的判别指标，否则很难对这一逆转过程有一个正确的认识。本节参照吴正等（1987）提出的沙漠化程度判别指标，着重考虑植被覆盖度的变化，适当参考流沙百分比、地貌形态组合特征这两个指标，对塔里木河下游几个典型地区在输水前后沙漠化程度的变化进行判别和分析。为描述方便将沙漠化程度划分为4个等级，即潜在沙漠化、轻度沙漠化、中度沙漠化和重度沙漠化，分别用1、2、3、4来表示（结果如图4.1.5所示，横轴为距河道距离，纵轴为沙漠化等级）。

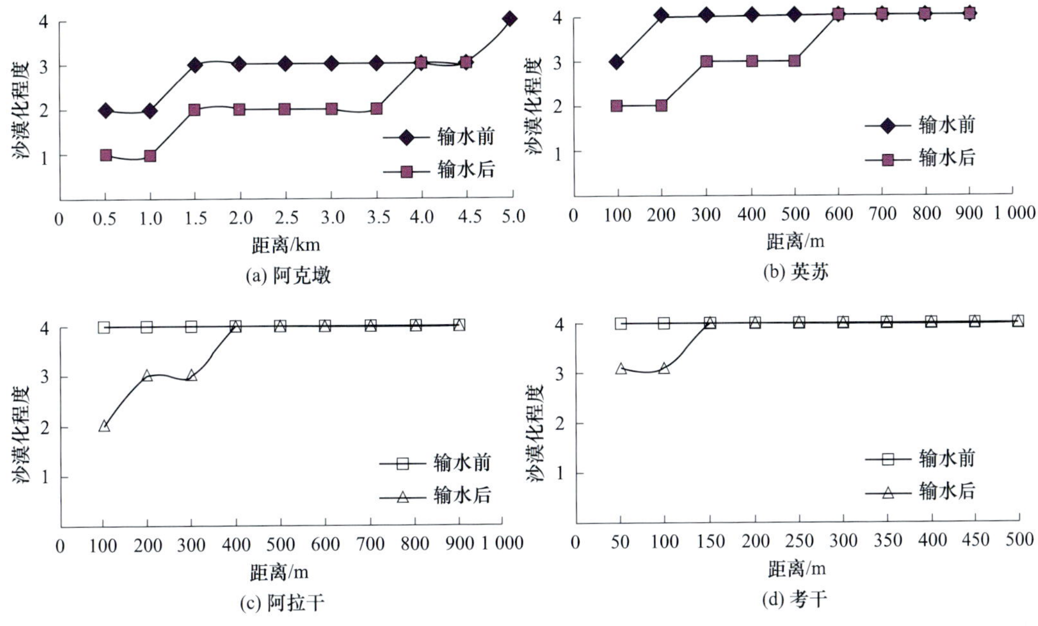

图 4.1.5 阿克墩、英苏、阿拉干和考干沙漠化程度的变化

由图4.1.5可知，塔里木河下游沙漠化程度与距大西海子水库的远近密切相关，输水前阿克墩为中度沙漠化地区，而英苏以下均为重度沙漠化，输水后沙漠化逆转的程度也是由远而近逐步增强的趋势。在阿克墩（距大西海子水库20km），沙漠化程度变化的范围是3.5km，其中在1km范围内，由于河水漫溢，地表植被响应明显，覆盖度超过60%，地表有少量斑点状流沙，为潜在沙漠化；在1～3.5km范围，稳定性植被覆盖度为20%～30%，地表有小风蚀坑和小片流沙，为轻度沙漠化，总体上沙漠化等级升了1级。英苏（距大西海子水库54km）沙漠化逆转的范围是500m，其中在200m范围内响应明显，为轻度沙漠化，在200～500m，随着灌、草植被恢复生机，地表植被覆盖度增加到10%左右，流沙所占百分比不到40%，灌、草丛沙堆密集，表现为重度沙漠化向中度沙漠化转化，而500m以外，植被覆盖度不到10%，风蚀现象未发生转变，经专家咨询认为仍为重度沙漠化地区。到阿拉干（距大西海子水库145km）变化的范围降至300m，多为重度转为中度沙漠化，而距离大西海子283km的考干逆转范围仅仅100m，考干以下至台特玛湖段基本没有变化，该段除少量枯死的树干外，几乎没有活植株，地表完全为流沙覆盖。变化范围整体上是一个以大西海

子水库为底，以考干为顶，以输水河道为中轴的不规则三角形分布，在纵横两个方向上均呈现梯度变化的空间分布特点。

（二）塔里木河干流中下游水分与水生态的响应

1．胡杨生理生长对生态输水的响应

（1）数据获取及研究方法

1）胡杨胁迫等级划分。大量的研究表明，在胡杨受到胁迫后，其生理指标如可溶性糖（SS）、叶绿素和过氧化物酶（POD）也发生相应的变化。但是，随着地下水埋深的增加，干旱胁迫的加剧，对胡杨生长与其生理指标变化的内在联系仍缺乏相关研究。因此，在塔里木河下游，根据胡杨长势及长期处于的地下水埋深不同，本节研究将胡杨生长分成无胁迫（G1）、轻微胁迫（G2）、重度胁迫（G3）和濒死（G4）共4个等级（表4.1.4），通过测定不同胁迫等级下的生理指标，揭示河道断流后胡杨生长变化的机理。在胡杨分级标准中（表4.1.4），树冠疏失度是直观评价胡杨长势优劣的指标之一。通过对树冠自上而下进行拍照，利用Photoshop图像处理软件对照片进行信息提取获取树冠疏失度。根据该标准，于2009年8月，在塔里木河下游4个断面（即英苏、喀尔达依、阿拉干和依干布及麻）的地下水位监测井附近选取树龄相近的胡杨，且尽量要求健康无病虫害、无机械损伤（图4.1.6）的植株，供后续监测与采样分析用。

表4.1.4　胡杨胁迫分级标准

胁迫等级	地下水埋深/m	胡杨分级标准
无胁迫（G1）	4～6	树冠无缺损，树形未受损，叶色深绿，树冠疏失度小于10%
轻微胁迫（G2）	7～8	树冠有较小缺损，枯枝占总枝数的比率小于1/3，叶色浅绿，树冠疏失度10%～40%
重度胁迫（G3）	8～10	树冠有较大缺损，枯枝占总枝数的1/3～3/4，叶色灰绿，树冠疏失度40%～80%
濒死（G4）	10～12	树冠有很大缺损，枯枝占总枝数比率大于3/4，仅有少量叶片，树冠疏失度大于80%

(a) 无胁迫（G1）

(b) 轻微胁迫（G2）

(c) 重度胁迫（G3）

(d) 濒死（G4）

图4.1.6　塔里木河下游不同长势下的胡杨

2）胡杨生理指标测定。选取叶绿素（Chl）、可溶性糖（SS）、脯氨酸（Pro）和脱落酸（ABA）4 个生理指标，研究分析其输水前后的变化趋势，对胡杨生理特征的响应机理进行探讨。在干旱胁迫下，植物体内叶绿素会受到破坏，光合作用受到抑制，生长受到威胁。因此，叶绿素降解程度可用作抗旱性的检测指标；可溶性糖是植物体内重要的渗透调节物质，植株在受到水分胁迫时，体内可溶性糖含量显著增加，提高细胞原生质浓度，以增强抗旱性。植物体内过氧化物酶（POD）能够在干旱等逆境中，清除植物体内过量的活性氧，维持活性氧代谢平衡，保护膜脂结构，增强植物抗旱性。根据划分的 4 个胁迫等级，各选取 10 棵胡杨进行叶片采样。将样品带回实验室进行生理指标的测定。以分光光度法测定叶绿素含量，以蒽酮法测定可溶性糖含量，以茚三酮溶液显色法测定脯氨酸；参照阮晓等（2000）的方法对脱落酸进行测定。

3）树木年轮取样及处理。在塔里木河下游，于 2009 年 8 月～2011 年 8 月选取胡杨集中生长的 4 个监测断面，即英苏（C）、喀尔达依（E）、阿拉干（G）和依干不及麻（H）进行取样。为了分析环境突变对胡杨树轮标准年表的影响，满足取样要求，围绕各断面地下水监测井选取胸径介于 30～50cm 的成年胡杨进行取样，共选取胡杨 106 棵，且每棵树以“十字交叉法”获取样芯，共为 208 个。将胡杨树芯样本带回实验室进行粘贴、固定、打磨等预处理，以满足交叉定年需求。为确保交叉定年的准确性，利用德国产 LINTAB^{TM6} 型树木年轮测定仪（精度为 0.001mm）进行年轮宽度测定，借助 COFECHA 交叉定年质量控制程序（Homles，1983）进行交叉定年检验和生长量的修正。标准年表的建立由 ARSTAN 程序（Cook，1985）完成。在建立年表的过程中，为了在树轮宽度年表中尽可能多地保留低频方差，使用负指数曲线或无正向坡度的直线对树轮宽度序列进行拟合，以去除树木自身的生长趋势。此外还使用 2/3 序列长度的样条函数进一步稳定年表的方差，最后得到标准年表。许多研究表明，胡杨树轮的标准年表能够很好地反映水文变化的信息。

（2）胡杨标准年表对河道断流和生态输水的响应

利用塔里木河下游 4 个断面胡杨的树轮数据，本节研究制取了不同断面的标准年表（表 4.1.5）。

表 4.1.5　塔里木河下游标准年表参数

项目	英苏	喀尔达依	阿拉干	依干不及麻
年表序列（时段公共区间可信度>0.85）	1952～2013 年（1969～2013 年）	1944～2013 年（1960～2013 年）	1930～2013 年（1959～2013 年）	1910～2013 年（1969～2013 年）
平均敏感度	0.206	0.271	0.241	0.284
一阶自回归系数	0.360	0.483	0.428	0.344
序列平均相关字数	0.733	0.613	0.757	0.743
方差贡献率 /%	40.9	31.3	33.0	36.4

在表 4.1.5 中，塔里木河下游胡杨树轮标准年表在河道断流和生态输水后的整个时段（即 1972～2013 年）处于可信的公共区间（express population signal，EPS）（可信度>0.85），它能够包含较多的环境信息。4 个断面样本的平均敏感度皆大于 0.2，表明胡杨年轮生长对环境变化的响应相当敏感，可以利用相关函数的方法研究胡杨生长与环境因子之间的关系。平均相关系数（0.613～0.757）和方差贡献率（31.3%～40.9%）具有较大值，表明各株间年轮的径向生长较为一致，是受相似环境因子影响的结果。自回归系数为 0.360～0.483，表明环境突变对胡杨年轮的径向生长存在一定的滞后性影响。由于塔里木河下游 4 个断面胡杨树轮的标准年表存在相似的变化趋势［图 4.1.7（a）］，因此本文通过求取 4 个断面标准年表序列的平均值来研究该区胡杨生长对环境突变的响应过程。根据图 4.1.7（b），在 1972～1994 年，塔里木河下游胡杨年轮的标准年表累计距平值呈现较小的波动变化，其变异系数值为 0.077，这是胡杨在受到胁迫初期时，出现了生理上的自我抗逆调节。但随着河道持续断流，地下水埋深不断增大，胡杨在生理上难以实现自我调节时，1994～2001 年胡杨树轮标准年表累计距平值则呈现剧烈的下降，其变异系数为 0.114。随后，该区进行了生态

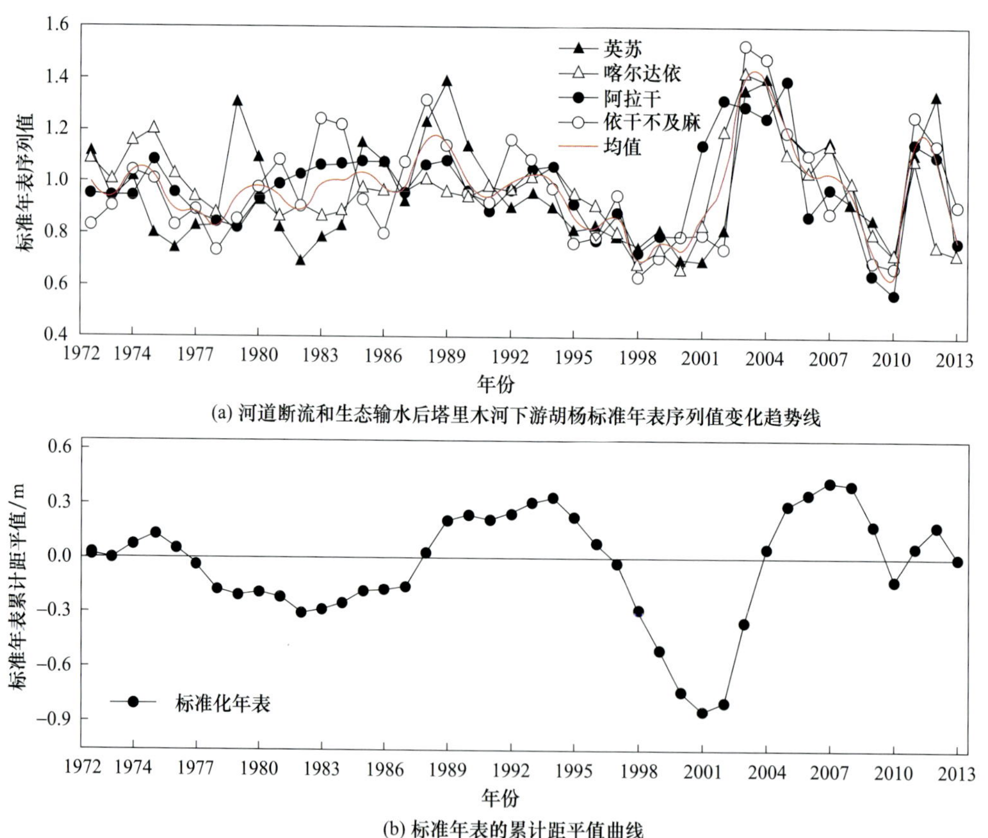

(a) 河道断流和生态输水后塔里木河下游胡杨标准年表序列值变化趋势线

(b) 标准年表的累计距平值曲线

图 4.1.7　河道断流和生态输水后塔里木河下游胡杨标准年表变化趋势线和标准年表的累计距平值曲线

输水，胡杨树轮标准年表累计距平值在 2001～2007 年又转变为陡然上升趋势，该时段变异系数为 0.177。在河道断流和生态输水后，塔里木河下游胡杨林树轮生长出现两次大幅震荡，这表明胡杨生长对环境突变的响应是十分敏感的。

（3）生态输水对促进胡杨年轮生长的成效分析

为进一步明确塔里木河下游生态输水对荒漠河岸胡杨林生长所产生的重要性影响，本节研究利用河道断流后的胡杨树轮标准年表序列，通过构建周期性叠加趋势模型预测假定在未实施生态输水情景下的胡杨树轮标准年表序列；进而，对比分析生态输水后胡杨树轮标准年表的实测值与预测值的差异（图 4.1.8 和表 4.1.6）。

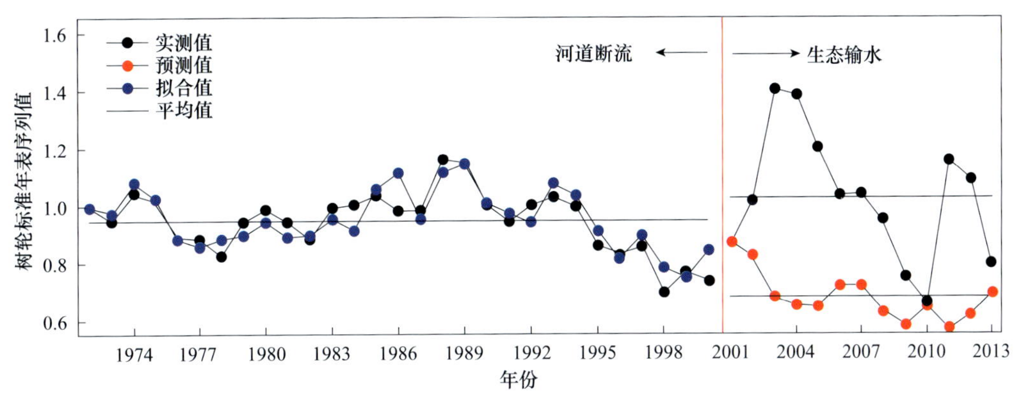

图 4.1.8　胡杨树轮标准年表序列的拟合和预测图

表 4.1.6　胡杨树轮标准年表序列的实测值与预测值的 Mann-Whitney 突变检验

时段	年表序列值	平均值	标准差	变异系数	突变检验	
					Z_c	H_0
1972～2000 年	实测值	0.942	0.108	0.115	1.46	A
2001～2013 年	实测值	1.024	0.225	0.220		
	预测值	0.681	0.087	0.128	4.80	R

注：R 表示拒绝，A 表示接受，显著水平 α=0.05。

将 1972～2001 年塔里木河下游胡杨树轮标准年表序列值代入模型，得到以下参数，周期=14；周期均值平滑参数 α=0.990 000 00；周期内斜率平滑参数 β=0.010 000 00；周期增量平滑参数 γ=0.010 000 00，所构建的模型为 $X(t)=0.703\ 7-0.003\ 1\tau+d_{t+\tau}$，式中，$X(t)$ 为树轮年表预测结果，t 为时段，$d_{t+\tau}$ 为周期增减量。根据模型计算，1972～2001 年胡杨树轮标准年表序列实测值与拟合值的百分拟合误差仅为 4.1%，表明该模型的拟合精度较好（图 4.1.8）。根据预测结果，若不实施生态输水，塔里木河下游胡杨树轮标准年表序列值将由 1972～2001 年至 2002～2013 年平均下降 27.7%；根据

非参数 Mann-Whitney 突变检验（非参数 Mann-Whitney 突变检验是假设两个样本分别来自除了总体均值以外完全相同的两个总体，目的是检验这两个总体的均值是否有显著的差别），两个时段的突变特性在 0.05 检验水平下达到显著（$Z_c=4.80>Z_{0.05}=1.96$）。实施生态输水后，1972～2001 年至 2002～2013 年两个时段的树轮标准年表序列值平均增加了 8.7%，但突变特征不显著（$Z_c=1.46<1.96$）。另外，2002～2013 年胡杨树轮标准年表序列的实测值比预测值（即假定未实施生态输水情景下的数值）平均增加了 50.4%，表明塔里木河下游在河道断流后实施生态输水是十分及时和极其必要的，生态输水对促进荒漠河岸胡杨林的生长成效明显。

（4）河道断流和生态输水后的胡杨生长干旱胁迫变化

根据以往的研究，成年胡杨（30～50cm）的胁迫地下水埋深为 6.9～7.8m。从河道断流（图 4.1.9）的地下水埋深可知，在塔里木河下游河道断流初期（1973 年），地下水埋深皆未达到胡杨生长的胁迫值；但随着河道断流时间的延长，1989 年的地下水埋深已大于 7.8m 的微胁迫阈值；在 1997 年，英苏、喀尔达依、阿拉干和依干不及麻地下水埋深更是分别为 9.4m、11.13m、12.65m 和 12.92m，分别高于 1989 年 17.5%、11.3%、21.6% 和 1.3%。

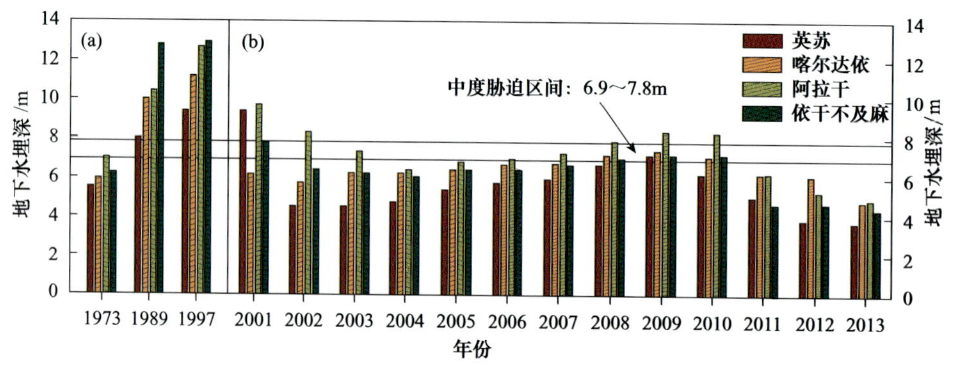

图 4.1.9　塔里木河下游不同地下水埋深下的胡杨胁迫程度

（a）中数据引自文献；（b）来源于实测数据。

基于以上分析，根据地下水埋深和胡杨标准年表序列值，在 1972～1989 年胡杨生长经历了无胁迫（G1）—轻微胁迫（G2）—重度胁迫（G3）3 个过程；1989～2000 年胡杨生长长期处于重度胁迫（G3），甚至濒死（G4）。生态输水后（图 4.1.9），在输水初期（2001 年、2002 年）和输水量较少的 2009 年和 2010 年，阿拉干断面的地下水埋深大于 7.8m，胡杨生长受到重度胁迫（G3）。

根据表 4.1.7，由于地下水埋深与胡杨生长存在明显的滞后性和 2～3 年的累计效应，因此地下水对胡杨生长的持续胁迫时间不应超过 3 年，这也是今后制定塔里木河下游生态输水方案的重要依据。

表 4.1.7 胡杨树轮标准年表序列与地下水埋深的 Pearson 关联分析

地区	关联度						
	树轮	地下水埋深					
		原始值	滞后 1 年	滑动平均 2 年	滞后 1 年	滑动平均 3 年	滞后 1 年
英苏	原始值	−0.527	−0.678*	−0.743**	−0.699*	−0.895**	−0.468
	滑动平均 2 年	−0.396	−0.653*	−0.559	−0.867**	−0.895**	−0.784*
	滑动平均 3 年	−0.138	−0.719*	−0.441	−0.816**	−0.655*	−0.955**
喀尔达依	原始值	−0.600*	−0.593	−0.672*	−0.641*	−0.737*	−0.621
	滑动平均 2 年	−0.490	−0.814**	−0.715*	−0.888**	−0.890**	−0.841**
	滑动平均 3 年	−0.285	−0.708*	−0.544	−0.917**	−0.807**	−0.938**
阿拉干	原始值	−0.496	−0.343	−0.566	−0.363	−0.665*	−0.225
	滑动平均 2 年	−0.552	−0.518	−0.606*	−0.591	−0.770**	−0.551
	滑动平均 3 年	−0.333	−0.744*	−0.572	−0.659*	−0.682*	−0.713*
依干不及麻	原始值	−0.755**	−0.427	−0.697*	0.211	−0.212	0.284
	滑动平均 2 年	−0.742**	−0.741**	−0.850**	−0.359	−0.678*	0.024
	滑动平均 3 年	−0.366	−0.773**	−0.674*	−0.651*	−0.781**	−0.413

* 为显著性水平 $\alpha=0.05$；** 为显著性水平 $\alpha=0.01$，

（5）胡杨生理和生长变化对干旱胁迫的响应

在严重干旱胁迫下，植物体内叶绿素会受到破坏，光合作用受到抑制，生长受到威胁。因此，叶绿素降解程度可用作抗旱性的检测指标。可溶性糖是植物体内重要的渗透调节物质，植株在受到水分胁迫时，体内可溶性糖含量显著增加，提高细胞原生质浓度，以增强抗旱性。植物体内 POD 能够在干旱等逆境中，清除植物体内过量的活性氧，维特活性氧代谢平衡，保护膜脂结构，增强植物抗旱性。因此，本节研究选取以上 3 个生理指标分析胡杨生长对干旱胁迫的响应（图 4.1.10）。

在图 4.1.10 中，胡杨的可溶性糖、过氧化物酶含量和叶绿素含量由无胁迫（G1）至微胁迫（G2）3 个生理指标分别增加了 30.7%、150.4% 和 38.5%；由微胁迫（G2）至重度胁迫（G3），3 个生理指标分别减少了 33.9%、62.1% 和 41.0%；由严重胁迫（G3）至濒死（G4），3 个生理指标进一步减少了 22.1%、49.3% 和 11.5%。因此，胡杨的可溶性糖、POD 含量和叶绿素含量由无胁迫（G1）至濒死（G4）呈现先增后减的变化趋势。结合塔里木河下游胡杨的生长变化及地下水埋深综合分析，在 1972～1989 年［由无胁迫（G1）至重度胁迫（G3）］，胡杨树轮标准年表序列值经历了先减少（1972～1978 年）后增加（1978～1989 年）的变化趋势。原因是从无胁迫（G1）进入微胁迫初期（G2 初期），水分亏缺导致胡杨的蒸腾作用减弱，其正常生长受到轻微的抑制；但随着干旱胁迫的持续加剧（主要在 G2 期间），胡杨为了生存，适应环境，通过提高体内 POD 的活性和可溶性糖含量来抵御干旱胁迫，并利用增加叶

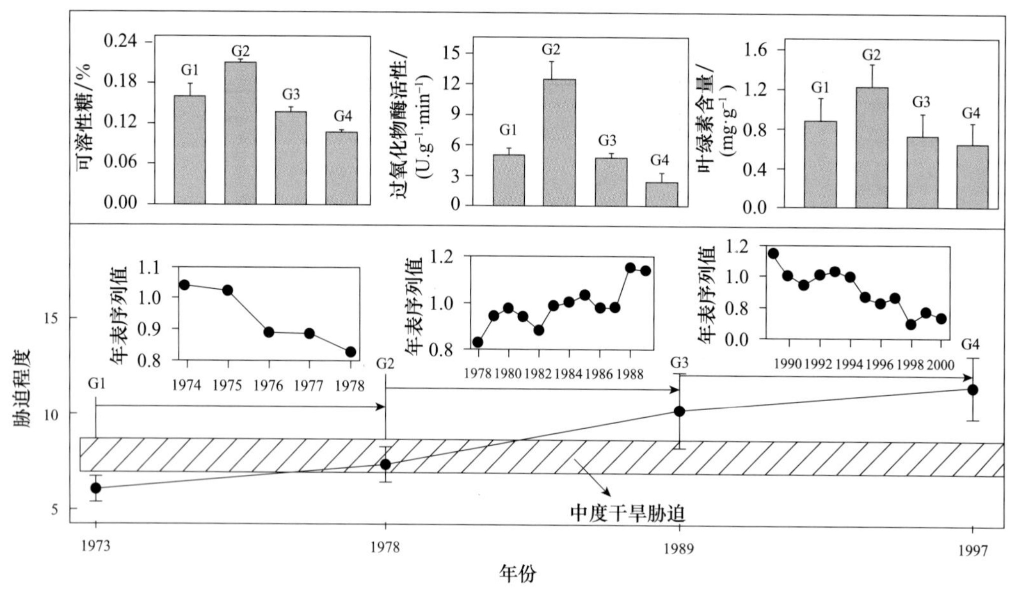

图 4.1.10　胡杨生理指标在不同胁迫等级下的变化特点

绿素含量来增强光合作用，维持植物体生长。在 1989～2000 年（G3 和 G4），胡杨树轮标准年表序列值呈持续的下降趋势，这与胡杨 3 个生理指标的变化保持了一致性。原因是胡杨在受到严重胁迫以后（G3 和 G4），植物体的渗透调节能力、抗氧化能力及光合作用性能降低或丧失，胡杨生长受到极大抑制。因此，在受到干旱胁迫后，胡杨的生理变化调节决定了它的生长变化。

2．生态输水后胡杨林的生长变化

在塔里木河下游，以胡杨为代表的荒漠河岸林生长所需水分主要依赖于地下水补给。但下游河道的长期断流使得地下水位下降明显，多数地区的地下水位为 8～12m，胡杨林遭受极端严重的水分胁迫，其长势极为衰败且枯枝广布。而随着生态输水工程的开展，胡杨林长势发生明显变化。为了定量反应水分变化后天然植被响应特点，选取胡杨林的郁闭度、冠幅、疏失度和枝下高作为研究指标，并对生态输水前后的变化趋势进行研究，分析水分条件变化对胡杨林长势的影响。

本节选取塔里木河下游中段——阿拉干进行胡杨林长势调查研究，依据分布密度和地表状况等，在离河道不同距离处（200m、400m、600m、800m 和 1 000m）设置 37 个胡杨调查样方（50m×50m），在植物生长期对样方内所有胡杨进行详细调查，调查内容包括高度、冠幅、胸径、疏失度和枝下高等指标。其中，胡杨的胸径利用胸径尺进行测量；冠幅利用测距仪或皮尺进行测量；树冠疏失度以目视法取多人平均值。

为了对比生态输水前后胡杨林长势的差异情况，基于野外监测资料把调查样地内的胡杨长势划分为 5 个等级，分别为旺盛（VS1）、较好（VS2）、中等（VS3）、衰败（VS4）和濒死（VS5），如图 4.1.11 所示。

(a) 长势旺盛 (VS1)　(b) 长势较好 (VS2)　(c) 长势中等 (VS3)

(d) 长势衰败 (VS4)　(e) 濒死 (VS5)

图 4.1.11　塔里木河下游胡杨不同长势等级图

基于以上 5 个胡杨长势等级的划分，本节统计分析 2004 年和 2010 年内各长势等级的胡杨在不同离河距离下（600m 和 1 000m）的分布数量，以研究实施生态输水多年对于不同长势胡杨的影响差异（图 4.1.12）。

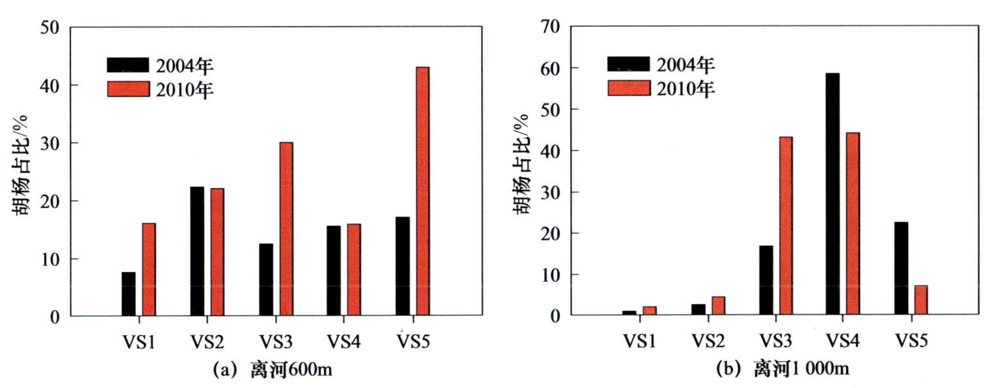

(a) 离河600m　(b) 离河1 000m

图 4.1.12　2004 年和 2010 年离河 600m 和 1 000m 各长势等级胡杨所占比例图

从胡杨长势等级的空间分布来看，长势等级为中等以上（VS1、VS2 和 VS3）的胡杨多分布在离河道 600m 范围内，2004 年与 2010 年内其数量占比分别为 65.0% 和 78.3%。而衰败和濒死胡杨（VS4、VS5）在离河道较远处 1 000m 较为聚集，其在 2004 年与 2010 年分别占 83.1% 和 52.1%。

从胡杨长势等级的年际变化来看，长势中等以上（VS1、VS2 和 VS3）的胡杨比例在 2004～2010 年有所增加，而长势衰败濒死（VS4、VS5）的胡杨比例在 6 年间有所减少。例如，VS1 等级的胡杨比例从 2004 年的 8.81% 增加到 2010 年的 17.4%；而 VS4 等级的胡杨比例从 2004 年的 27.2% 减少到 2010 年的 21.0%。总体而言，长势中等以上的胡杨在 6 年间的增加幅度为 33.4%，而长势衰败濒死的胡杨其减少幅度为 37.6%。由此说明，多年输水使胡杨林长势有所恢复，中上等级长势胡杨的数量明显增加。

3．生态输水后河岸植被群落结构变化

以生态建设和环境保护为目的的塔里木河下游生态输水工程自 2000 年实施以来，使下游干涸已久的河道内及河道两旁出现了漫溢现象，原来河道两旁植被生长衰败，物种稀少，漫溢干扰带来的水分使得当地的植被有所恢复，多样性特征明显增加，河岸漫溢区的环境条件发生变化，衰败植物群落得到一定程度的恢复，植被恢复工作取得初步成效。

（1）数据获取及研究方法

通过实地调查当地植被样方（表 4.1.8），根据调查数据，进行丰富度指数（R）（Margalef 指数）、物种多样性、植被相似性指数计算，其中物种多样性采用 Shannon-Wiener 指数（H'），均匀度采用 Pielou 指数（J_{sw}），群落优势度采用 Simpson 指数（D），相似性指数采用 Sorenson 指数（C）。

$$R=(S-1)/\ln N \tag{4.1.1}$$

$$H'=-\sum P_i \ln P_i \tag{4.1.2}$$

$$J_{sw}=H'/\ln S \tag{4.1.3}$$

$$D=1-\sum P_i^2 \tag{4.1.4}$$

$$C=2j/(a+b) \tag{4.1.5}$$

式中，S 为出现在样方中的物种数；$P_i=N_i/N$（N 为群落中所有种的重要值之和；N_i 为第 i 个种的重要值）；j 为两样地共有的物种；a 和 b 分别为废弃矿区与原始草地的物种数。

（2）植被多样性变化特征

由图 4.1.13 可知，研究区漫溢样地的 Simpson 指数、Shannon-Wiener 指数和 Margalef 指数均大于无漫溢样地，且两类调查样地间的多样性指数差异均达到极显著水平，说明漫溢干扰对于植被物种多样性恢复具有极显著的促进作用。漫溢条件下 3 个多样性指数值与无漫溢条件相比分别增加了 87.10%、88.21% 和 133.52%。

表 4.1.8　塔里木河漫溢区地表植被样方调查

断面	样地 / 样方号	N	E	样方大小	植物数量 / 棵															
					胡杨	柽柳	黑刺	芦苇	骆驼刺	猪毛菜	鹿角草	罗布麻	花花柴	铃铛刺	盐生草	小獐毛	藨草	野苜蓿	甘草	苦豆子
948 漫溢区	样点 1 样方 1	40°33′14.0″	88°09′10.1″	1m×1m		1		3									66			
	样点 1 样方 2			1m×1m		8		18					1			48	19			
	样点 1 样方 3			1m×1m	15	24		2								1	21			
	样点 2 样方 1			1m×1m				6	4		2	1								
	样点 2 样方 2			1m×1m				1	4		2									
	样点 2 样方 3			1m×1m				44	6		1									4
魔鬼坝漫溢区	样地 1 样方 1	40°25′33.6″	88°07′42.9″	1m×1m				17											5	
	样地 1 样方 2			1m×1m				61					1							
	样地 1 样方 3			1m×1m				14							5					
	样地 2 样方 1			1m×1m									1							
	样地 2 样方 2			1m×1m	2			3					103							
	样地 2 样方 3			1m×1m	3			229				8	2			3			10	
库木土格漫溢区	样点 1 样方 1	40°30′52.7″	87°47′24.8″	1m×1m				26												
	样点 1 样方 2			1m×1m				15				3								
	样点 1 样方 3			1m×1m				26												
	样地 2 样方 1			1m×1m				19	1											
	样地 2 样方 2			1m×1m	1			17	2											
	样地 2 样方 3			1m×1m				10												
昆阿斯特漫溢区	样点 1 样方 1	40°27′57.4″	87°51′27.1″	1m×1m				41				1								
	样点 1 样方 2			1m×1m	3	11	2	1	1											
	样点 1 样方 3			1m×1m				26				2								
	样地 2 样方 1			1m×1m	5					14										
	样地 2 样方 2			1m×1m		213		11				17	11			30	2	2	11	
	样地 2 样方 3			1m×1m	6			345					6						2	

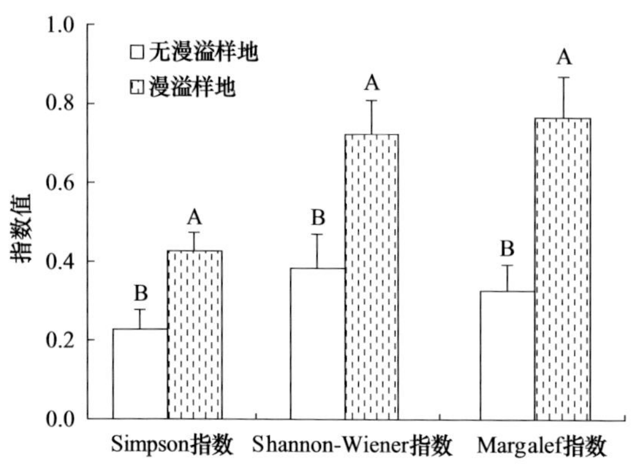

图 4.1.13　漫溢干扰对植被多样性指数的影响

为了探讨多样性指数在不同年份下受漫溢干扰影响的差异情况，本研究选取了 948 漫溢样地和魔鬼坝在 2008 年、2010 年和 2012 年的植被数据进行比较分析（两漫溢区的数据均在各自漫溢样地内获得）。两个漫溢区在 2008～2012 年间的多样性指数变化情况如图 4.1.14 所示。

图 4.1.14（a）显示的是 948 漫溢样地的多样性指数变化情况。2008～2012 年 Simpson 指数逐渐增加，其值分别为 0.423、0.468 和 0.492。2008～2012 年 Simpson 指数的年平均增加率为 4.11%。Shannon-Wiener 指数的变化趋势与 Simpson 指数相似，亦表现为逐年增长趋势。Shannon-Wiener 指数值的最大值出现在 2012 年（$H'=0.896$），与 2008 年相比增加了 14.67%。该指数在 2008～2012 年的年平均增长率为 3.67%。Margalef 指数的最大值出现在 2010 年（$D=0.723$），与 2008 年相比增加了 25.50%。该指数在 2008～2012 年的年平均增长率为 6.14%。图 4.1.14（b）显示的是魔鬼坝的多样性指数变化情况。魔鬼坝的 Simpson 指数变化情况与 948 漫溢样地的 Simpson 指数相似，在 2008～2012 年表现为逐渐增加的趋势，年平均增长率为 2.64%。Shannon-Wiener 指数的最大值出现在 2010 年（$H'=1.034$），与 2008 年相比增加了 9.63%。该指数在 2008～2012 年的年平均增长率为 1.68%。Margalef 指数的变化趋势与 Simpson 指数相似，其最大值出现在 2012 年（$D=1.159$），与 2008 年相比增加了 37.65%。该指数在 2008～2012 年的年平均增长率为 9.41%。综合以上分析可知，漫溢干扰对植被多样性指数的影响随年份推移而不断增强，植被多样性指数呈现明显的逐年递增趋势。

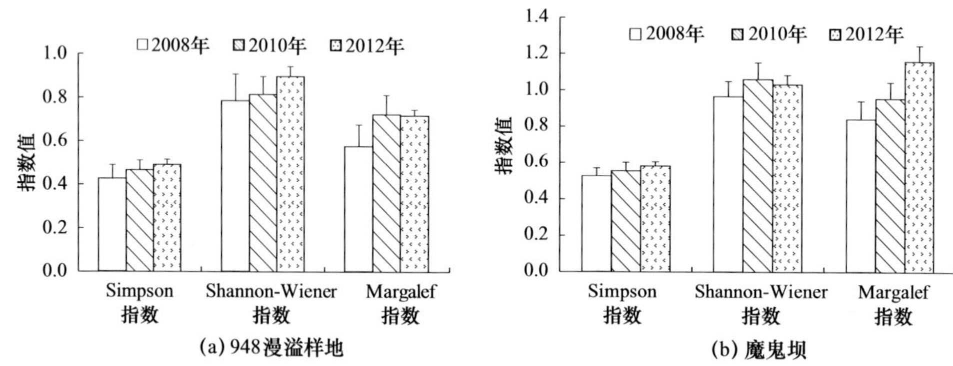

图 4.1.14　漫溢干扰随年际变化对植被多样性指数的影响差异

随着第1次放水，沿河岸许多草本植被得以重新出现，一些草本植物，如甘草、骆驼刺、罗布麻、芦苇、猪毛菜、鹿角草、花花柴等又重新成片地出现在塔里木河下游的一些地区。而一些耐旱乔、灌木随着地下水位升至其生长适宜水位，长势也得以恢复，其主要表现在植被盖度、胡杨冠幅、植被多样性指数和植被丰富度指数在不同距离上出现明显的梯度变化（图4.1.15）。

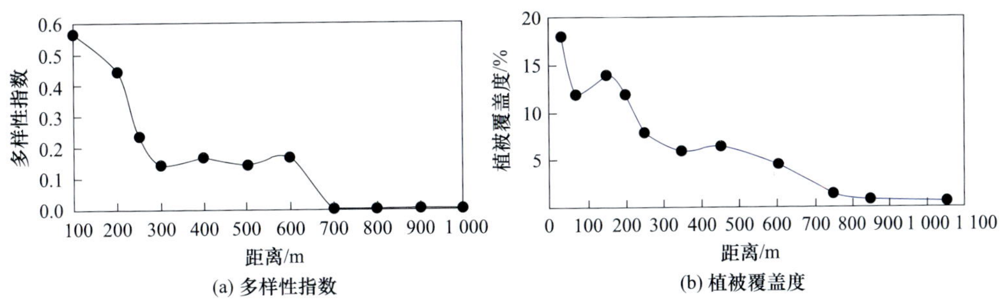

图4.1.15　输水对塔里木河下游植物多样性指数及植被盖度的影响

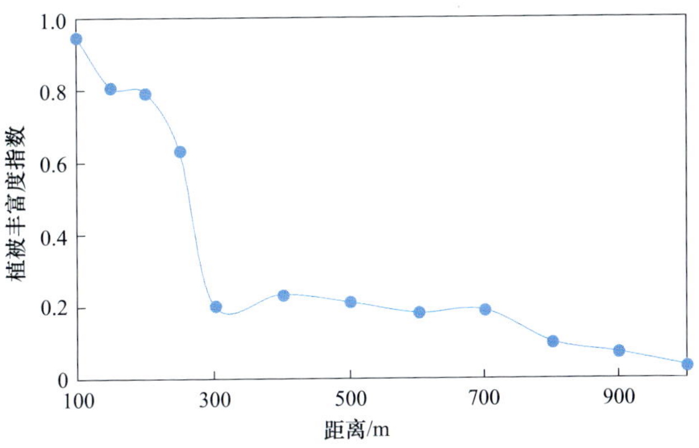

图4.1.16　输水对塔里木河下游植被丰富度指数的影响

由图4.1.16可知，输水后植被的覆盖度、丰富度指数、胡杨冠幅等生态指标的变化看，整体上均有一个明显的梯度变化。例如，植被丰富度指数从图上看大致表现出在0～250m、300～600m和大于700m共3个阶梯状下降趋势，其中在0～250m范围内变化最明显，植被丰富度指数随距离的增加而减少，说明距水源的远近对植物丰富度指数的影响是非常显著的；在300～600m范围内，丰富度指数基本在0.2左右，近似成一条直线排列，该段植物丰富度指数变化与距输水河道远近的关系不明显；到700m以外，丰富度指数维持在0.01～0.005水平上，这一趋势一直保持到距输水河道5～15km以上，呈现出输水前原始的植被景观。因此，可以认为在该段输水对天然植被的影响范围不超过700m。同样，这一变化趋势在植被盖度、植被丰富度指数及胡杨冠幅等生态指标的变化上也基本类似。

通过前面分析可知，地下水位在800m范围内有几个明显的抬升波段，其走势与图4.1.16中植被的变化趋势基本相仿，说明植被的变化与地下水位的升降存在非常明显的相关性。由此可以证明，通过生态输水实现下游一些植被尚未完全退化地区的生态恢复是可行的。然而，天然植被对输水的响应范围较地下水位的变化范围要小，原

因如下：首先，植被对水的响应在时间上存在滞后性，植被恢复有一个过程。其次，不同种属植物的抗旱性能及生长所要求的地下水位是不同的，这是由不同植物体生理特性决定的。由于生态输水造成地下水位的升高随距离远近而表现不同时，地表植被的响应也不同。深根系植被响应范围较大，如胡杨、柽柳等，而浅根系植被（如许多草本植被）受水分条件的制约响应范围相对要小。

（3）胡杨种群年龄结构变化

河道断流导致的水分匮乏造成下游胡杨林年龄老化。调查显示下游输水前基本是过熟林，由此导致种群更新和繁衍功能的丧失。而输水后随着水分条件好转，胡杨林种群结构出现明显变化。本节通过研究胡杨胸径与年龄之间的关系，统计不同年龄（胸径）的胡杨个体数来反映生态输水对胡杨种群年龄结构的影响。

在塔里木河下游选取昆阿斯特（87°51′23″E，40°27′59″N）和依干不及麻两个断面进行胡杨种群年龄结构调查，昆阿斯特和依干不及麻分别在下游上段和下段，后者退化程度大于前者。生态输水后在临近河岸处随机设置调查样地（20m×20m），对样地内出现的所有胡杨进行胸径测定，统计不同胸径胡杨的株数并做出对应的分布柱状图。

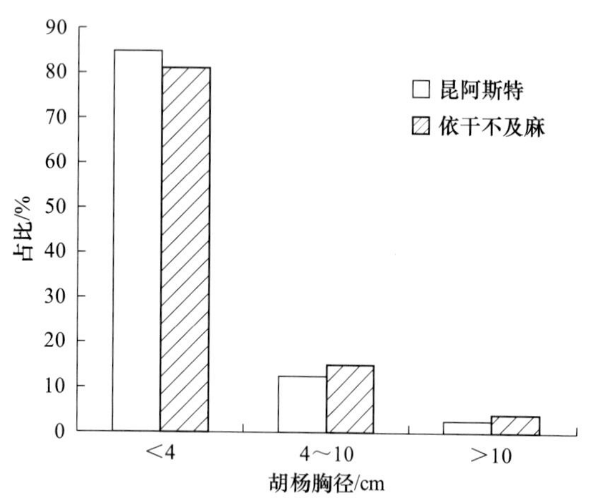

图 4.1.17　生态输水后不同退化样地的胡杨年龄（胸径）分布比例图

不同树木胸径对应于不同的年龄结构，胸径小于 4cm 的树木处于幼龄阶段；胸径为 4～10cm 的树木处于中龄阶段；而胸径大于 10cm 的则属于近熟林或成熟林。基于以上划分标准对生态输水后样地内的所有胡杨进行胸径和年龄归类，如图 4.1.17 所示。

生态输水后两个样地均以幼龄胡杨（胸径＜4cm）占据最大比例，分别为 84.9% 和 81.1%。说明生态输水所引起的水分变化带来了胡杨幼苗的大量萌发，使得胡杨林种群更新能力有所恢复。对两个退化样地进行对比分析可知，两个样地的年龄结构有所不同，其中依干不及麻的幼龄胡杨比例小于昆阿斯特，但其中龄、老龄比例比后者大 27.3%，造成年龄结构差异的原因可能与退化程度及输水距离等因素有关。总体而言，生态输水使得胡杨林年龄结构趋于正常，幼龄胡杨比例的增加反映了该区域胡杨更新能力的恢复。

4. 生态输水后胡杨林面积变化

生态输水带来的水分变化对胡杨具有多尺度的影响作用，在个体尺度上影响着胡杨的生态特征和生理特征，在宏观尺度上对于胡杨林林地分布也有一定的决定作用。

本节利用遥感技术建立专题检测数据库，对生态输水前后以胡杨为代表的天然植被面积变化进行研究，主要基于 CBERS/CCD 的数据展开，对数据图像进行筛选和预处理（多波段合成、几何精校正和图像拼接等），采用植被指数阈值分割法进行植被与非植被的分类统计，利用离河道 12km 缓冲区进行裁切，并对植被覆盖的变化特征提取分类，以此来分析荒漠河岸林植被的分布及其面积变化。

为了揭示生态输水对研究区内以胡杨为主体的天然植被面积变化的影响，对 2000 年和 2010 年的天然植被分布面积进行提取分析（图 4.1.18），以作为研究输水前后胡杨林面积变化趋势的依据。

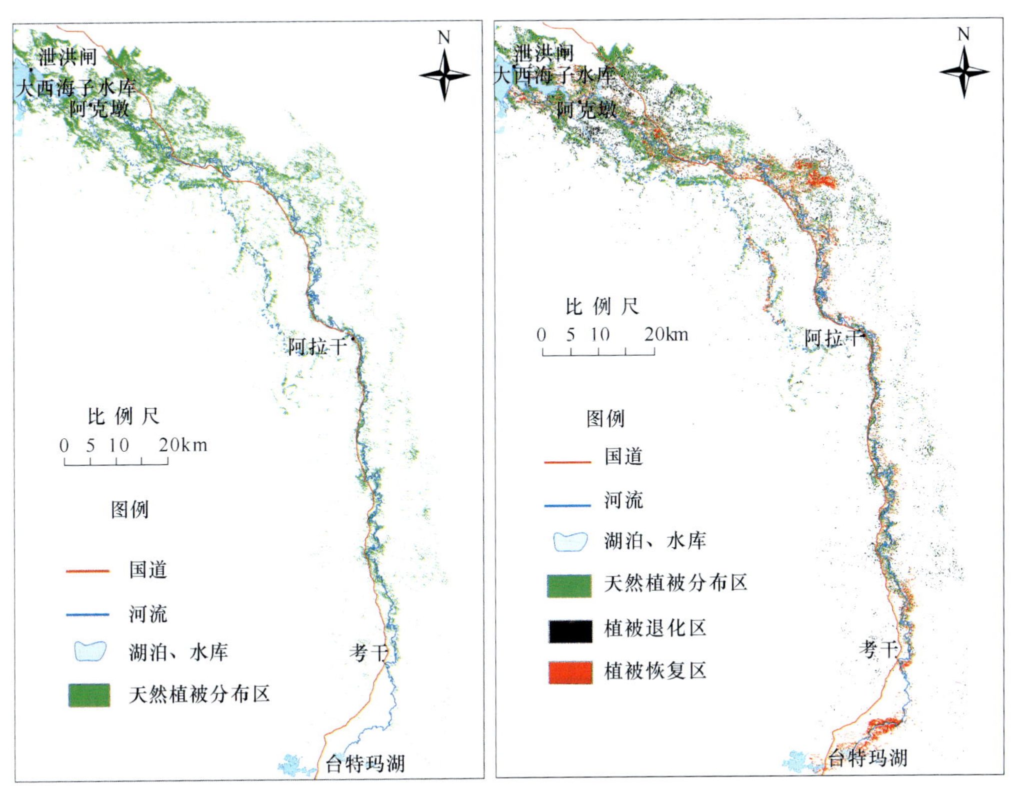

图 4.1.18　生态输水前后胡杨林林地面积变化图

在表 4.1.9 中，根据 2000 年、2005 年和 2010 年的植被和非植被面积提取数据可知，2000～2005 年，植被面积呈现增加趋势，其中植被面积增加了 17.6%，非植被面积减少了 3.6%。2000～2010 年累计输水量呈增加趋势，而 2010 年的植被面积虽大于 2000 年，但与 2005 年相比有所减少，其减少比例为 4.4%。说明输水累积量对于植被面积没有直接影响，植被面积的变化值可能与多年平均输水量有所关联，其相互关系还需进一步研究。

表 4.1.9 大西海子—台特玛湖植被面积及输水量对比分析表

指标	2000 年	2005 年	2010 年
植被面积 / 万 hm^2	8.520 6	10.023 4	9.582 1
非植被面积 / 万 hm^2	41.896 0	40.393 2	40.834 5
输水累计量 / 亿 m^3	3.26	20.48	26.59
当年输水量 / 亿 m^3	3.26	2.82	3.9
三年平均输水量 / 亿 m^3	1.09	3.26	1.34

2000～2010 年非植被面积全部转化为植被面积（1.061 5 万 hm^2）。由此说明输水对于下游天然植被面积恢复具有积极影响，生态输水实施在一个较大尺度上显现的天然植被面积变化正是水与植被关系的具体反映。

二、北疆内陆河中下游水分与水生态关系分析

（一）植物生长对水分变化的响应

水是荒漠生态系统的首要限制因素，影响着生态系统生态过程的各环节。在干旱区，降水和地下水是植物可利用的两个重要水源。降水在灌丛干扰下以穿透雨和树干茎流的方式到达地表，影响了降水在植被冠层下的入渗以及再分配，对荒漠植被的生存和生长具有重要意义。然而，仅凭降水无法满足一些植物正常的生长需求，地下水成为植物用水的重要组成部分。近 50 年来，全球气候变化及人类活动的加剧，导致该区的降水与地下水位正在发生显著的改变，这些改变正导致荒漠植物水分利用的适应性变化。

在北疆地区，梭梭和白梭梭是该区的建群种。因此，本节研究重点分析水分与两种植物的相关性。通过研究表明，在梭梭和白梭梭的冠层对降水的再分配过程中，穿透降水占总降水的比例最大。自然降水条件下，梭梭、白梭梭的穿透降水分别占降水总量的 61.6%、73.5%；树干茎流分别占降水总量的 7.3%、5.7%；截留量分别占降水总量的 31.0%、20.8%。梭梭和白梭梭形成树干茎流的最少降水量为 0.8mm。梭梭和白梭梭在降水达到植株形成树干茎流所需的前期降水量后，到达树干基部的树干茎流量将达到同期降水的几十倍，甚至一百多倍，能够有效地将这部分水量汇聚到树干基部，有利于土壤水分的集中以及向深层输送。因此，梭梭比白梭梭具有形成更多树干茎流的潜力，极端降水事件的增多，有利于梭梭将更多的树干茎流贮存在土壤深处，有利于植物在干旱时吸收利用，对植物生长的影响更大。

梭梭和白梭梭是一对姊妹物种，生长在相邻的丘间低地和沙丘顶部，整个生长季水分利用来源却不同。梭梭和白梭梭不同的水分利用来源可能导致生态位分割。物种间生态位的分割将会降低竞争的激烈程度，因此促进物种间的共存。应用稳定性同位素技术研究了梭梭和白梭梭的水分利用动态以及这两个物种对夏季大的降水脉冲引起的土壤

水分脉冲的响应。结果表明，这两种植物对不同水源的吸收具有明显的季节转换现象：4 月由于春季融雪补给，表层土壤水分充足，梭梭主要利用浅层土壤水（0～40cm）而白梭梭主要利用中层土壤水（40～100cm）；且梭梭和白梭梭一般在春季至夏初（4 月下旬至 5 月上旬）开花，此时充足的浅层土壤水分能够保障这两个物种的正常开花。在 6～9 月，气温升高，土壤蒸发增强，表层土壤含水量亏缺加重，此时梭梭主要利用地下水而白梭梭主要利用深层土壤水（100～300cm）。夏季较大的降水脉冲后，梭梭和白梭梭对浅层土壤水的利用有限。许皓等研究古尔班通古特沙漠南缘中的原始梭梭得出，年降水量 70mm 时，90% 以上的吸收根分布在 0～0.9m 深的土层中，3.5m 以下土层中几乎没有吸收根，年降水量 140mm 时，0.5m 以下土层中根系分布特征与 70mm 降水条件下没有显著差异，而 0～0.5m 土层中根系表面积显著增多；无降水处理时，1.6～2.7m 深土层中根系表面积显著增多，吸收根有向着 3.5～4.8m 土层伸展的趋势，暗示着当极度干旱发生时，梭梭可能通过重黏土毛细管吸水作用利用深层土壤水或地下水。综合以上分析，在北疆地区，梭梭胁迫的地下水埋深约为 4m；12月至次年 5 月的降水对梭梭生长的影响较大，6～9 月的地下水埋深对梭梭的生长影响较大，因此仅靠降水难以维持梭梭的正常生长，需要地下水通过毛细带水为植物生长提供充足水分。

（二）奎屯河流域生态服务功能及其与水分关系

1．奎屯河流域生态功能分区

（1）分区目的

生态与环境问题最重要的特点是地域性，由于地区之间自然条件的差异，不同的外界干扰所带来的生态与环境效应有很大差异。分析研究区不同自然条件下形成的生态背景与本底情况，进行生态格局分区，为沙区土地的合理利用，防治荒漠化，保护草场、农田及工矿、交通不受水旱、风沙等危害，提供理论依据。

（2）分区原则

现存的生态系统是自然界长期演化发展和人类活动干扰的综合产物。不同生态系统具有不同的演替阶段，受不同强度人类活动的影响，而且占据着一定的地理空间位置。生态功能分区，首先，要考虑天然状态下景观生态要素及其组合的空间分异性；其次，在分区的过程中还应注意分区结果在生产实践中的指导性和可操作性，使分区的结果有助于生态保护的规划和实施。生态区划遵循以下原则。

1）生态区域分异原则。生态系统是由一系列不同类型组合的、在空间上连续分布的整体。在不同的区域范围内，因为气候、地貌、地形、土壤等条件的不同，所以其表现出与此相联系的生态系统的分异。奎屯河流域属于干旱、半干旱地区，降水是对生态系统起主导作用的自然因素，结合地貌、地形、土壤、水文地质等因素，以综合客观地反映其生态系统的差异。

2）生态区域内相似性原则。生态区划要求同一区域内其生态、环境在很大程度上具有相似性，而区域之间则具有明显的差异性。只有遵循区域的分异原则，才能突出不同生态与环境区的特点，才能因地制宜，科学地开展生态、环境的保护和建设；而只有遵循区内生态的相似性原则，才能发挥生态区划对于实践的指导作用，使一些保护手段和措施可以在一定的地域范围内推广应用。

3）在强调自然区域分异的基础上，重点突出人类活动的影响。由于人口的不断增加，人类活动对自然生态系统的影响越来越大，不少地区自然的痕迹日益减少，人类活动的干扰强烈。因此，在生态功能区划中，应将人类活动较为强烈的区域划分出来。

4）突出一些区域的主要生态环境问题。为了加强对某些重点区域的生态环境进行有效的改善和保护，对一些生态环境脆弱及敏感区域进行单独划分，如荒漠区。

2. 生态功能分区结果

根据上述原则，奎屯河流域分为6个生态功能区，分别为扎伊尔山区水源涵养生态功能区、甘家湖梭梭林保护与沙漠控制生态功能区、绿洲农业生态功能区、低山丘陵寒温带草原生态功能区和高中山森林、草甸水源涵养区。奎屯河流域生态功能区如图4.1.19所示。

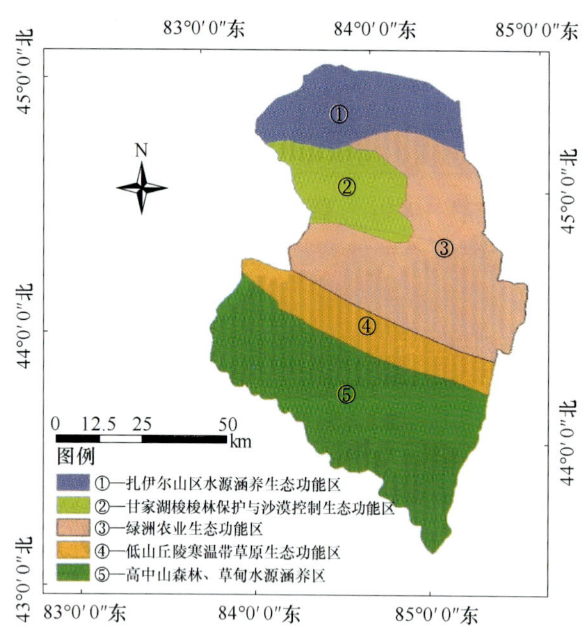

图4.1.19 奎屯河流域生态功能区划图

（三）各生态功能区生态问题及成因

1. 扎伊尔山区水源涵养生态功能区

（1）功能区概况

扎伊尔山区（简称北山）从北到南由北山区、北山山前冲洪积砾质平原区、奎屯河下游北岸和三条河流汇合区冲湖积平原北部三部分组成。区域海拔为300～2 000m，降雨155mm左右。

北山区属于低中山、低山地形，无终年冰雪覆盖。山区有7条小河沟，年径流量1.22亿m^3，在出山口渗入地下，然后在奎屯河以泉水方式溢出。该地区的地下径流到奎屯河最低基准面后，基本被奎屯河下游河道拦截，排泄到艾比湖，每年以地下潜水泉水出露补给奎屯河下游河道水量约2 100万m^3。植被发育中等，主要为季节性短命类草。

北山山前冲洪积砾质平原范围是从北山前到奎屯河下游河道北 2～10km 处，呈带状分布，地形较为平坦，植被稀少，地表沙卵石砾裸露，呈戈壁景观，人类活动较少。本区第四纪松散层厚度小于 200m，从北向南地层沉积颗粒由粗变细、厚度由薄变厚，下覆为古近－新近砂质泥岩层。第四纪松散沉积物为含土砂砾石、砂。

含水层为单一结构的潜水含水层，单井涌水量为 1 000～3 000m^3/d，水质矿化度小于 1g/L，地下潜水位埋深从北向南逐渐变浅，南部地下潜水位埋深约 20m。奎屯河下游北岸和三条河流汇合区属于冲湖积细土平原，沿奎屯河道形成狭窄的带状的绿洲，其北岸宽 1～5km 范围内，由于受古地形影响，形成倾斜土质平原，地势东高西低，并可见 1～2 个阶地，其中一级阶地宽一般小于 1km，有的仅为 300m 左右，二级阶级较宽广，与北部山前倾斜砾质平原相连，阶地上泉沟较发育。植物种类以胡杨、红柳、梭梭等为主。该区域地下水主要接受北部山区水系的河水入渗补给。该区域的主要生态服务功能主要是水源涵养，具体土地利用变化情况见图 4.1.20。

（2）生态问题及成因

根据遥感解译成果分析，1990 年该区域奎屯河北岸林地面积为 0.05 万 hm^2，2014 年林地面积缩减到为 0.02 万 hm^2，该区植被水源主要是地下水与降水，地下水主要靠北部山区水系的河水入渗补给，降水量在该区域呈逐年增加的趋势，植被面积的减少主要是人为樵采、滥伐、过牧导致的。

2. 甘家湖梭梭林保护与沙漠控制生态功能区

（1）功能区概况

该区域范围是车排子灌区以西至奎屯河下游河道之间，总面积为 18.76 万 hm^2，海拔为 200～300m，多年平均降水在 130～150mm，地形东高西低、南高北低，奎屯河、四棵树河、古尔图河从本区蜿蜒流过，并在下游汇合。该区光热资源丰富，无霜期较长，风多且大；夏季炎热，冬季严寒；气温日、年差较大；干燥少雨，蒸发强烈。根据乌苏、车排子和精河气象站气象资料及甘家湖林场气象哨观测资料，并参考新疆农业气象综合区划资料，甘家湖地区太阳总辐射量约为 535.04kJ/cm^2；年日照时数约为 2 700h/a；≥10℃年积温为 3 600℃左右；年平均气温 6.7℃；1 月平均气温－17.9℃，7 月份平均气温 25.8℃；气温年较差达 44℃，极端气温年较差在 80℃以上；无霜期 180d 左右；年降水量平均为 158mm 左右；年蒸发量平均为 1 799.6mm 左右；蒸降比为 11.4∶1；年平均风速 1.4m/s，最大风速 23m/s 。区域植物以梭梭为主，并分别和柽柳、琵琶柴、优若藜及杂草组成群落，沿河道两岸植物以胡杨为主，林下有柽柳、铃铛刺等灌木和芦苇等草类。

甘家湖梭梭林自然保护区位于该地区的西部，先后于 1983 年 9 月经新疆维吾尔族自治区人民政府〔1983〕41 号文件批准建立的自治区级和 2001 年 6 月经国务院办公厅国办发〔2001〕45 号文批准建立的国家级自然保护区——甘家湖梭梭林自然保护区。甘家湖梭梭林国家级自然保护区是以荒漠生态系统为主的保护区，具体土地利用变化情况见图 4.1.21，功能区划见图 4.1.22。

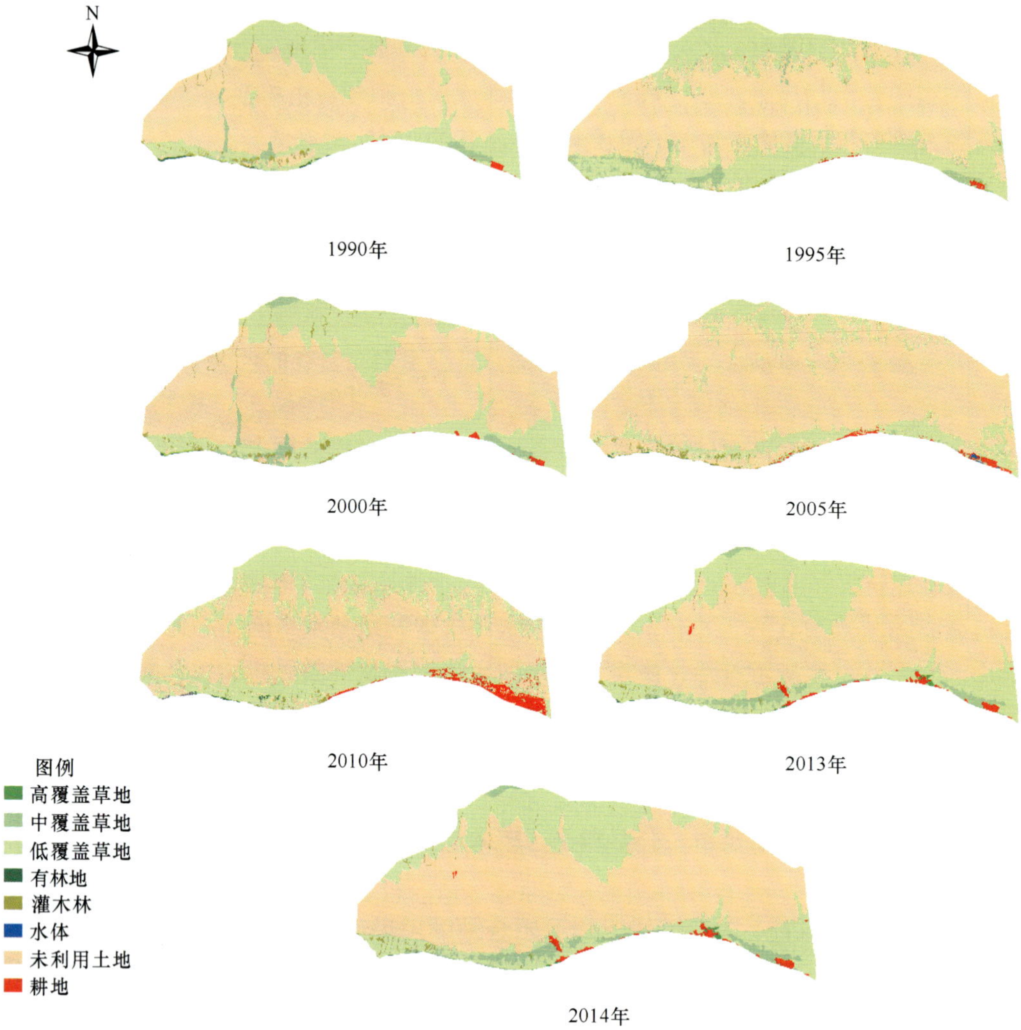

N

1990年

1995年

2000年

2005年

2010年

2013年

图例
高覆盖草地
中覆盖草地
低覆盖草地
有林地
灌木林
水体
未利用土地
耕地

2014年

图 4.1.20　1990～2014 年扎伊尔山区水源涵养区土地利用变化情况

佐顿艾力生沙漠自古以来就存在，佐顿艾力生沙漠（简称乌苏沙漠）东西长约 70km，南北宽为 8～16km，新月形沙丘、沙丘链发育，沙丘链走向为 SEE—NWW，岩性为松散的细砂及粉细砂。由于受阿拉山口吹来的强烈西风作用，形成顶部宽阔、高为 10～20m、与主风向平行的半流动沙垄沙丘，这些沙垄沙丘构成乌苏沙漠的核心，垄间则分布有宽窄不等的丘间洼地。该地区区地下水潜水水化学类型以 $ClSO_4$——Na 和 Cl——Na 型为主，潜水矿化度一般均大于 3g/L。地下水在水平方向上则主要接受南部和东南部方向的地下侧向径流的补给和进入该地区的四棵树河河道入渗补给，在垂向上主要接受大气降水和区内极少量的田间灌溉入渗补给。

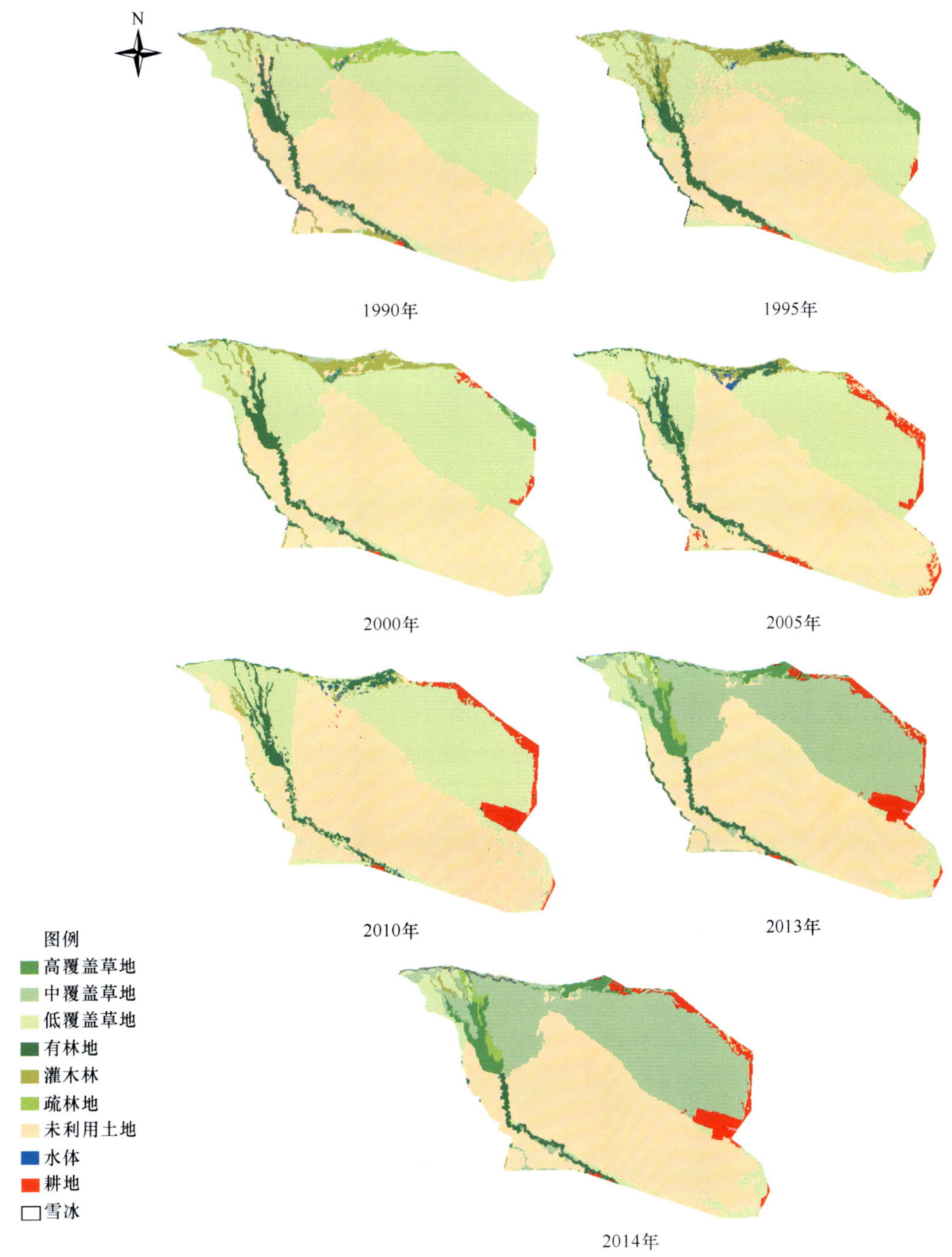

图 4.1.21 1990～2014 年甘家湖梭梭林保护与沙漠控制生态功能区土地利用变化情况

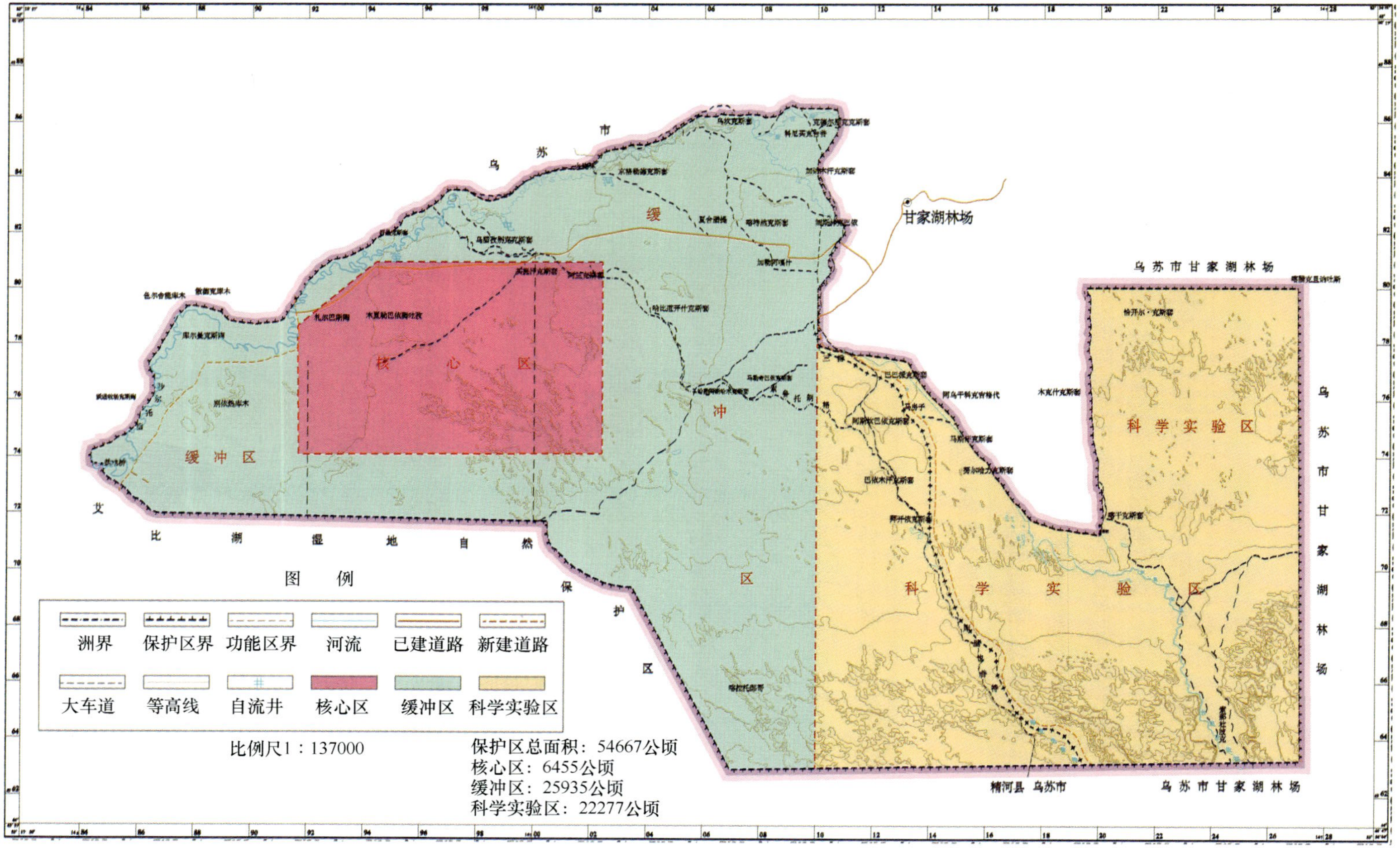

乌苏市

甘家湖林场

乌苏市甘家湖林场

缓冲区

核心区

科学实验区

艾比湖湿地自然保护区

图例

洲界　保护区界　功能区界　河流　已建道路　新建道路

大车道　等高线　自流井　核心区　缓冲区　科学实验区

比例尺1：137000

保护区总面积：54667公顷
核心区：6455公顷
缓冲区：25935公顷
科学实验区：22277公顷

精河县　乌苏市

图 4.1.22　甘家湖梭梭林自然保护区功能区划图

该区域的生态功能主要是生物多样性的维护及沙漠化控制。

（2）生态问题及成因

1）植被的退化。据粗略统计，20 世纪 50 年代初期，沿奎屯河、四棵树河及古尔图河下游两岸生长茂盛的胡杨林面积为 3 万～4 万 hm^2。因沙漠面积小，风沙天气少，沙漠、荒漠的植被覆盖度很高，一般在 30% 以上。60 年代以来，由于这些地区生态用水的减少，加上过度樵采、伐木、放牧等，河道无水或地下水位下降，大量胡杨枯死，胡杨林分布由原来的带状、片状退缩为点状、线状。根据遥感解译成果分析，1990～2014 年变化最大的是林地与耕地面积。1990 年该区域林地面积有 1.5 万 hm^2，2014 年缩减到 0.5 万 hm^2，林地面积在 24 年间减少了 1 万 hm^2；耕地面积明显增加，从 1990 年的 0.02 万 hm^2 增加到 2014 年的 1.6 万 hm^2；草地面积变化不大，主要由于以梭梭为主组成的杂草群落依靠降水基本能够存活，受地下水的影响较小（表 4.1.10）。

表 4.1.10　甘家湖梭梭林保护与沙漠控制生态功能区土地利用类型统计　（单位：万 hm^2）

土地利用类型	各利用类型的土地面积						
	1990 年	1995 年	2000 年	2005 年	2010 年	2013 年	2014 年
草地	8.3	8.2	8.4	8.55	8.52	8.51	8.5
林地	1.5	1.47	1.4	1.45	1.53	0.51	0.5
耕地	0.02	0.1	0.84	1.12	1.32	1.6	1.6
未利用地	9.25	9.23	8.4	7.9	7.63	8.4	8.4
水体	0.02	0.02	0.02	0.02	0	0	0

甘家湖梭梭林国家级自然保护区建立前，由于农垦团场和当地居民在保护区砍伐梭梭开垦土地，从 20 世纪 50 年代末到 70 年代末，梭梭林大面积缩减。据统计，50 年代后期至 70 年代末毁林、开荒面积达 20 万 hm^2，使原有的 44.666 7 万 hm^2 天然林地缩减至约 21.333 4 万 hm^2，缩减比例达 52.24%。自 1983 年保护区建立以来，主要是为了保护和恢复保护区梭梭生态系统，国家通过退耕还林，迁移农场和原住民等措施，开垦、砍伐现象减少，梭梭林的严重退化现象得到抑制，尤其是在 2001 年建立管理局后，梭梭林的退化得到进一步遏制，并通过人工栽种，除鼠害等措施，保护区的生态环境得到部分恢复。

2）动物种类减少。甘家湖地区国家一级保护动物有黑鹤、波斑鸭两种，二级保护动物有马鹿、鹅喉羚、水獭、大天鹅、苍鹰、灰鹤、猎隼、红集等 8 种；属自治区级保护动物的有 13 种。流域原本为中亚和西伯利亚等地多种候鸟（如雁类、鸭类）的中转站，由于风沙、干旱及水土流失危害严重，加上人类猎捕等，现在只在奎屯河天鹅湖等地能见到少量的鸟类。20 世纪 50～60 年代分布较广的狼、狐、黄羊等许多大型野生动物已不多见，一些动物甚至在本地绝迹。

3．绿洲农业生态功能区

（1）功能区概括

区域海拔为300～500m，降雨为150～170mm，属于辽阔的冲洪积、冲积细土平原，植被发育，植物种类以胡杨、红柳、梭梭等为主，是流域主要的农业灌溉区。农作物中粮食作物有小麦、玉米等；经济作物有棉花、向日葵等；蔬菜瓜果类有白菜、萝卜、西瓜、甜瓜等。该区域的主要生态服务功能是工农业产品生产以及提供人居环境。

20世纪50年代以来，随着奎屯河流域人口的增长，经济开发活动不断加大，该区域耕地面积迅速扩张。根据遥感解译结果分析，该区域土地利用类型变化最大的是耕地、林地、草地。在1990～2014年，耕地面积增加了15.88万hm^2；林地面积减少了1.14万hm^2，草地面积减少了12.18万hm^2，其余土地利用类型变化较小（表4.1.11和图4.1.23）。

表4.1.11　绿洲农业生态功能区土地利用类型统计结果　　（单位：万hm^2）

土地利用类型	各利用类型的土地面积						
	1990年	1995年	2000年	2005年	2010年	2013年	2014年
草地	32.28	29.7	30.9	21.3	20	20.2	20.1
林地	1.45	1.4	0.9	0.8	0.6	0.32	0.31
耕地	17.52	20.75	21.6	29	32	33.5	33.4
未利用地	5.5	5.1	3.5	4.9	2.3	0.8	0.8
水体	0.71	0.7	0.6	0.91	0.86	0.89	0.89
居工用地	0.93	1.1	1.2	1.7	2.9	3.2	3.4

（2）生态问题及成因

1）土壤盐渍化普遍。耕地面积最大的乌苏市、第七师耕地盐渍化面积均较大。荒地土壤盐渍化更加普遍而严重。主要是由于流域灌区下游地形平坦，排水出路不畅，再加之不合理灌溉、洪水和水库渗漏水等地下水补给，造成大面积耕地次生盐渍化，灌区耕地中的中盐化、强盐化和盐土，已经成为制约流域农业发展的主要因素。

2）地下水位持续下降。区域地下水资源的形成主要来自南山山区河流渠道地表水的渗漏、农田灌溉渗漏。由于各河下泄水量很少，加之上中游地区耕地大面积扩增，地下水被大幅度无序开采，地下水位持续下降。2001年前后，奎屯河流域平原区地下水埋深小于5m的面积达42万hm^2以上，而2016年调查显示地下水位埋深小于5m的面积仅剩约12万hm^2；水位埋深大于10m的面积将近50万hm^2，见表4.1.12。

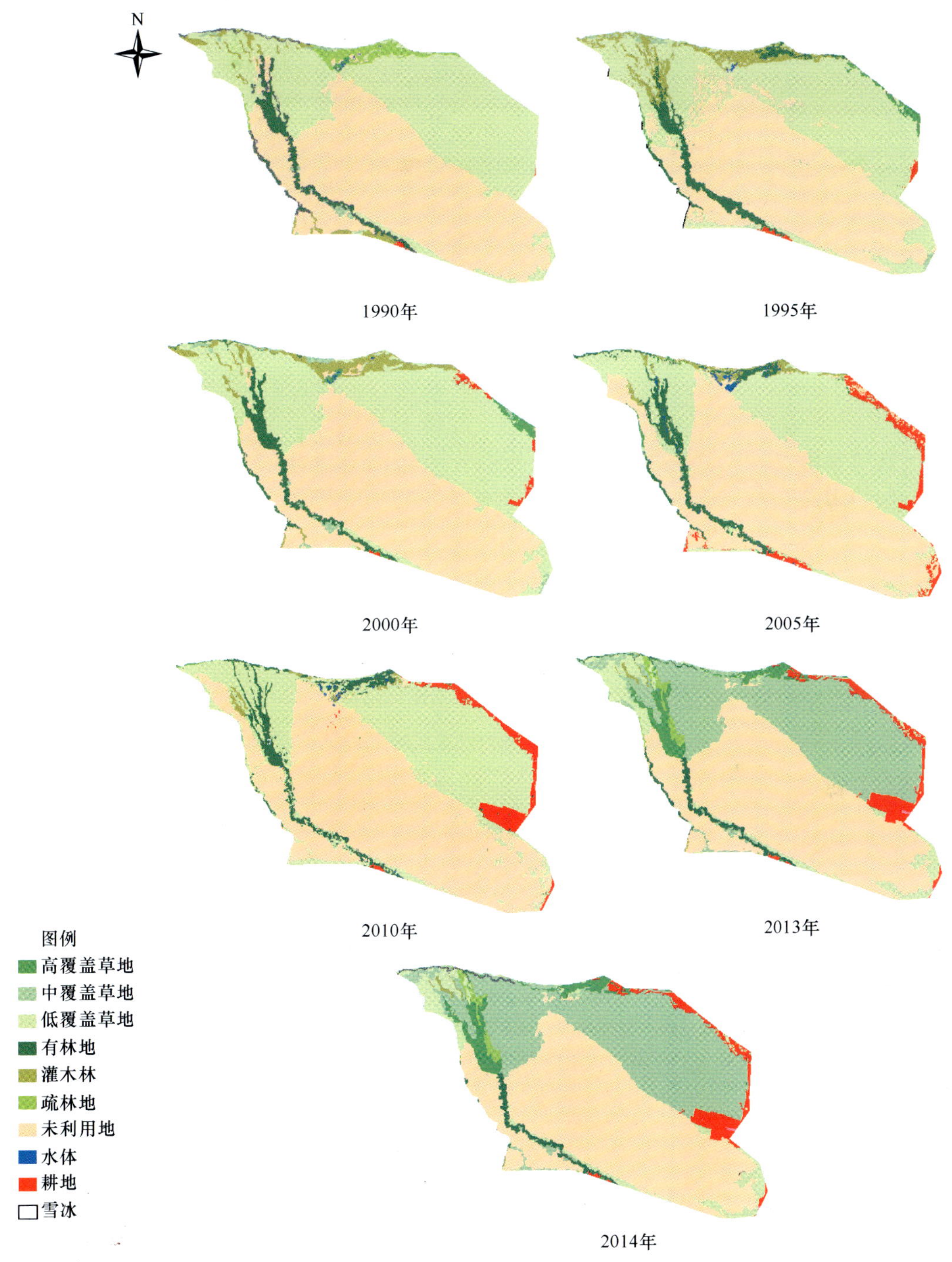

图 4.1.23　1990～2014 年绿洲农业生态功能区土地利用变化情况

表 4.1.12　2016 年奎屯河流域平原区地下水埋深、面积统计表

埋深 /m	面积 / 万 hm^2	比例 /%
＜5	12.023	16.74
5～10	10.816	15.06
10～20	10.314	14.36
20～30	13.975	19.46
30～40	11.728	16.33
40～50	8.175	11.38
＞50	4.797	6.68
合计	71.828	100.00

4．低山丘陵寒温带草原生态功能区

（1）功能区概况

区域海拔为 500～1 000m，多年平均降水为 200～300mm，属于冲洪积砾质倾斜平原，地势南高北低，地形坡降为 15‰～30‰。堆积物由粗砂变细沙，地表为再沉积黄土所覆盖，土层由南向北逐渐变厚，发育的主要土壤类型为棕钙土、灰漠土、草甸土、草甸盐土等，显域性和隐域性土壤均有分布。地表植被较茂盛，是冬夏秋牧场，植物种类有琵琶柴、梭梭、铃铛刺、芨芨草、芦苇等。主要生态服务功能是提供冬夏秋草场、土壤保持。

（2）生态问题及成因

根据 1990～2014 年的遥感解译图分析，该区域耕地面积变化最明显。耕地面积呈增加趋势，从 1990 年的 1.1 万 hm^2 增加到 2014 年的 2.5 万 hm^2，这是由于人类活动的影响，耕地大部分由草地、林地和未利用地转化而来（图 4.1.24）。由于区域降水较为丰富，靠降水基本能满足该区域植被群落的生长。

5．高中山森林、草甸水源涵养区

（1）功能区概况

该区域海拔在 1 000m 以上，地形由北到南逐渐增高，多年平均降水为 300～800mm。其中，海拔为 1 000～2 700m 的区域为侵蚀剥蚀地貌，受山体地形及水汽作用，该区域降水丰富，自上而下，植被景观由高山草甸带逐渐过渡到森林草原带，森林主要为天山云杉林，呈带状展布在西来水汽迎风坡和陡峭阴坡，山体阳坡植被主要以杂草 - 低矮灌木类为主。该地带主要发育有山地栗钙土、山地黑钙土和灰色森林土。海拔为 2 700～3 800m 的山地以冰缘作用为主，山体陡峭，山坡大部分岩石裸露，山体坡度大，土层薄，发育的土壤类型主要有高山草甸土和亚高山草甸土。受海拔高程和气候影响，该地带垫状植被生长良好，主要由蒿草、苔草、珠芽蓼和其他杂草、禾草类组成，植被低矮，覆盖度较大。另外，在裸露岩石等石质化强的地段，生长有伏地柏灌丛。主要生态服务功能是水源涵养、土壤保持、林畜产品生产及生物多样性维护。

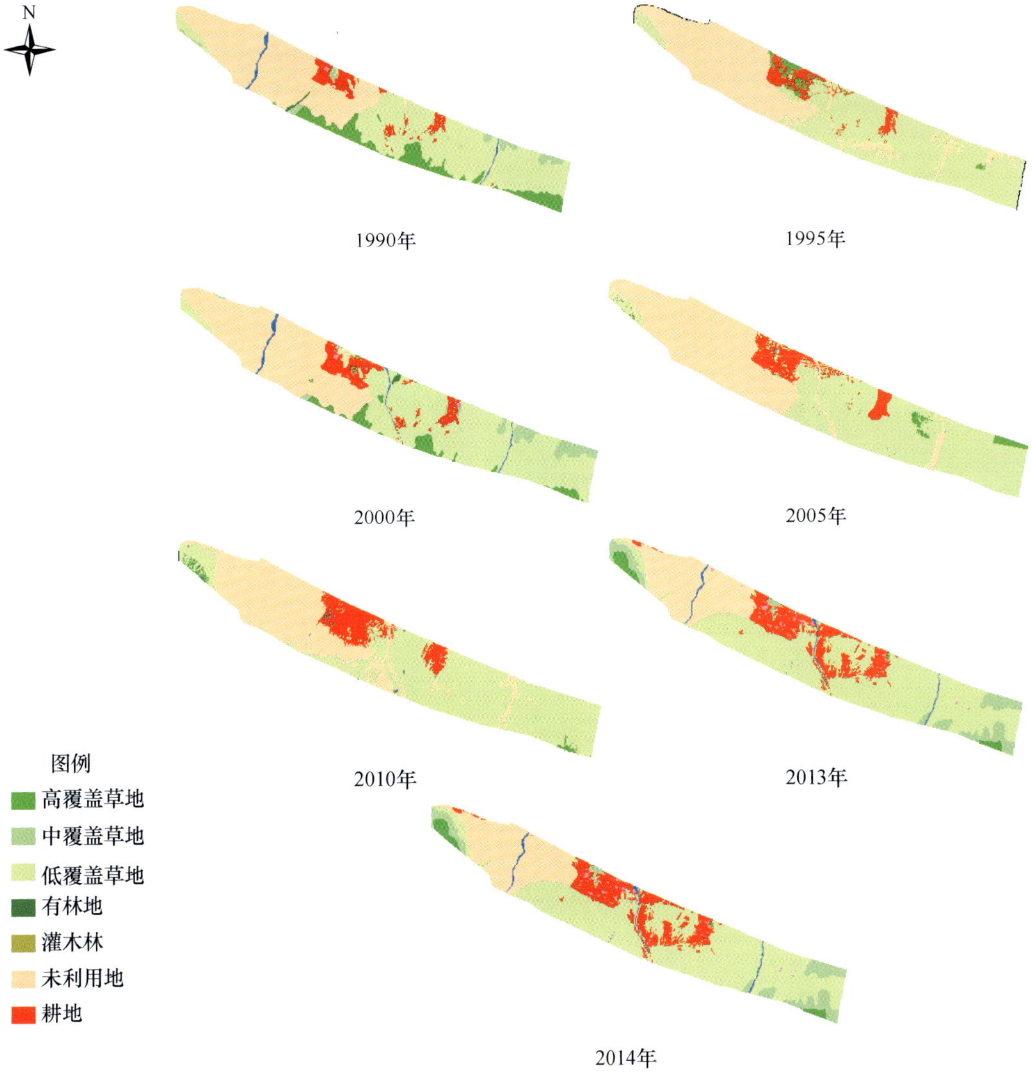

N

1990年

1995年

2000年

2005年

2010年

2013年

图例

高覆盖草地

中覆盖草地

低覆盖草地

有林地

灌木林

未利用地

耕地

2014年

图 4.1.24　1990～2014 年低山丘陵寒温带草原生态功能区土地利用变化情况

（2）生态问题及其成因

根据 1990～2014 年的遥感解译图，土地利用类型变化较大的为林地、未利用地、水体，图 4.1.25。林地与水体面积大幅度减少，未利用地增加，见表 4.1.13。该区域海拔为 1 000～3 200m，区域存在林牧业活动区、煤矿开采区，森林过度采伐导致林地面积减少。该区域水体主要是冰雪，冰雪面积的减少可能是由气温升高引起的（图 4.1.26～图 4.1.27）。

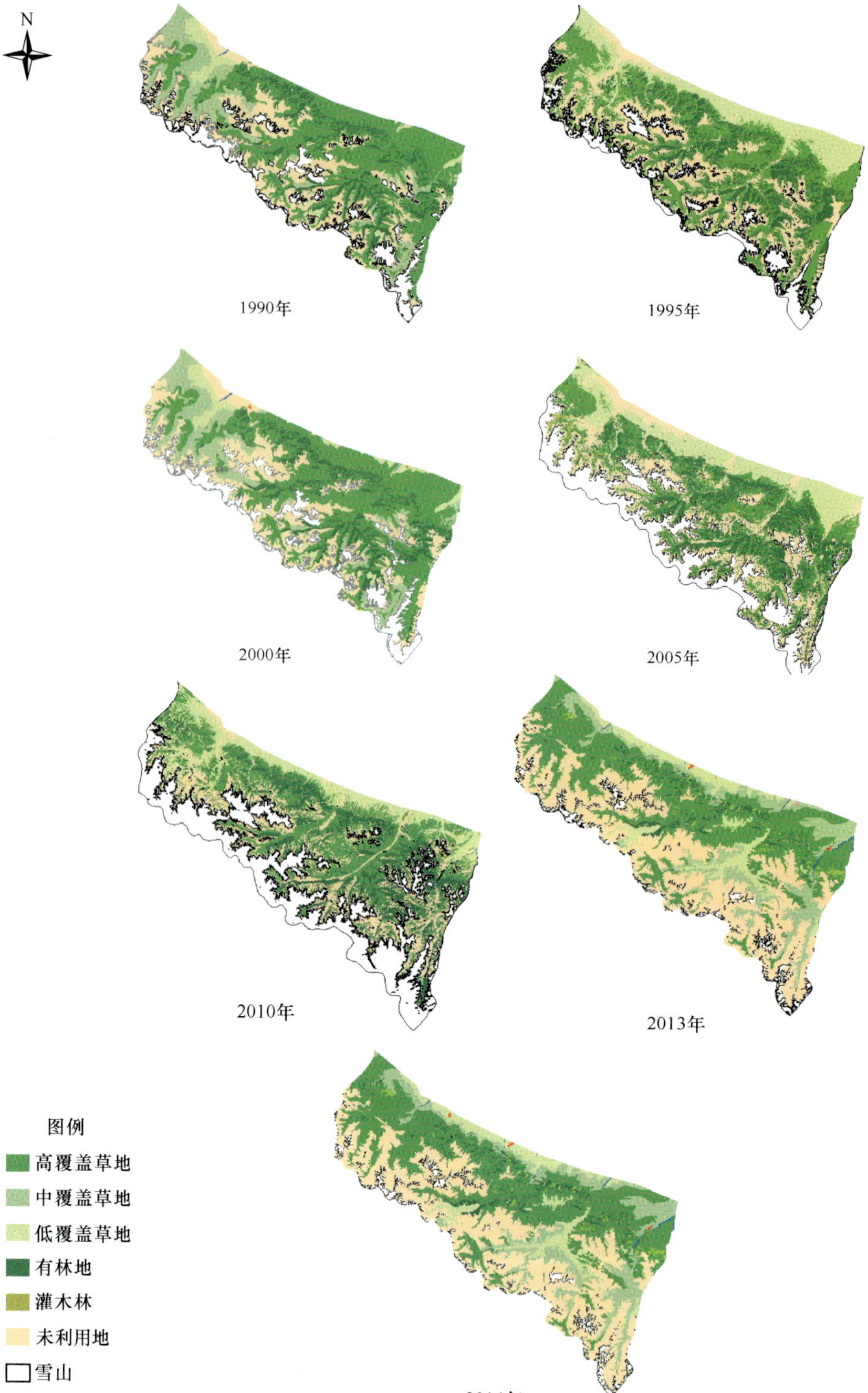

N

1990年

1995年

2000年

2005年

2010年

2013年

2014年

图例

高覆盖草地

中覆盖草地

低覆盖草地

有林地

灌木林

未利用地

雪山

图 4.1.25　1990～2014 年高山森林、草甸水源涵养区土地利用变化情况

表 4.1.13 高中山森林、草甸水源涵养区土地利用类型统计结果 （单位：万 hm^2）

土地利用类型	各利用类型的土地面积						
	1990 年	1995 年	2000 年	2005 年	2010 年	2013 年	2014 年
草地	36.42	37.12	37.48	37.32	36.30	37.73	37.67
林地	5.59	6.20	6.50	6.20	4.23	2.43	2.47
未利用地	14.60	14.30	14.45	16.40	20.8	23.1	23.47
水体	8.73	8.72	8.43	5.10	3.10	3.57	3.10

（四）奎屯河流域生态服务功能与水分关系

生态系统服务功能是指生态系统与生态过程所形成及所维持的人类赖以生存的自然环境条件与效用，不仅包括各类生态系统为人类提供的食物、医药及其他生产、生活所需的原料，还支撑与维持生物地球化学循环、物种及遗传多样性、净化环境等。生态系统服务功能价值是指人类从生态系统功能中直接或间接获得的利益的货币价值化。这些功能包括供给功能（如粮食与水的供给）、调节功能（如调节洪涝、干旱、土地退化及疾病等）、支持功能（如土壤形成与养分循环等）和文化功能（如娱乐、精神、宗教及其他非物质方面的效益）。

绿洲生态系统从人类干扰程度来说，可分为天然绿洲生态系统和人工绿洲生态系统。本节把流域绿洲农业生态功能区归为人工绿洲生态系统，其余生态功能区归为天然绿洲生态系统。

人工绿洲生态系统与天然绿洲生态系统用水之间为竞争关系。随着人工绿洲生态用水的增加，其生态服务功能逐渐增加，最后趋于稳定。而天然绿洲生态用水趋于零，其生态服务功能趋于零。

1. 人工绿洲生态服务功能与水分关系

流域人工绿洲生态系统生态服务功能主要包括粮食供给、居住环境提供、水的供给等。人工绿洲生态服务功能受到径流、用水结构和效率等的影响。20 世纪 60～70 年代，奎屯河流域人工绿洲生态系统耗水大约为 2 亿 m^3，粮食产量 2.07 亿 kg；2014 年，人工绿洲生态系统耗水约为 13.8 亿 m^3，粮食产量约为 9.05 亿 kg，并且随着人工绿洲用水的增加，粮食供给服务功能大幅度提高。此外，从 60 年代至今，奎屯河流域的地区生产总值、人口也随社会经济耗水量增长呈增加趋势。人工绿洲生态系统生态服务功能整体上呈增加趋势。奎屯河流域的地区生产总值、粮食产量、人口（表 4.1.14）随社会经济耗水量变化情况如图 4.1.28～图 4.1.30 所示。

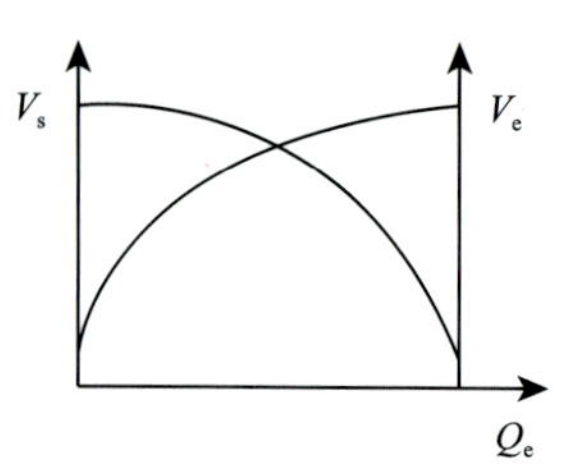

V_s—天然绿洲生态系统生态服务功能；V_e—人工绿洲生态系统生态服务功能；Q_e—人工绿洲生态系统用水。

图 4.1.26　生态服务功能与用水量关系示意图

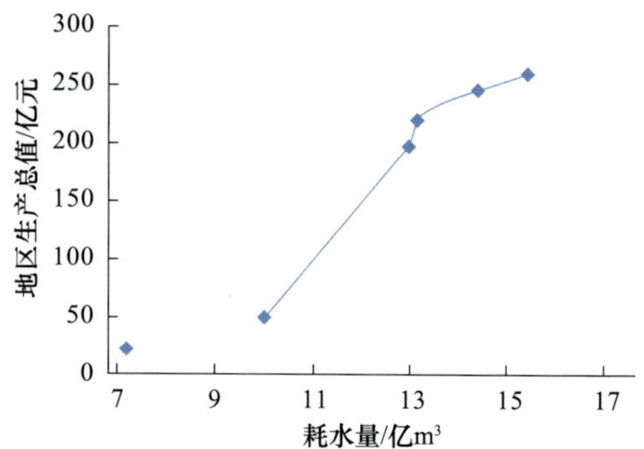

图 4.1.27　1990～2014 年奎屯河流域的地区生产总值随社会经济耗水量的变化

表 4.1.14　1975～2014 年奎屯河流域的人口数量统计　（单位：万人）

年份	1975	1990	2000	2003	2006	2009	2014
人口	30.00	40.63	52.92	56.00	58.00	60.69	68.14

从图 4.1.28～图 4.1.30 分析得出，随着奎屯河流域社会经济耗水的增加，奎屯河流域的地区生产总值、人口总数、粮食产量均在增加，其中，地区生产总值在 1990～2014 年增加了 234.6 亿元，万元 GDP 耗水量从 3 134m^3 减少到了 589m^3；粮食产量在 1965～2014 年增加了 4.34 倍，单位水量生产粮食量从 1990 年的 0.36kg/m^3 提高到了 2014 年的 0.58kg/m^3。随着社会经济耗水的增加，流域人口数量从 1975 年的 30 万人增加 2014 年的 63.7 万人；人均年耗水量从 1990 年的 1 772m^3 增加到 2014 年的 2 418m^3。

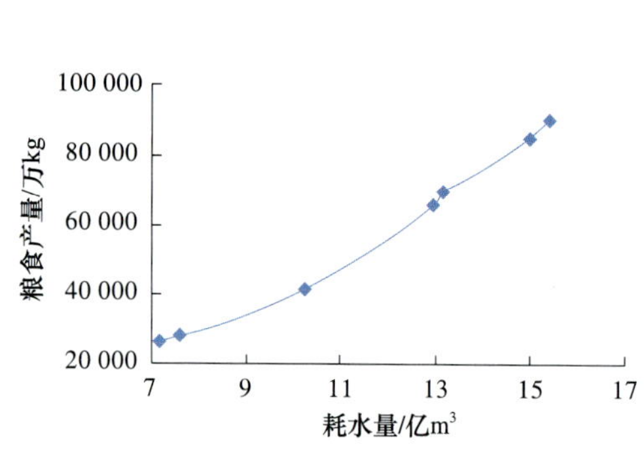

图 4.1.28　1965～2014 年奎屯河流域的粮食产量随社会经济耗水量增长而变化的情况

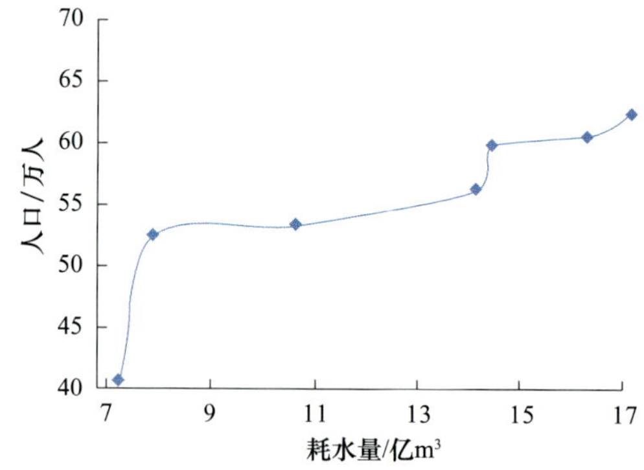

图 4.1.29　1975～2014 年奎屯河流域的人口随社会经济耗水量增长而变化的情况

2．天然绿洲生态服务功能与水分关系

平原区天然绿洲主要分布在奎屯河流域下游甘家湖梭梭林保护与沙漠控制生态功能区，生态功能主要包括防风固沙、维持生物多样性、景观游憩等。从 20 世纪 50 年代至今，随着流域下游生态用水的减少，下游林地大幅度减少，由 4 万 hm^2 减少至 0.8 万 hm^2，导致其生态服务功能尤其是防风固沙功能降低。下游以梭梭为主的杂草群落依靠降水能够存活，但受到人类活动的影响，面积也在缩小。整体上，天然绿洲生态服务功能呈减少趋势。

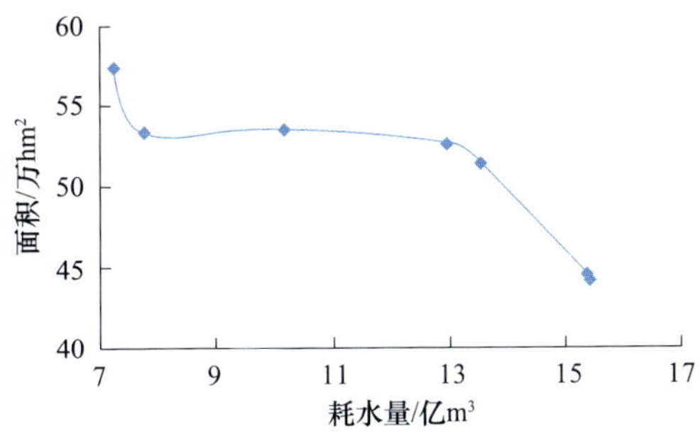

图 4.1.30　1990～2014 年奎屯河流域平原区天然绿洲面积随社会经济耗水量的变化

从图 4.1.30 与表 4.1.15 中可以看出，随着社会经济耗水量的增加，天然绿洲面积呈下降趋势，从 1990 年到 1995 年天然绿洲面积随着社会经济耗水迅速下降，1995～2005 年较为平稳，2005 年之后天然绿洲面积随社会经济耗水又迅速下降，1995 年与 2005 年为变化的两个拐点。单位面积天然绿洲的生态耗水量在 1990～2000 年变化较为稳定，从 1 760 万 m^3/ hm^2 增加到 1 780 万 m^3/hm^2，2014 年减少到了 1 550 万 m^3/ hm^2。减少的原因主要是受到了社会经济用水的挤压，生态用水减少，天然植被组成发生变化，单位面积耗水量最多的林地所占比例减少，加上地下水位的下降，天然植被消耗地下水量也会减少，则单位天然绿洲的耗水量减少。

表 4.1.15　生态耗水量与天然绿洲面积的关系

项目	1990 年	2000 年	2014 年
生态耗水量 / 亿 m^3	10.09	9.52	6.88
天然绿洲面积 / 万 hm^2	57.41	53.57	44.3
单位面积耗水量 /（万 m^3/hm^2）	1 760	1 780	1 550

第二节　内陆河中下游水分与水生态变化趋势预测

一、南疆内陆河流域水分与水生态变化趋势预测

（一）塔里木河水分与水生态变化模拟

对于干旱地区，水是生态系统中重要的限制性因子，成为牵动整个系统运行最敏感的神经元。本节通过模拟水与植被多个因素的关系，阐述有关塔里木河干流水分与水生态变化模拟内容，同时也为其他干旱区水分与植被生态关系的研究提供理论基础。

1．生态输水模拟

根据前面内容的分析，塔里木河下游生态输水的水量、时间和地下水埋深的变化幅度存在较好的一致性。因此为了保障满足塔里木河下游荒漠河岸胡杨林生长所需的适宜地下水埋深，制定合理的生态输水方案，本节构建了地下水埋深变幅、生态输水时间与生态输水水量三者之间的定量关系模型（表 4.2.1）。在表 4.2.1 中，塔里木河下游的英苏、喀尔达依、阿拉干和依干不及麻 4 个断面，地下水埋深变幅、生态输水时间与生态输水水量存在较好的非线性相关（相关系数 $R^2 \geqslant 0.5$），表明利用生态输水时间和水量去推算地下水埋深变幅是可行的。

表 4.2.1　塔里木河下游地下水埋深变幅、生态输水时间与生态输水水量的定量关系模型

地区	拟合方程式	R^2
英苏	$Z=2.827\,5+10.147\,8x-0.113\,3y-1.604\,8x^2+0.001\,7y^2$	0.715
喀尔达依	$Z=27.129\,5\exp\left[-0.5\left(\frac{x-4.996\,9}{2.571\,3}\right)^2+\left(\frac{y-136.631\,7}{75.770\,5}\right)^2\right]$	0.50
阿拉干	$Z=2.253\,4x+0.263\,4y+0.675x^2-0.001\,6y^2-7.080\,7$	0.799
依干不及麻	$Z=-1.723\,8x+0.242\,5y+0.584\,5x^2-0.001\,1y^2-2.543$	0.615

注：Z 为地下水埋深变幅（%）；x 为输水量（亿 m^3）；y 为输水持续时长（d）。

2．地下水与土壤水的转化模拟

沿塔里木河两岸分布的自然植被，主要是非地带性的隐域植被（陈昌笃等，1987），它们不依赖于大气降水，而是靠地下水供给其蒸腾和蒸发。但地下水是通过毛细管作用上升补给土壤水分，使土壤沿剖面由上而下含水率逐渐增加，从而被植被吸收利用。一定意义上，地下水是通过改变土壤含水量来影响植被生长的，因此有必要分析不同地下水位梯度下，土壤含水率的变化特征。

根据在塔里木河下游 58 个采样点的地下水和土壤含水率的资料，由于土壤质地的差异，在此采用 Running average 的方法，取 $d=3$、$d=4$ 和 $d=5$ 的情况下，做出 3 条地下水位和土壤含水率的移动平均线（图 4.2.1）。

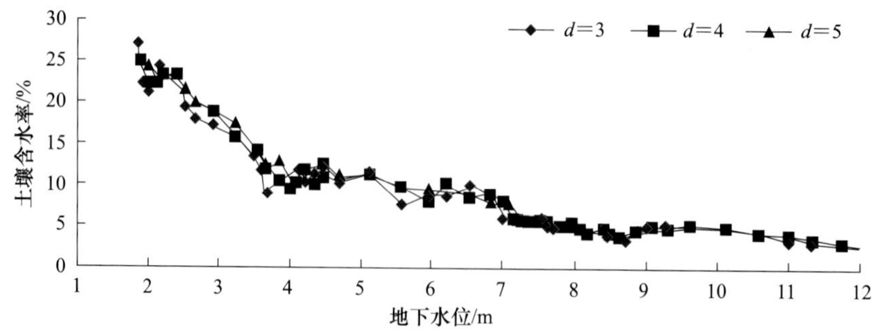

图 4.2.1　地下水位与土壤含水率关系图

由图 4.2.1 可知，3 条移动平均线基本重叠，说明可以反映整体的变化趋势，即随着地下水位的降低，剖面平均土壤含水率呈下降趋势，但是在不同区间下降的幅度有一定差别。当地下水位在 3.5m 以上时，土壤含水率随地下水位的下降而明显下降；而当地下水位在 4.0m 以下时，这种变化显著减弱，从图形看为一条平缓下降的曲线。这种变化的趋势可以描述为：当地下水位在 1～4m 时，$y=64.898e^{-0.515x}$，$R^2=0.727$，$P<0.01$；当地下水位在4～12m 时，$y=21.147e^{-0.178x}$，$R^2=0.658$，$P<0.01$，其中 P 为检验显著性水平，y 为土壤含水率（剖面平均），x 为地下水位。这与在塔里木河上中游对 30 个剖面得出的地下水位与土壤含水率的 $y=35.73e^{-0.185x}$ 表达式很接近。说明在土壤质地和气候条件差别不大的塔里木河流域，地下水位对土壤含水率的影响基本是相似的。从所挖剖面的土壤质地看，塔里木河中下游每一个土壤剖面均是以粉砂、砂壤土、轻壤土、中壤土的分层交错组合的复杂形式，造成这种情形的原因可能与塔里木河频繁改道和风沙与流水作用交互作用有关。而根据以前做的土质潜水蒸发实验结果看（宋郁东等，2000），它们的极限蒸发深度分别为 1.5m、2.5m、3.5m、4.5m。因此，可以认为，在塔里木河中下游地区，地下水位对表层土壤水影响的区间为 3.5～4.0m。这个区间的生态意义在于：对于本区不同的区域，当水位超过 3.5m 时，地下水可以通过大气蒸发和毛细作用影响表层土壤的湿度；当地下水位超过 4.0m 时，水位的变化对表层土壤含水率的影响基本消失。它的确定，对于目前正在开展的塔里木河下游生态输水工程在实施输水后科学、合理地确定输水后的合理水位具有重要的指导意义。同时，由于草本植被生长在很大程度上取决于表层土壤含水率的高低。因此，3.5m 也可以被看成草本植被正常生长的最低水位。

以上研究表明，地下水位的高低直接影响植被长势的好坏和现有植物种类的多少，但是这种影响在很大程度上是通过影响土壤含水率来实现的。当地下水位在 3.5m 以上时，地下水可以通过蒸发和毛细作用影响到地表土壤含水率，从而能够被草本植被利用，地表的植被盖度和植物种类也明显要高；而当地下水位在 4m 以下时，地下水很难影响表层土壤水，因此草本植被逐渐消失。当地下水位在 5.0m 以下时，多数乔、灌木植被将因水分亏缺而死亡，此时植物种类日趋单一、植被盖度大幅减少，而耐旱性非常强的柽柳和胡杨开始显现长势的衰败。

当地下水位明显升高时，植物的响应也是非常明显的。对草本植被而言，植被盖度、物种多样性均明显增加；对于胡杨而言，随着水分条件的改善，长势明显转好，本区分布最广的柽柳则随着地下水位的升高，当年新枝长度也明显增长。就塔里木河中下游这一特定区域而言，地下水位与土壤含水率的关系式可以表示为：当地下水位在 1～4m 时，$y=64.898e^{-0.515x}$，$R^2=0.727$，$P<0.01$；当地下水位在 4～12m 时，$y=21.147e^{-0.178x}$，$R^2=0.658$，$P<0.01$。由于，地下水位在 3.5m 以上时，表层土壤水可以得到地下水的补给，从而能够为本区草本植被利用。

3．地下水与植物生理指标关系模拟

很多生态学家发现一些植物可以通过采取不同的方式来适应干旱，并根据适应方式的不同划分为躲旱、避旱和耐旱3种不同的机理（Tyree and Yang，1992）。一些科学家通过实验分析了抗旱性的生态机理，如在干旱条件下植物可以通过对气孔运动及叶片生长速率的调节有效地减少水分消耗（Bohnert，1996），这可以从植物体内脱落酸（ABA）积累量的变化上来反映（汤章城等，1986）；也有些认为植物低组织水分势的耐旱性，是通过植物维持膨压和植物具有的耐旱性获得。植物维持低组织水分势的膨压有3种方法，即渗透调节、增加组织弹性和减小细胞体积。植物发生水分亏缺时，要维持细胞膨压不变，必须降低细胞内的渗透势，而渗透势的下降又以细胞内溶质的增加为主要原因。为此，许多科学家就这些激素与植物的干旱胁迫联系起来，通过实验分析这些激素与植物体在不同水分条件下的表现，并取得了理想的实验结果（汤章城等，1986；罗音和孙明高，1999；陈玉玲等，1999）。目前，在国际上通过监测一些耐旱植物体中脱落酸和脯氨酸的含量来分析植物是否受到干旱胁迫的方法已经被多数科学家所接受。

为了准确把握地下水位对植被生理指标的影响，自2000年8月起，在塔里木河中下游沿河约40km的间距共布设了12个监测断面，其中在下游有9个、中游3个断面，定期进行植被生理指标的调查。摘取胡杨树不同部位上生长正常的叶片作为分析样本，经冷冻处理后送实验室分析胡杨叶脯氨酸（Pro）和脱落酸（ABA）含量。其中Pro测定参照朱广濂的方法（朱广濂等，1983），首先将0.03g材料放入20mL大试管中加入10mL无氨蒸馏水，封口后置沸水浴中30min，冷却后过滤，滤液5mL＋茚三酮5mL，沸水中显色60min，甲苯萃取。萃取液用日本岛津UV-265型紫外分光光度计在波长515nm处比色。ABA测定参照阮晓方法（阮晓，2000），在实验室里取（0.1±0.005）g胡杨样品，液氮中研磨，500μL甲醇4℃提取过夜。样品离心，上清液冷冻干燥。30μL 10%的CH_3CN溶解样品，样品溶液10μL于日本岛津CTO-6A型高效液相色谱仪分析，植物激素用外标法定量。

考虑到胡杨作为塔里木河流域分布最广、在不同水位梯度下均出现的有利条件，本节选取胡杨叶组织的脯氨酸（Pro）和脱落酸（ABA）的积累量来分析地下水位对胡杨生理的影响。

图4.2.2和图4.2.3是2002年7～9月塔里木河下游主要建群种－胡杨的叶片脯氨酸（Pro）和脱落酸（ABA）含量与地下水位回归分析结果。随着地下水位的下降胡杨叶中的ABA含量明显增加，二者表现出明显的相关性，$R^2=0.830\,4$，$P<0.01$。由此可以初步得到一个结论，当胡杨遭受水分胁迫时，更多地表现在脱落酸的积累上。脱落酸（ABA）作为一种根－冠间交流的逆境信号，是植物对土壤水分状况变化的反应。干旱引起的ABA累积的生理效应主要是导致气孔关闭，并通过对气孔运动及叶片生长速率的调节有效地减少干旱胁迫下的水分消耗（Davies and Jones，1991）。因

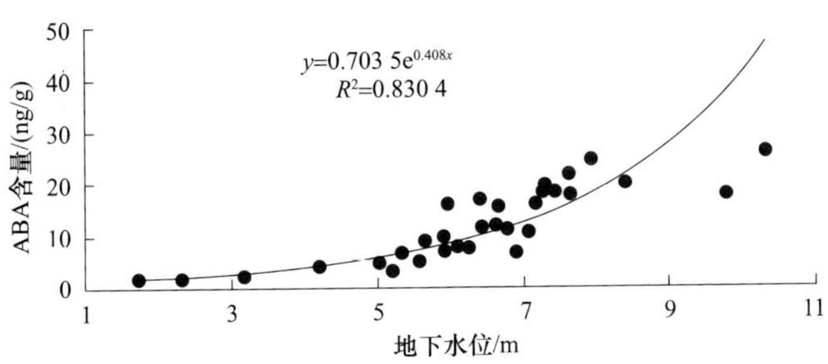

图 4.2.2　不同地下水位生境中胡杨叶 ABA 含量的累积

此，如果联系胡杨在地下水位不断下降过程中枯梢、枯枝以及冠幅日趋减少这一事实来考虑，这很有可能是胡杨通过放弃一部分枝叶的生长来保证最低限度的水分消耗。

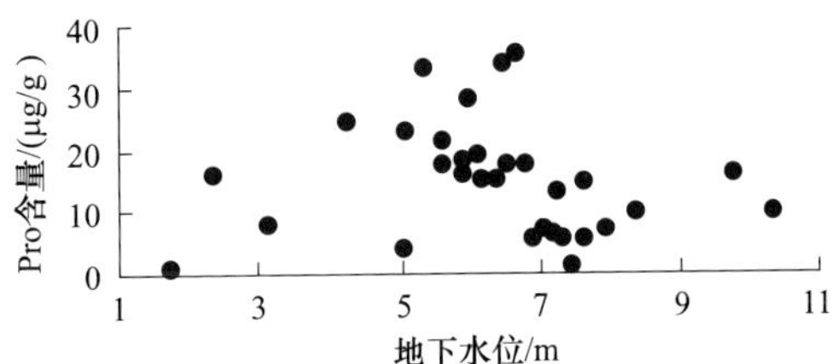

图 4.2.3　不同地下水位生境中胡杨叶 Pro 的含量

当地下水位在 5～5.5m 这一区间时，胡杨叶脯氨酸（Pro）含量的平均值为 26.32μg/g，而在 4～5m 和 5.5～6m 时，分别为 14.62μg/g 和 20.34μg/g，并且也远高于其他的区间。另外，从图 4.2.2 中看出，脱落酸（ABA）开始明显升高的区间也在此。这使我们有理由相信地下水位 5.0m 很有可能就是胡杨的干旱胁迫水位。由于通过生理指标研究胡杨的水分胁迫程度在国内外均无先例，但是考虑到通过土壤水分对胡杨生长的研究（季方，2001）及对不同地下水位胡杨的地表长势的调查（宋郁东等，1999）均认为 5.0m 是胡杨林开始衰败的结论来看，以上的分析是符合实际的。同时，也可以认为当胡杨在开始出现水分亏缺时与很多植物一样表现为脯氨酸（Pro）和脱落酸（ABA）含量明显增加，而后随着水分条件的继续恶化，更多地选择关闭气孔、减少叶片生长速率来维持生命。

总体上，从胡杨叶相对含水量、脯氨酸、脱落酸这 3 个指标的变化上看，出现叶含水量减少和脯氨酸、脱落酸积累的增加是胡杨对水分亏缺的一种生理反应。其变化趋势与输水后地下水位的动态变化基本一致，即随着地下水位的降低，胡杨通过体内脯氨酸的积累，提高渗透调节能力，保持其原生质与环境的渗透平衡；同时，通过关闭气孔、减少蒸腾失水以防止水分散失，抵御水分胁迫，使胡杨在一定干旱环境下继续生存。而当水分条件得到好转，这些积累的物质又会不断分解转化成其他形式，从而保证植物能更好地适应新的生存环境。同时从这两个指标的变化看，具有明显的一致性，即脯氨酸和脱落酸在积累和分解上基本保持同步，说明胡杨在对水分亏缺时发生了生理上的变化以适应环境的变化。因此，生物与环境是相互影响、相互作用的，生物对环境条件的缓慢而微小的变化具有一定的调整适应能力，甚至能够逐渐适应于

生活在极端环境中；而环境条件的变化同样也可以通过生物体内一些微观指标的变化来指示。

4．地下水与不同龄级胡杨年轮宽度指数关系模拟

地下水是控制荒漠河岸林生长、繁育的主要限制因子。持续断流及人工生态输水均是干旱区植被生境的重大环境变化，如何定量认知、评估这些重大环境变化对干旱区植被生态的影响，对进一步优化生态输水具有十分重要的实践指导意义。树木年轮方法能够重构历史时期气候与水文变化过程、反演气候变化背景下的环境演变趋势。但采用树木年轮方法定量评估生态输水效果并将其与地下水埋深相结合的研究，目前还非常少。本节以塔里木河下游为研究区，定量分析与探讨胡杨径向生长与地下水埋深的关系。

（1）研究方法

1）树木年轮取样——年轮数据获取。在塔里木河下游，于2009年8月～2011年8月选取胡杨集中生长的4个监测断面，即英苏、喀尔达依、阿拉干和依干不及麻进行取样。为了分析地下水埋深与胡杨径向生长量之间的关系，并满足取样要求，围绕各断面地下水监测井选取6～10棵长势均匀、胸径介于60～80cm的胡杨进行取样，从而减小由生长阶段不同而产生的取样误差。按照国际树木年轮库（ITRDB）的标准，共选取了217棵树。用生长锥在胡杨树干上两个垂直方向分别取1钻芯，共为434个样芯。根据胡杨生长的不同阶段及相关研究，将217棵胡杨胸径DBH（diameter at breast height，DBH；按每间隔10cm划分5个等级：4＜DBH≤10cm、10＜DBH≤20cm、20＜DBH≤30cm、30＜DBH≤40cm和DBH＞40cm；其中，4＜DBH≤10cm属于胡杨的幼林，10＜DBH≤20cm和20＜DBH≤30cm属于近熟林，30＜DBH≤40cm属成熟林，DBH＞40cm属过熟林。取样时间为2009年8月～2013年8月。

将胡杨树木年轮取样地点编号，然后带回实验室进行粘贴、固定、打磨等预处理，以满足交叉定年需求。为确保交叉定年的准确性，利用德国产LINTAB™6型树木年轮测定仪进行年轮宽度测定，借助COFECHA交叉定年质量控制程序进行交叉定年检验和生长量的修正。标准年表的建立由ARSTAN程序完成。

2）地下水埋深资料获取。为了准确把握地下水埋深对植被的影响，自2000年8月起，在下游河道共布设了9个监测断面，在每个断面上按一定间距布设了6～8口地下水监测井。本节研究选取2000～2010年C、E、G、H 4个典型监测断面的地下水埋深观测资料。

（2）地下水埋深与胡杨幼林年轮宽度指数关系模拟

河水漫溢是维持胡杨幼苗生存最为重要的环境因子。但随着胡杨幼苗逐渐成长形成树林，保证一定的地下水埋深对整个胡杨种群稳定至关重要。但是，不同龄级的胡杨对地下水埋深的响应程度存在差异，因此本节研究首先利用塔里木河下游胡杨幼林（胸径4～10cm）树轮宽度指数和地下水埋深数据，构建了二者之间的定量关系模型，确定了胡杨树轮宽度指数对地下水埋深响应的敏感区间（图4.2.4）。

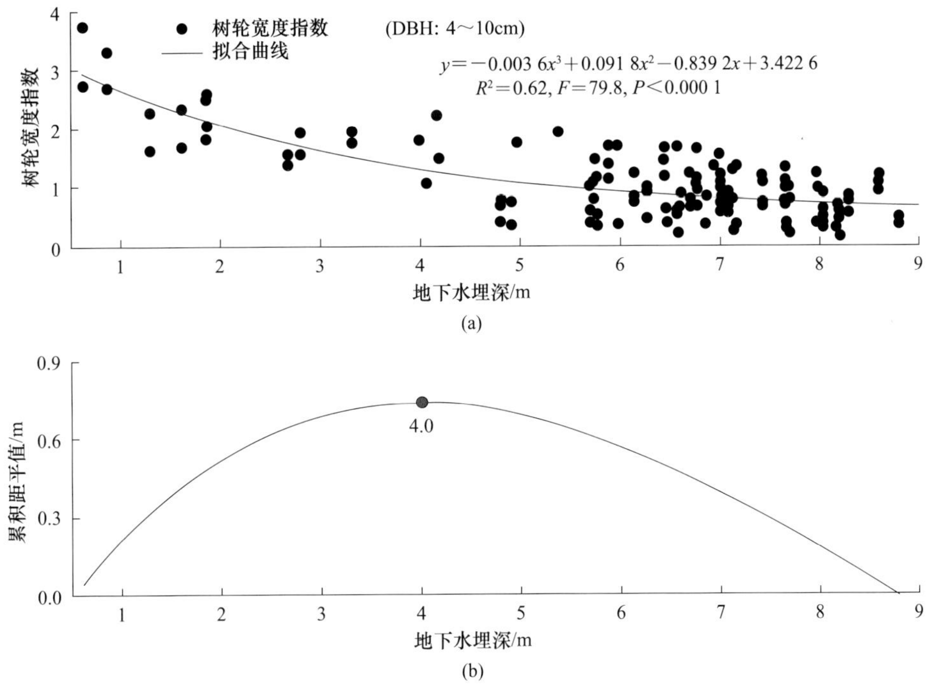

图 4.2.4　胡杨幼林树轮宽度指数与地下水埋深的关系模型及胡杨的适宜水位区间

在图 4.2.4 中，塔里木河下游胡杨幼林的树轮宽度指数随地下水埋深的增大而呈减小趋势，且二者负相关关系极为显著（$R^2=0.62$，$P<0.000\ 1$）。表明利用胡杨树轮宽度指数推算其适宜的地下水埋深是可行和可信的。此外，根据 Mann-Kendall 单调趋势检验（表 4.2.2），在 0.4～8.8m 地下水埋深时，胡杨树轮宽度指数减少量的检验统计量（Z_c）为−13.32（$|Z_c|>|Z_{0.01}|=2.58$），在 0.01 检验水平下呈显著下降趋势。也表明胡杨生长对地下水埋深变化的响应是十分敏感的。因而，借助胡杨树轮宽度指数与地下水埋深之间的定量关系模型，求取了地下水埋深每增加 0.1m 胡杨树轮宽度指数的减少量，并对减少量进行累积距平计算。地下水埋深在 0.6～4m 时，胡杨树轮宽度指数的减少量高于 0.6～8.8m 时的平均值，表明胡杨树轮宽度指数的减少量较大；当地下水埋深在 4.1～8.8m 时，胡杨树轮宽度指数的减少量低于 0.6～8.8m 的平均值，因而胡杨树轮宽度指数的减少幅度较弱。根据 Mann-Whitney 突变检验（表 4.2.2），在 0.6～4.0m 和 4.1～8.8m 两个地下水位埋深区间，胡杨树轮宽度指数减少量的平均值由 0.049 下降至 0.013，其突变的检验统计量（Z_c）为−7.75（$|Z_c|>|Z_{0.01}|=2.58$），在 0.01 检验水平下呈极显著的减小突变。综合以上分析可知，在地下水埋深大于 4.0m 时，胡杨幼林径向生长的减少量较小，胡杨树轮宽度指数对地下水埋深的敏感性减弱，表明胡杨生长已受到一定的胁迫，因此 4.0m 的地下水埋深可看作胡杨幼林生长的胁迫水位，而适宜的地下水位应小于 4.0m。

表 4.2.2　胡杨幼林树轮宽度指数在不同地下水埋深下的单调趋势和突变

指标	检验方法	地下水位 /m	均值	标准误差	Z_c	H_0	趋势
年轮宽度指数	Mann-Whitney	0.6～4.0	0.049	0.014	−7.75	R	下降
		4.1～8.8	0.013	0.007			
	Mann-Kendall	0.6～8.8	0.028	0.021	−13.32	R	下降

注：R 为拒绝原假设；A 为接受原假设。

（3）地下水埋深与胡杨近熟林年轮宽度指数关系模拟

胡杨林在胸径为 10～30cm 范围内处于生长旺盛期，树木萌发着大量的新枝条，属于近熟林。为了更加高效地利用干旱区有限的水资源，合理保护胡杨近熟林，本节将其胸径分为 10～20cm 和 20～30cm 两个等级进行研究（图 4.2.5 和图 4.2.6）。

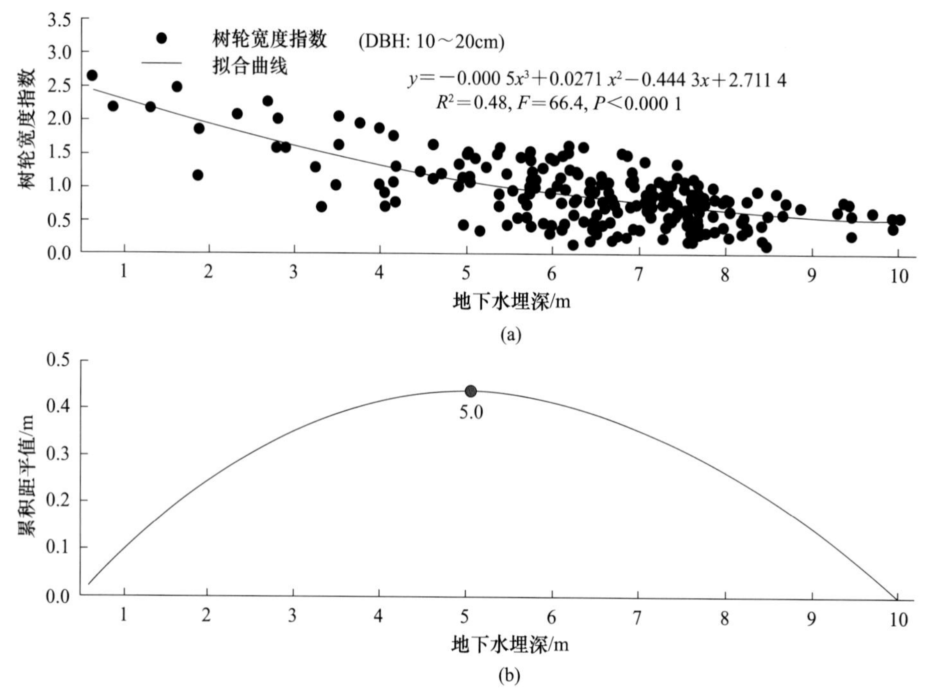

图 4.2.5　胡杨近熟林（胸径 10～20cm）树轮宽度指数与地下水埋深的关系模型及胡杨的适宜水位区间

根据图 4.2.5，塔里木河下游胡杨近熟林（胸径 10～20cm）树轮宽度指数随地下水埋深的增大呈递减趋势，且二者的相关性在 0.01 检验水平下达到极显著（$P<0.000\,1$）。经 Mann-Kendall 单调趋势检验（表 4.2.3），随着地下水埋深的增加，胡杨近熟林（胸径 10～20cm）树轮宽度指数的检验统计量为 −14.35（$|Z_c|>|Z_{0.01}|=2.58$），呈显著下降趋势，因此二者具有较好的趋势一致性。根据树轮宽度指数减少量的累积距平可知（图 4.2.5），在地下水埋深为 5.0m 时，树轮宽度指数的减少量出现拐点，表明当地下水埋深大于 5.0m 时，胡杨近熟林（胸径 10～20cm）树轮宽度指数随地下水埋深增

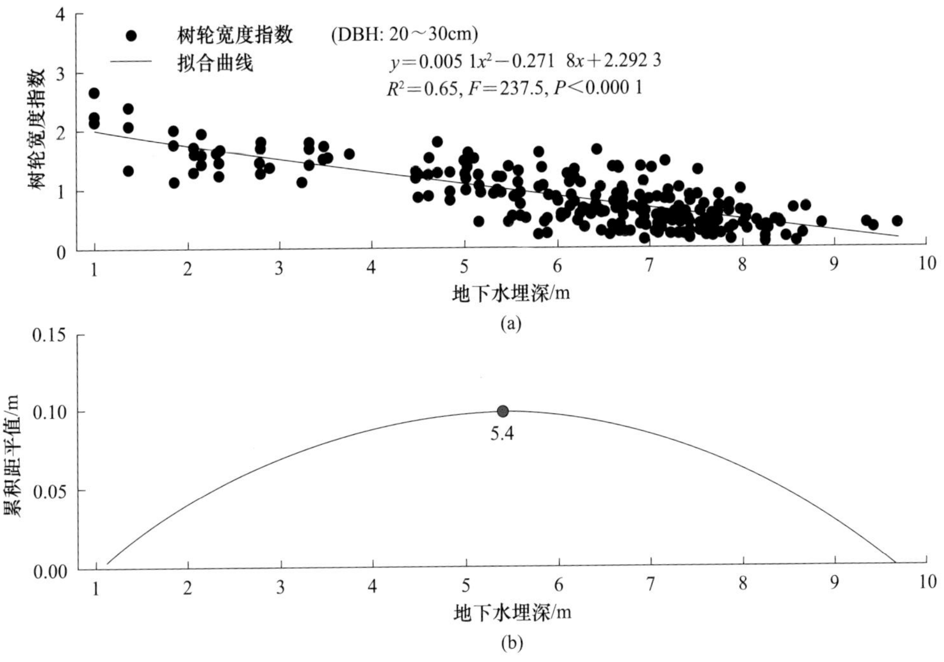

图 4.2.6 胡杨近熟林（胸径 20～30cm）树轮宽度指数与地下水埋深的关系模型及胡杨的适宜水位区间

大而减少的幅度减弱。借助 Mann-Whitney 突变检验（表 4.2.3），在地下水埋深小于和大于 5.0m 两个区间时，树轮宽度指数减少量的平均值由 0.031 减少至 0.013，其检验统计量为−8.39（$|Z_c|>|Z_{0.01}|=2.58$），意味着在 0.01 检验水平下树轮宽度指数在以上两个地下水埋深区间的减小突变显著。综合以上分析，在地下水埋深大于 5.0m 时，胡杨近熟林（胸径 10～20cm）树轮宽度指数对地下水埋深变化的响应减弱，因此 5.0m 的地下水埋深可看作胸径为 10～20cm 胡杨近熟林的胁迫水位。

表 4.2.3 胡杨近熟林（胸径 10～20cm）树轮宽度指数在不同地下水埋深下的单调趋势和突变

指标	检验方法	地下水位 /m	均值	标准误差	Z_c	H_0	趋势
年轮宽度指数	Mann-Whitney	0.6～5.0	0.031	0.006	−8.39	R	下降
		5.1～10	0.013	0.005			
	Mann-Kendall	0.6～10	0.021	0.011	−14.35	R	下降

注：R 为拒绝原假设；A 为接受原假设。

利用塔里木河下游胡杨近熟林（胸径 20～30cm）树轮宽度指数和地下水埋深数据，构建了胡杨树轮宽度指数随地下水埋深变化的响应函数，求解出地下水埋深每增加 0.1m 时的树轮宽度指数减少量的累积距平值（图 4.2.6）。

在图 4.2.6（a）中，胡杨近熟林（胸径 20～30cm）树轮宽度指数与地下水埋深的相关性在 0.01 检验水平下达到极显著（$R^2=0.65$，$P<0.000\,1$），确保了利用胡杨近熟

林（胸径 20～30cm）树轮宽度指数推测其适宜地下水埋深的精度。经非参数单调趋势检验（表 4.2.4），随着地下水埋深的增大，胡杨近熟林（胸径 20～30cm）树轮宽度指数的检验统计量为－13.71（$|Z_c|>|Z_{0.01}|=2.58$），呈显著下降趋势，二者的变化趋势表现出较好的协调一致性。根据图 4.2.6（b）和表 4.2.4，当地下水埋深为 5.4m 时，胡杨树轮宽度指数的减少量出现变小的拐点。在地下水埋深处于 1.1～5.4m 和 5.5～9.7m 两个水平区间时，胡杨树轮宽度指数减少量的平均值由 0.024，减小至 0.019，并呈显著性突变（Mann-Whitney 检验的统计量 $|Z_c|=8.03>|Z_{0.01}|=2.58$）。因此，胸径为 20～30cm 胡杨近熟林的胁迫水位在 5.4m。

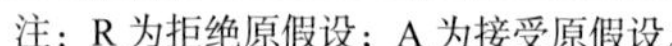

表 4.2.4　胡杨近熟林（胸径 20～30cm）树轮宽度指数在不同地下水埋深下的单调趋势和突变

指标	检验方法	地下水位 /m	均值	标准误差	Z_c	H_0	趋势
年轮宽度指数	Mann-Whitney	1.1～5.4	0.024	0.001	－8.03	R	下降
		5.5～9.7	0.019	0.001			
	Mann-Kendall	1.1～9.7	0.022	0.003	－13.71	R	下降

注：R 为拒绝原假设；A 为接受原假设。

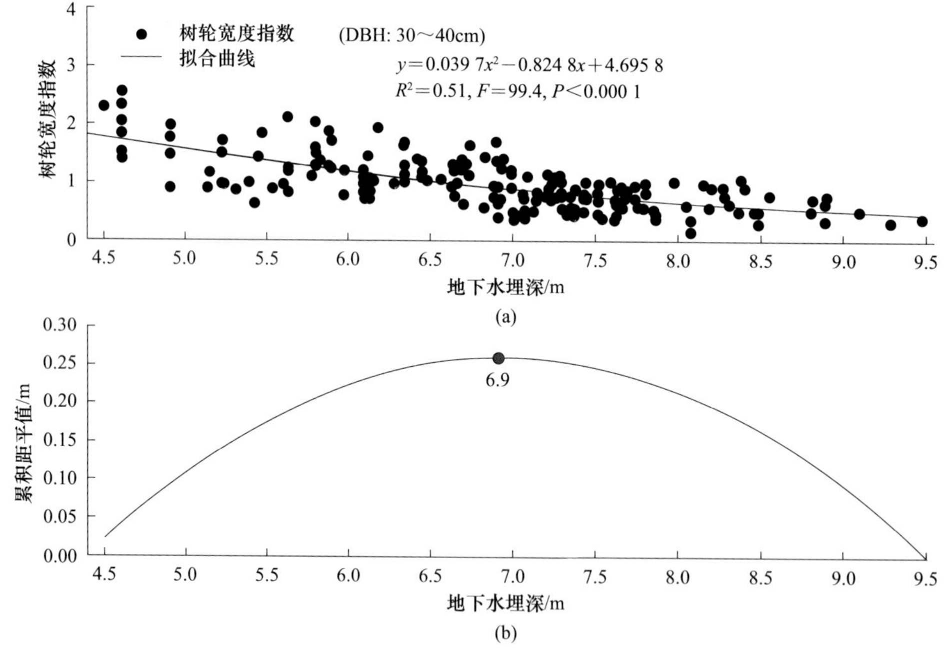

图 4.2.7　胡杨成熟林（胸径 30～40cm）树轮宽度指数与地下水埋深的关系模型及胡杨的适宜水位区间

综合以上分析，胡杨近熟林（胸径 10～30cm）对地下水埋深的敏感区间为 5.0～5.4m，即为胡杨近熟林的地下水胁迫水位区间，因此该龄级胡杨林的适宜水位应小于 5.4m。

（4）地下水埋深与胡杨成熟林年轮宽度指数关系模拟

塔里木河胡杨成熟林对胡杨种群的更新繁育至关重要，是荒漠河岸林生态系统的主要构成之一，并发挥着举足轻重的生态服务功能。根据塔里木河下游胡杨成熟林（胸径 30～40cm）的树轮宽度指数和地下水埋深数据，本节研究了不同地下水埋深对胡杨成熟林生长的影响特点（图 4.2.7 和表 4.2.5）。

表 4.2.5 胡杨成熟林树轮宽度指数在不同地下水埋深下的单调趋势和突变

指标	检验方法	地下水位 /m	均值	标准误差	Z_c	H_0	趋势
年轮宽度指数	Mann-Whitney	4.5～6.9	0.038	0.006	−6.12	R	下降
		7.0～9.5	0.017	0.006			
	Mann-Kendall	4.5～9.5	0.027	0.012	−10.35	R	下降

注：R 为拒绝原假设；A 为接受原假设。

根据图 4.2.7（a），胡杨成熟林（胸径 30～40cm）树轮宽度指数与地下水埋深存在显著的相关关系（R^2=0.51，P<0.000 1）；同时，经 Mann-Kendall 单调趋势检验（表 4.2.5），随着地下水埋深的增大，胡杨成熟林（胸径 30～40cm）树轮宽度指数的检验统计量为−10.35（$|Z_c|$>2.58），表明胡杨成熟林树轮宽度指数随地下水埋深增加而呈显著的减小趋势。由图 4.2.7（b）可知，胡杨成熟林树轮宽度指数的减少量在大于 6.9m 地下水埋深时相对较小。结合 Mann-Whitney 突变检验（表 4.2.5），在地下水埋深小于和大于 6.9m 两个水位区间时，树轮宽度指数减少量的平均值由 0.038 减小至 0.017，且检验统计量为−6.12（$|Z_c|$>2.58），呈显著减小性突变。因此，胡杨成熟林（胸径 30～40cm）的胁迫水位为 6.9m，表明保障该龄级胡杨正常生长的适宜地下水位应小于 6.9m。

（5）地下水埋深对胡杨过熟林的影响

在塔里木河下游，胡杨过熟林（胸径>40cm）主要分布在距离河道 1km，河道渗漏补给地下水较少，地下水埋深较大的区域。但是，由于胡杨过熟林主要分布在荒漠河岸林的外围，因此它是抵御荒漠风沙侵蚀，保护河道两侧天然植被生态系统结构完整和功能稳定的重要绿色屏障。利用塔里木河下游胡杨过熟林（胸径>40cm）的树轮宽度指数和地下水埋深数据，分析了地下水埋深与胡杨过熟林生长之间的相关关系（图 4.2.8 和表 4.2.6）。

表 4.2.6 胡杨过熟林树轮宽度指数在不同地下水埋深下的单调趋势和突变

指标	检验方法	地下水位 /m	均值	标准误差	Z_c	H_0	趋势
年轮宽度指数	Mann-Whitney	5.1～7.8	0.015	0.002	−6.02	R	下降
		7.9～10	0.007	0.003			
	Mann-Kendall	5.1～10	0.011	0.004	−10.24	R	下降

注：R 为拒绝原假设；A 为接受原假设。

根据图 4.2.8（a），胡杨过熟林（胸径大于 40cm）树轮宽度指数与地下水埋深呈显著相关（R^2=0.44，P<0.000 1）；结合 Mann-Kendall 单调趋势检验（表 4.2.6），随着

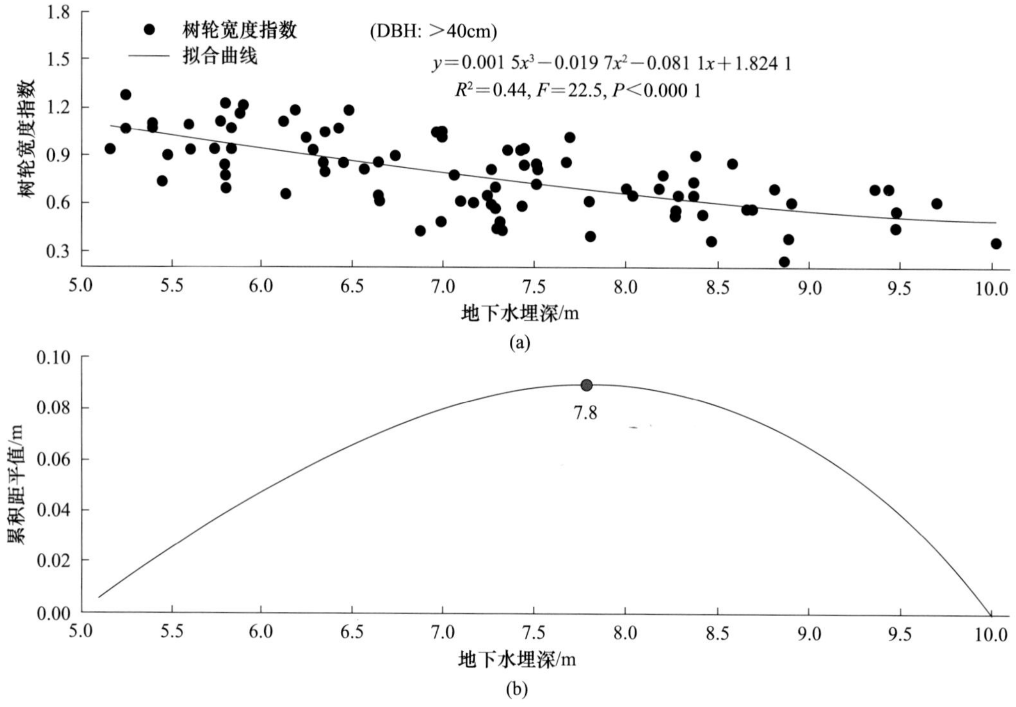

图 4.2.8 胡杨过熟林（胸径大于 40cm）树轮宽度指数与地下水埋深的关系模型及胡杨的适宜水位区间

地下水埋深的增大，胡杨过熟林（胸径大于 40cm）树轮宽度指数呈显著下降趋势（检验统计量 $|Z_c|=10.24>2.58$），表明胡杨过熟林树轮宽度指数对地下水埋深变化具有较好的依赖性。由图 4.2.8（b）可知，胡杨过熟林树轮宽度指数的减少量在大于 7.8m 地下水埋深时相对较小。结合 Mann-Whitney 突变检验（表 4.2.6），在地下水埋深小于和大于 7.8m 两个水位区间时，胡杨过熟林树轮宽度指数减少量的平均值由 0.015 减小至 0.007，且检验统计量为 −6.02（$|Z_c|>2.58$），呈显著减小性突变。因此，胡杨过熟林（胸径大于 40cm）的胁迫水位为 7.8m。

5．地下水与植被盖度及种数模拟

塔里木河流域地处我国西部干旱区，特殊的干旱环境造成降水对植被生长的影响微乎其微，绝大多数天然植被生长所需的水分主要依靠地下水。由于地表径流量时空分布的巨大差异，从上而下沿河道周围的地下水位呈现逐渐下降的趋势。从中游上段的 2m 左右逐渐下降到下游下段的 12m 左右。相应地，在不同水位梯度条件下，地表植被长势也表现出相应的变化特点（图 4.2.9 和图 4.2.10）。

图 4.2.9 和图 4.2.10 是根据地下水位监测资料（2001 年 10 月测）和对应的植被样地资料进行回归分析的结果。由于不同种属植物的抗旱性能及生长所要求的地下水位不同（表 4.2.7），因此在不同的水位梯度上植被长势和出现的植物种也不同。

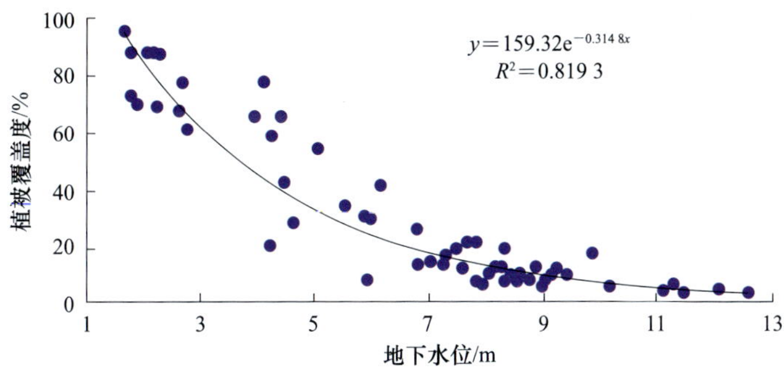

图 4.2.9　地下水位与植被覆盖度之间的回归分析

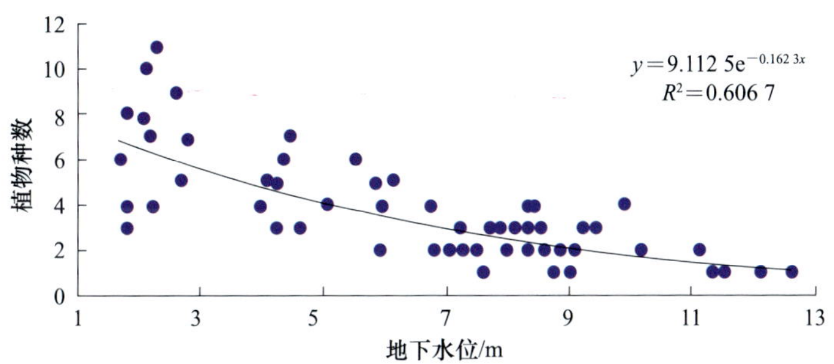

图 4.2.10　地下水位与植物种数的回归分析

表 4.2.7　塔里木河下游主要植被生长状况所对应的地下水位

植物种	主要根系分布深度 /m	生长良好的地下水位 /m	生长不良的地下水位 /m	大部或全部死亡的地下水位 /m
胡杨	<7.0	1.0～4.0	5.0～6.0	一般>8.0
柽柳	<5.0	1.0～6.0	>7.0	一般>10.0
芦苇	0.5～1.0	1.0～3.0	>3.0	一般>3.5
甘草	1.0～2.0	1.0～3.0	>3.0	一般>4.0
骆驼刺	>4.0	1.0～4.0	>4.0	一般>5.0
盐穗木	<1.6	1.0～2.5	>3.0	一般>3.5
铃铛刺	1.0～3.0	2.0～4.0	>4.0	一般>5.0
罗布麻	2.0～3.0	1.5～4.0	>4.0	一般>5.0
花花柴	>3.0	1.0～3.0	>4.0	一般>5.0
尖果沙枣	0.5～2.5	1.0～4.0	>5.0	一般>6.0
盐节木	1.0～2.0	1.0～2.5	>3.0	一般>4.0

地下水主要采取向上运移的形式补充土壤水分来满足植物的需要。当地下水埋深较高时，植物的根可直接吸收、利用地下水。埋深较低时，地下潜水通过毛管作用向地表运动，而影响各层土壤含水量，进而间接影响了植物的生长及群落状况。当埋深

更低超过蒸发极限时，地下潜水很少通过毛管作用向上运动，其对地表各层土壤的含水量的影响甚微以至难以影响地表的植被。

不同种属的植物对于干旱忍耐程度及地下水变化幅度的适应是不同的，这是由不同植物的结构与生理功能决定的。浅根系植物只能吸收利用土壤剖面上部各层土壤中的水分，深根系植物则可吸收利用较深层次土壤中的水分。地下水位埋深较浅时，因毛管水顶面接近地表，蒸发强烈，剖面上部各层土壤盐分积累严重，造成盐渍化。当土壤水中盐的浓度超过植物根细胞中细胞质盐浓度时，植物则无法吸收水分，形成生理干旱。不同种属植物由于其结构与生理功能的差别，而具有不同的生理干旱的阈值。因此，构成了地下水、土壤水与天然植被三者间错综复杂的关系。根据调查，本区多数草本植被出现区域的地下水位一般在 3.5m 以上，而当水位在 3.5～5.0m 时，只能发现一些耐旱能力较强的罗布麻、胀果甘草、骆驼刺和少量长势不佳的芦苇，随着水位的继续下降，只有零星草本出现。当地下水位为 2.0～4.0m 时，可以发现许多长势旺盛的灌木，如铃铛刺、柽柳、黑刺；地下水位为 4.0～6.0m 的地区，铃铛刺、黑刺开始大面积死亡；地下水位在 9m 以下时，只有胡杨的过熟林和断断续续分布的柽柳；而地下水位在 12m 以下时，地表除了能见到低矮稀疏的刚毛柽柳外，基本看不见其他植物。从群落类型看，地下水位在 2.0～3.5m 时，群落类型以胡杨＋柽柳＋芦苇群 落、 芦苇＋柽柳＋甘草群落为主,植被盖度一般在40%左右；地下水位为3.5～5.0m 时，群落类型以胡杨＋柽柳＋罗布麻群落、黑刺＋柽柳群落为主，植被盖度基本在 10%～30%；当地下水位为 5.0～12.0m 时，群落类型以胡杨＋柽柳群落、或者单一的胡杨林，植被盖度基本在 20% 以下；当地下水位超过 12.0m 时，地表仅残存个别植株。

这些可以从不同地下水位下的植被盖度和植被种类变化上得到反映。从图 4.2.9 可以看出，植被盖度的变化与地下水位变化呈现出非常好的相关性，随着地下水位的下降，植被盖度以指数形式下降，二者的相关性 R^2＝0.819 3，P＜0.01，说明本区植被生长主要依靠地下水的补给；与此同时，随着地下水位的变化，样地内植物种类也逐渐下降，由最高的一个样地出现 12 种降到只剩下 1 种植物，说明水分条件的恶化，群落结构趋向单一。

作为塔里木河流域荒漠河岸林最主要的建群植物，胡杨生长不同时期对水分的要求也差异较大，实生胡杨幼林皆发生在河漫滩地上，其地下水埋深一般为 1～3m，胡杨幼林表现出良好的生长势头。随河水改道迁移，形成现代冲积平原 1～2 级阶地，此阶段的地下水埋深一般为 3～5m，此时的胡杨林正处于中龄阶段，生长势头最旺。分布在古老冲积平原高阶地上的胡杨林为近熟林，地下水埋深一般 5～8m，其长势明显低于中龄林。胡杨的成熟林与过熟林，皆分布在古老冲积平原上，地下水埋深多在 8m 以下，其长势最差，树高几乎停止生长，呈现出一副衰败景象（表 4.2.8）。

表 4.2.8　胡杨林立地条件与林分生长的关系

类型	幼龄林	中龄林	近熟林	成（过）熟林
地形	河漫滩	现代冲积平原（1 级、2 级阶地）	古老冲积平原（高阶地）	古老冲积平原
地下水埋深 /m	1～3	3～5	5～8	>8
胡杨林生产率 / [m^3/（hm^2・a）]	2.2	3.4	2.8	2.1
林分郁闭度	0.7	0.8	0.5	0.2～0.3

可见，地下水位与土壤含水量对胡杨的分布与生长有着明显的影响，地下水埋深为 3～5m 时其状态最好。地下水埋深低于 8m 时，生长甚微，林分郁闭度最差，呈现衰败景象。综合这些特点，结合在不同水位下对塔里木河流域主要建群植物长势的调查，可以得出主要植物在不同地下水位条件下的分布概率曲线（图 4.2.11）。

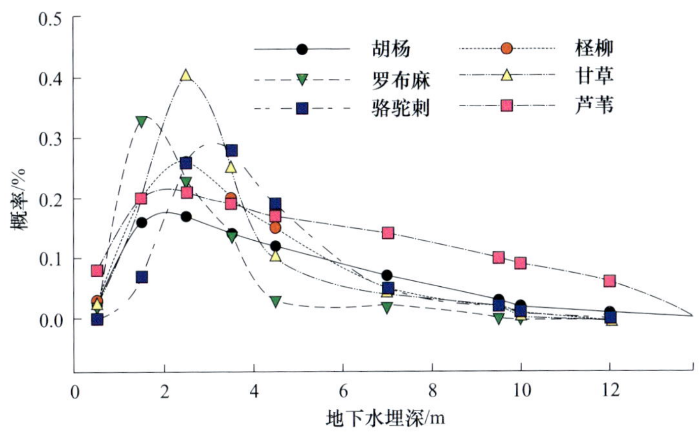

图 4.2.11　塔里木河流域主要植被在不同水位下的概率曲线

6. 地表径流量与 NDVI 指数模拟

前面已经分析了塔里木河流域水文过程和不同区段河道耗水量的变化特点。从水资源利用来看，随着塔里木河源流和上游用水量的不断增加，塔里木河中下游的来水量日趋减少，而这一特点和变化趋势是如何反映在生态环境演变过程中的？为此本节利用遥感资料对二者的关系进行分析和探讨。

（1）遥感资料获取

植被指数是遥感监测地面植物生长和分布的一种方法。当遥感器测量地面反射光谱时，不仅可测得地面植物的反射光谱，还可以测得土壤的反射光谱。当光照射在植物上时，近红外波段的光大部分被植物反射回来，可见光波段的光则大部分被植物吸收，通过对近红外和红波段反射率的线性或非线性组合，可以消除背景反射光谱的影响，得到的特征指数称为植被指数（vegetation index）。由于植被的自然生长具有明显的季节性变化特征，生长期的生物量与非生长季节的生物量有很大的差异，相应的植

被指数也有着非常好的季节性变化特征，这些特征在遥感影像上有非常明显的表现。图 4.2.12 所示为研究区 2000 年 2 月和 9 月的 TM 数据。

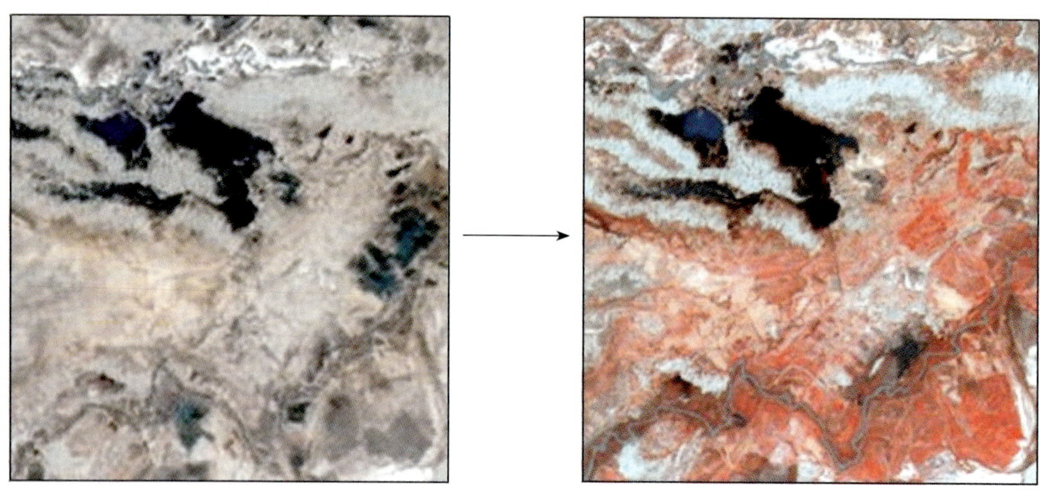

图 4.2.12　植被季节变化（2000 年 2 月和 9 月）在遥感影像上的反映

（2）分析方法

目前时间较长的连续的高时间分辨率的可用的遥感数据只有 NOAA /AVHRR 数据，即覆盖全球的归一化植被指数（the normalized difference vegetation index，NDVI）时间序列数据集。本节研究采用 1981 年 8 月～2001 年 7 月共 20 年 10d 的无云覆盖区域的合成数据，其空间分辨率为 0.1 度。

NDVI 的计算公式如下：

$$NDVI = NDVI_{max} - NDVI_{min} \tag{4.2.1}$$

式中，NDVI 为给定的像素单元的年内 NDVI 差值；$NDVI_{max}$ 为年内最大值；$NDVI_{min}$ 为年内最小值。

年内最大 NDVI 值和最小 NDVI 值的差值代表年内生物量变化情况。若年内差值 NDVI 越大，说明该像素单元一年内的生物量变化越大，说明其长势越好；若年内差值 NDVI 越小，其生物量变化越小，说明其长势越差。若常年 NDVI 值保持增加的趋势，则说明其发展趋势向好的方向发展；若 NDVI 值越小说明越趋向于衰败的趋势；若 NDVI 值保持一定的水平说明该像素单元的长势多年来保持稳定。

（3）径流量与植被 NDVI 关系模拟

从塔里木河干流最大归一化植被指数（图 4.2.13）的分区结果看，根据野外实地调查和遥感资料对比，考虑归一化指数 NDVI（0～5）基本反映了塔里木河干流区的裸地和沙地的植被年度变化、NDVI（5～20）代表灌、草等的植被变化、而 NDVI（20～40）和 NDVI（40～100）分别代表了林地和农田的植被变化；从不同区段的 NDVI 像素单元数量变化（图 4.2.13）看，不同分区的像素单元在 20 年时间里表现出不同的变化特点。归一化

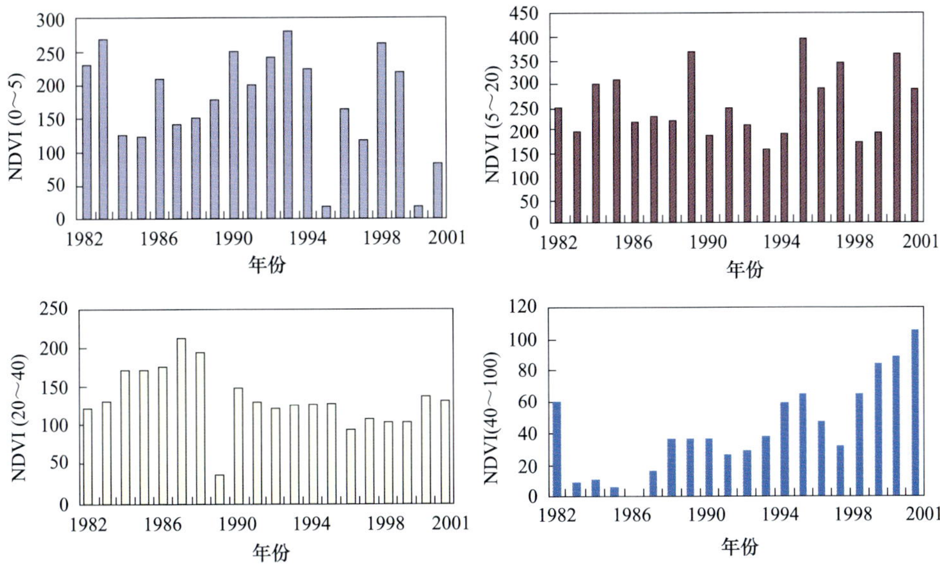

图 4.2.13 1982～2001 年塔里木河干流 NDVI 指数

指数在 0～5 分区的像素单元数量在 1982～2001 年间总体变化呈现下降的趋势，说明从整个干流看，裸地和沙地的面积存在轻微的减少趋势，回归方程为：$y=-3.973\,7x+215.47$，其中 y 为年像素单元数，x 为时间；但是这种趋势无论从相关性还是显著性都不能满足统计检验的要求。总体表现为年度的波动较大（表 4.2.9）；从时间的分布看，两个最低值分别出现在 1995 年和 2000 年，如果单从它的变化特点看，很难解释出现的原因，但是如果考虑到 1994 年是塔里木河干流在研究时段内来水量最大的一年，而 1999 年又是塔里木河下游开始实施生态输水的元年，那么有理由相信裸地和沙地面积变化确实与流域水资源条件存在密切的关系。

表 4.2.9 塔里木河干流 NDVI 的不同分区数据描述

NDVI	0～5	5～20	20～40	40～100
平均	173.75	257.45	133.05	38.7
标准误差	17.50	15.86	8.69	6.91
中值	187	239.5	128	31.5
峰值	−0.250 6	−0.893 5	1.404 0	−0.408 0
偏度系数	−0.668	0.538 3	−0.168 4	0.742 7
变异系数	0.450 4	0.275 4	0.292 3	0.798 9
置信度（95.0%）	36.63	33.19	18.20	14.47

从归一化指数图 4.2.13 的灌草植物的变化规律看，总体上表现为增加的趋势，回归方程为：$y=1.883\,5x+237.67$，其中增加最明显的是 1994～2001 年，平均为 281.25，比

1982～1993 年的平均值增加了 16.4%。这与流域水文过程分析的 1994 年以来源流区径流量增加和干流来水量 10 年平均增加 1 亿 m^3 大致吻合；对照同时期全疆低覆盖度草地面积在 20 世纪 90 年代增加的实际，说明覆盖率较低的灌草地面积也与流域水文条件变化的趋势相一致。但是，从反映高覆盖度草地和林地的 20～40 区间的像素单元数目的变化看，则呈现较明显的下降趋势（1999 年输水后稍有好转），考虑到高覆盖度灌草地和林地面积是塔里木河干流生态环境转变最有效的环境指标，说明在塔里木河干流地区生态环境退化仍然是主基调。同样从干流区中下游来水量持续下降看，和这一区间主要集中在塔里木河中下游河段看，二者也是基本符合的，说明流域水文过程决定了环境演变的方向。那么这些水在上游利用的结果是什么？这可以从 40～100 反映农田生物量变化的像素单元素呈现指数形式的增长趋势得以验证，表明水资源大量利用的结果是耕地面积的不断增加。

从植被 NDVI 不同区间的变化特点看，它与地表径流量存在一定的联系。这一关系如何描述？为了更清晰地反映水资源状况和生态环境的变化，本节将塔里木河干流不同时期的来水量与反映林草地指数和低覆盖度草地的像素单元数分别进行了回归分析，结果如图 4.2.14 和图 4.2.15 所示。

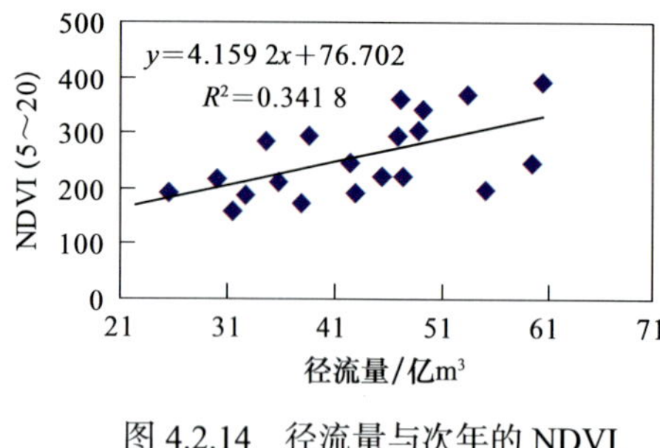

图 4.2.14　径流量与次年的 NDVI 关系

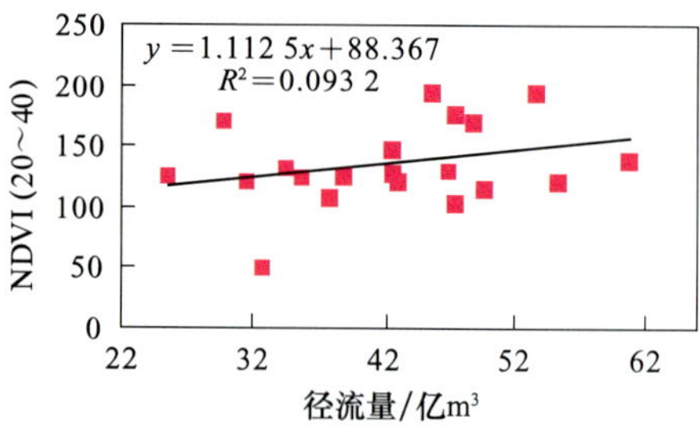

图 4.2.15　径流量与当年的 NDVI 关系

从林、灌、草等天然植被的 NDVI 与来水量的关系看，最大归一化指数在 5～20 的像素单元数量与当年来水量的相关性不如与前一年来水量的相关性好，因此将它与前一年的径流量资料进行相关性分析和显著性检验（表 4.2.10）。从相关性结果看，与上游、中游、下游 3 个主要监测站的年径流量的相关性分别是 0.645、0.582 和 0.661，而显著性水平均满足≤0.01 的要求，说明前一年水情的好转是第二年灌草植物长势好转的一个重要的保障。从统计的时间看，灌草植物对径流量好转的响应滞后时间为半年，这很可能与本区灌草植物根系分析深度相对较浅，河水转化为地下水再到土壤水有一个时间过程有关。而对于根系较深的胡杨林地，随着来水量的增加，当年植被长势就出现好转，这就是 NDVI 在 20～40 的像素单元数与前一年的关系不如与当年的水分条件关系好的原因。当然这项研究在国内外均少有先例，进一步的分析还有待加强。但是，从上面的初步研究结果可以看出，作为生态环境演变最直接标志的地表植被长势的变化，在通过遥感分析得到整体变化的同时，如果单研究植被指数的时间序列变化特点是很难理解它的特点，这说明不仅可以从水文过程来分析环境演变，还可以从环境变化的指标来验证水文过程分析结论的可靠性，同时在干旱地区解释环境变化的原因时不能离开对水文条件的分析。总之流域水文过程与生态环境演变是干旱区生态学研究中不可分割的一个整体。这也就是本研究揭示流域水文过程与水生态关系模拟的原因所在。

表 4.2.10　塔里木河干流径流量与次年植被 NDVI 各分类段像素单元的相关性

地区	相关性				地区	显著性			
	0～5	5～20	20～40	40～100		0～5	5～20	20～40	40～100
阿拉尔	−0.552	0.645	−0.129	0.066	阿拉尔	0.007	0.001	0.299	0.394
新其满	−0.446	0.582	−0.142	−0.042	新其满	0.028	0.004	0.281	0.432
英巴扎	−0.555	0.661	−0.044	−0.075	英巴扎	0.007	0.001	0.429	0.380

7．不同离河距离天然植被分布及生态需水模拟

（1）天然植被分布模拟

在塔里木河流域，天然植被群落是河道外生态系统的主体，也是流域生态系统最主要的保护对象。流域天然植被分布随水资源的时空分布变化而变化，因而分析不同离河距离下天然植被的分布频率，对不同水资源条件下制定相应的天然植被保护范围和目标，提出合理的生态输水方案具有重要意义。同时，考虑到流域段 5 天然植被主要分布在距河道 1～3km 之内，不适宜进行大尺度的频率统计分析，因此，我们着重研究段 1～段 4 的天然植被分布频率特征。利用 ArcGIS 10 的空间分析工具，提取距河道每 1km 的天然植被面积，并通过距河道不同宽幅下的天然植被面积占总面积的比率确定每 1km 天然植被分布频率。进而，对每 1km 频率值进行累加，得到塔里木河干流天然植被累积分布曲线（图 4.2.16）。

根据图 4.2.16，塔里木河干流天然植被面积总体表现出随离河距离增加呈波动的下降趋势，波峰处反映出该区域水分条件较好，除了主河道附近水分条件较好天然植被面积较大外，古河道和支流的影响也会导致植被面积的增加。段 1～段 4 北岸天然植被分布宽度皆大于南岸。对图 4.2.16 中不同离河距离下天然植被累积分布频率的拟合方程进行求解，得到塔里木河干流各河段两岸天然植被分布范围（图 4.2.17）。具体而言，段 1 北岸 90% 以上的天然植被主要分布在距河道 26～35km，而南岸在 19～33km；段 2 北岸 90% 以上的天然植被分布宽幅为距河道 31～35km，而南岸在 16～34km；段 3 北岸天然植被分布宽幅最大，90% 以上的天然植被分布在 33～43km，但南岸分布宽幅为 12～34km；段 4 北岸 90% 以上的天然植被分布宽幅为距河道 28～37km，而南岸在各河段南北岸中分布最窄，仅为 9～25km。

（2）不同离河距离天然植被生态需水模拟

在塔里木河，农业灌溉主要依靠渠道引用地表水补给，而河道渗漏水量以转化为地下水的方式满足荒漠河岸植被的生态需水要求。根据塔里木河荒漠河岸植被的生态

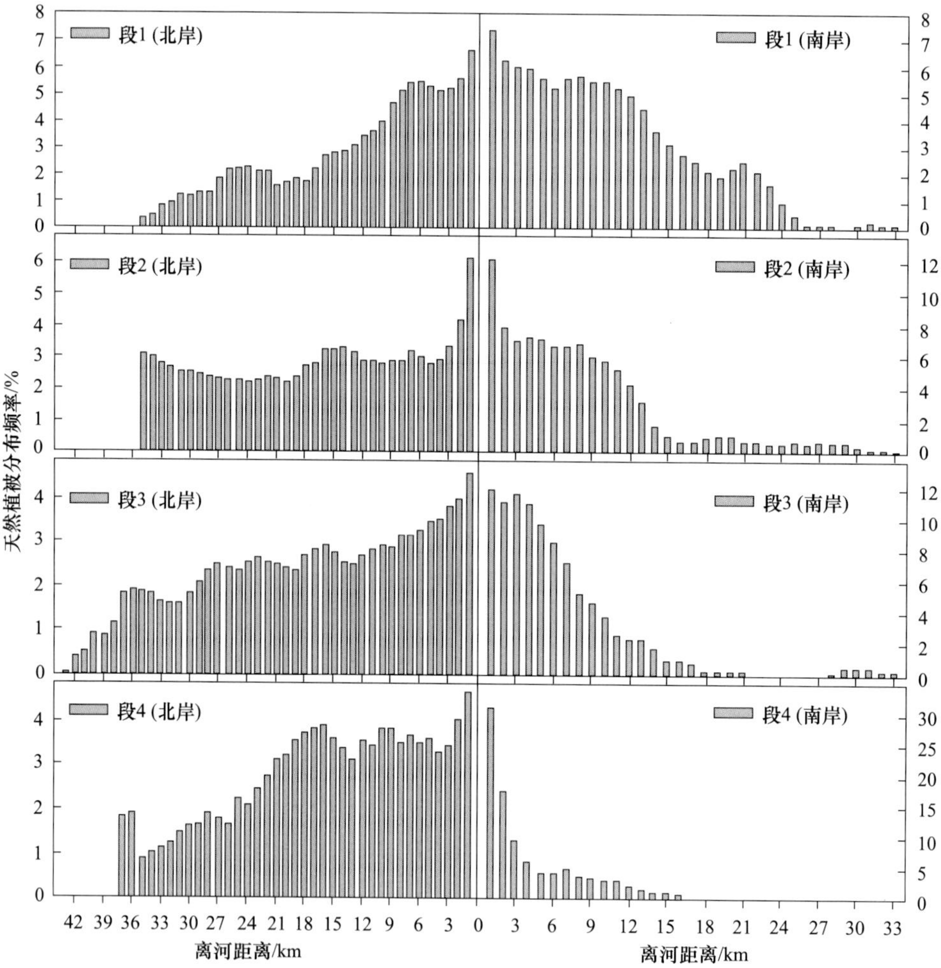

图 4.2.16　塔里木河干流天然植被频率分布

需水量空间分布图，利用 ArcGIS 10.0 的缓冲区分析，每间隔 1km 提取了河道南北岸的生态需水量（图 4.2.18）。

由图 4.2.18 可知，在塔里木河 4 个河段的南北河岸，不同离河距离与生态需水量存在显著的正相关关系（$R^2 \geqslant 0.9$，$P < 0.000\,1$），表明根据生态水供给量来推算可保障的荒漠河岸植被宽幅（即荒漠河岸植被的离河距离）是可行和准确的。在确保塔里木河上中游荒漠河岸植被生态需水的前提下，提出适宜的生态水供给方式及水量，对维系河道两岸荒漠河岸植被的生态系统稳定具有重要意义。

8．地下水与沙漠化多元回归模型

沙漠化作为极其重要的环境和社会问题正困扰着当今世界，威胁着人类的生存和发展。塔里木河下游地区是我国沙漠化最严重的地区之一，作为内陆河流下游地区的沙漠化典型代表，本节利用多元回归的方法来分析地下水与土地沙漠化的关系。

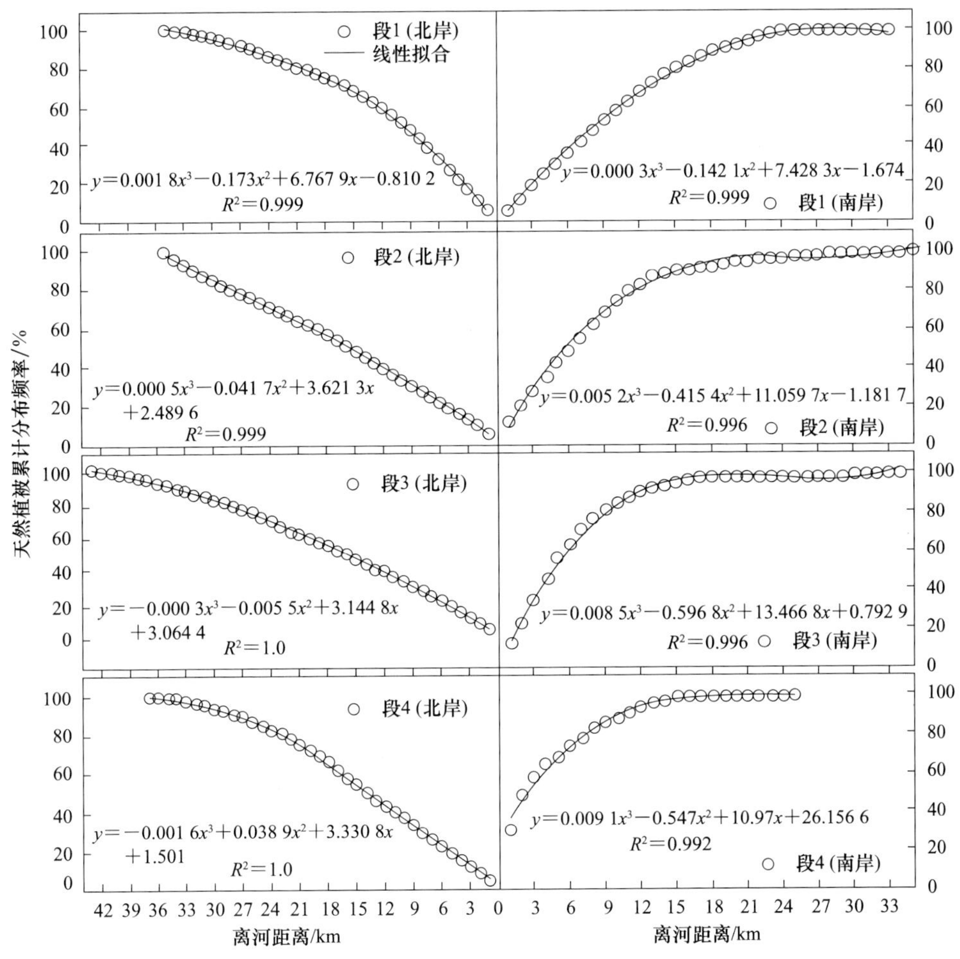

图 4.2.17 不同离河距离天然植被累计分布频率模拟

（1）沙漠化发生的原因

任何一种环境，其构成因子都是相互影响与制约的。在沙漠化发生的地区，干旱缺水是起主导作用的限制因子，水分缺乏及水分状况的不稳定限制了有机体的生长繁衍，这是沙漠化地区生态环境最明显特点之一。而有松散沙物质是地表的原生脆弱性，是沙漠化之所以产生的内因；干旱多风则是沙漠化产生的外部条件。内因和外因构成了潜在的环境不稳定因子的复合体。而这种不稳定因子复合体又存在于水分匮乏和不稳定的环境中，从而构成叠加的不稳定增值效应。而在塔里木河下游干旱缺水、地处河湖冲积平原下游具有丰厚的沙物质及多风的环境背景造成塔里木河下游具备了这 3 个条件，那么沙漠化发生是通过哪些因子表现出来的？首先要对这些因子进行筛选。

（2）研究方法

为了掌握塔里木河下游沙漠化状况，对塔里木河下游生态与环境做了长期调查与

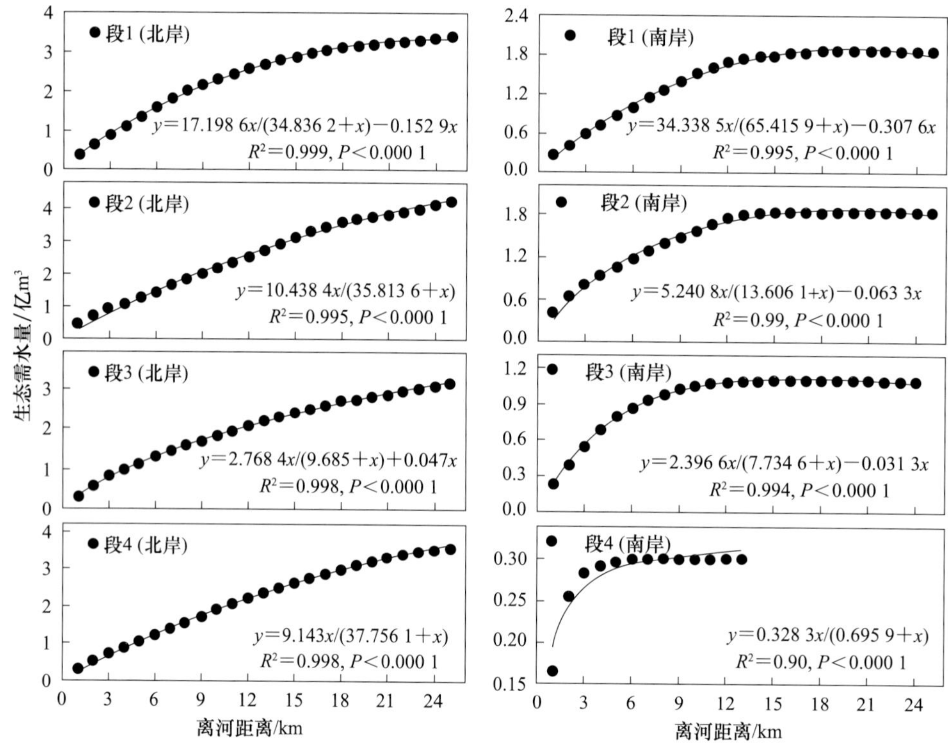

图 4.2.18　不同离河距离天然植被生态需水模拟

监测。主要内容包括地下水位、土壤含水率、土壤盐分、植被盖度、长势、种类、海拔、经纬度等。

根据 1984 年，联合国粮农组织和联合国环境规划制定的《荒漠化评价与制图方案》中的分级原则，将荒漠化分为 4 个等级，即轻、中、重和极重 4 级（董玉祥和陈克龙，1995），并参考了国内关于沙质荒漠化等级的划分方法，在咨询专家后进行沙漠化等级确定。通过 SPSS 地学统计软件，采用向后剔除法，对各环境因子和沙漠化的关系进行多元回归统计和分析。

考虑到各因子单位不同，无法直接进行比较和统计，故先对数据进行标准化处理。方法为：$Z=Z_n/Z_{\max}$，其中 Z 为处理后数据，$Z\in[0,1]$；Z_n 为第 N 项环境因子处理前数据，$Z_{\max}$ 为第 N 项环境因子中最大者，$N\in[1,9]$。处理后数据见表 4.2.11。

表 4.2.11　塔里木河下游样地调查资料

样地号	沙漠化程度	环境因子 Z							流沙比例 /%	土壤含水率 /%
		海拔	地下水位	纵向距离	植被盖度	植被种类	横向距离	左右岸		
1	轻度	0.98	0.47	0.07	0.9	0.83	0.05	0.5	0.08	0.74
2	轻度	0.99	0.44	0.07	1	1	0.05	1	0.10	1

续表

样地号	沙漠化程度	环境因子 Z							流沙比例 /%	土壤含水率 /%
		海拔	地下水位	纵向距离	植被盖度	植被种类	横向距离	左右岸		
3	轻度	0.991	0.54	0.07	0.72	0.67	0.14	1	0.13	0.63
4	轻度	0.98	0.47	0.07	0.86	0.67	0.24	1	0.18	0.79
5	中度	0.97	0.37	0.07	0.62	0.5	0.24	1	0.20	0.56
6	中度	0.98	0.61	0.14	0.55	0.5	0.05	0.5	0.24	0.53
7	中度	0.98	0.62	0.14	0.45	0.5	0.05	1	0.26	0.52
8	重度	0.98	0.59	0.14	0.38	0.33	0.14	1	0.35	0.46
9	重度	0.98	0.66	0.14	0.24	0.33	0.24	1	0.51	0.47
10	重度	0.97	0.47	0.23	0.15	0.33	0.22	1	0.63	0.33
11	中度	0.98	0.66	0.23	0.28	0.67	0.05	0.5	0.25	0.47
12	中度	0.98	0.79	0.23	0.24	0.67	0.14	0.5	0.22	0.55
13	中度	0.99	0.33	0.23	0.21	0.5	0.24	0.5	0.28	0.58
14	中度	0.99	0.64	0.23	0.17	0.5	0.33	0.5	0.36	0.49
15	中度	0.98	0.65	0.23	0.24	0.5	0.43	0.5	0.41	0.48
16	重度	0.99	0.56	0.23	0.31	0.33	0.71	0.5	0.3	0.49
17	中度	0.97	0.6	0.23	0.24	0.17	1	0.5	0.5	0.54
18	重度	0.97	0.67	0.28	0.17	0.67	0.05	0.5	0.3	0.46
19	重度	0.98	0.57	0.28	0.28	0.5	0.14	0.5	0.34	0.47
20	中度	0.99	0.58	0.28	0.38	0.33	0.24	0.5	0.38	0.57
21	中度	0.97	0.73	0.34	0.17	0.5	0.05	0.5	0.3	0.55
22	重度	0.98	0.75	0.34	0.17	0.5	0.14	0.5	0.35	0.38
23	重度	0.97	0.67	0.34	0.07	0.5	0.24	0.5	0.36	0.45
24	重度	0.96	0.54	0.34	0.28	0.33	0.52	0.5	0.58	0.62
25	重度	0.98	0.63	0.34	0.03	0.33	0.81	0.5	0.68	0.5
26	重度	0.98	0.73	0.41	0.24	0.5	0.05	0.5	0.57	0.4
27	极度	0.97	0.72	0.41	0.1	0.33	0.14	1	0.48	0.41
28	中度	0.97	0.71	0.41	0.03	0.17	0.24	0.5	0.75	0.26
29	重度	0.95	0.7	0.57	0.24	0.33	0.05	0.5	0.28	0.43
30	重度	0.96	0.91	0.57	0.13	0.17	0.05	0.5	0.58	0.26
31	重度	0.96	0.88	0.57	0.12	0.33	0.19	0.5	0.59	0.28
32	极度	0.95	0.62	0.57	0.06	0.5	0.48	0.5	0.41	0.32
33	重度	0.95	0.81	0.57	0.03	0.33	0.76	0.5	0.49	0.33
34	极度	0.95	0.66	0.82	0.1	0.5	0.1	0.5	0.88	0.37
35	重度	0.96	0.68	0.82	0.14	0.33	0.29	0.5	0.64	0.35
36	极度	0.95	0.69	0.82	0.1	0.17	0.48	0.5	0.98	0.23
37	极度	0.95	0.96	1	0.1	0.17	0.1	0.5	0.86	0.23
38	极度	0.95	0.9	1	0.03	0.17	0.29	0.5	0.72	0.27
39	极度	—	1	1	0	0.17	0.48	0.5	1	0.21

（3）多元回归模型分析

根据多元回归理论，选择影响因变量的自变量，在此基础上进行相应的统计调查，对表 4.2.11 的统计资料，依据一定的统计方法得出回归模型。将不显著的自变量剔除，最终达到模型中只包含显著变量且变量间构成最优组合，即总体模型的 F 值最大化。在此，采用 BACKWARD（即向后剔除变量法），其基本思路是将 P 个自变量全部选入回归模型，估计回归系数，给定显著性水平，一般 $F=4$（即 $t=2$），按一定的标准做假设检验，去除最小 $|t_j|$，如果 $|t_j|<t_{a/2}$；$N-P-1$，将其余的 $P-1$ 个自变量再做回归模型，并估计回归系数（一般选择 a 值为 0.1），依据该步骤依次进行下去，直到所有变量的 $|t_j|<t_{a/2}$。基本过程见表 4.2.12，方程中字母的含义参见表 4.2.13。

表 4.2.12　自变量进入或从模型中剔除过程

步骤	变量进入	变量剔除
1	变量 10、变量 7、变量 8、变量 3、变量 2、变量 9、变量 6、变量 5、变量 4	
2	.	变量 7
3	.	变量 6
4	.	变量 4
5	.	变量 8
6	.	变量 2

表 4.2.13　方程中字母代表的环境因子对照

变量名	变量 2	变量 3	变量 4	变量 5	变量 6	变量 7	变量 8	变量 9	变量 10
环境因子	海拔	地下水位	纵向距离	植被盖度	植被种类	距河远近	河左右岸	流沙百分比	土壤含水率
回归方程中代表的字母	B	C	D	E	F	G	H	M	N

根据 BACKWARD 选项，依据设置的判据，每次剔除一个在方差分析中 F 值最小的自变量，直到回归模型中不再含有不符合判据的自变量为止。当一个变量的显著性水平≤0.05 时，该变量被引入回归方程中，当显著性水平≥0.1 时该变量被剔除。此时的置信概率是 0.95。

本例中，变量 7 首先从回归模型中被剔除，随后变量 6、变量 4、变量 8、变量 2 依次被剔除。最后剩下的变量 3、变量 5、变量 9、变量 10 均显著且构成最优组合。

根据这一基本回归思路，通过 SPSS 分析计算得出 6 个回归模型，具体如下：

① $y=11.42-7.504B-1.434C-0.143D-1.166E+0.119F+0.061G+0.326H+1.523M-2.272N$

② $y=11.577-7.633B-1.453C-0.156D-1.191E+0.068F+0.311H+1.539M-2.2N$

③ $y=11.725-7.764B-1.452C-0.151D-1.185E+0.309H+1.511M-2.16N$

④ $y=10.652-6.645B-1.52C-1.198E+0.326H+1.435M-2.162N$

⑤ $y=8.765-4.423B-1.603C-0.992E+1.5M-2.385N$

⑥ $y=4.44-1.517C-0.953E+1.585M-2.562N$

式中，y 为计算出的沙漠化程度，分为潜在轻度沙漠化、中度沙漠化、重度沙漠化、极度沙漠化分别用数字 1、2、3 和 4 代替。其余字母的含义参见表 4.2.13。

通过分析不难看出，在塔里木河下游地区，由于断流时间较长，流水地貌的衰退，河道对阻止沙漠化的作用已经非常微弱。因此，距河远近因子、河左右岸等因子从回归模型中被剔除。在塔里木河下游，由于植被的发生过程主要依托洪水过程，造成植被空间分布的斑块特点，在不同地带分布的植被情况是不同的，有些地区虽然植被的种类较多，但以一年生草本植被为主且长势不佳，而另外一些地区植被单一，但以稳定性植被 - 胡杨和红柳为主，盖度相对较高。因此，单从植被种类多少上也不能完全衡量该地区的沙漠化程度的轻重，所以也被模型剔除。塔里木河下游地区的沙漠化程度虽然与断流时间（纵向距离）的远近（长短）有关，但本节中所选样地一般距河较近，造成这一特点在小尺度上表现不是很显著。而海拔高度本身不是引起沙漠化的限制因子，被剔除也是必然的。

为更加确切地说明回归模型的建立是否合适，以确认建立的回归模型是否很好地拟合了原始数据，即该回归方程是否有效，本节进行了回归方程的显著性检验。具体参数见表 4.2.14。

表 4.2.14　塔里木河下游沙漠化回归方程显著性检验

模型	相关性	相关平方（R^2）	调整后的相关平方	F 值	显著性水平
1	0.915	0.837	0.786	16.53	0.000
2	0.915	0.837	0.793	19.217	0.000
3	0.915	0.837	0.800	22.682	0.000
4	0.915	0.836	0.806	27.25	0.000
5	0.912	0.833	0.807	32.823	0.000
6	0.911	0.831	0.811	41.67	0.000

从表 4.2.14 可以看出，这 6 个回归方程的相关程度很高，分别是 0.915、0.915、0.915、0.915、0.912、0.911，相关平方＝回归平方和 / 总平方和，是判定线形回归直线的拟合优度的系数，在此均大于 0.831，说明因变量沙漠化程度的变异中有超过 83% 的变化是由这些环境因子引起的，其中调整后的相关平方是指消除变量个数影响后的

R^2 的修正值。校正后的 R^2 分别为 0.786、0.793、0.800、0.806、0.807、0.811，表现为高度相关。从 F 值看，从 16.53 增加到 41.67，说明总体模型的 F 值在不断增大，模型中组合也在不断优化（卢纹岱，2000）。

在模型 6 中，常数项的显著性水平为 0.000（表 4.2.15），自变量中变量 9（流沙占地表百分比）显著性水平最高，为 0.001，植被覆盖度 0.055，地下水位和土壤水含量分别为 0.016 和 0.006，都表现出较高的相关性。t 值为偏回归系数 / 偏回归系数的标准误差。从表 4.2.16 的 t 值看，拒绝回归系数为 0 的假设，表明较好的相关特点。部分相关表明，在排除了其他变量的影响后，当一个自变量进入回归模型后，复相关系数平方的增加量，在此变量 9 的部分相关值最大。而偏相关系数表示在排除其他变量的影响后，自变量与因变量之间的相关程度作为判别哪些变量对因变量具有较大的影响力，从表 4.2.15 可以看出，变量 9 对因变量的影响也最大。

表 4.2.15　模型 6 回归系数分析

变量	标准化系数	t 检验	显著性水平	部分相关	偏相关
常数		6.425	0.000		
变量 3	−0.257	−2.541	0.016	−0.400	−0.179
变量 5	−0.268	−1.987	0.055	−0.323	−0.140
变量 9	0.425	3.841	0.001	0.550	0.271
变量 10	−0.471	−2.948	0.006	−0.451	−0.208

通过进一步分析，可以发现，流沙百分比和植被盖度均是塔里木河下游地区沙漠化程度的直接指征，而地下水位和土壤含水率是该地区沙漠化程度加重的驱动因子，同时考虑到土壤含水率主要受地下水位和蒸发的影响，根据宋郁东等（2000）的研究：地下水位为 1.1～2.4m 时，地下水位与土壤含水率的关系是 $y=0.055\ 2x+16.3$（$R=0.914\ 8$），而当地下水位在 2.4～4.2m 时为 $y=0.063\ 4\ x+8.036$（$R=0.926\ 7$）。因此，可以认为在塔里木河下游引起该地区沙漠化程度加重的最直接原因是地下水的下降。

（二）水分与水生态变化趋势预测

1．不同来水频率下渗漏水量对植被产生影响的距离（宽幅）

根据塔里木河两岸植被生态需水累计频率曲线，计算得到各河段河道渗漏水量所能满足多远离河距离下的生态需水量（图 4.2.19）。另外，根据白元等（2012）的研究成果，塔里木河河道对荒漠河岸植被影响的最远距离在段 1～段 4 分别为 10km、8.1km、4.9km 和 5.0km。因此，4.9～10km 以外荒漠河岸植被的生态需水量主要依靠生态闸放水补给。利用 ArcGIS 10.0 的缓冲区分析，界定了塔里木河各河段河道渗漏水量可保障的荒漠河岸植被生态需水的宽幅（表 4.2.16）。

由图 4.2.19 和表 4.2.16 可知，塔里木河在 10%、25%、50%、75% 和 90% 5 个来水频率下，河道渗漏水量在段 3 北岸可保障的生态需水宽幅最小，分别为 4.7km、4.1km、3.8km、3.7km 和 3.3km；段 1 南岸，可保障的生态需水宽幅最大，分别为 10.0km、10.0km、9.1km、8.0km 和 7.7km；段 3 南岸和段 4 渗漏水量可保障的生态需水宽幅分别为最大影响范围 4.9km 和 5.0km。从南北岸对比分析可知，段 1～段 3 河道渗漏水量可保障的生态需水宽幅在南岸皆大于北岸；具体地，在前后 5 个来水频率，段 1 南岸大于北岸分别达 4.0km、4.2km、4.1km、3.5km 和 3.3km，段 2 南岸大于北岸 1.8km、1.6km、1.4km、1.0km 和 1.0km，段 3 南岸大于北岸 0.2km、0.8km、1.1km、1.2km 和 1.6km。段 4 渗漏水量在南岸和北岸具有相同的生态需水保障宽幅。

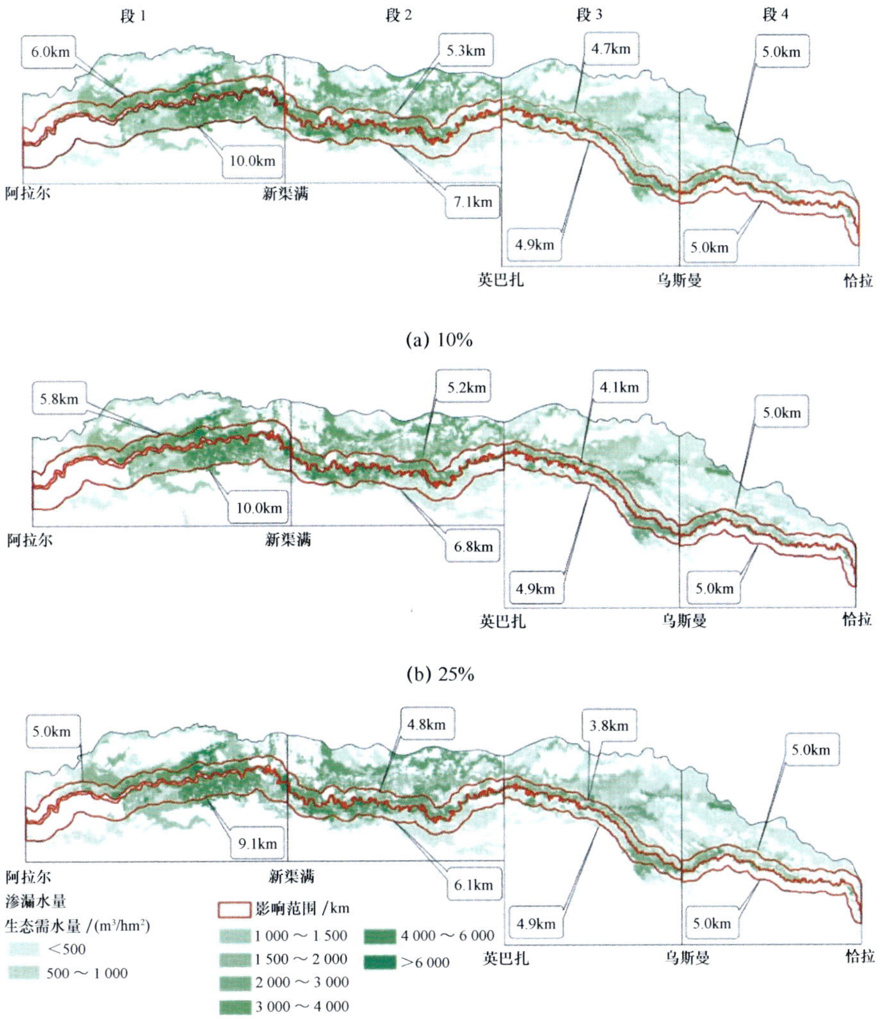

(a) 10%

(b) 25%

(c) 50%

图 4.2.19　不同来水频率下塔里木河渗漏水量影响宽幅模拟

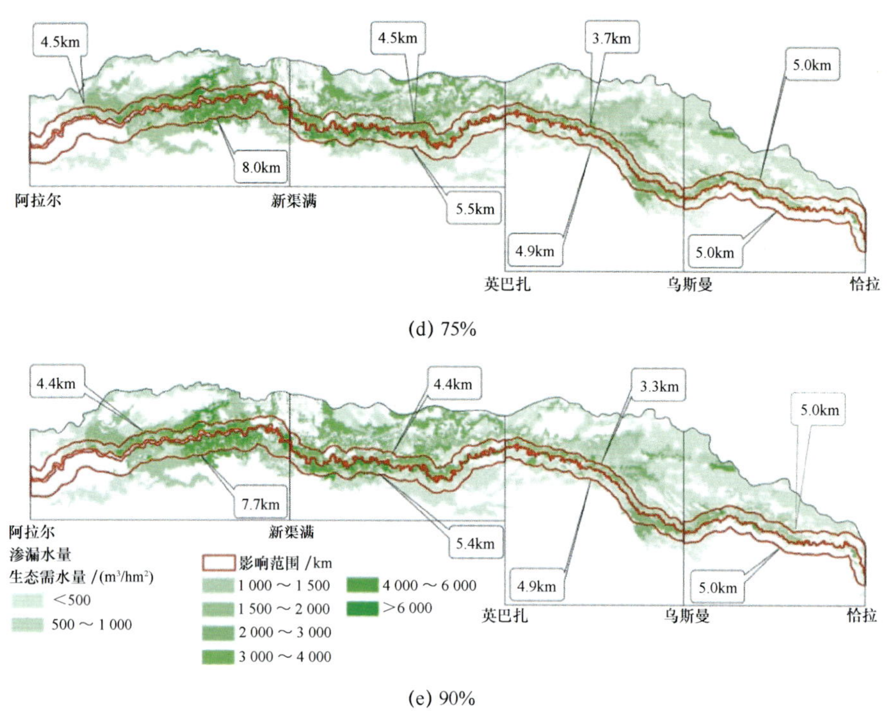

(d) 75%

(e) 90%

图 4.2.19 （续）

表 4.2.16　不同来水频率下渗漏水量影响宽幅

河段	河岸	生态需水量 /（m^3/hm^2）	不同来水频率渗漏水量影响宽幅 /km				
			10%	25%	50%	75%	90%
段 1	北	3.84	6.0	5.8	5.0	4.5	4.4
	南	1.86	10.0	10.0	9.1	8.0	7.7
段 2	北	5.75	5.3	5.2	4.8	4.5	4.4
	南	1.83	7.1	6.8	6.1	5.5	5.4
段 3	北	3.83	4.7	4.1	3.8	3.7	3.3
	南	1.09	4.9	4.9	4.9	4.9	4.9
段 4	北	3.8	5.0	5.0	5.0	5.0	5.0
	南	0.3	5.0	5.0	5.0	5.0	5.0

进一步，基于表 4.2.16 中计算结果，结合塔里木河沿岸植被分布频率曲线及植被面积数据，计算得出依靠渗漏补给的天然植被面积，如表 4.2.17 所示，其余面积的天然植被生态需水需依靠生态闸放水补给。

表 4.2.17 依靠渗漏水量的天然植被面积

河段	依靠河道渗漏补给的天然植被面积 / 万 hm^2				
	10%	25%	50%	75%	90%
段 1	7.712	7.488	6.57	5.974	5.853
	9.766	9.766	9.048	8.121	7.859
段 2	6.411	6.31	5.906	5.601	5.499
	8.619	8.377	7.767	7.194	7.095
段 3	5.054	4.527	4.262	4.174	3.82
	5.022	5.022	5.022	5.022	5.022
段 4	4.011	4.011	4.011	4.011	4.011
	2.04	2.04	2.04	2.04	2.04
合计	48.635	47.541	44.626	42.138	41.199

2．水生态变化预测

根据前面对地下水位与塔河沿岸物种数的模拟的关系模型、地下水位与塔河沿岸植被关系模型，现对未来达到当地植被生态适宜水位时所对应的植被生长状况进行预测，预测结果见表 4.2.18。在适宜水位区间内（3.5～4.5m），植被盖度将达到 38.64%～52.94%，地表植被物种数将达到 4.39～5.16 种；在适宜水位区间内（3.5～4.5m），土壤含水量区间为 9.49%～10.7%。

表 4.2.18 未来塔河植被生长状况预测

各项预测指标	模拟方程	相关性	地下水位（x）/m	y 值
植被覆盖度 /%	$y=159.32e^{-0.3148x}$	$R^2=0.819$	3.5	52.94
			4.5	38.64
物种数 / 种	$y=9.1125e^{-0.1623x}$	$R^2=0.607$	3.5	5.16
			4.5	4.39
土壤含水量 /%	$y=64.898e^{-0.515x}$	$R^2=0.727$	3.5	10.70
	$y=21.147e^{-0.178x}$	$R^2=0.658$	4.5	9.49

二、北疆内陆河流域水分与水生态变化趋势预测

（一）奎屯河流域水资源利用对绿洲空间发展的影响

绿洲发展与水资源总量空间分布与利用情况密切相关。随着绿洲化进程不断推进，绿洲用水人口不断增加，区域内中心城市规模不断扩大、产业结构也随之不断升级，总用水量、用水结构以及用水效率都将发生一系列巨大变化，同时城市以及周边区域

的水资源环境会受到一定程度的影响。水资源对绿洲发展的影响，主要体现在对区域绿洲人口规模、产业发展、土地利用格局、中心城市外部边界形态和内部空间格局等方面。

1．水资源对土地利用格局的影响

水资源对土地利用格局的影响主要表现在对农业生产用地和绿洲建设用地的空间分布和需求制约等方面。农业生产用地可进一步细分为农、林、牧、渔等部门（李昌峰等，2002；李荣常，2013）。为分析奎屯河流域水资源与土地利用变化的影响，首先利用2001～2012年的土地利用现状数据和各行业（部门）用水资源统计数据，采用相关系数法分析两者间相关性如表4.2.19所示。

表 4.2.19　奎屯河流域水资源与土地利用间的相关性

指标	模型参数	耕地	林地	草地	盐碱地
区域用水总量	Pearson 相关性	0.788**	0.826**	−0.770**	−0.799**
	显著性（双侧）	0.007	0.003	0.009	0.006
	N	10	10	10	10
绿洲工业用水	Pearson 相关性	0.595	0.496	−0.629	−0.570
	显著性（双侧）	0.069	0.145	0.051	0.085
	N	10	10	10	10
绿洲生活用水	Pearson 相关性	0.729*	0.759*	−0.715*	−0.739*
	显著性（双侧）	0.017	0.011	0.020	0.015
	N	10	10	10	10
农田灌溉用水	Pearson 相关性	0.794**	0.866**	−0.764*	−0.814**
	显著性（双侧）	0.006	0.001	0.010	0.004
	N	10	10	10	10
农业生产用水	Pearson 相关性	0.637*	0.726*	−0.602	−0.662*
	显著性（双侧）	0.048	0.017	0.066	0.037
	N	10	10	10	10

* 表示在 0.05 显著性水平（双侧）上显著相关；** 表示在 0.01 显著性水平（双侧）上显著相关。

表4.2.19中数据表明，奎屯河流域的用水总量与耕地、林地、草地和盐碱地等主要土地利用类型均在0.01的显著性水平上呈强相关性。其中，用水总量与耕地面积和林地面积强正相关，相关系数分别为0.788和0.826，说明奎屯河流域用水总量随耕地和林地面积的增加而增加，与林地的正相关性更强；草地面积和盐碱地面积与用水总量均呈强负相关关系，相关系数分别为−0.770和−0.799，说明草地和盐碱地的面积增长很可能引起用水总量减少。在干旱区大力推行节水灌溉技术背景下，耕地和林地的

面积增加仍然会带来用水总量的需求增长，水资源胁迫依然存在；相比之下，草地主要依靠地下水资源生长，其消耗的水资源一般并未在用水统计数据上得到体现，盐碱地如果不考虑改良，也几乎可认为是零耗水地类，因此这两类用地面积增加在一定程度上有利于节约用水总量，只不过盐碱地面积增加不利于土地资源节约利用和流域生态安全的改善。

绿洲生活用水与耕地、林地、草地和盐碱地均表现出显著性水平 0.05 上的强相关性，说明这四类土地面积的变化将引起绿洲生活用水发生较大变化。其中，耕地和林地的面积与绿洲生活用水量之间的相关系数分别为 0.729 和 0.759，说明绿洲生活用水量很可能随这两类土地面积增加（减少）而增加（减少）；草地和盐碱地则与前述两类用地相反，与绿洲生活用水的相关系数分别为－0.715 和－0.739，说明随着这两类土地面积的增加或减少，绿洲生活用水量将减少或增加。这是因为，绿洲生活用水增加是城市人口规模增长的一种表现，城市人口增长将会使粮食需求量增加，因此耕地和林地的需求会增加，因此绿洲生活用水与耕地和林地面积呈显著正相关关系；而耕地和林地面积增加，最可能的途径是草地开垦和盐碱地土壤改良，这会导致草地和盐碱地面积减少，因而与草地和盐碱地呈显著负相关关系。

分析这四类土地与农田灌溉用水和农业生产用水（包括林、草地等用水）间的相关系数情况，发现与用水总量和绿洲生活用水间的相关性类似。不同在于，与农田灌溉用水间的相关性具有较高的显著性水平（0.01），与农业生产用水量间的显著性水平为 0.05 且呈中度相关性。尽管如此，各类用水量随各用地类型面积变化的趋势是相似的。需要说明的是，表中土地类型没有反映出与工业用水量之间具有显著相关性；建设用地或与工业用水总量间存在相关性。

为进一步揭示奎屯河流域土地利用变化对水资源利用的影响，根据上述相关性分析结论，进一步利用有关数据制作散点图并拟合了不同土地利用类型面积变化对用水量的函数关系。

图 4.2.20 显示了奎屯河流域主要土地利用类型面积对用水总量的影响，耕地、林地、草地和盐碱地与用水总量间均最接近三次多项式函数关系，拟合优度 R^2 均在 0.9 以上，说明奎屯河流域用水总量随这四类土地的面积变化都将经历一个先增加到某个阈值后减少的过程。其中，用水总量受耕地、林地面积增加的影响主要表现为增加过程，因而这两类土地利用面积与用水总量间表现为正相关性；草地和盐碱地则主要表现为减少过程，故与用水总量间的相关系数小于零。图中显示 27 万 hm^2 和 25.3 万 hm^2 大致是耕地和林地变化影响用水总量的拐点（阈值），在此之前的用水总量处于随耕地、林地面积增加呈持续稳定增加过程，之后则转为随耕地、林地边界增加反而减少；82.60 万 hm^2 和 6.5 万 hm^2 大致是草地和盐碱地影响用水总量变化趋势的阈值，用水总量在此之前的变化趋势为增加，之后则转为减少。

图 4.2.21 是绿洲生活用水量与主要土地利用面积间的函数曲线关系，反映了奎

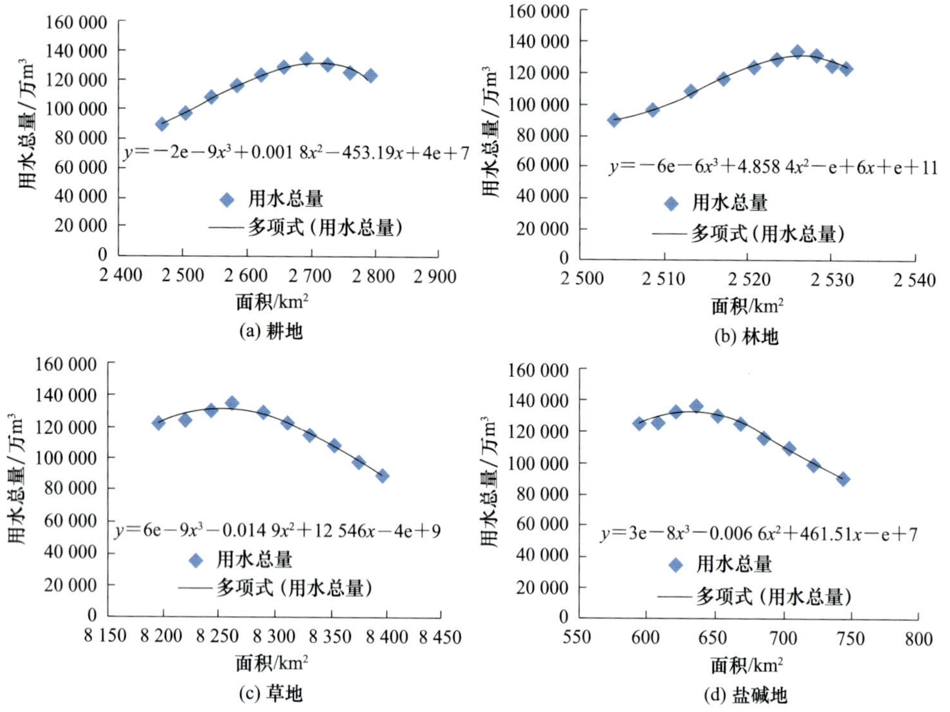

(a) 耕地

(b) 林地

(c) 草地

(d) 盐碱地

图 4.2.20　用水总量与土地利用面积间的函数关系

(a) 耕地

(b) 林地

(c) 草地

(d) 盐碱地

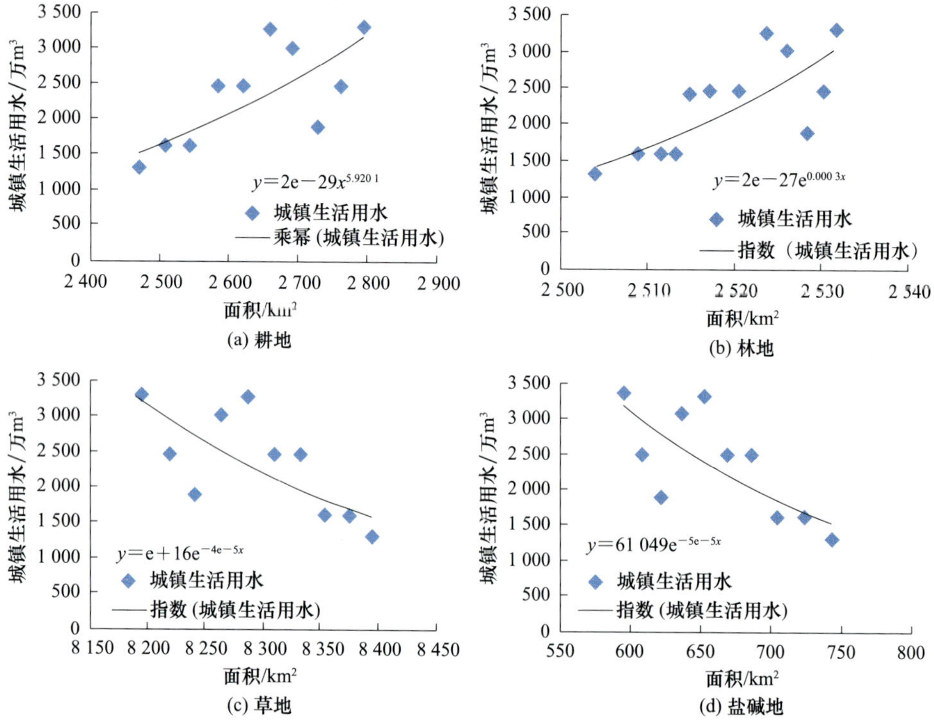

图 4.2.21　绿洲生活用水量与土地利用面积间的函数关系

屯河流域内不同用地类型面积变化对绿洲生活用水的影响情况。其中，绿洲生活用水量与耕地面积最接近幂函数关系，前者将随后者的数量增长持续增加、且增加幅度越来越快；绿洲生活用水随林地面积变化的变化趋势则最接近为指数型增长，其变化趋势也表现为随林地面积增加而持续增加，增加幅度也越来越大，影响作用越来越强。相反，绿洲生活用水受草地、盐碱地面积变化的影响表现为逐渐减少的指数型变化曲线，说明随着草地、盐碱地面积不断增加，对绿洲生活用水量的影响作用将越来越弱。

农田灌溉用水量与土地利用面积间的函数关系如图 4.2.22 所示。耕地、林地、草地和盐碱地与用水总量间均最接近二次多项式函数关系，说明奎屯河流域农田灌溉用水量随这四类土地的面积变化都经历一个先增加到某个阈值后减少的过程。其中，农田灌溉用水量受耕地、林地面积增加的影响主要表现为增加过程，草地和盐碱地则主要表现为减少过程。图中显示 27.5 万 hm^2 和 25.25 万 hm^2 大致是耕地和林地变化影响用水总量的拐点（阈值），在此之前的用水总量处于随耕地、林地面积增加呈持续稳定增加过程，之后则转为随耕地、林地边界增加反而减少；82.5 万 hm^2 和 6.25 万 hm^2 大致是草地和盐碱地影响用水总量变化趋势的阈值，用水总量在此之前为增加趋势、之后转为减少。

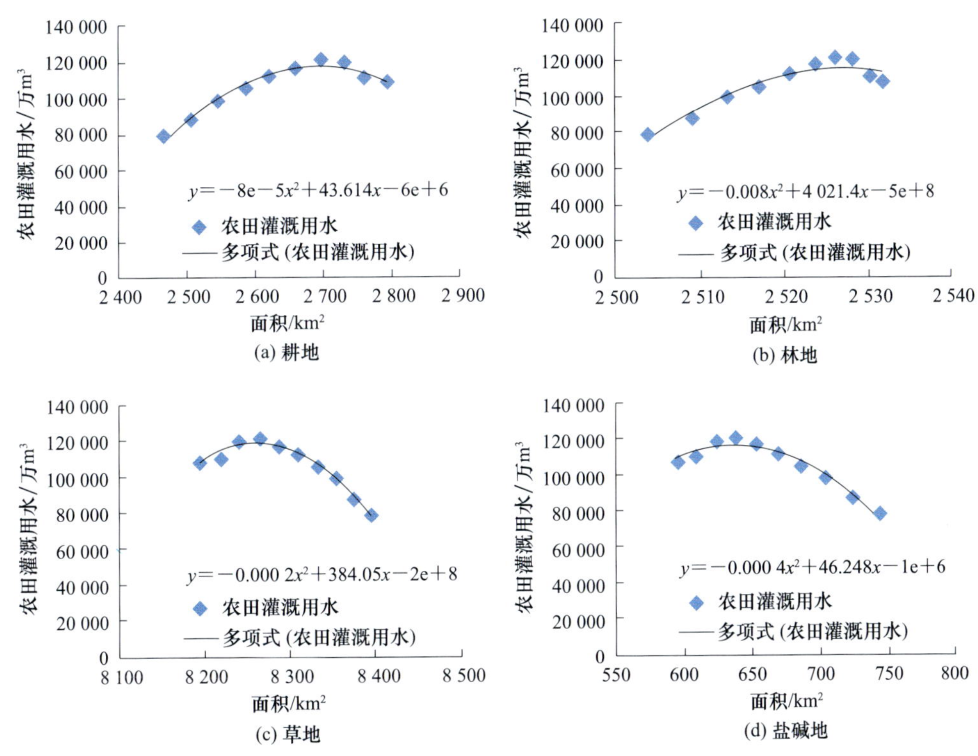

图 4.2.22 农田灌溉用水量与土地利用面积间的函数关系

图 4.2.23 反映了农业生产用水受耕地、林地、草地和盐碱地面积变化影响的情况，均主要表现为随土地利用面积增加先增加后减少的二次多项式函数关系。在耕地和林地规模尚未达到阈值（如 27.5 万 hm^2 和 25.25 万 hm^2）前，农业生产用水量随耕地和林地面积增加（减少）而增加（减少），随着节水灌溉等技术的推广和进步，耕地、林地生产耗水量将达到一个最大值，然后开始向节水模式变化，即随着耕地、林地面积的增加（减少）反而减少（增加）；图中显示奎屯河流域农业生产用水极大值在耕地、林地、草地和盐碱地面积分别为 27.5 万 hm^2、25.25 万 hm^2、82.5 万 hm^2 和 6.25 万 hm^2 时达 14 亿 m^3。

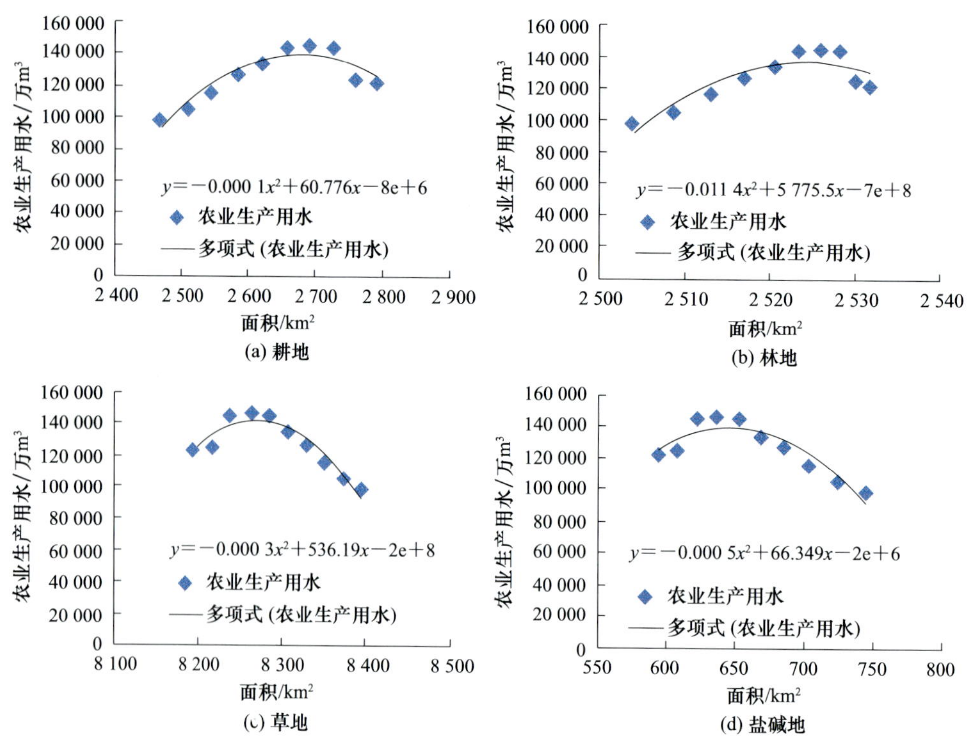

图 4.2.23　农业生产用水量与土地利用面积间的函数关系

2. 水资源对绿洲发展的影响

水资源利用对区域绿洲发展的影响主要体现在绿洲建成区面积扩展、人口和绿洲化率发展以及产业结构变化等方面，奎屯河流域水资源与绿洲发展过程的相关性见表 4.2.20。

表 4.2.20 中数据说明，奎屯河流域内用水总量与人口规模、绿洲化率呈强正相关；绿洲用水总量除与人口规模和绿洲化率呈强正相关，还与城市建成区面积之间具有显著的强正相关关系；另外，水资源利用与区域产业结构调整之间的相关性也非常显著。

表 4.2.20　奎屯河流域水资源利用与区域绿洲发展的相关性

项目		建成区面积	人口总量	绿洲化率	第一产业比重	第二产业比重	第三产业比重
区域用水总量	Pearson 相关性	0.442	0.755*	0.803**	−0.787**	0.661*	−0.496
	显著性（双侧）	0.201	0.012	0.005	0.007	0.038	0.145
	N	10	10	10	10	10	10
绿洲用水总量	Pearson 相关性	0.745*	0.824**	0.713*	−0.847**	0.842**	−0.784**
	显著性（双侧）	0.013	0.003	0.021	0.002	0.002	0.007
	N	10	10	10	10	10	10

* 表示在 0.05 显著性水平（双侧）上显著相关；** 表示在 0.01 显著性水平（双侧）上显著相关。

区域用水总量与绿洲化率的相关性最强，相关系数在小于 0.01 的显著性水平上取值为 0.803，说明绿洲化发展水平在较大程度上影响着奎屯河流域的用水总量，绿洲化率越高，区域用水总量越大，也说明流域内水资源总量对绿洲化发展具有较强的约束作用。区域用水总量与人口规模也密切相关，两者间相关系数为 0.755（显著性水平 0.012；大于 0.01 但小于0.05），用水总量随人口规模增长而增长。

在产业结构的影响方面，区域用水总量随着第一产业比重增加而减少（相关系数−0.787，显著性水平小于 0.01）、随第二产业比重的增加而增加（相关系数 0.661，显著性水平小于 0.05），与第三产业比重尚无显著相关性（显著性水平大于 0.05），这是由奎屯河流域目前处于工业化发展阶段的现状决定的。

为进一步分析水资源利用对绿洲发展的影响，根据上述相关性分析结论，利用有关数据制作散点图并拟合了用水总量与人口数量、绿洲化率和产业结构比例间的函数关系如图 4.2.24 所示。

其中，用水总量与人口总量间呈对数函数关系，区域用水总量随人口规模增长不断增加，增加幅度随着人口规模增加逐渐减小，在人口规模达到一定数量后将保持一个较为稳定的缓慢增长趋势。近似地，奎屯河流域用水总量增长与绿洲化水平发展之间也最接近于对数型函数关系，但用水总量随绿洲化水平发展的增长幅度较大，说明绿洲化水平对用水总量的影响较人口规模的影响大。产业结构方面，奎屯河流域用水总量随第一产业比重减少而增加、随第二产业比重增加而增加，分别变现为最接近线性函数关系和对数函数关系，说明奎屯河流域用水总量增长在一定时期内将主要受第二产业发展的影响，农业生产用水需求正在随着绿洲发展水平提高不断减少。

以工业化为主要特征的奎屯河绿洲发展过程中，绿洲用水需求已成为区域用水总量的重要组成部分。为分析水资源利用对绿洲发展的影响，进一步分析了绿洲用水总量与建成区面积、人口总量、绿洲化率和各产业比重之间的函数关系如图 4.2.25 所示。

奎屯河流域绿洲用水总量随建成区面积扩展、人口总量增长和绿洲化水平提高均呈指数型增加，但建成区面积扩张对绿洲用水总量的影响将会越来越小，而人口

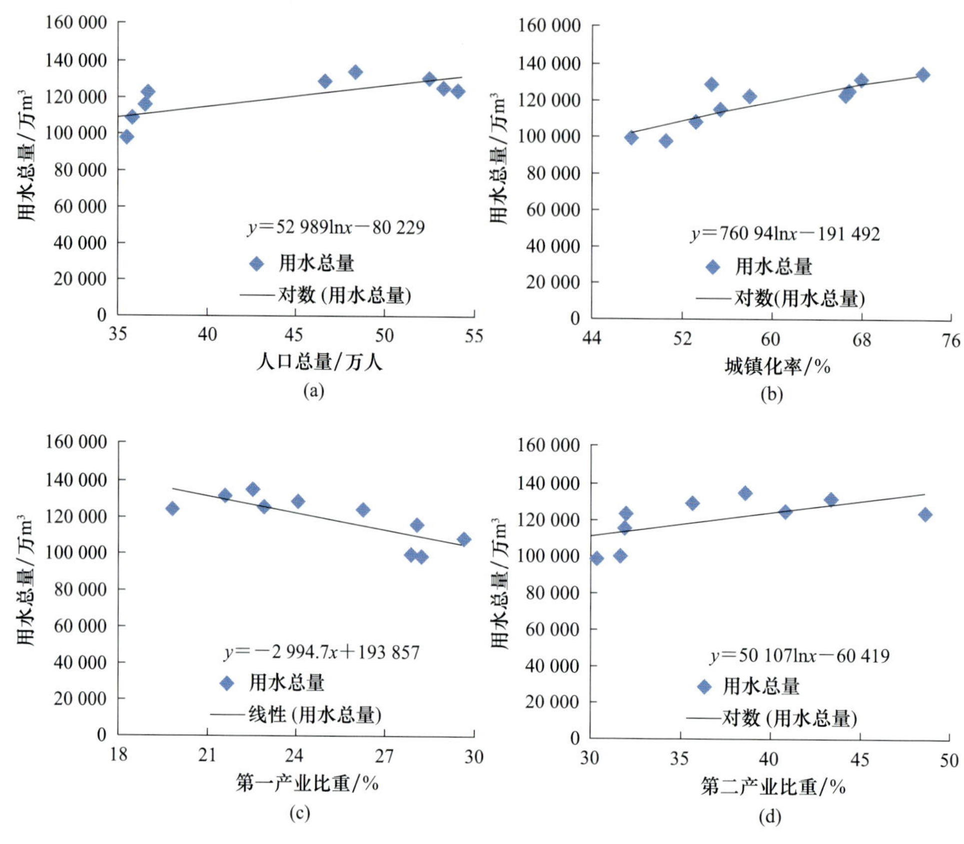

图 4.2.24 用水总量与绿洲发展的函数关系

总量和绿洲化率对绿洲用水总量的影响则会越来越大，即绿洲用水总量增加的幅度随人口总量和绿洲化率的变化越来越大。产业结构方面，奎屯河流域绿洲用水总量随第二产业比重的提高不断增加，随第一产业、第三产业比重的增加不断减少，分别表现为幂函数型、指数型和线性函数关系；从回归曲线上看，绿洲用水总量与这三者之间的函数关系也较为接近于线性函数，说明绿洲用水总量受各产业比重变化的影响幅度较为接近；第二产业发展的用水需求已经成为奎屯河流域绿洲用水总量的主要构成部分。

3．水资源对绿洲空间形态的影响

水是滋养人类社会文明的动脉，是城市产生的摇篮。纵观古今中外城市文明的起源和发展，无不与河流、湖泊等水资源要素相关，水资源分布影响着城市选址、城市空间扩展等发展变化过程；河流水系分布对城市空间形态具有自然与生态的双重作用，前者主要体现在河流水系通过制约城市规划建设对城市空间形态产生的影响，后者主要体现在因河流水系产生的生态廊道作用，干旱区尤其如此。乌苏市、奎屯市的起源和发展，以及后来与独山子区形成金三角组团式格局，均与奎屯河水系有着不可脱离

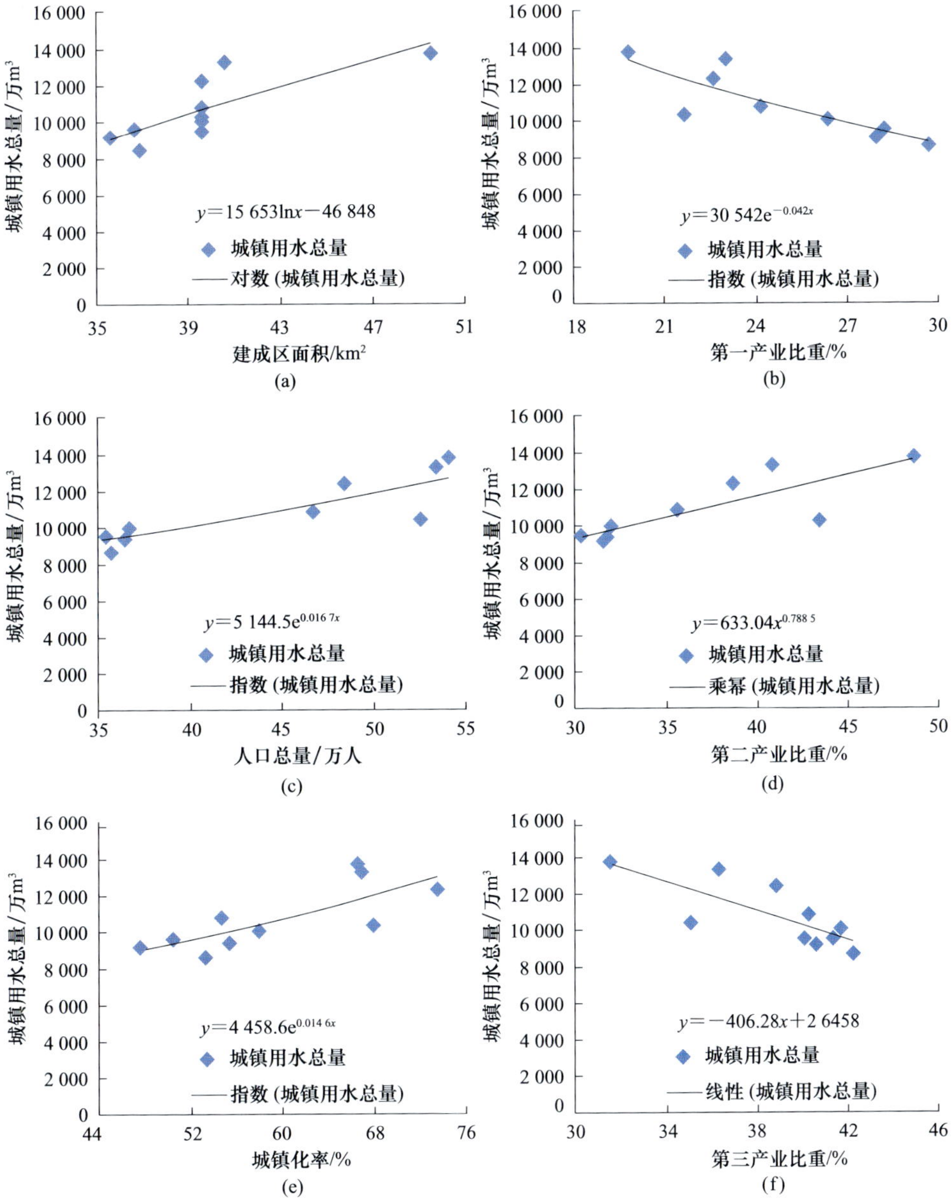

$y=15\ 653\ln x-46\ 848$

城镇用水总量

对数（城镇用水总量）

城镇用水总量/万m³

建成区面积/km²

(a)

$y=30\ 542e^{-0.042x}$

城镇用水总量

指数（城镇用水总量）

城镇用水总量/万m³

第一产业比重/%

(b)

$y=5\ 144.5e^{0.016\ 7x}$

城镇用水总量

指数（城镇用水总量）

城镇用水总量/万m³

人口总量/万人

(c)

$y=633.04x^{0.788\ 5}$

城镇用水总量

乘幂（城镇用水总量）

城镇用水总量/万m³

第二产业比重/%

(d)

$y=4\ 458.6e^{0.014\ 6x}$

城镇用水总量

指数（城镇用水总量）

城镇用水总量/万m³

城镇化率/%

(e)

$y=-406.28x+2\ 6458$

城镇用水总量

线性（城镇用水总量）

城镇用水总量/万m³

第三产业比重/%

(f)

图 4.2.25　绿洲用水总量与绿洲发展的函数关系

的因果联系。奎屯河孕育了乌苏和奎屯的生长，如今也已成为“奎—独—乌”区域一体化空间新形态趋势下制约城市规划建设的一条重要廊道。

从定量的角度，奎屯河流域水资源利用绿洲空间形态的关系可利用乌苏市、奎屯市和独山子区三期遥感解译的建成区边界计算其形状指数、周长和分维度指数，再分别计算这些形态指标与工业用水等 5 个用水指标的相关系数如表 4.2.21 所示，用以分析奎屯河流域水资源利用与中心城市边界形态的相关性。

表 4.2.21　奎屯河流域水资源利用与城市形态指数的相关性

用水类型	相关分析	形状指数	周长	分维度指数
绿洲生活用水	Pearson 相关性	0.782	0.842	0.958*
	显著性（双侧）	0.218	0.158	0.042
	N	12	12	12
绿洲工业用水	Pearson 相关性	0.721	0.730	0.721
	显著性（双侧）	0.279	0.270	0.279
	N	12	12	12
绿洲环境用水	Pearson 相关性	0.884	0.861	0.988*
	显著性（双侧）	0.116	0.139	0.012
	N	12	12	12
绿洲用水总量	Pearson 相关性	0.852	0.880	0.925
	显著性（双侧）	0.148	0.120	0.075
	N	12	12	12
区域用水总量	Pearson 相关性	0.731	0.934	0.981*
	显著性（双侧）	0.269	0.066	0.019
	N	12	12	12

* 表示在 0.05 显著性水平（双侧）上显著相关。

表 4.2.21 表明，绿洲生活用水、绿洲工业用水、绿洲环境用水、绿洲用水总量、区域用水总量和城市边界形状指数与边界间的显著性水平均大于 0.05，说明这些变量间在小于或等于 0.05 的水平上都不具有显著相关性；绿洲工业用水和绿洲用水总量与分维度指数之间在小于 0.05 的显著性水平上无显著相关性（显著性水平分别为 0.279 和 0.075）；绿洲生活用水、绿洲环境用水、区域用水总量与绿洲边界分维度指数具有极强的相关性——相关系数在显著性小于 0.05 水平上分别高达 0.958、0.988 和 0.981，说明城市建成区边界扩展的复杂性与绿洲生活用水、绿洲环境用水、区域用水总量之间或存在显著的相互影响。

（二）奎屯河流域水资源需求的系统动力学模拟

水资源是人口、资源与环境耦合系统中的重要组成部分，是支撑区域经济社会发展的关键资源类型，在典型缺水的干旱区尤其如此。长期以来，水资源管理的重心立足于水资源供给方面，一般采取开采地下水、远程调水等途径扩大水资源供给规模来解决经济社会发展中的缺水问题。然而，不断增长的水资源需求使水资源供给的难度变得越来越大，面向需求规模的水资源管理和缺水解决思路成为必然。

水资源需求变化是区域经济、社会、科技和文化等诸多因素综合作用于水资源系统空间导致的结果，与其所处的自然生态环境和社会经济环境之间存在密切的物质交换联系，其过程机理十分复杂，彼此之间互相耦合形成一个复杂系统，具有典型的非线性和复杂性特征。研究区域水资源需求，需将水资源作为区域发展复合系统的组成要素，充分考虑水资源系统、宏观经济系统、社会系统以及水环境之间的相互协调与制约的关系，综合考虑水资源对资源、环境、人口与经济协调发展的支撑能力，进而预测区域经济社会发展的水资源需求情况。

系统动力学模型（system dynamics，SD）以反馈控制理论为基础，以计算机仿真技术为手段，在处理高度非线性、高阶次、多变量、多重反馈问题方面具有优势，可定性和定量地针对某一系统剖析其历史、分析其现在和预测其未来，是实现科学决策的有力手段（王其藩，1995；王振江，1998）。

本节在前述水资源对绿洲空间发展有关分析的基础上，综合考虑水资源需求、当地水资源供给、缺水程度、城市化率等因素，建立 SD 模型预测奎屯河流域未来水资源需求情况，为下一节综合评估奎屯河流域水资源承载力奠定基础。

1．系统设计

明确了上述系统仿真目的，确定系统边界是建立 SD 模型分析水资源系统首当其冲的任务。本节将奎屯河流域的自然边界作为水资源需求——绿洲发展系统的模型边界，选取 2011 年作为现状年。根据干旱区特殊地理和人文要素，分析干旱区水资源承载力系统和构成，结合资料可获得性，将奎屯河流域水资源－绿洲化系统划分为人口、经济、资源、环境 4 个子系统，资源子系统包土地资源和水资源，经济子系统包括 3 个产业部门，各部门之间通过产值和水资源供需关系关联，模型中主要状态变量和辅助变量间的关系如图 4.2.26 所示。

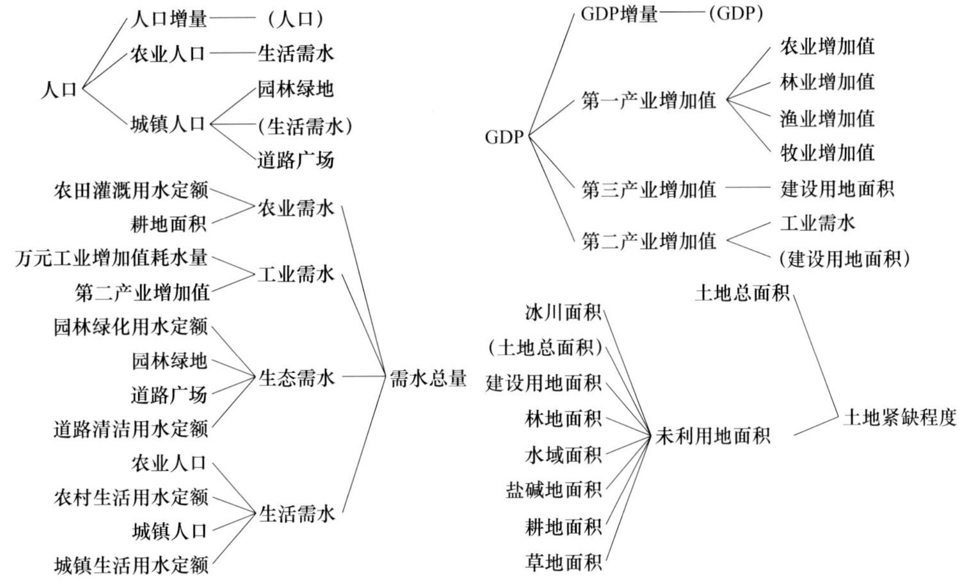

图 4.2.26　系统主要变量间的组成结构

人口子系统，主要考虑人口增长速度、农业和绿洲人口，结合区域用水定额计算农业人口和绿洲人口的需水量；经济子系统，考虑地区生产总值增长速度和各产业增加值变化情况，利用历史数据拟合各产业的用水需求和土地面积。资源子系统主要考虑土地资源和水资源：土地资源总量由耕地、林地草地、盐碱地、建设用地、未利用地和冰川等类型构成，定义土地紧缺程度等于未利用地面积与土地总面积的函数；水资源需求涵盖农业灌溉用水、工业生产用水、生态用水和生活用水四大类，每个大类需水量进一步与各类用水定额结合得到需水总量。分别用土地紧缺程度和缺水程度衡量资源利用情况，在此基础上设计资源约束系数对人口和经济增长产生影响。

采用系统动力学建模软件 Vensim PLE 建立奎屯河流域水资源承载力 SD 模型流图，各子系统之间的相互联系及每个子系统内部的结构流图如图 4.2.27 所示。

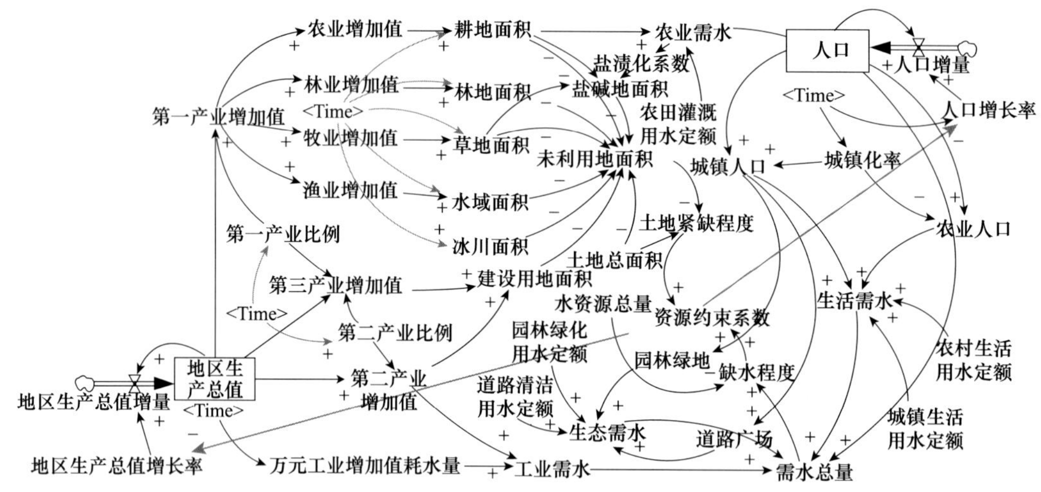

图 4.2.27 系统动力学模型流图

在图 4.2.27 中，人口子系统包含 5 条反馈回路，经济子系统包含 12 条反馈回路，资源子系统包含 15 条反馈回路，环境子系统包含 2 条反馈回路。这些反馈回路构成的流图仅表明系统构造与各变量间的逻辑关系，不能显示变量间的定量关系，需建立系统动力学方程，将系统模型结构 / 翻译成数学语言。分析反馈关系图和各个子系统变量间的逻辑关系，构建状态方程、速率方程、辅助方程和表函数。模型中主要变量的初始值采用奎屯河流域 3 个中心城市 2001～2010 年的统计数据。建立的 49 个主要数学方程如下：

```
(1) FINAL TIME=2030
(2) GDP=INTEG (GDP 增量, 38.46)
(3) GDP 增量 =GDP×GDP 增长率
(4) GDP 增长率 =IF THEN ELSE (资源约束系数<=0.9, (RANDOM NORMAL
    (0.0774831, 0.310169, 0.18324, 5.43, 0.18324)), (RANDOM
```

NORMAL（0.0774831, 0.310169, 0.18324, 5.43, 0.18324））×资源约束系数）

（5）INITIAL TIME=2001

（6）SAVEPER=TIME STEP

（7）TIME STEP=1

（8）第一产业增加值 =GDP×第一产业比例 /100

（9）第一产业比例=IF THEN ELSE（32.338×（Time-2000）^-0.113≥20, 32.338×（Time-2000）-0.113, 20）

（10）万元工业增加值耗水量 =919.11×（（Time-2000）^-0.806）

（11）第三产业增加值 =GDP×（1-（第一产业比例 +第二产业比例）/100）

（12）第二产业增加值 =GDP×第二产业比例 /100

（13）第二产业比例 =IF THEN ELSE（0.3292×（Time-2000）^2-1.056×（Time-2000）+32.849<=70, 0.3292×（Time-2000）^2-

（14）人口 = INTEG（人口增量，37.51）

（15）人口增量 = 人口 × 人口增长率

（16）人口增长率 =IF THEN ELSE（资源约束系数<=0.9,（0.0277×（Time-2000）^-0.587),（0.0277×（Time-2000）^-0.587）× 资源约束系数）

（17）农业人口 = 人口 ×（1- 绿洲化率 /100）

（18）农业增加值 =(一产增加值 ×RANDOM UNIFORM(0.752,0.8244,0.7952))×10000

（19）农业需水 = 耕地面积 × 农田灌溉用水定额

（20）农村生活用水定额 =42.33

（21）农田灌溉用水定额 =0.40953

（22）冰川面积 =-719.44×（Time-2000）+ 28590

（23）园林绿化用水定额 =400

（24）园林绿地 =（绿洲人口 ×10000×7.18）/10000

（25）土地总面积 =1.65187e+006

（26）土地紧缺程度 =IF THEN ELSE（（土地总面积 - 未利用地面积）<= 土地总面积,（土地总面积 - 未利用地面积）/ 土地总面积，1）

（27）绿洲人口 = 人口 × 绿洲化率 /100

（28）绿洲化率 =IF THEN ELSE（（0.0131×（Time-2000）+ 0.5548）×100<=100,（0.0131×（Time-2000）+0.5548）×100, 100）

（29）绿洲生活用水定额 =89.63

（30）工业需水 =（（二产增加值 ×10000）× 万元工业增加值耗水量）/10000

（31）建设用地面积 =0.003×（二产增加值 + 三产增加值）^3-1.1808×（二产增加值 + 三产增加值）^2+175.52×（二产增加值 + 三产增加值）+28870

（32）未利用地面积 = 土地总面积 -（建设用地面积 + 耕地面积 + 林地面积 + 草地面积 + 盐碱地面积 + 水域面积 + 冰川面积）

（33）林业增加值 =（一产增加值 ×RANDOM UNIFORM（0.0117, 0.0185, 0.0153））×10000

（34）林地面积 = 林业增加值 /（0.0058×exp（0.1367×（Time-2000）））

（35）水域面积 = 渔业增加值 /（0.0026×exp（0.1193×（Time-2000）））

（36）水资源总量 =17.83

（37）渔业增加值 =(一产增加值 ×RANDOM UNIFORM（0.0021, 0.0074, 0.0044））×10000

（38）牧业增加值 =(一产增加值 ×RANDOM UNIFORM（0.1549, 0.2306, 0.1838））×10000

（39）生态需水 =（园林绿化用水定额 × 园林绿地 + 道路广场 × 道路清洁用水定额）/10000

（40）生活需水 =（农业人口 ×10000× 农村生活用水定额 + 绿洲人口 ×10000 × 绿洲生活用水定额）/10000

（41）盐渍化系数 =0.0607+ 农业需水 ×0

（42）盐碱地面积 =（耕地面积 + 草地面积）× 盐渍化系数

（43）缺水程度 =IF THEN ELSE（需水总量<= 水资源总量 ×10000, 需水总量 /（水资源总量 ×10000）, 1）

（44）耕地面积 = 农业增加值 /（0.3143×exp（0.1226×（Time-2000）））

（45）草地面积 = 牧业增加值 /（0.184×exp（0.1626×（Time-2000）））

（46）资源约束系数 = 缺水程度 × 十地紧缺程度

（47）道路广场 =（绿洲人口 ×10000×16.14）/10000

（48）道路清洁用水定额 =150

（49）需水总量 = 农业需水 + 工业需水 + 生活需水 + 生态需水

2．有效性检验

建立模型后需进行模型有效性检验，以验证模型模拟的系统行为与现实系统的吻合度，检验模型获得的信息与行为是否反映了实际系统的特征和变化规律，以及通过模型的分析研究能否正确认识与理解所要解决的问题。系统动力学模型有效性检验可分为直观检验、运行检验、历史检验和灵敏度分析四种方法。本文采用历史性检验法，将人口、地区生产总值及三次产业增加值和农业需水等 12 个指标涉及的历史参数输入模型，反复调整相关参数，直至得到模拟数据与历史数据的比较结果（图 4.2.28）。

图 4.2.28 表明，主要变量模拟值与实际值基本吻合。

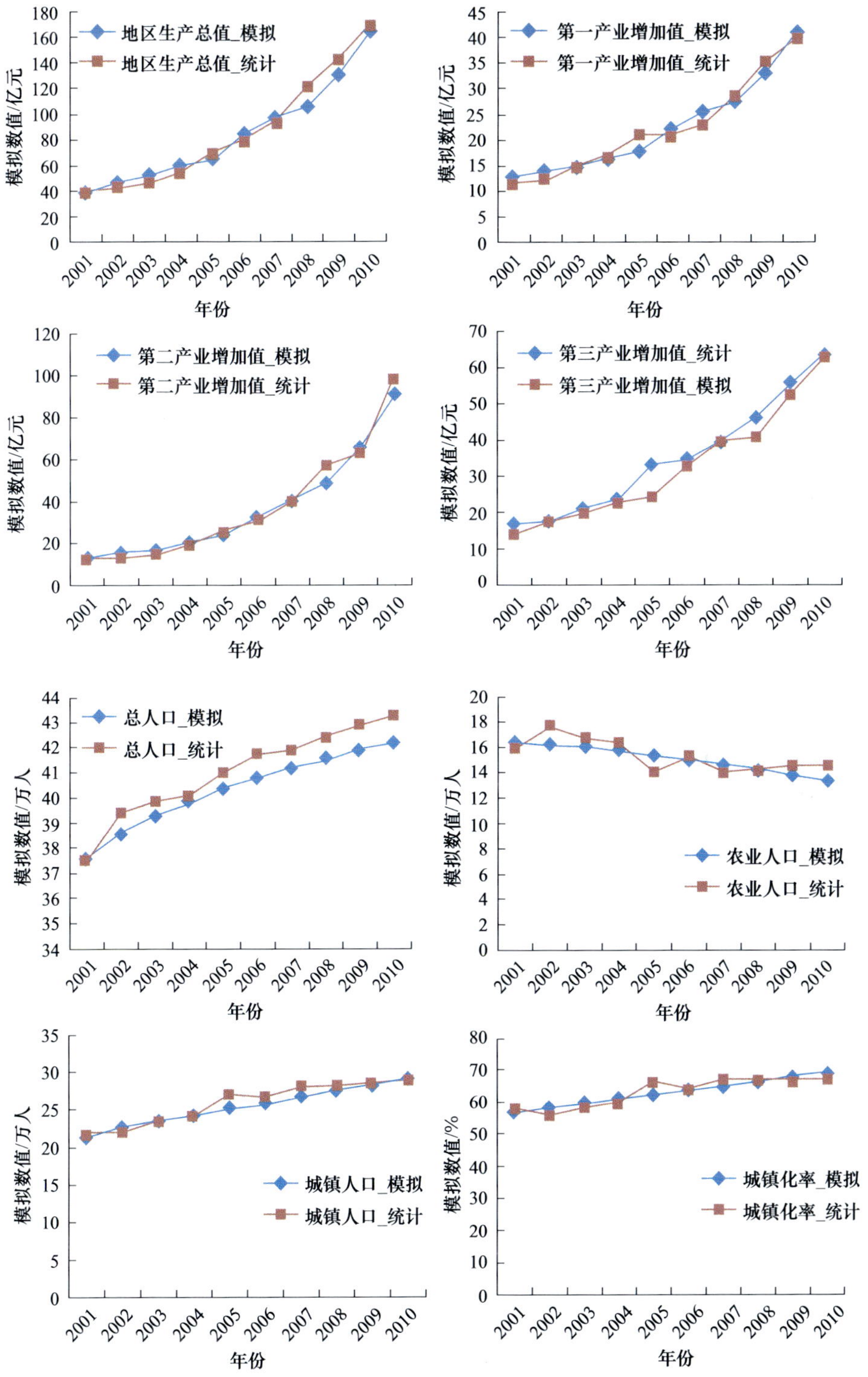

图 4.2.28　不同指标的历史参数模拟数据和统计数据的对比示意图

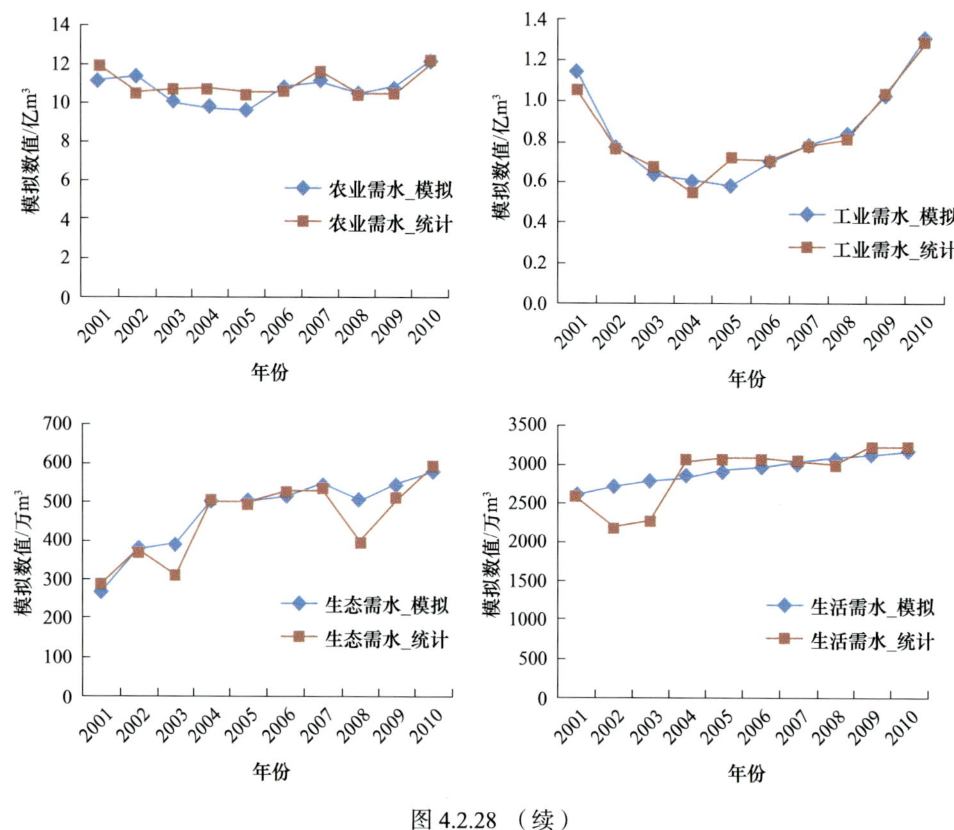

图 4.2.28 （续）

计算模拟值和统计值之间的平均相对误差（表 4.2.22），发现绝大部分模拟值误差低于 5%，最大误差不超过 8%，据此认为模型有效性较好。

表 4.2.22　模拟数据和统计数据的平均相对误差

经济		人口		水资源	
变量名	相对误差	变量名	相对误差	变量名	相对误差
地区生产总值总量	0.073 1	人口总量	0.016 5	农业需水量	0.047 3
第一产业增加值	0.073 9	农业人口	0.048 1	工业需水量	0.048 2
第二产业增加值	0.084 6	绿洲人口	0.025 8	生态需水量	0.081 6
第三产业增加值	0.079 7	绿洲化率	0.026 0	生活需水量	0.070 8

3．情景设计

在设计发展模式时，选取地区生产总值增长率、人口增长率、绿洲化率变化率、万元工业增加值耗水量、绿洲绿化用水定额、农田灌溉用水定额、绿洲生活用水定额和农村生活用水定额为主要控制指标。根据研究区经济社会发展情况，选取这些指标的不同组合方式见表 4.2.23，构建现势型发展、均衡型发展、节水型发展和经济优先型四种模拟情景。

表 4.2.23　情景设计中的控制变量组合方案

情景组合变量			现状型（情景 1）	平衡型（情景 2）	节水型（情景 3）	经济型（情景 4）
变量名称	参考值		指标取值标记			
GDP 增长率 /%	现状值	31.02	○			
	平均值	19.69		○	○	
	最小值	4.21				
	最大值	33.49				○
人口增长率 /‰	现状值	8.63	○			
	平均值	15.96		○	○	○
	最小值	3.12				
	最大值	50.92				
绿洲化变化率 /%	现状值	66.84	○			
	平均值	63.22		○	○	
	最小值	55.35				
	最大值	66.84				○
万元工业增加值耗水量 /m^3	现状值	100.51	○			○
	平均值	323.14		○		
	最小值	80.61			○	
	最大值	666.56				
绿洲绿化用水定额 /（万 m^3/hm^2）	现状值	0.60	○			
	平均值	0.75		○		○
	最小值	0.45			○	
	最大值	0.90				
农田灌溉用水定额 /（万 m^3/hm^2）	现状值	4.09	○			
	平均值	4.99		○		○
	最小值	3.83			○	
	最大值	6.68				
绿洲生活用水定额 /（m^3/ 人）	现状值	114.90	○			
	平均值	89.63		○		○
	最小值	59.97			○	
	最大值	122.69				
农村生活用水定额 /（m^3/ 人）	现状值	62.23	○			
	平均值	42.32		○		○
	最小值	32.53			○	
	最大值	62.23				

情景 1（现势型发展情景）：假定在预测期内研究区发展政策及系统结构不发生大的调整，城市人口、社会经济发展速度没有大的变化，系统内各项经济指标延续 2010 年现状水平，用水配额保持现状不变。假定奎屯河流域内乌苏、奎屯和独山子区保持现有发展政策不发生较大调整，各个决策变量指标值维持现有发展趋势。到 2030 年流域内地区生产总值年增长率为 31.02%，人口增长率为 8.63‰，绿洲化水平的年变化率为 66.84%，万元工业增加值耗水量为 100.51m^3，绿洲绿化用水定额为 0.60 万 m^3/ hm^2，农田灌溉用水定额为 4.09 万 m^3/hm^2，绿洲生活用水定额为 114.90m^3/ 人，农村生活用水定额为 62.23m^3/ 人。

情景 2（平衡型发展情景）：综合衡量上述方案各自具备的优势和局限性，考虑在不断提高经济发展水平的同时，提高人民的生活水平和生态安全，保护生态环境并节约十分有限的水资源，设置协调发展的方案，系统内各项经济指标选择近 10 年平均值：地区生产总值年增长率设为 19.69%，人口增长率为 15.96‰，绿洲化水平的年变化率为 63.22%，万元工业增加值耗水量为 323.14m^3，绿洲绿化用水定额为 0.75 万 m^3/hm^2，农田灌溉用水定额为 4.99 万 m^3/ hm^2，绿洲生活用水定额为 89.63m^3/ 人，农村生活用水定额为 42.32m^3/ 人。

情景 3（节水型发展情景）：考虑干旱区水资源对城市化进程的约束，通过调整产业结构、以科技手段降低万元工业增加值耗水量和用水配额、提高用水效率，系统内各项经济发展指标设定为近 10 年最小值，调整各项用水配额以反映节水技术的发展趋势。据此设置流域内地区生产总值年增长率为 4.21%，人口增长率为 3.12‰，绿洲化水平的年变化率为 55.35%，万元工业增加值耗水量为 80.61m^3，绿洲绿化用水定额为 0.45 万 m^3/hm^2，农田灌溉用水定额为 3.83 万 m^3/ hm^2，绿洲生活用水定额为 59.97m^3/ 人，农村生活用水定额为 32.53m^3/ 人。

情景 4（经济优先型情景）：绿洲化是经济发展的主旋律，在当前及今后相当长的一段时期内，发展经济是各级各届政府工作的重中之重。据此设定系统内社会经济指标变化率为近 10 年最大值，适度降低各项用水配额。因此设置流域内地区生产总值年增长率为 33.49%，人口增长率为 50.92%，绿洲化水平的年变化率为 66.84%，万元工业增加值耗水量为 66.56m^3，绿洲绿化用水定额为 0.90 万 m^3/ hm^2，农田灌溉用水定额为 6.68 万 m^3/ hm^2，绿洲生活用水定额为 122.69m^3/ 人，农村生活用水定额为 62.23m^3/ 人。

（三）奎屯河流域绿洲发展变化预测

1. 奎屯河流域 CLUE 模型

Dyna-CLUE 模型对土地利用变化的模拟基于这样一个假设：假定某特定区域内的土地覆被变化受该地区土地利用需求驱动，且土地利用空间格局总是与土地利用需求和该地区所处的自然环境和社会经济发展水平处于动态平衡状态。基于这个假设，CLUE 模型被划分为非空间模块与空间分配模块两部分，非空间模块主要用于预测不同用地类型在每个时间步长上的需求数量，空间分配模块则将非空间模块的输出结果作为输入数据，基于某种事先设定的分配规则配置到栅格空间内的像元，完成土地利用格局变化的动态模拟。图 4.2.29 为运行 Dyna-CLUE 模型的 4 个主要部分和内部信息流向。

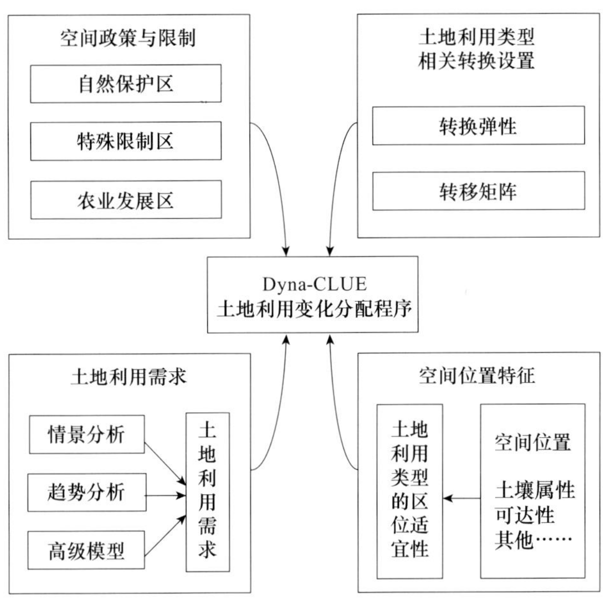

图 4.2.29 Dyna-CLUE 模型中的信息流

1）空间政策与限制：考虑研究内局部区域可能被禁止开发，例如自然保护区、基本农田保护区等，对这部分区域设置参数限制其转化。

2）土地类型转换设置：对于非限制区域，CLUE 模型用转换弹性（conversion elasticities）和转换矩阵（conversion matrix）两套参数设置其转换特征。前者规定了每种土地类型被开发转化为其他类型的难易程度，取值从 0（极易被开发）到 1（很难被开发）之间，可通过专家经验或观察历史用地数据确定；后者以 n 阶矩阵形式规定了每种类型被转化为其他类型的可能性，取值为 0（不可转化）和 1（可转化）。

3）土地利用需求：Dyna-CLUE 模型被分为非空间部分和空间部分，但非空间部分实际上并没有直接提供可计算土地利用需求的软件模块。一般可基于历史土地利用现状数据进行简单趋势外推，或利用马尔可夫链、灰色系统模型等预测工具计算；一种更具说服力的做法是建立系统动力学模型进行多情景预测，本文即是采用此方法，利用第五章构建系统动力学模型的输出数据，作为本章空间模拟所需的土地利用需求数据。

4）空间位置特征：Dyna-CLUE 模型空间模块利用空间化的驱动因素、空间制约因素与土地利用现状格局的空间关系计算栅格空间中每个像元上可能发生土地类型变化的概率，依次将需求最大的类型分配到概率最大的像元完成空间模拟。CLUE 模型

空间采用 Logistic 回归模型诊断驱动因子与土地利用格局间的定量关系，模型表达式（Schneider and Pontius，2001；Serneels and Lambin，2001）为

$$\lg\left(\frac{P_i}{1-P_i}\right)=\beta_0+\beta_1 X_{1,i}+\beta_2 X_{2,i}+\cdots+\beta_j X_{j,i}+\cdots+\beta_n X_{n,i}$$

式中，P_i 表示土地利用类型 i 在每个栅格内出现的概率；$X_{j,i}$ 表示土地利用变化的驱动因子；β_j 表示驱动因子系数，$j=0, 1, 2, 3, \cdots, n$；n 是驱动因子个数。

分配算法：当上述所有输入数据和模型参数准备完毕，运行 Dyna-CLUE 模型即可开始其分配程序。土地利用空间分配程序是综合分析土地利用空间分布概率、土地类型转化规则与土地利用需求基础上，通过多次迭代实现土地利用变化空间分配的过程（图 4.2.30）。

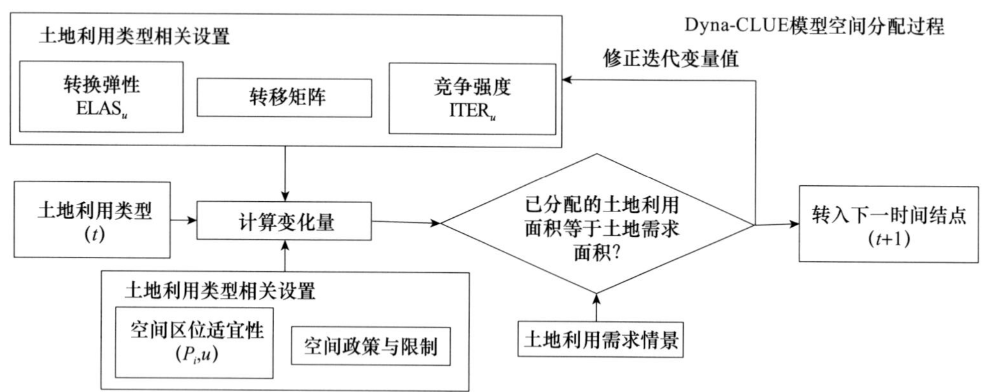

图 4.2.30　Dyna-CLUE 模型运行时的空间分配算法流程

第一步，Dyna-CLUE 模型首先确定栅格空间中允许变化的栅格单元，区域政策与限制区以外的栅格将被排除，不再参与下一步计算。

第二步，用下式计算每一个栅格单元 i 适合土地利用类型 u 的总概率为

$$\text{TPROP}_{i,u}=P_{i,u}+\text{ELAS}_u+\text{ITER}_u$$

式中，$P_{i,u}$ 是栅格像元 i 相对于用地类型 u 的稳定性（由 Logistic 回归分析产生）；ELAS_u 是用地类型 u 的转换弹性；ITER_u 是用来指定用地类型 u 相对竞争强度的迭代变量；所有用地类型具有相同的迭代变量值。

第三步，利用上一步的计算结果，按照每一栅格相对于用地类型的总概率依次从大到小进行初次分配。

第四步，比较不同用地类型的初次分配面积和需求面积，若分配面积大于需求面积，就减小 ITER_u（反之增大 ITER_u）进行第二次迭代。

重复执行第二步到第四步，直到各用地类型的分配面积等于需求面积，保存当前结点的分配结果并开始执行下一结点的空间分配直到遍历所有时间节点。

2．土地变化驱动力分析

区域空间格局演化的驱动力是指导致土地利用方式和绿洲空间格局发生变化的生物物理和社会经济因素。分为直接因素和潜在因素两种，直接因素指直接作用于土地利用的人类行为，如砍伐、道路建设等，潜在因素则指影响直接因素的根本原因，如人口、经济、技术、制度、文化等。为揭示区域空间格局演化的本质原因，应选择潜在因素进行研究，而潜在因素进一步可分为随时间变化的驱动力（如人口、地区生产总值和产业结构）和在时间上相对稳定但空间上具有显著变异的条件限定因子（如土壤质量、地下水位等）。

一般地，气候、土壤、水文等被认为是主要的潜在自然环境影响因子，人口增长、经济发展、经济结构调整、城市规划和价值观念等则被认为是潜在的人文影响因素。实际工作中，应根据地域特色结合以下原则选择潜在驱动因素。

1）兼顾自然条件与人文环境的原则：对于以农、牧业为主的新疆干旱区而言，其土地利用不仅受社会经济因素的影响，各种自然因素对土地利用变化也发挥着很大的作用，其中水资源条件是干旱区经济社会发展的主要制约因素，因此两方面因素必须同时考虑。这是与东部沿海经济发达地区之间的最大区别。

2）聚焦研究区内部空间差异性原则：所选驱动因子对土地利用变化的影响应具备空间差异性，一些在覆盖研究区范围内具有一致性的自然或社会环境因素则不必考虑在驱动因素之列。

3）潜在影响因素可被定量刻画原则：不难理解，只有可被数字定量化的影响因素才能进入数值模拟模型中参与计算。尽管如土地规划管理等政策因素的影响至关重要，但因难以定量化而不能选取。事实上，政策因素与资源因素是具有最高级别的控制作用，但只能假设这种宏观的控制作用不发生突变的情况下，重点考虑其他因素的影响。

4）数据资料可获得性原则：因子的选取应该以数据资料的可获取性为前提，并以利用已有的历史统计资料为主，辅之以一定的实地调查。

此外，还需充分借鉴前人研究成果，选取对研究区土地利用空间变化影响较大的因子。综合考虑上述原则，从研究区地形地貌、可达性和密度 3 个视角选取 18 个驱动因子，如图 4.2.31～图 4.2.33 所示。

为分析上述潜在影响因子对各土地利用类型的影响程度，采用二元 Logistic 逐步回归模型进行诊断，模型表达式如下：

$$\lg\left(\frac{P_i}{1-P_i}\right)=\beta_{0,i}+\beta_{1,i}X_1+\beta_{2,i}X_2+\cdots+\beta_{n,i}X_n$$

式中，P_i 表示空间上每个栅格可能出现某一土地类型 i 的概率；X_n 为第 n 个影响因子；$\beta_{0,i}$ 为截距；$\beta_{n,i}$ 为第 i 种土地类型的第 n 个影响因子的回归系数。由于回归系数 $\beta_{n,i}$ 无可比性，因此以各因子回归系数 β 的自然指数幂 exp（$\beta_{n,i}$）表示该因子作用下某土地类型的发生频数与不发生频数之比，即解释因子每增加一个单位，土地类型发生比的

变化倍数，其实际意义为：exp（$\beta_{n,i}$）>1、exp（$\beta_{n,i}$）=1和exp（$\beta_{n,i}$）<1分别表示该因子对该土地类型发生概率有正向作用、无影响及负面影响，以此分析单一土地类型空间分布的影响因素。最后采用ROC（relative operating characteristics）曲线检验回归模型的解释能力。利用上述模型原理，对奎屯河流域土地利用变化驱动因子的诊断结果见表4.2.24。

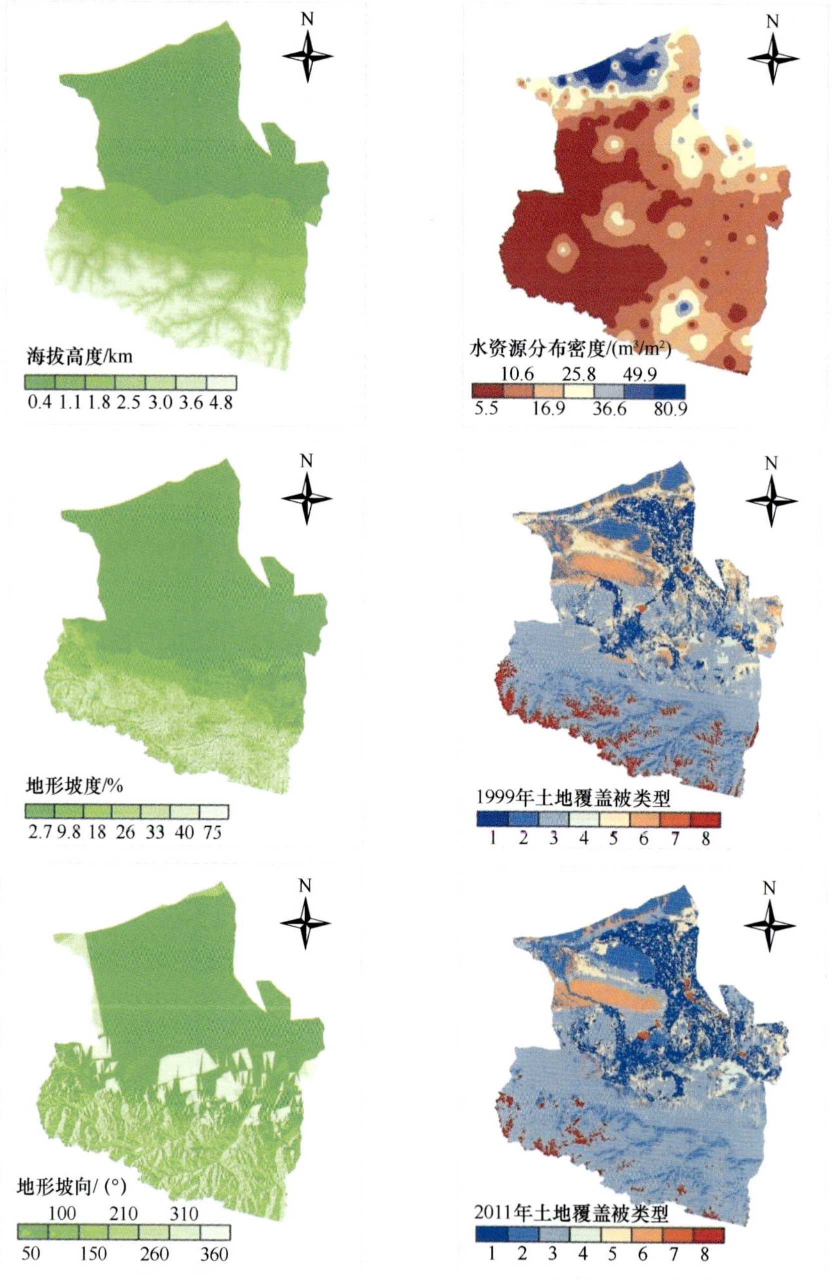

图4.2.31　土地利用变化的地形地貌因子

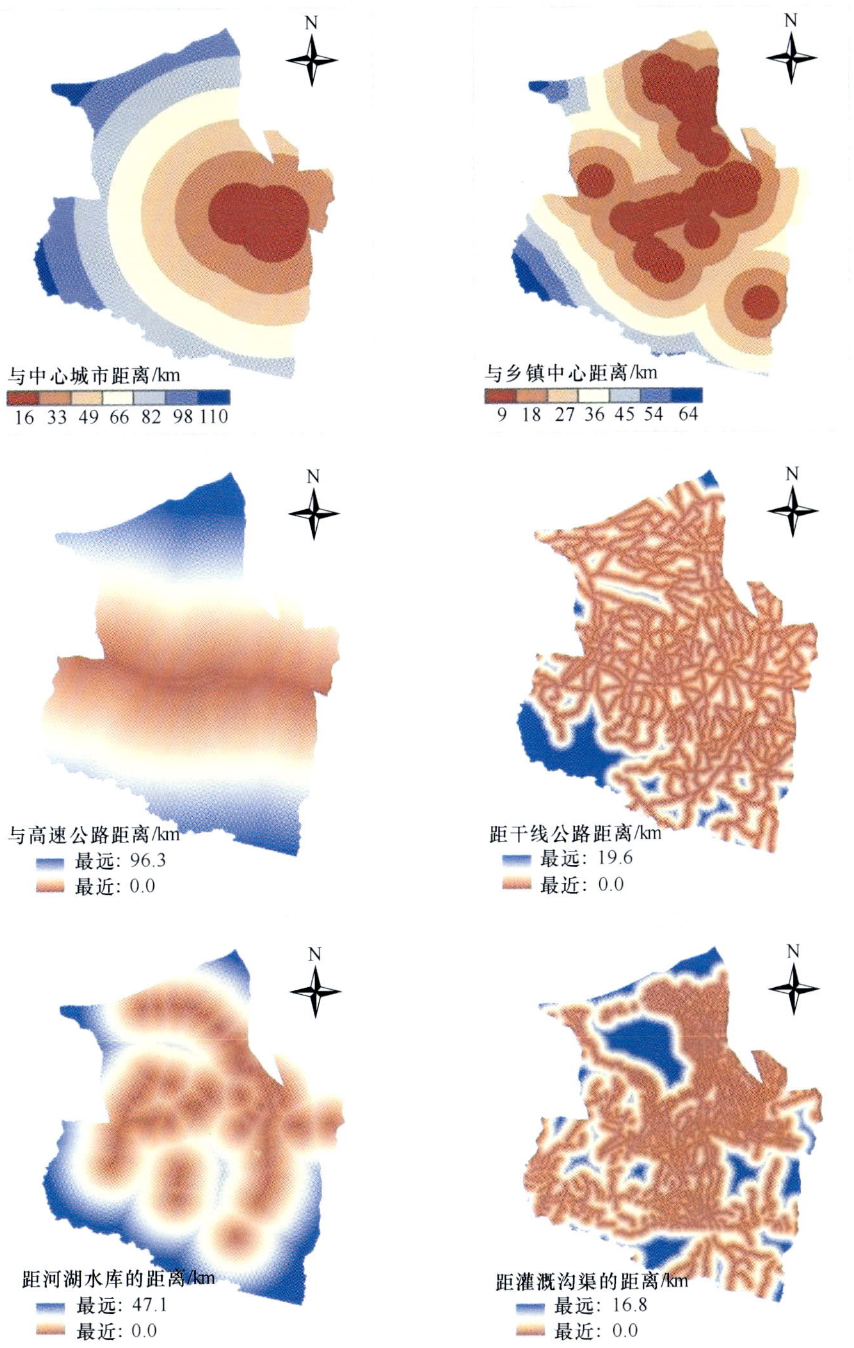
N
与中心城市距离/km
16 33 49 66 82 98 110
N
与乡镇中心距离/km
9 18 27 36 45 54 64
N
与高速公路距离/km
最远：96.3
最近：0.0
N
距干线公路距离/km
最远：19.6
最近：0.0
N
距河湖水库的距离/km
最远：47.1
最近：0.0
N
距灌溉沟渠的距离/km
最远：16.8
最近：0.0

图 4.2.32　土地利用变化的空间距离因子

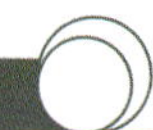

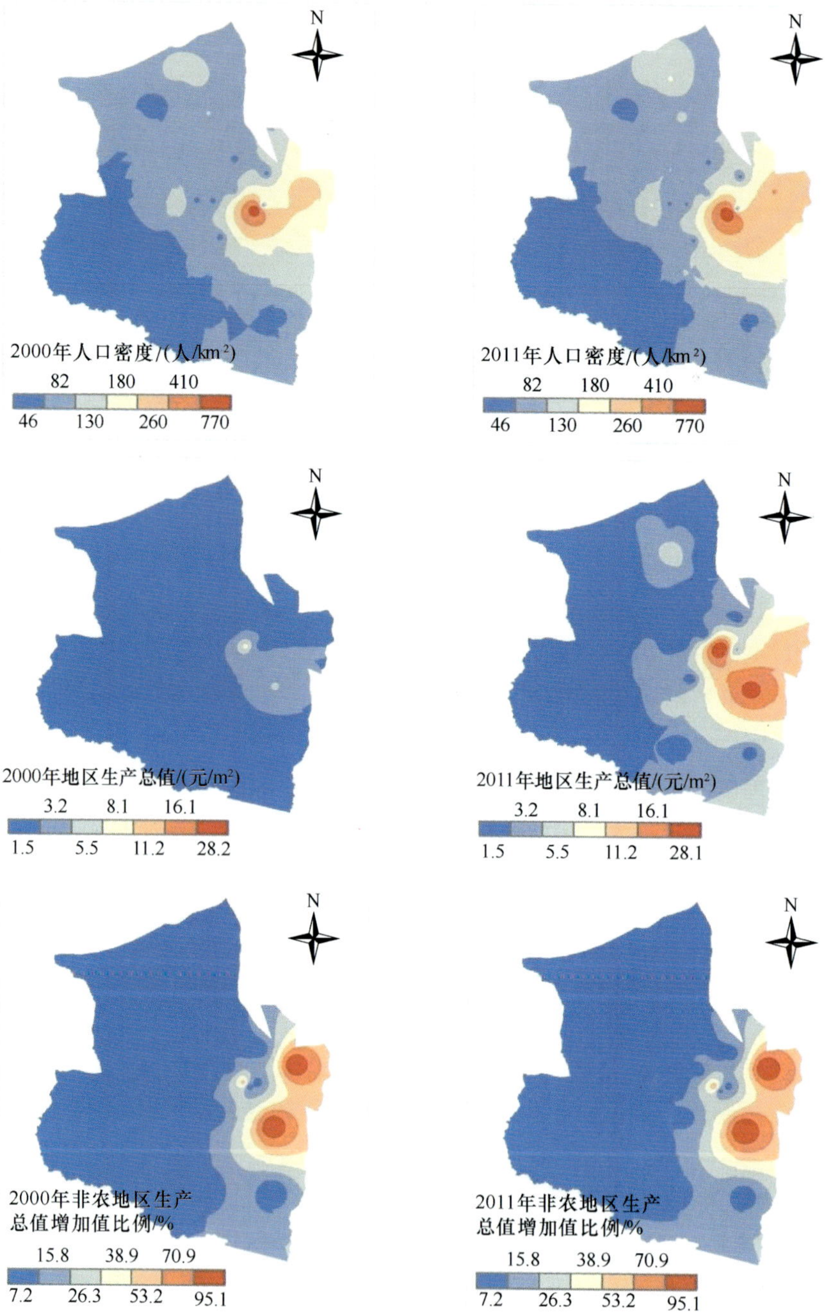
N
2000年人口密度/(人/km²)
82 180 410
46 130 260 770
N
2011年人口密度/(人/km²)
82 180 410
46 130 260 770
N
2000年地区生产总值/(元/m²)
3.2 8.1 16.1
1.5 5.5 11.2 28.2
N
2011年地区生产总值/(元/m²)
3.2 8.1 16.1
1.5 5.5 11.2 28.1
N
2000年非农地区生产总值增加值比例/%
15.8 38.9 70.9
7.2 26.3 53.2 95.1
N
2011年非农地区生产总值增加值比例/%
15.8 38.9 70.9
7.2 26.3 53.2 95.1

图 4.2.33　土地利用变化的社会经济密度因子

表 4.2.24　奎屯河流域土地利用变化驱动因子的诊断结果

驱动因子	回归系数							
	耕地	林地	草地	建设用地	盐碱地	未利用地	水域	冰川
地形坡度	−1.487 058	0.182 720	—	−0.326 311	—	−0.616 719	—	−0.141 411
地形坡向	0.033 078	—	−0.031 903	−0.068 250	—	−0.102 607	—	—
海拔高度	−0.003 989	−0.000 842	0.001 540	—	−0.002 192	−0.002 722	−0.019 845	0.002 558
水资源密度	0.075 454	—	—	−0.255 897	—	—	—	−0.334 194
灌溉可达性	−0.000 478	0.000 126	0.000 258	−0.000 220	0.000 038	0.000 071	−0.000 568	0.000 217
湖泊可达性	—	0.000 026	−0.000 008	—	0.000 030	−0.000 058	−0.001 551	−0.000 072
高速公路可达性	0.000 008	0.000 006	−0.000 041	—	—	—	—	−0.000 030
主干公路可达性	−0.000 228	−0.000 057	−0.000 247	−0.000 942	—	0.000 372	—	—
乡镇中心可达性	−0.000 066	0.000 021	0.000 031	—	0.000 025	0.000 094	0.000 217	—
河流可达性	—	—	−0.000 023	—	−0.000 011	0.000 182	−0.000 216	0.000 085
中心城市可达性	−0.000 027	0.000 014	0.000 027	—	−0.000 017	—	−0.000 060	0.000 062
人均非农总产值	—	0.081 778	0.238 512	—	—	0.833 099	—	—
人均地区生产总值	—	—	0.259 658	—	—	−1.492 764	—	—
人口密度	—	−4.119 546	−0.661 140	0.526 041	—	—	—	—
常量	5.906 171	−3.867 000	−2.161 733	−3.854 142	−1.536 948	−3.968 889	5.536 277	−13.181 713
ROC 值	0.924	0.839 000	0.914 000	0.864	0.886	0.948 000	0.971	0.981

表中数据说明：地形坡度、地形坡向、海拔高度、水资源密度、灌溉可达性、高速公路可达性、乡镇中心可达性、主干公路可达性和中心城市可达性是影响耕地变化的主要驱动因子，其中地形坡度和水资源密度的影响最强，回归系数分别为−1.487 058 和 0.075 454，坡度越大的地方越不易被利用，水资源密度越大的地方则更可能被开发。

林地的主要驱动因子包括地形坡度、海拔高度、灌溉距离、河湖距离、高速公路距离、乡镇中心距离、主干公路距离、中心城市距离和人均非农总产值，其中以人口密度和地形坡度的影响最为显著（回归系数分别为−4.119 546 和 0.182 720）；人口密度越大的地方，往往不容易被利用为林地，而坡度大的地方则容易转化为林地。

草地变化的驱动因子包括地形坡向、海拔高度、灌溉距离、河湖距离、高速公路距离、乡镇中心距离、主干公路距离、河流距离、中心城市距离、人均非农总产值、

人均地区生产总值和人口密度；其中，人均地区生产总值和人口密度的回归系数分别为 0.259 685 和−0.661 140，是影响草地变化最主要的两个驱动因子，人均地区生产总值越高的地方，草地越容易发生变化，而人口密度大的地方草地则比较稳定。

建设用地变化的驱动因子主要包括地形坡度、地形坡向、水资源密度、灌溉距离和主干公路距离，其中人口密度、地形坡度和水资源密度的驱动作用最强烈，回归系数分别为 0.526 041、−0.326 311 和−0.255 897，说明奎屯河流域建设用地变化最可能发生在人口密度较高、地形坡度较小和水资源密度也较低的区域。

盐碱地变化主要受海拔高度、灌溉距离、河湖距离、乡镇中心距离、河流距离和中心城市距离驱动，尤其是海拔高度和灌渠可达性的影响较为显著，分别为−0.002 192 和 0.000 038 的回归系数，说明该类型最可能在地势低洼和灌溉水渠较近的区域发生变化，是干旱区土壤盐渍化过程导致的结果。

未利用地变化的主要驱动力有地形坡度、地形坡向、海拔高度、灌溉距离、河湖距离、乡镇中心距离、主干公路距离、河流距离、人均非农总产值和人均地区生产总值，以人均地区生产总值、人均非农总产值和地形坡度的驱动强度较大，回归系数分别为−1.492 764、0.833 099、−0.616 719，此种类型最可能发生变化在人均地区生产总值较低但非农总产值较高和坡度较低的区域。

进一步分析各土地类型回归方程的 ROC 曲线图（图 4.2.34），发现耕地、林地、草地、建设用地、盐碱地、未利用地、水域和冰川等 8 种土地类型的 ROC 值分别为 0.924、0.839、0.914、0.864、0.886、0.948、0.971 和 0.981，说明选取驱动因子对各类土地利用变化均具有很强的解释力，模型拟采用的回归方程具有较强的可靠性。

3．转移弹性和区域限制

CLUE 模型中各土地利用类型的转移弹性一般通过综合历史时期的土地利用类型间转移情况确定。根据 CLUE 模型有关原理，不同土地利用类型的转移弹性由模型参数 ELAS 定义，有 3 种可能情况：① ELAS 等于 1，主要针对发生转移的遇到利用类型；② ELAS 等于 0，针对极易变化为其他类型的地类；③ ELAS 取值介于 0～1，针对发生类型转化难易程度介于以上两种极端情况之间的地类。因此，某地类的 ELAS 取值越大，表示该土地类型越稳定，其发生类型转变的概率越小。

奎屯河流域土地类型转化的转移弹性设置主要根据 1999～2010 年土地利用发生转化的实际情况，经多次模拟、筛选、调整，选取模型效果较好的系数作为最终设置，各类型转移弹性取值及其理论意义如表 4.2.25 所示。

区域限制策略主要应依据国家、新疆维吾尔自治区、伊犁哈萨克自治州以及乌苏、奎屯和独山子区等各级政府有关文件规定，对重要土地类型实施人为保护，主要包括保证粮食安全的基本农田及保证区域生态安全的防护林地等。本节主要考虑中山带森林带为保护区，限制中山森林带发生土地利用类型转变；同时根据各级政府制定的土地利用总体规划要求，设置现有基本农田保护区为限制区域。

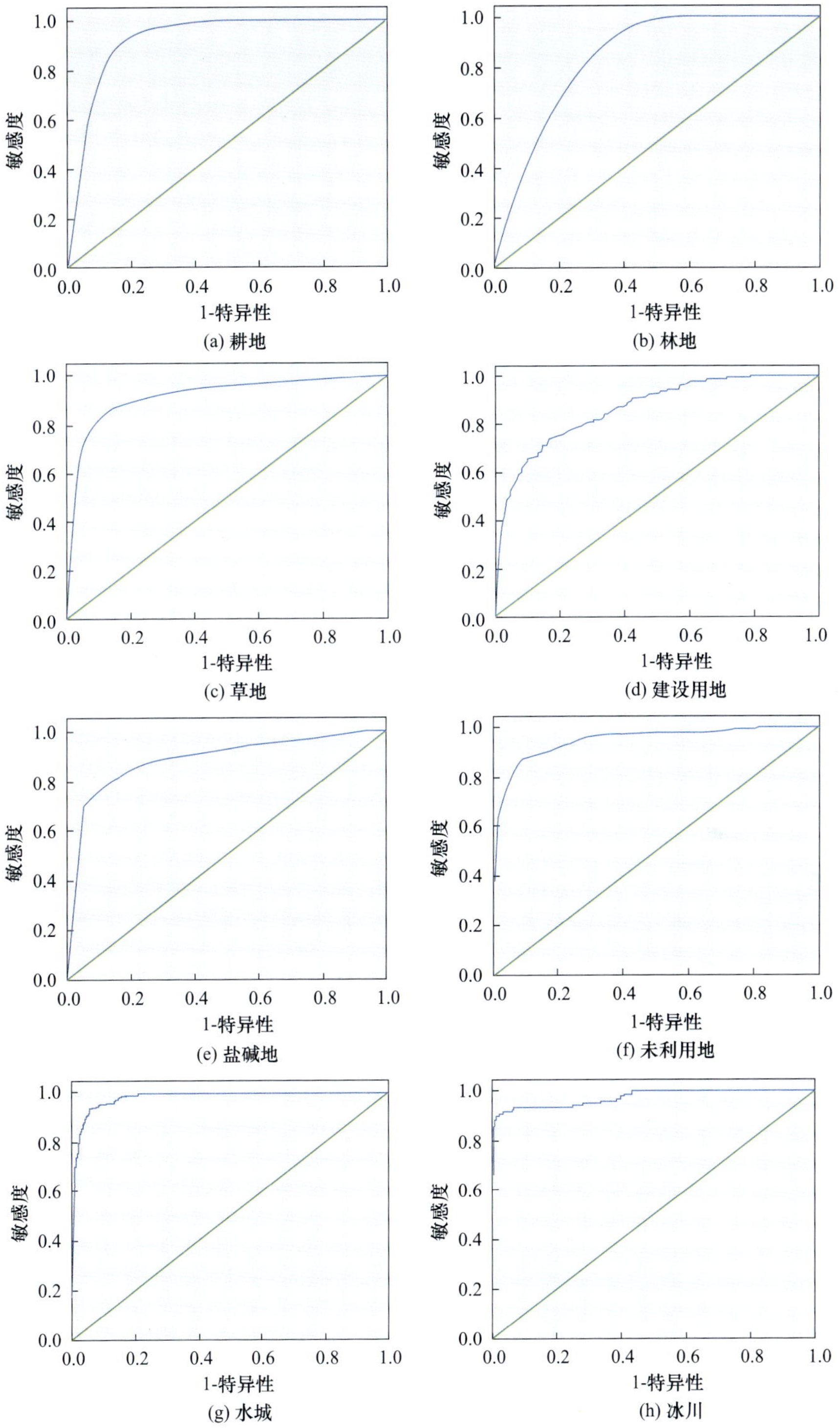

(a) 耕地

(b) 林地

(c) 草地

(d) 建设用地

(e) 盐碱地

(f) 未利用地

(g) 水城

(h) 冰川

图 4.2.34 土地利用变化驱动因子回归方程的 ROC 曲线

表 4.2.25 奎屯河流域土地利用类型的转移弹性

土地类型	转移弹性	说明
耕地	0.90	由于干旱区盐渍化问题导致耕地弃耕，可转变为盐碱地或未利用地等其他类型。但耕地这种类型相对较稳定
林地	0.81	林地包含中山带森林带和低山、平原丘陵地带的有林地、疏林地和灌木林地；中山带林地稳定不易发生变化，但疏林地和灌木林地容易发生变化。因此设为 0.81
草地	0.79	草地是相对比较容易发生转变的类型。草场可被退化为盐碱地或未利用地，被开垦为耕地等
建设用地	0.98	稳定性仅次于冰川的地类
盐碱地	0.43	盐碱地、未利用地、灌木林地和草地之间存在频繁的相互转换
未利用地	0.45	盐碱地、未利用地、灌木林地和草地之间存在频繁的相互转换
水域	0.92	水域本身是比较稳定的，但需要考虑水域在不同年份上的储水条件差异，以及人工建造水库等水利设施的影响。因此，也会发生一定程度的变化
冰川	1.00	最稳定的地类。不考虑气候变化的影响，假设模拟期内冰川不发生变化

4．模型校准与验证

CLUE 模型通过建模过程中的两个途径检验其预测能力：①驱动力分析阶段，根据对各用地类型与潜在驱动因子间的 Logistic 回归分析结果，借助 ROC 曲线（Pontius et al.，2001）对模型驱动因素的解释能力进行检验，若驱动因素对土地利用变化的解释力强，说明在此基础上建立的模型具有较为可靠的稳健性，即可利用该模型执行空间分配计算，否则将无法执行下一步运算过程，须重新选取有力的驱动因素；②模拟运算结束后，利用历史土地利用现状数据与模拟土地利用格局做空间对比分析，借助混淆矩阵和 Kappa 指数（Pontius，2000）检验模型输出结果的空间匹配程度。本节主要阐述基于模型输出结果的精度验证，包括校准和验证两个阶段。

模型校准是在模型建立初期，为保证模型输出数据与现实数据具有较高吻合度对模型相关参数进行不断尝试、调整的过程。为此，以 1999 年为起始年，利用初步建立的 CLUE 模型模拟了 1999～2010 年的土地利用格局，然后选取 2003 年和 2007 年的土地利用格局与遥感解译获得的土地利用现状数据作对比，通过计算 Kappa 指数来检验模型的可靠性。通过对驱动力、转移弹性和第二代变量等模型参数的反复调整，最终确定模型主文件参数及其参数设置，见表 4.2.26。

表 4.2.26 Dyna-CLUE 模型主文件 main.1 中的参数设置

行号	参数值	参数说明
1	8	土地利用类型个数
2	1	模拟工作区个数
3	12	回归方程中的最多自变量个数
4	14	驱动变量个数

续表

行号	参数值	参数说明
5	613	工作区 GRID 行数
6	495	工作区 GRID 列数
7	9	像元面积
8	212 499.474 1	工作区左下角 x 坐标
9	4 835 677.63	工作区左下角 y 坐标
10	0 1 2 3 4 5 6 7	土地利用类型的数字编码
11	0.78 0.61 0.79 1.00 0.23 0.13 0.92 0.24	土地利用类型的转移弹性
12	0 0.35 8.0	迭代变量
13	2000 2010	模拟年份
14	0	动态驱动因子的数字编码
15	1	输出文件格式
17	1 5	初始土地利用历史

基于上述驱动因子分析结果、模型参数和相关初始文件运行模型，结合现有数据情况，选取 2003 年、2007 年土地利用模拟数据与 2003 年、2007 年土地利用现状数据做空间对比分析（图 4.2.35），分别在 2003 年、2007 年两期数据上通过分层随机抽样方式抽取像元，统计这些像元在模拟数据与现状数据间的差异，计算两期数据的混淆矩阵（表 4.2.27 和表 4.2.28），对应两期模拟数据的 Kappa 系数分别为 0.973 6 和 0.947 1。可见模型校准阶段的输出结果非常接近于现状数据，说明相关参数设置可靠性较高，可满足下一阶段模拟计算要求。

表 4.2.27 Dyna-CLUE 模型校准时的混淆矩阵（基于 2003 年数据）（单位：hm^2）

类型 / 转换	耕地	林地	草地	建设用地	盐碱地	未利用地	水域	冰川	模拟数据
耕地	257 049	0	0	0	0	10 701	0	0	267 750
林地	0	224 037	1 719	0	0	0	0	0	225 756
草地	909	0	587 619	378	7 227	0	0	0	596 133
建设用地	90	0	0	29 097	0	2 853	0	0	32 040
盐碱地	8 991	0	0	351	144 117	0	0	0	153 459
未利用地	0	0	0	0	0	331 443	0	0	331 443
水域	0	0	0	0	0	198	10 683	0	10 881
冰川	0	0	0	0	0	0	0	23 373	23 373
解译数据	267 039	224 037	589 338	29 826	151 344	345 195	10 683	23 373	1 640 835

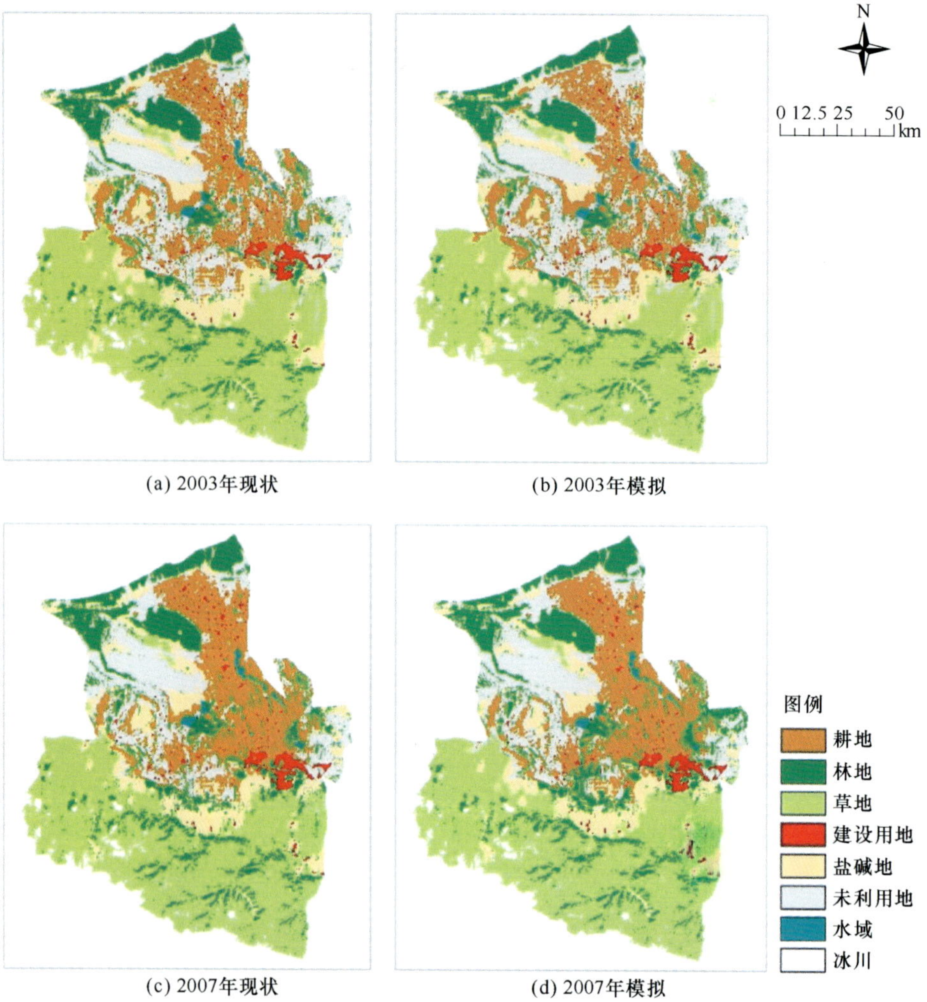

N

0 12.5 25 50 km

(a) 2003年现状

(b) 2003年模拟

(c) 2007年现状

(d) 2007年模拟

图例

耕地
林地
草地
建设用地
盐碱地
未利用地
水域
冰川

图 4.2.35　2003 年、2007 年 Dyna-CLUE 模型校准阶段的现状数据与模拟数据

表 4.2.28　Dyna-CLUE 模型验校准时的混淆矩阵（基于 2007 年数据）　（单位：hm^2）

类型 / 转换	耕地	林地	草地	建设用地	盐碱地	未利用地	水域	冰川	模拟数据
耕地	301 725	963	0	0	0	4 086	0	0	306 774
林地	0	238 761	6 885	360	4 095	0	0	0	250 101
草地	0	0	586 278	18	2 961	1 080	0	0	590 337
建设用地	2 556	306	0	29 106	81	792	0	0	32 841
盐碱地	1 404	2 799	0	351	146 376	14 166	0	0	165 096
未利用地	0	20 547	3 420	0	0	237 159	0	0	261 126
水域	198	0	0	0	0	198	10 791	0	11 187
冰川	0	0	0	0	0	0	0	23 373	23 373
解译数据	305 883	263 376	596 583	29 835	153 513	257 481	10 791	23 373	1 640 835

模型验证是将利用经过参数校准后的模型的输出结果与实际数据做比较，评价模型预测精度的过程。因此，利用经过参数校准的CLUE模型，设置1999年为起始年，模拟1999～2011年的土地利用格局；然后利用2011年土地利用现状数据与模拟土地利用格局数据进行空间对比分析（图4.2.36）。

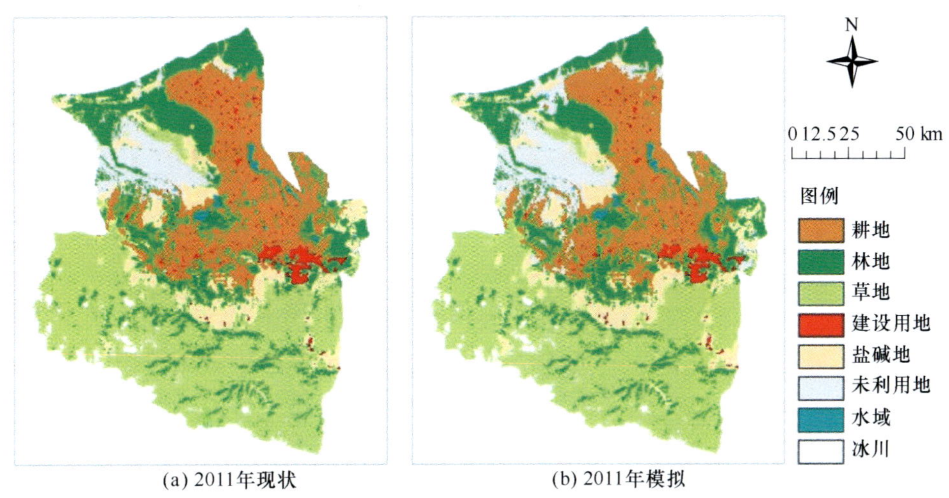

(a) 2011年现状 (b) 2011年模拟

图4.2.36 Dyna-CLUE模型验证阶段的土地利用现状数据与模拟数据（2011年）

分别在现状数据和模拟数据上采用分层随机抽样法选取1 640 835个样本点，统计样本点在两幅图上的空间吻合情况得混淆矩阵（表4.2.29），在此基础上计算Kappa指数得0.947 1，说明模拟数据与现状数据的一致性较好、模型具有可靠的预测精度。

表4.2.29 Dyna-CLUE模型验证时的混淆矩阵（基于2011年数据）

类型/转换	耕地	林地	草地	建设用地	盐碱地	未利用地	水域	冰川	模拟数据
耕地	301 725	963	0	0	0	4 086	0	0	306 774
林地	0	238 761	6 885	360	4 095	0	0	0	250 101
草地	0	0	586 278	18	2 961	1 080	0	0	590 337
建设用地	2 556	306	0	29 106	81	792	0	0	32 841
盐碱地	1 404	2 799	0	351	146 376	14 166	0	0	165 096
未利用地	0	20 547	3 420	0	0	237 159	0	0	261 126
水域	198	0	0	0	0	198	10 791	0	11 187
冰川	0	0	0	0	0	0	0	23 373	23 373
解译数据	305 883	263 376	596 583	29 835	153 513	257 481	10 791	23 373	1 640 835

5．绿洲土地资源需求情景分析

作为 CLUE 模型两个主要组成部分之一，非空间模块的输入数据——不同发展情景下的土地资源需求来源于基于系统动力学模型的模拟结果（表 4.2.30～表 4.2.33），以下从土地利用结构、幅度和趋势三方面分析不同用地类型在不同发展情景下的变化趋势和特征。

表 4.2.30　2011～2030 年奎屯河流域土地利用需求情景 1　（单位：万 hm^2）

年份	耕地	林地	草地	建设用地	盐碱地	未利用地	水域	冰川
2011	35.762 2	27.927 5	66.389 5	3.016 5	15.884 8	11.597 3	1.177 4	2.337 3
2012	37.204 6	29.423 6	66.867 6	3.028 6	16.004 7	8.300 2	0.925 8	2.337 3
2013	38.583 6	29.489 8	66.549 4	3.044 4	16.084 1	6.827 8	1.176 2	2.337 3
2014	38.438 3	24.694 9	64.175 0	3.043 6	15.927 4	14.571 0	0.905 1	2.337 3
2015	40.117 3	30.449 9	66.282 5	3.063 8	16.164 1	4.817 9	0.859 7	2.337 3
2016	40.311 1	31.811 8	66.186 6	3.062 9	16.178 8	3.169 7	1.034 3	2.337 3
2017	39.985 0	23.820 9	62.830 0	3.062 0	15.950 6	15.023 3	1.083 4	2.337 3
2018	40.175 1	24.789 7	62.920 7	3.061 1	15.963 5	13.913 6	0.931 5	2.337 3
2019	39.959 0	20.193 5	61.053 4	3.060 3	15.832 6	20.512 5	1.144 0	2.337 3
2020	41.326 6	19.785 9	60.897 4	3.085 6	15.904 4	19.626 9	1.128 4	2.337 3
2021	41.318 8	18.356 7	59.931 7	3.084 6	15.859 7	22.358 0	0.845 7	2.337 3
2022	43.040 2	22.425 1	61.178 7	3.117 2	16.043 8	14.842 8	1.107 4	2.337 3
2023	42.919 6	19.297 9	60.195 8	3.115 9	15.960 2	19.128 2	1.137 5	2.337 3
2024	43.063 0	19.407 4	59.917 5	3.114 7	15.958 5	19.283 1	1.011 0	2.337 3
2025	43.067 9	18.031 1	59.366 7	3.113 5	15.922 0	21.151 8	1.102 1	2.337 3
2026	43.064 8	16.724 8	58.773 5	3.112 4	15.888 5	23.374 2	0.817 1	2.337 3
2027	43.045 0	15.444 7	58.047 3	3.111 3	15.856 4	25.333 3	0.917 2	2.337 3
2028	43.048 1	14.458 4	57.847 8	3.110 2	15.832 7	26496 5	0.961 5	2.337 3
2029	42.594 5	11.272 7	56.780 2	3.109 1	15.746 0	31.2014 0	1.038 7	2.337 3
2030	44.254 6	12.549 1	57.154 6	3.149 3	15.867 1	27818 5	0.962 0	2.337 3

表 4.2.31　2011～2030 年奎屯河流域土地利用需求情景 2　（单位：万 m^2）

年份	耕地	林地	草地	建设用地	盐碱地	未利用地	水域	冰川
2011	35.236 1	26.083 2	65.469 2	3.012 9	15.797 0	14.979 3	1.177 5	2.337 3
2012	36.152 3	25.646 9	65.018 6	3.019 8	15.828 6	15.163 2	0.925 8	2.337 3
2013	37.005 2	24.050 3	63.910 9	3.027 9	15.828 1	16.756 6	1.176 2	2.337 3
2014	37.905 4	23.111 1	63.416 3	3.037 6	15.849 0	17.530 8	0.905 1	2.337 3
2015	39.058 3	26.480 5	64.470 3	3.049 0	15.989 8	11.847 5	0.859 7	2.337 3
2016	40.297 6	31.753 6	66.161 4	3.062 7	16.176 4	3.269 1	1.034 3	2.337 3
2017	39.971 6	23.781 2	62.812 7	3.061 8	15.948 7	15.095 9	1.083 4	2.337 3
2018	40.161 7	24.747 8	62.903 3	3.060 9	15.961 6	13.988 4	0.931 5	2.337 3

续表

年份	耕地	林地	草地	建设用地	盐碱地	未利用地	水域	冰川
2019	39.945 6	20.162 1	61.040 5	3.060 1	15.831 0	20.572 0	1.144 0	2.337 3
2020	40.787 2	18.617 9	60.419 1	3.075 8	15.842 6	21.884 2	1.128 5	2.337 3
2021	41.824 8	19.425 1	60.356 3	3.094 5	15.916 2	20.292 7	0.845 7	2.337 3
2022	41.974 4	19.776 1	60.177 2	3.093 4	15.918 3	19.708 4	1.107 4	2.337 3
2023	41.854 0	17.172 3	59.404 5	3.092 4	15.847 5	23.247 0	1.137 5	2.337 3
2024	41.997 4	17.263 5	59.155 0	3.091 4	15.847 5	23.389 3	1.011 1	2.337 3
2025	42.002 2	16.117 6	58.705 9	3.090 4	15.817 2	24.919 8	1.102 2	2.337 3
2026	43.044 6	16.689 7	58.761 8	3.111 9	15.886 5	23.443 7	0.817 1	2.337 3
2027	43.024 8	15.414 1	58.037 3	3.110 8	15.854 6	25.396 5	0.917 2	2.337 3
2028	43.027 9	14.431 2	57.839 1	3.109 7	15.830 9	26.554 9	0.961 5	2.337 3
2029	42.574 3	11.256 6	56.774 9	3.108 6	15.744 5	31.257 6	1.038 7	2.337 3
2030	43.708 3	12.015 8	56.988 1	3.133 7	15.823 8	29.123 5	0.962 0	2.337 3

表 4.2.32 2011～2030 年奎屯河流域土地利用需求情景 3 （单位：万 hm²）

年份	耕地	林地	草地	建设用地	盐碱地	未利用地	水域	冰川
2011	34.430 5	23.563 4	64.211 9	3.008 0	156.718	19.692 0	1.177 5	2.337 3
2012	34.541 0	21.038 7	62.762 4	3.009 0	15.593 8	23.884 5	0.925 8	2.337 3
2013	34.588 2	18.117 5	61.033 1	3.010 0	15.506 7	28.323 4	1.176 2	2.337 3
2014	34.682 8	16.088 1	60.052 2	3.011 0	15.449 2	31.566 7	0.905 1	2.337 3
2015	35.030 0	16.546 9	59.935 4	3.012 1	15.470 1	30.901 1	0.859 7	2.337 3
2016	35.463 6	17.557 5	60.003 7	3.013 3	15.509 2	29.173 5	1.034 3	2.337 3
2017	35.377 4	14.399 6	58.725 3	3.014 5	15.421 8	33.733 2	1.083 4	2.337 3
2018	35.807 5	15.185 2	58.947 3	3.015 7	15.457 2	32.410 8	0.931 5	2.337 3
2019	35.831 2	13.285 9	58.215 9	3.017 0	15.409 8	34.851 4	1.144 0	2.337 3
2020	35.867 2	11.758 4	57.610 0	3.018 4	15.373 5	36.999 3	1.128 5	2.337 3
2021	36.099 2	11.392 9	57.164 8	3.019 8	15.374 9	37.857 9	0.845 7	2.337 3
2022	36.488 8	11.731 4	57.136 1	3.021 2	15.400 7	36.869 5	1.107 5	2.337 3
2023	36.608 1	10.890 7	57.066 1	3.022 7	15.387 2	37.642 9	1.137 5	2.337 3
2024	36.991 3	11.109 9	56.966 5	3.024 3	15.410 8	37.241 3	1.011 0	2.337 3
2025	37.236 2	10.794 8	56.867 5	3.026 0	15.416 3	37.312 4	1.102 2	2.337 3
2026	37.472 8	10.471 8	56.674 2	3.027 6	15.421 6	37.870 1	0.817 0	2.337 3
2027	37.693 0	10.124 6	56.308 2	3.029 4	15.426 0	38.256 8	0.917 2	2.337 3
2028	37.935 9	10.124 6	56.388 0	3.031 2	15.433 7	37.880 3	0.961 5	2.337 3
2029	37.722 2	10.124 6	55.916 3	3.033 1	15.397 8	38.522 4	1.038 6	2.337 3
2030	38.050 6	10.124 6	55.936 6	3035 1	154 166	38.229 7	0.962 0	2.337 3

表 4.2.33　2011～2030 年奎屯河流域土地利用需求情景 4　（单位：万 hm^2）

年份	耕地	林地	草地	建设用地	盐碱地	未利用地	水域	冰川
2011	34.120 0	26.314 5	65.383 6	11.120 0	15.401 9	8.536 6	0.878 5	2.337 3
2012	35.364 4	27.907 6	61.059 3	12.364 4	15.040 1	9.132 1	0.887 2	2.337 3
2013	36.517 0	28.168 8	58.369 6	13.517 0	15.121 4	9.162 0	0.899 4	2.337 3
2014	36.409 2	23.669 6	65.594 7	13.409 2	14.896 6	6.876 7	0.899 1	2.337 3
2015	37.789 0	29.290 2	55.208 8	14.789 0	14.704 2	9.058 7	0.915 4	2.337 3
2016	37.922 0	30.542 4	53.538 2	14.922 0	14.831 4	9.085 2	0.913 8	2.337 3
2017	37.679 4	22.989 3	64.745 8	14.679 4	14.906 9	5.840 5	0.913 8	2.337 3
2018	37.833 7	23.899 9	63.655 0	14.833 7	14.7631	5.857 0	0.912 7	2.337 3
2019	3.775 2	19.548 7	69.950 6	14.675 2	14.974 0	4.019 0	0.912 6	2.337 3
2020	38.810 1	19.299 1	68.155 4	15.810 1	14.844 4	3.900 6	0.935 3	2.337 3
2021	38.776 6	17.908 8	70.587 4	15.776 6	14.578 6	3.193 4	0.933 8	2.337 3
2022	38.882 7	18.205 1	69.974 3	15.882 7	14.791 0	3.087 1	0.932 4	2.337 3
2023	38.823 0	15.931 3	73.223 4	15.823 0	14.848 4	2.173 7	0.932 3	2.337 3
2024	38.919 4	15.999 3	73.225 6	15.919 4	14.717 9	2.042 8	0.930 9	2.337 3
2025	38.929 7	14.991 5	74.574 2	15.929 7	14.801 7	1.598 1	0.930 1	2.337 3
2026	38.9221	14.030 9	76.207 4	15.922 1	14.548 8	1.194 7	0.929 2	2.337 3
2027	40.144 3	15.179 9	72.333 5	17.144 3	14.491 2	1.504 8	0.957 2	2.337 3
2028	40.170 4	14.231 0	73.558 1	17.170 4	14.544 4	1.124 3	0.956 6	2.337 3
2029	39.820 4	11.146 1	78.191 0	16.820 4	14.639 2	0.181 6	0.956 5	2.337 3
2030	39.891 3	11.016 4	78.353 2	16.891 3	14.568 8	0.078 9	0.955 3	2.337 3

（1）土地利用结构变化

分析如图 4.2.37 所示的土地利用需求规模柱状图，发现草地是规模最大的用地类型，平均占比为 38.16%；耕地的规模次之，平均占比为 23.63%；除假定发生变化的冰川（1.42%）以外，水域规模占比最低，平均占比仅为 0.62%；建设用地规模占比也不算高，平均占比为 3.67%；其余林地、未利用地和盐碱地的平均占比从高到低依次为 11.63%、11.40% 和 9.47%。

不同发展情景模式下，情景 4 所需草地面积平均占比最高（41.64%），情景 3 所需草地面积占比最低（35.90%）；耕地在情景 1 下的需求规模占比最高，平均值达 24.93%，情景 3 下的平均占比最低（22.01%）；水域的平均占比变化并不明显，不同情景下的平均占比基本保持在 0.62% 左右；林地在情景 1 下的占比最高、在情景 3 下的占比最低，平均值分别为 13.25% 和 8.87%；未利用地在情景 3 下的平均占比最高、在情景 4 下的平均占比最低，取值分别为 19.88% 和 2.82%；盐碱地在不同情景下的平均

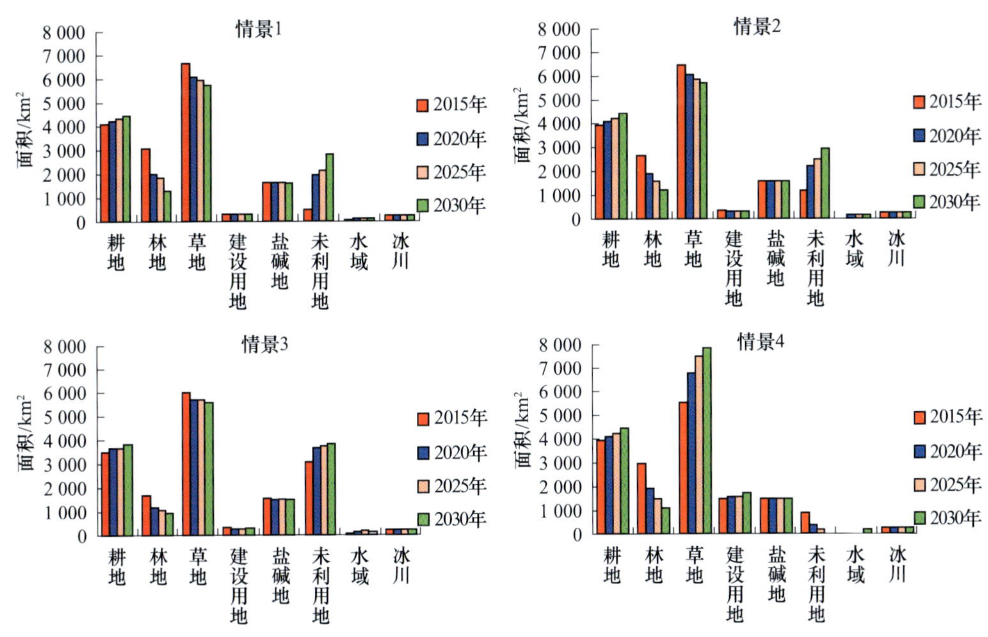

图 4.2.37　土地利用需求的阶段性结构变化

占比变化相差不大，取值在 9.06%～9.72% 之间；建设用地的规模需求占比差异性较大，其在情景 4 下的平均占比高达 9.09%，但在其余三种情景下的平均占比均在 1.8% 左右。

将预测期（2011～2030 年）分为五年一个阶段从发展阶段上看不同情景下的变化趋势，变化特征最显著的是耕地、林地、草地和未利用地。耕地在不同情景下的变化趋势均表现为增加，林地在不同情景下的变化均表现为减少趋势，草地在情景 1、情景 2 和情景 3 下减少但在情景 4 下增加，未利用地与草地变化趋势正好相反，即在情景 1、情景 2 和情景 3 下增加但在情景 4 下减少。相对于前面几种类型，建设用地、盐碱地和水域的变化趋势相对平缓、动态特征不够显著。为进一步认识不同情景下的土地利用需求变化特征，下一节分析各土地利用类型的阶段性变化幅度和速率。

（2）阶段性的变化幅度

将预测期（2011～2030 年）分为五年一个阶段，分别用“Pxx－>yy”代表“从 20xx 年到 20yy 年”，图 4.2.38 反映了不同土地利用类型在不同发展情景下、不同时间阶段变化幅度情况，未利用地、林地和水域是动态特征最显著的三种类型。

情景 1 中，未利用地在不同阶段上的变化特征最显著。第一阶段（P11－>15），未利用地表现为减少过程，从 2011 年到 2015 年的变化幅度为－58.46%；从第二阶段（P15－>20）即开始转变为增加过程，特别是 2015～2020 年期间的增加幅度高达 307.37%；后续两个阶段的增加幅度也较高，分别为 7.77% 和 31.52%。林地的变

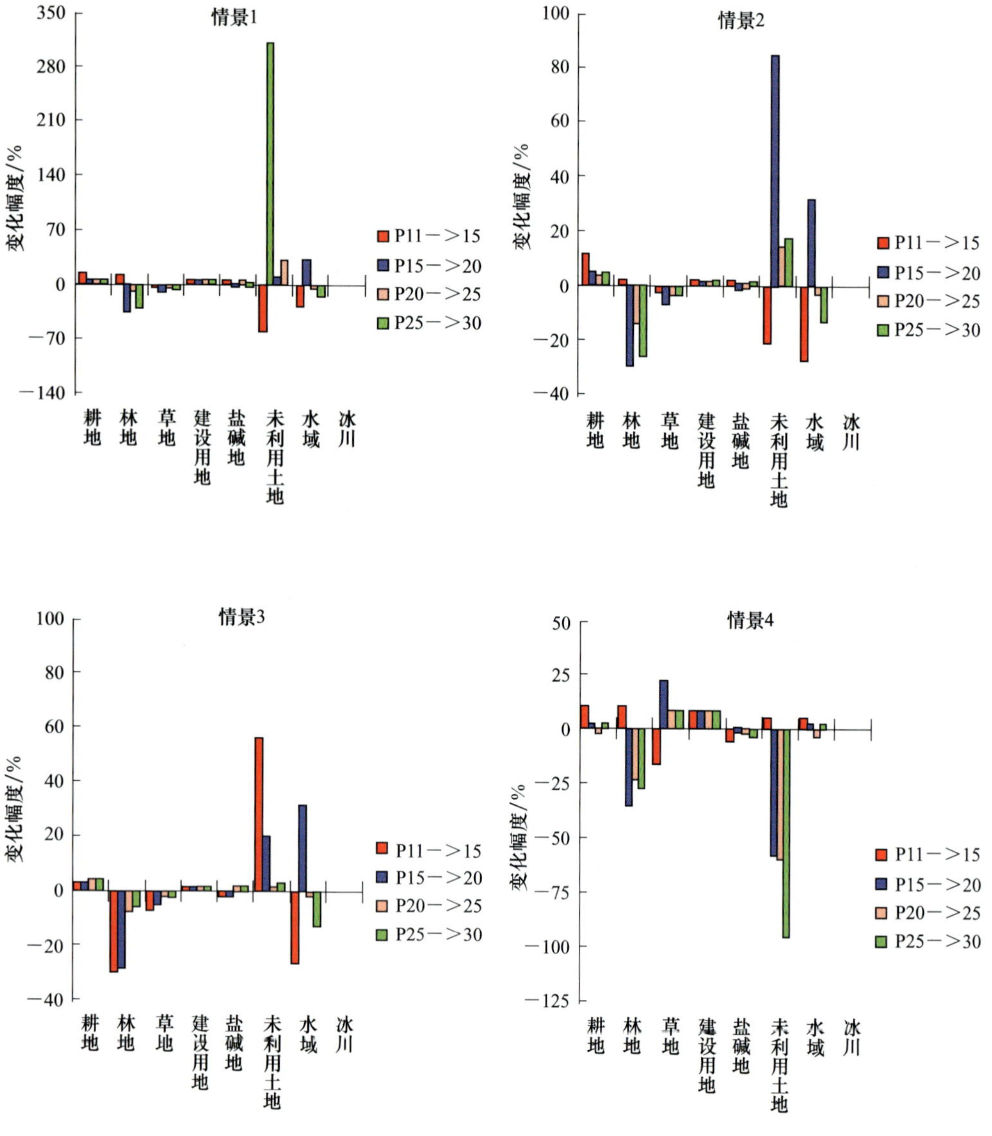

图 4.2.38　土地利用需求的阶段性变化幅度

化趋势与未利用地相反，在第一阶段先表现为增加（幅度 9.03%），然后从第二阶段开始转为减少过程，P15—>20、P20—>25 和 P25—>30 的变化幅度分别为—35.0%、—8.9% 和—30.0%。水域变化特征较复杂，在四个发展阶段连续表现为减少、增加、减少、减少的趋势，变化幅度分别为—27.0%、31.3%、—2.3% 和—13.0%，总体变化趋势是减少。

情景 2 中，各种用地类型的动态特征均较显著，依次分别为未利用地、水域、林地、耕地和草地，建设用地和盐碱地的变化程度相近。第一阶段（P11—>15），水域、未利用地和草地的需求减少，2011～2015 年的变化幅度分别为－27.0%、－20.91% 和－1.5%，水域变化幅度最大，其余 4 种类型则表现为增加趋势，按照变化幅度依次为耕地（10.8%）、林地（1.52%）、建设用地（1.19%）和盐碱地（1.22%）。第二阶段（P15－>20），草地面积进一步减少，耕地和建设用地面积进一步增加，其余类型则发生了趋势逆转，林地、盐碱地从增加变为减少，草地、未利用地和水域从减少转向增加，以未利用地增加和林地减少为主要特征，这两种类型从 2015～2020 年的变化幅度分别为 84.72% 和－30.0%。从第三阶段开始，耕地延续增加趋势一直到模拟阶段结束，后续两个阶段的变化幅度分别为 2.98% 和 4.06%；林地进一步减少，2015～2020 年的变化幅度分别为－13% 和－25%；草地变化趋势与林地相同，2015～2020 年的变化幅度分别为－2.8% 和－2.9%；建设用地和未利用地则持续增加，前者 2015～2020 年的变化幅度分别为 0.47% 和 1.40%，后者分别为 13.87 和 16.87。总体上，未利用地的变化特征最显著。

情景 3 中，林地、未利用地和水域是变化幅度最明显的 3 种类型，建设用地变化特征最不明显；除盐碱地和水域表现为起伏特征，其余用地类型均表现为持续性增加或减少趋势。第一阶段（P11－>15），林地、草地、盐碱地和水域减少，2011～2015 年间变化幅度分别为－30%、－6.7%、－1.29% 和－27%，耕地、建设用地和未利用地增加，变化幅度分别为 1.74%、0.13% 和 56.92%。第二阶段起，耕地持续增加的幅度分别为 2.39%、3.82% 和 2.19%，林地持续减少幅的度分别为－29%、－8.2% 和－6.2%，草地持续减少的幅度分别为－3.9%、－1.3% 和－1.6%，建设用地持续增加的变化幅度分别为 0.21%、0.25% 和 0.30%，未利用地持续增加的幅度分别为 19.73%、0.84% 和 2.45%。这一情景模式下，林地增加和未利用地减少是最明显的变化特征。

情景 4 中，各类用地需求分阶段动态变化特征最为显著，除耕地和建设用地需求持续增加外，其余各类土地需求均处于动态变化中，又以未利用地和林地的动态特征最显著。耕地需求在第一阶段增加幅度最大（10.8%），此后以较低增幅（小于 2.5%）增加；建设用地在第一阶段的增幅与第二阶段（6.90%）和第四阶段（6.03%）的增幅较接近，第三阶段增幅较低（仅 0.75%）。林地最初表现为增加趋势，2011～2015 年的增幅达 11.3%，但随后转向减少趋势，且减少幅度均不低于－22%，其中 2015～2020 年减少幅度高达－34%；未利用地在预测初期也表现为增加趋势，2011～2015 年增幅 6.12%，此后开始转入大幅度减少过程，后续 3 个阶段的减少幅度分别高达－56.94%、－59.03% 和－95.06%。

（3）类型需求变化趋势

为进一步分析各用地类型在预测期内的时间动态特征，以时间步长为 1 年绘制 2011～2030 年各类土地利用类型的需求曲线如图 4.2.39 所示。由图 4.2.39 可见，耕地和建设用地需求的变化特征表现出较为明显的资源约束性特征。总体上，情景 3 的用地类型需求最小，其变化情况反映了一种较为合理的发展模式。

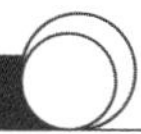

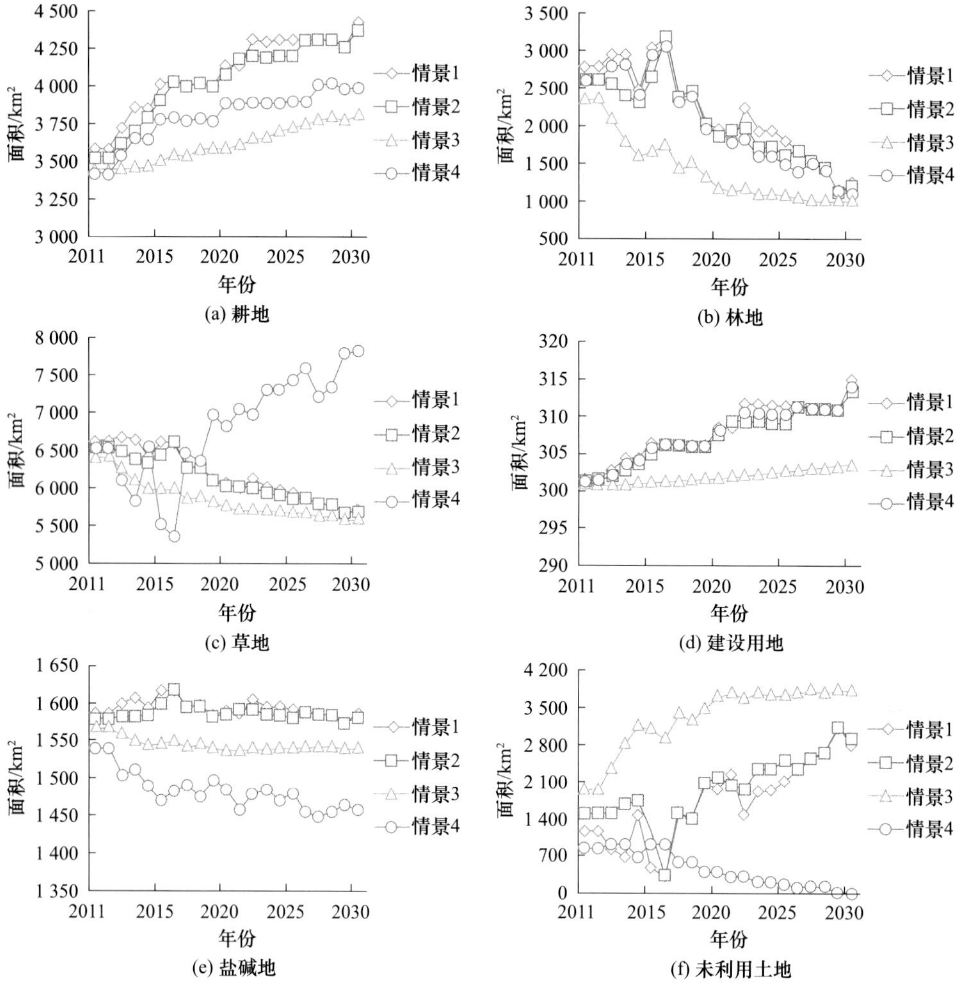

面积/km²
年份
情景1
情景2
情景3
情景4
(a) 耕地
(b) 林地
(c) 草地
(d) 建设用地
(e) 盐碱地
(f) 未利用土地

图 4.2.39　奎屯河流域各土地利用类型的需求曲线

耕地需求在不同情景下的总体趋势增加、情景 3 下的需求量最小。其中，情景 3 下表现为线性持续增加趋势不受约束，其余情景下均有不同程度的阶梯型变化过程，如在 2022～2025 年分别具有 43 万 hm^2、41.9 万 hm^2 和 38.9 万 hm^2 左右的用地需求，说明除情景 3 外的发展情景均在不同程度上受到水资源承载力的约束作用。与耕地变化趋势相似，建设用地在不同发展情景下也表现为不断增长趋势，除情景 3 以外均具有不同程度的资源约束性特征。例如，2023～2026 年情景 1、情景 2 和情景 4 下的建设用地需求分别保持在 3.112 4 万 hm^2、3.111 9 万 hm^2 和 3.112 1 万 hm^2 左右。总体上，情景 1 下的需求量最大，情景 4 和情景 2 依次降低，情景 3 最小，情景 3 在 2023～2026 年期间的用地需求平均为 3.025 2 万 hm^2。

林地在不同情景下的总体趋势减少，情景 3 下的用地需求量最小。情景 3 模式下的林地需求表现为持续但不稳定的减少过程，在其余三种情景模式下的林地需求先增加后减少且在 2017 年达到峰值，总体上表明林地受水资源约束的特征不明显。草地在情景 4 下的用地需求先减少、后增加且在 2016 年达到谷底（53.54 万 hm^2），其余情景下则表现为持续性减少过程且以情景 3 下的需求量最小。草地面积需求在 2030 年甚至达到 78.35 万 hm^2，而其余几种情景下在 2030 年的用地需求仅为 56 万 hm^2 左右。

盐碱地在情景 1 和情景 2 下表现为先增加、后减少的变化趋势，情景 3 和情景 4 下表现为持续减少。其中，情景 1 下的用地需求量最大，多年平均值为 15.93 万 hm^2；情景 4 下的用地需求量最少，多年平均值为 14.83 万 hm^2。情景 1 和情景 2 的变化趋势较为接近，均于 2016 年达到峰值，需求面积分别为 16.178 8 万 hm^2 和 16.176 4 万 hm^2。

未利用地需求变化的趋势特征较为复杂，在情景 3 和情景 4 下分别表现为持续性的增加和减少，在情景 1 和情景 2 下均表现为先增加、后减少、再增加的起伏变化过程。其中，情景 3 下的用地需求最大，在 2020 年前持续增加，在达到 37.857 9 万 hm^2 的最大值后开始较为缓慢的增加过程，前一阶段的年均增幅达 7.69%，后一阶段年均增幅则仅为 0.09%；情景 1 和情景 2 下的用地需求在 2016 年达到最小值，分别为 3.169 7 万 hm^2、3.269 1 万 hm^2。

6．空间模拟结果与分析

基于四种土地利用需求情景，利用建立的 Dyna-CLUE 模型，模拟水资源约束下 2011～2030 年的土地利用空间格局，在 2015 年、2020 年、2025 年和 2030 年 4 个主要年份上的输出结果如图 4.2.40 所示，用以在较宏观的空间尺度上表征水资源约束下的区域空间格局演变过程。以下选择 2015 年、2020 年、2025 年和 2030 年为模拟时段内的主要时间节点，从空间格局和类型转移两个视角，分析不同情景下土地利用空间格局演化的主要阶段特征。

（1）情景 1 空间模拟结果与分析

图 4.2.40 是奎屯河流域在发展情景 1 下的土地利用空间格局，山地、荒漠、绿洲连续过渡的空间特征非常明显。2015 年、2020 年、2025 年和 2030 年 4 个主要时间节点上，耕地主要分布在流域中、北部的绿洲区域；林地主要分布在流域南部山区和北部荒漠地带，山区以常绿阔叶林为主，荒漠地带主要是一些耐旱灌木林地，主要河流沿岸也有连片分布；草地主要分布在北部山区和丘陵地带，以天然草场和人工草地为主；城市建设用地分布在中部绿洲区上部，系奎屯河干流与主要交通干线的交叉部位，乡镇建设用地则散布在整个绿洲区，周边环绕的是耕地；盐碱地主要分布在绿洲向荒漠的过渡带，山地 - 绿洲过渡带也有一些盐碱地分布；未利用地主要分布在南部高寒地带和北部荒漠地带；水域分布在绿洲区的地下水溢出地带，冰川分布在南部山区海拔 4 000m 以上的高寒地带。

图 4.2.41 是 4 个主要时间节点上的土地类型转移情况，未利用地被大量开发和耕

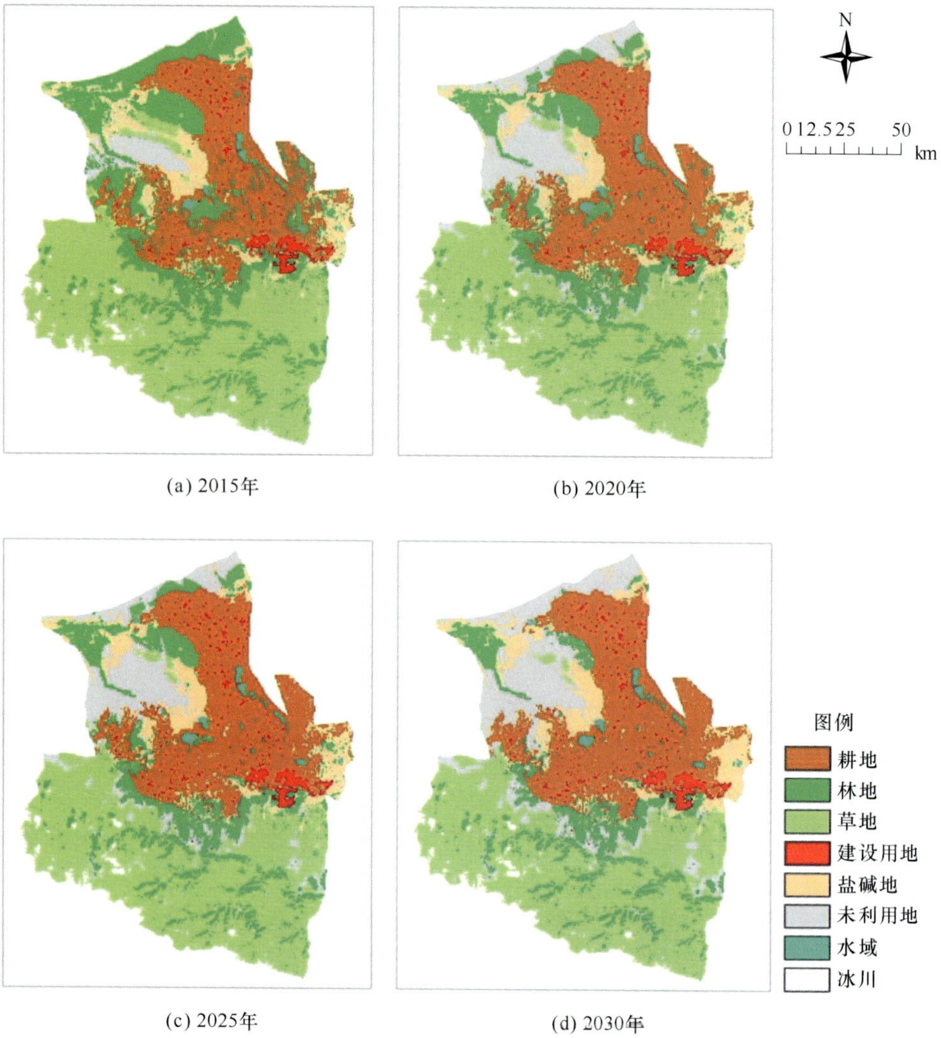

(a) 2015年

(b) 2020年

(c) 2025年

(d) 2030年

图 4.2.40　模拟情景 1 的土地利用空间格局

地转出是情景 1 下不同发展阶段普遍表现出的主要特征，反映了现发展模式下对未利用地和耕地面积的大量需求。分布在南部山区丘陵地带和北部荒漠地带的未利用地被开发为其他用地类型，分布在绿洲中部较大规模的耕地也被改变为别的用地类型，如建设用地和耕地，这种变化特征在前两个阶段非常明显，预计到 2020 年，将有分布于山地 - 绿洲过渡带和绿洲 - 荒漠过渡带的未利用地被开发为耕地等生产性用地；第三阶段的土地利用结构相对稳定，只有绿洲、山地 - 绿洲过渡带上有零星未利用地发生转出；但第四阶段也表现为稍次于第一、第二阶段的变化特征。在第一、第二和第四阶段，绿洲东部的盐碱地转出为其他类型是情景 1 对应发展模式下表现出的另一个主要特征；预测 2011～2020 年、2025～2030 年将有盐碱地被开发为其他生产性用地。

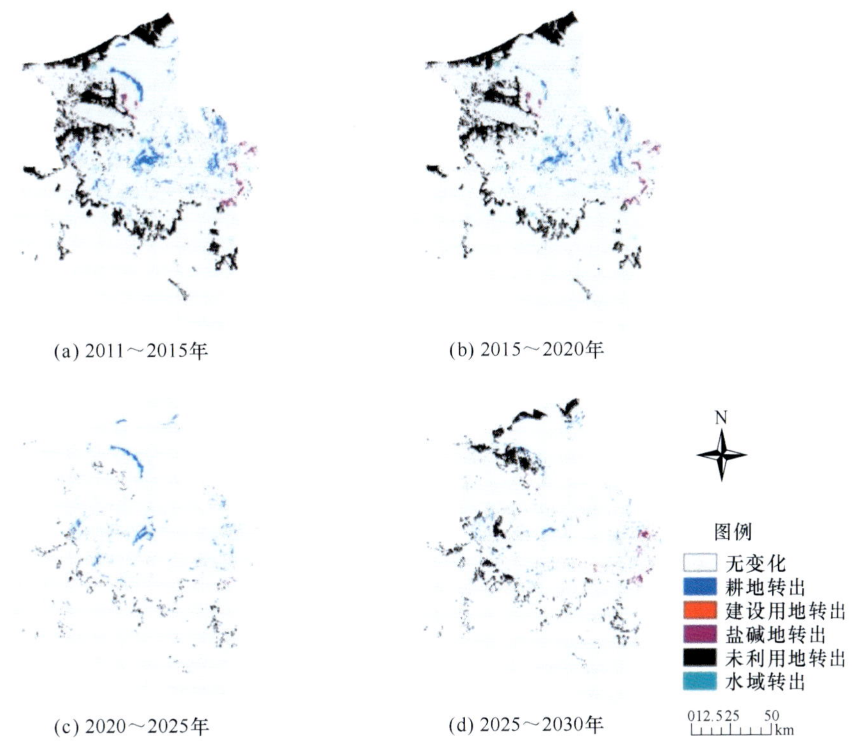

图 4.2.41 模拟情景 1 的土地利用格局变化

（2）情景 2 空间模拟结果与分析

情景 2 下的土地利用空间格局（图 4.2.42）与情景 1 不尽相同，耕地、林地、草地、建设用地等类型构成的总体空间分布大致与情景 1 相似，但盐碱地和未利用地的分布格局表现出不一样的特点，建设用地向山前丘陵地带转移是该情景下的一个典型特点。流域南部山地 – 绿洲过渡带分布着大量盐碱地；在图 4.2.43（b）中则沿着该过渡带向东转移，分布在山前地带的奎屯河两岸，前一阶段的盐碱地被未利用地占据；未利用地分布范围明显扩大，主要分布在流域中南部的山地 – 绿洲过渡带；大量耕地被盐碱地和未利用地侵占是情景 2 下土地利用空间格局的另一个主要特征。

图 4.2.43 是情景 2 下的土地利用类型发生阶段性空间转移的情况，耕地、草地、盐碱地和未利用地的变化特征非常明显；另外，该情景模式下的用地类型变化周期较长，表现为以 10 年为周期。第一阶段，土地利用空间格局较为稳定，主要是分布在绿洲西部和北部的耕地发生变化；第二阶段，多种土地利用类型变化特征明显，主要发生在绿洲中部的山地 – 绿洲过渡带且沿交通干线两侧分布，据此预测至 2020 年，分布在 G30 高速沿线地带的盐碱地和未利用地将会发生显著变化；第三阶段，主要是流域北部荒漠地带的盐碱地、西部未利用地和耕地转出为其他类型；第四阶段的变化特征最明显、土地类型间转换最频繁，预测到 2030 年，流域南部山区的大量草地和中部

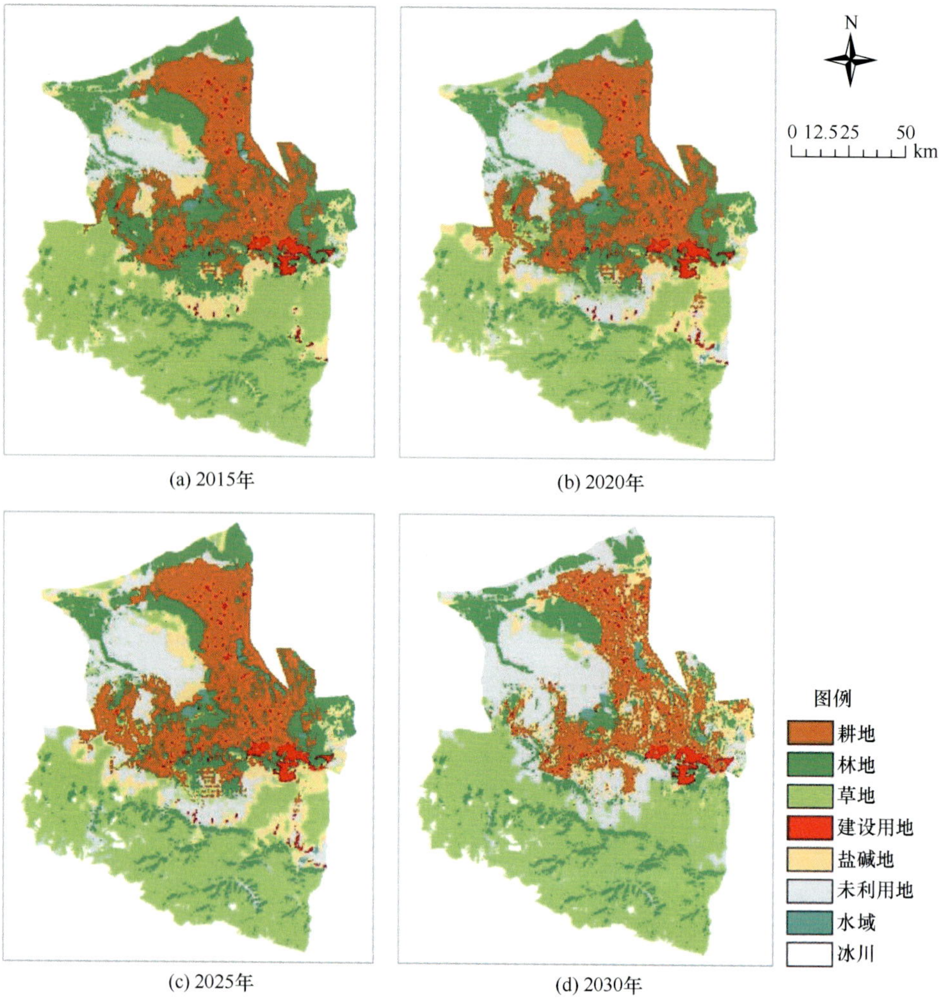

(a) 2015年

(b) 2020年

(c) 2025年

(d) 2030年

图 4.2.42　模拟情景 2 的土地利用空间格局

绿洲区的大量未利用地将被开发，而绿洲的大量盐碱地或被开发为耕地等生产性用地，以满足经济社会发展需求。

（3）情景 3 空间模拟结果与分析

图 4.2.44 所示为模拟情景 3 下奎屯河流域 2015 年、2020 年、2025 年和 2030 年 4 个主要时间节点上的土地利用空间格局，建设用地从南部山前地带转移、盐碱地分布范围向东部扩张、南部山区 – 绿洲过渡带的盐碱地被整理发展为草地是这一情景模式下的主要特征。总体上，情景 3 模式下的土地利用空间格局仍然延续历史时期的分布特征，但南部山地 – 绿洲过渡带分布的未利用地是情景 3 区别于前两种情景的主要特点之一；另外，位于金三角中心城市东面分布的盐碱地规模也较大，流域北部荒漠地带的林地退化特征也较为明显。

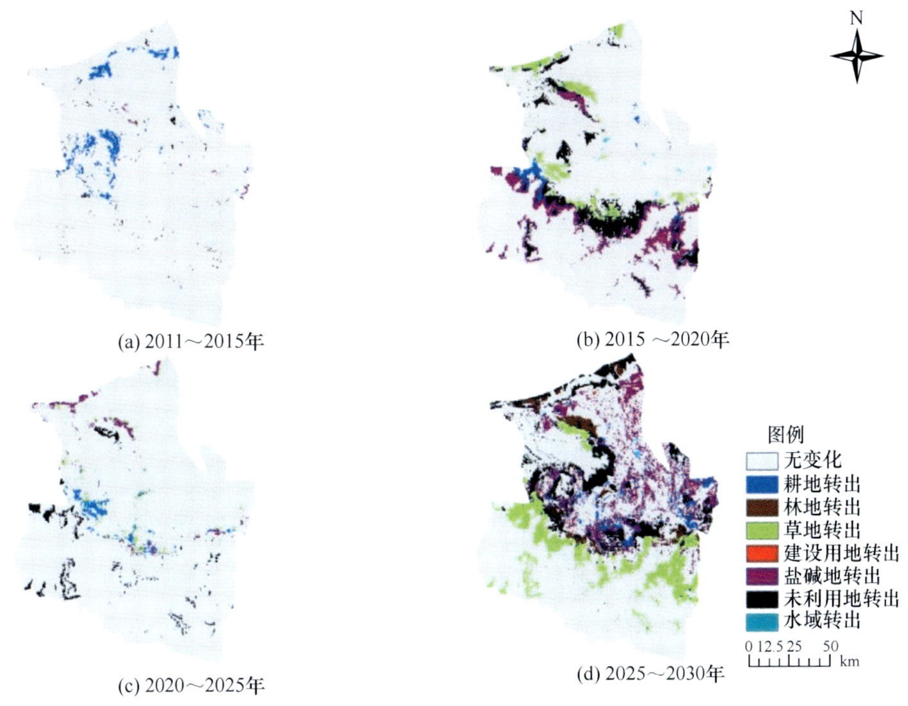

图 4.2.43　模拟情景 2 在主要年份上的土地利用格局变化

从土地利用类型的空间转移过程上看，情景 3 对应发展模式下发生剧烈变化的时期可能发生在 2020 年前，此后土地利用空间格局趋于稳定（图 4.2.45）。2015 年，流域南部山地 - 绿洲过渡带周边分布的盐碱地、未利用地和流域北部荒漠地带分布的草地或将发生剧烈变化向其他类型转移；此后至 2020 年，除山地 - 绿洲过渡带分布的草地发生明显变化外，北部荒漠地带分布的未利用地、绿洲区内分布的耕地和盐碱地也

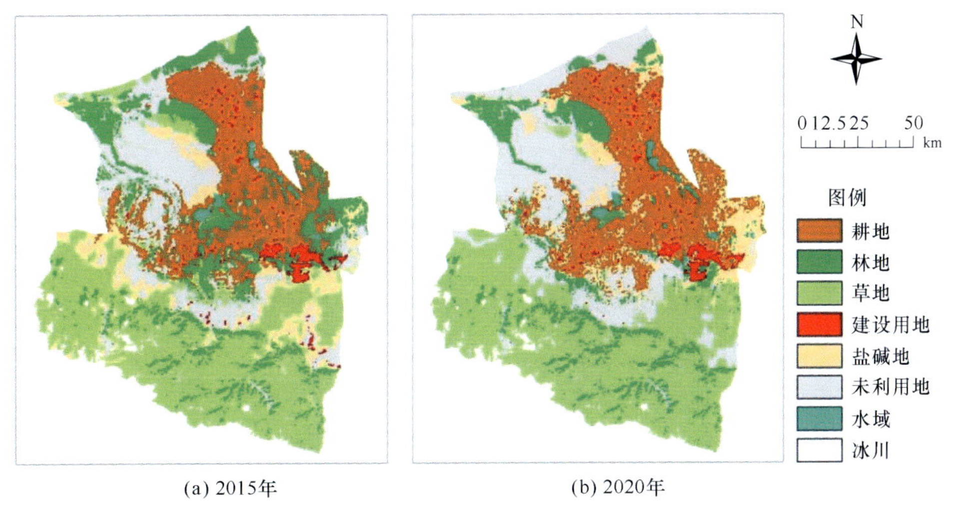

图 4.2.44　模拟情景 3 的土地利用空间格局

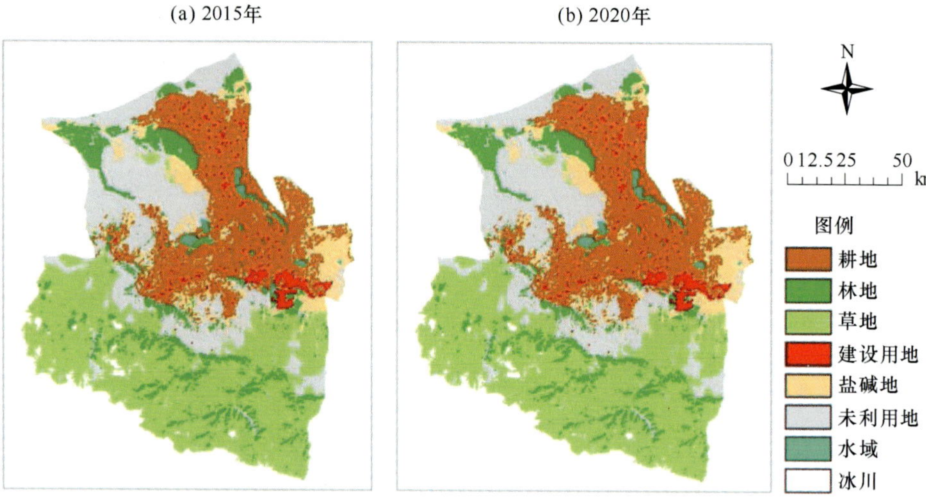

(a) 2015年　(b) 2020年

图 4.2.44 （续）

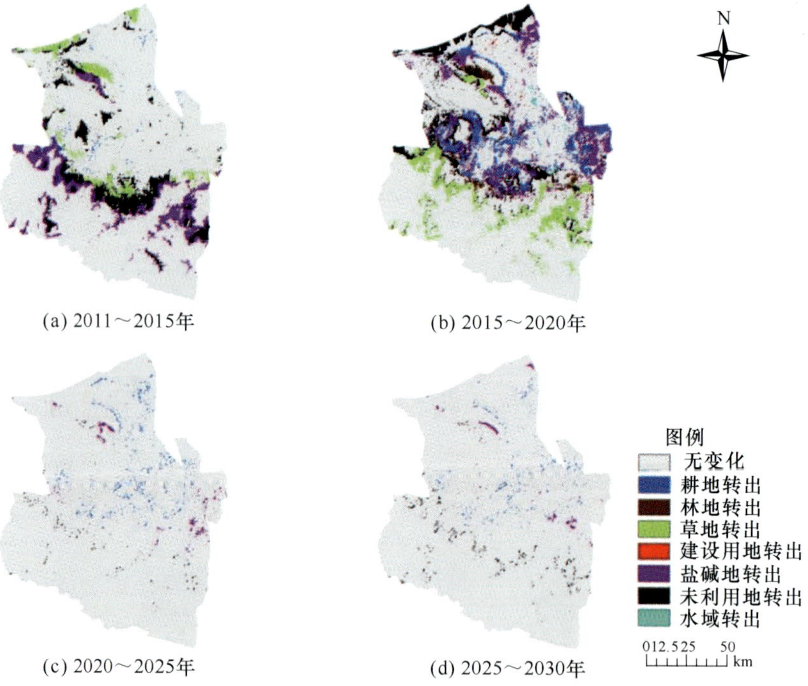

(a) 2011～2015年　(b) 2015～2020年

(c) 2020～2025年　(d) 2025～2030年

图 4.2.45　模拟情景 3 的土地利用格局变化

可能发生剧烈的空间转移过程，发生剧烈变化的土地主要分布在交通便利或水资源丰富的区域；从 2020 年开始，流域内土地利用类型空间转移主要表现为耕地、建设用地、盐碱地和未利用地的全局性动态转移，尤其以耕地和未利用地变化为主，空间趋势仍然较为显著。例如，预测至 2025 年，发生未利用地转出的主要是南部山区，预测至 2030 年仍然有前一阶段类似特点。

（4）情景 4 空间模拟结果与分析

情景 4 对应发展模式下不同发展阶段的土地利用空间格局如图 4.2.46 所示，主要特征表现为绿洲区耕地分布范围自东向西迅速扩张、北部荒漠区林地分布范围扩大、建设用地自中心城市区域向南部山地－绿洲过渡带爆发式蔓延，近乎“病态”的土地利用空间格局变化表明这是一种不合理的发展模式。容易看到，由于情景 4 对耕地、建设用地和林地、草地的大量需求，导致这几种类型在流域内的分布范围均呈现出不同程度的迅速扩大，将其他用地类型改变为耕地、林地、草地和建设用地；盐碱地和未利用地的分布范围显著缩小，或为前述几种用地类型扩张所占用；不同阶段下土地利用空间格局表明，情景 4 下的土地资源开发强度非常大。

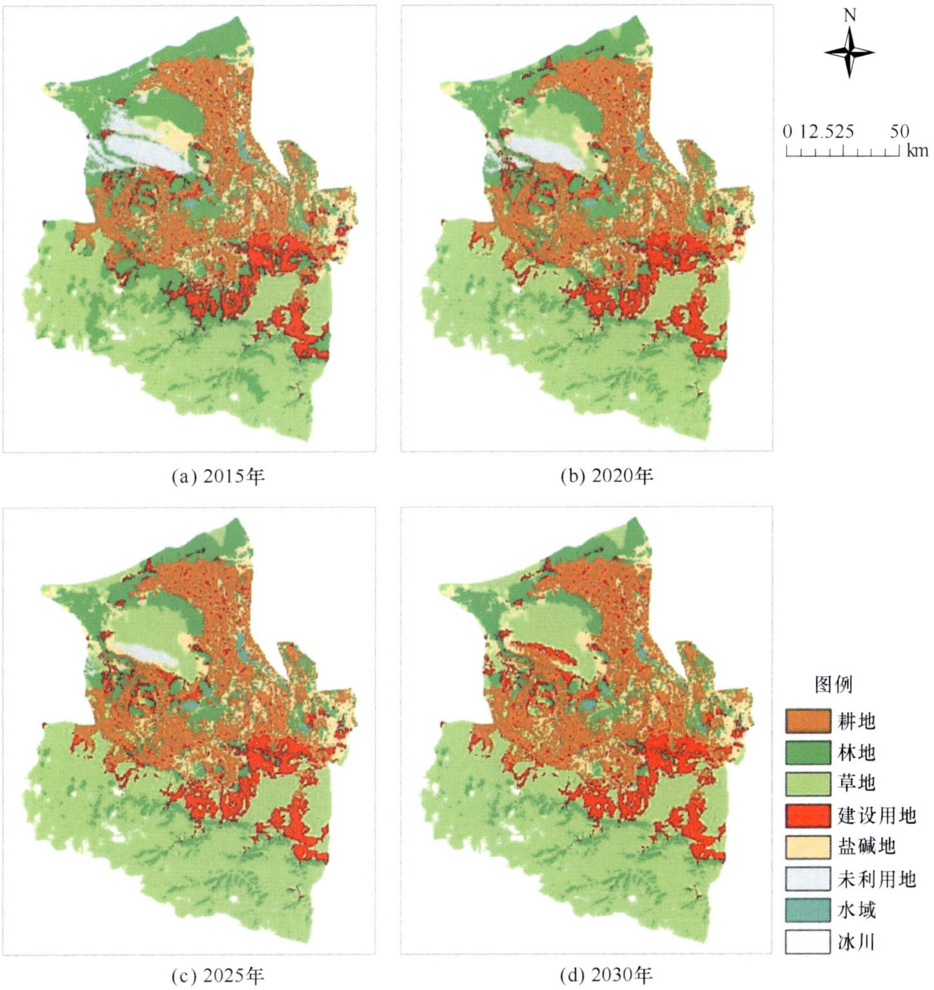

N

0 12.525 50 km

(a) 2015年　(b) 2020年

(c) 2025年　(d) 2030年

图例

耕地

林地

草地

建设用地

盐碱地

未利用地

水域

冰川

图 4.2.46　模拟情景 4 的土地利用空间格局

从类型间发生空间转移的过程分析（图 4.2.47），耕地、建设用地和草地或为预测期内最可能发生面积转出的用地类型，发生变化的空间位置说明其受水资源可达性和交通可达性的影响非常明显。其中，耕地发生面积转出可能发生在预测期第一阶段和第二阶段，至 2015 年主要是流域内山地－绿洲过渡带西部沿河谷分布的耕地发生转移，至 2020 年则主要是流域中部绿洲区和北部荒漠地带沿河谷分布的耕地发生转移；建设用地变化主要发生在绿洲中部绿洲－荒漠过渡带的 G30 高速公路沿线一带，发生变化的时间主要是 2015～2020 年；分布在南部山地和北部荒漠地带的草地，也可能在 2015～2020 年发生较大规模的转出；预测 2020～2030 年，分布在荒漠地带的草地是进一步发生面积转出的类型。

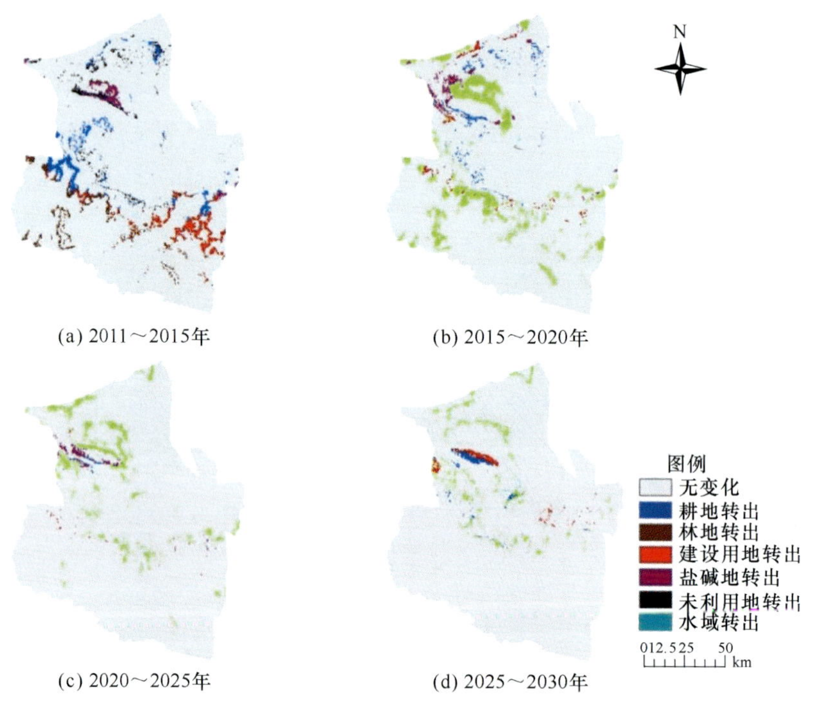

图 4.2.47　模拟情景 4 的土地利用格局变化

第三节　水生态环境对人类活动的约束

水是维持干旱区荒漠生态系统稳定与推进区域社会经济发展的关键因子，是干旱区陆生生态系统形成与发展的最主要的动力因素和限制性因子，决定着干旱区绿洲的规模与形态。本节从维持干旱区绿洲生态安全、保障绿洲经济社会的可持续发展的角度出发，在塔里木河流域的生态模式划分的基础上，从水与植被的关系分析水资源开发与植被退化的关系；以水资源为主线，研究塔里木河干流绿洲适宜规模及配比；分析在不同水资源水平下的绿洲承载力水平，从而明确水生态环境对绿洲发展的限制，为绿洲的合理发展提供重要的科学和决策依据。

一、耕地扩张与天然植被退化的转换比例

根据资料显示，2013 年生态输水量为 4.88 亿 m^3，在此基础上扣除 1 亿 m^3 水作为耕地扩张用水，根据生态输水量与 5 口监测井地下水位抬升幅度的定量关系模型，计算得到耕地扩张挤占 1 亿 m^3 生态用水后 5 口监测井的地下水位分布情况（图 4.3.1）。根据图 4.3.1，减少 1 亿 m^3 水量后，5 口监测井地下水位分别降低 1.6m、0.72m、0.87m、1.38m 和 0.5m，平均降低 1.01m。

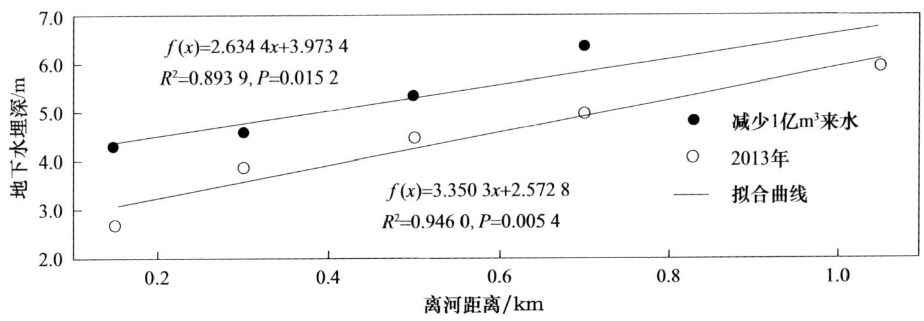

图 4.3.1　2013 年耕地扩张挤占 1 亿 m^3 生态用水后地下水位分布情况

天然植被退化包括衰败和枯死。塔里木河下游地下水埋深小于 4.71m 时胡杨正常生长，地下水埋深在 4.71～8.62m 时胡杨正常生长受到胁迫，逐渐衰败，地下水埋深大于 8.62m 时胡杨逐渐枯死。根据图 4.3.1，2013 年研究区离河 640m 以内胡杨正常生长，离河 640～1800m 范围内胡杨处于衰败状态，离河 1 800m 以外的胡杨逐渐枯死。而耕地扩张挤占 1 亿 m^3 生态用水后，离河 280m 以内胡杨正常生长，离河 280～1760m 范围内胡杨处于衰败状态，离河 1 760m 以外的胡杨逐渐枯死，即耕地扩张挤占 1 亿 m^3 生态用水后，距离河道 280～640m，宽度为 360m 范围内的胡杨由正常生长变为逐渐衰败，距离河道 1760～1800m，宽度为 40m 范围内的胡杨由逐渐衰败变为逐渐枯死。

研究区多年断流，第一次生态输水量为 1 亿 m^3，水头到达阿布达勒，距离大西海子约 70km，可认为在研究区 1 亿 m^3 水大约可以满足 70km 河长的需水，依此估算得到耕地扩张挤占 1 亿 m^3 生态用水后，将会分别导致 0.056 万 hm^2 和 0.504 0 万 hm^2 范围内的胡杨处于逐渐衰败和逐渐枯死状态。此外，塔里木河流域农业灌溉需水定额为 650 亿 m^3，1 亿 m^3 水可以满足 0.015 4 万 hm^2 耕地用水，即耕地扩张 0.015 4 万 hm^2 地将会分别导致

0.056 万 hm^2 和 0.504 万 hm^2 范围内的胡杨处于逐渐衰败和逐渐枯死状态。因此，耕地扩张和胡杨林处于逐渐枯死与退化状态的面积比例关系分别为 1∶3.6 和 1∶32.7。

二、绿洲适宜规模分析

（一）绿洲分布模式划分

绿洲是干旱区特有景观，也是干旱区精华所在。由于地貌类型、土壤类型、水文过程、风沙状况及人类活动等条件的不同，绿洲分布模式存在一定的差异。本节基于绿洲水文、地貌等特点，并结合塔里木河干流、叶尔羌河及奎屯河基本特点，对绿洲主要分布模式进行划分。

1．绿洲分布模式划分依据及过程

对某一绿洲，依据地图上的大地貌特征，结合遥感解译出的各流域山区、戈壁及沙地所占的比例，大体上可以判断出各流域大部分占地主要是位于山区、山前冲洪积扇，还是沙漠中，虽然不能对绿洲大地貌进行量化，但可以通过遥感解译结果对其进行甄别。运用 ArcGIS 软件，对各流域的土地利用类型面积进行提取，对比各流域之间山地、戈壁、沙地所占比例。

由于水是干旱区绿洲消、长的关键，因此分析各绿洲的异同点可以采用对比新、老水文网的方法。同时，流域长度往往是水域长度的一个重要体现，其值可以从 ArcGIS 系统矢量图中获得。由于有些流域面积大，其流域长度必然相对较长，因此可用流域长度与面积的比值来反映流域的相对长度。流域相对长度越长，说明该流域可能经过了一个比较完整的山区—山前戈壁—平原绿洲—沙漠腹地的过程，它呈相对孤立的一块区域，水文过程没有被其他流域所阻挡；相反，流域相对长度越短，说明该流域被其他流域所阻挡，径流有可能汇入其他流域。

2．绿洲分布类型划分

依据以上两方面的内容初步将绿洲模式划分为 3～4 种，分别为标准条件下的绿洲模式（A 模式）、沙漠中心绿洲模式（B 模式）、山前冲洪积平原模式（C 模式）、干流模式（D 模式）（图 4.3.2）。

（1）A 模式：标准模式

干旱区的绿洲分布过程中，通常以水源为中心，人工绿洲因为灌溉条件限制分布在水源周边。天然绿洲分布于人工绿洲和沙漠周围，对人工绿洲起着保护的作用，可以有效防止沙漠对人工绿洲的侵袭。在这种模式中，其中心水源的大小制约着绿洲的范围。本研究将绿洲进行抽象重新规划，即概化成同心圆圈层，内圈为农田生产系统、外圈为灌草固沙带，二者之间为防风防沙林带，即可理解为内圈为人工绿洲，而内圈以外为天然绿洲。由于这一模式虽可为绿洲规划提供合理范式，但不适宜应用在以流域为尺度的绿洲研究，该模式仅在小范围内出现。

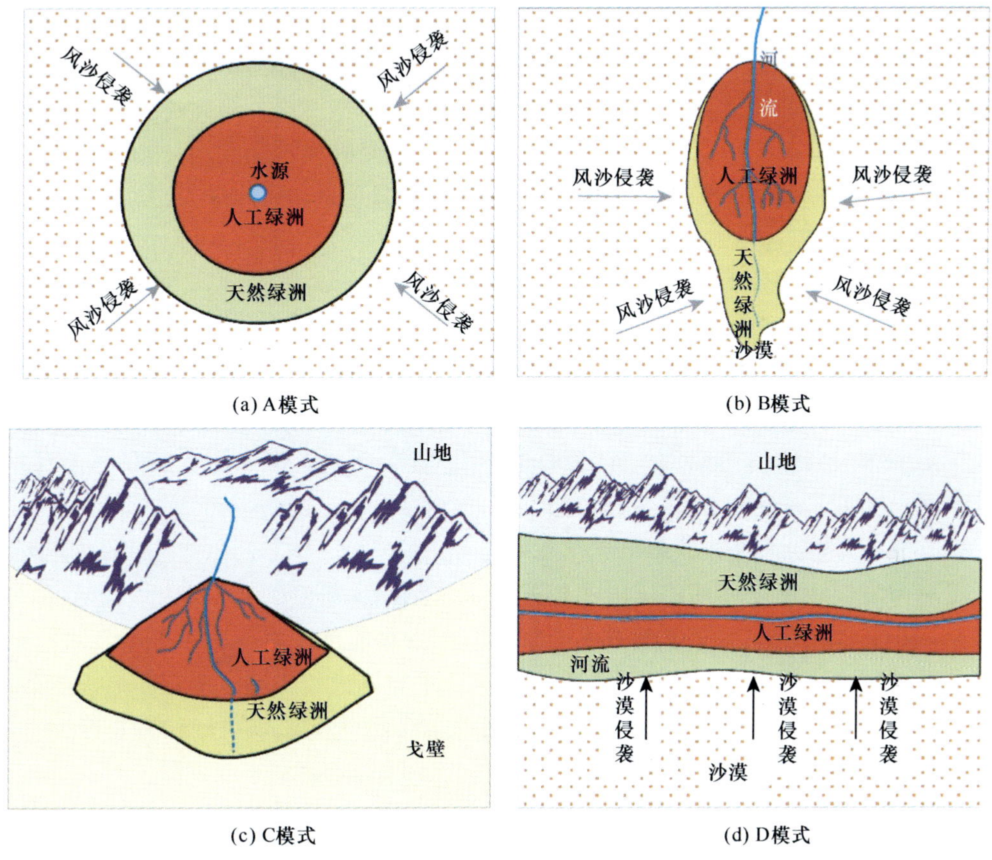

(a) A模式　(b) B模式　(c) C模式　(d) D模式

图 4.3.2　绿洲分布模式

（2）B 模式：内陆河沙漠区模式

干旱区内陆河多发源于山区，流入沙漠，最终消失或汇集于洼地形成尾闾湖。天然绿洲多分布于河流两岸和尾闾湖泊周边，由于河流中游地区水流平缓，利于进行引水灌溉，老人工绿洲常位于河流中游地区。随着灌溉耕作技术的改进，天然河道被人工渠系取代，人工绿洲沿河道向上游和下游扩张，呈现出沿河道分布的特点。

该模式下的绿洲深入沙漠，流域沙地范围内所占比例较大，河流径流量和风沙条件共同影响绿洲发展。流域的中游主要是以灌溉农业为主导的人工绿洲，剩余的水流向荒漠区，形成天然绿洲，中游用水过量会导致下游的天然绿洲衰败甚至趋于灭亡。

（3）C 模式：冲洪积扇形模式

该模式分布于河流山前冲洪积平原，因受到地形条件限制和河流冲积作用，该模式下的绿洲多呈现出扇形分布。人工绿洲多在河流出山口以下呈扇形分布，天然绿洲分布于绿洲外围，绿洲外围的山前荒漠多为戈壁砾石。该模式下，绿洲较少受到风沙的侵袭，绿洲的面积的大小主要受到地形地貌和水文条件的影响，水资源量是其发展的主要限制因子。

（4）D模式：干流模式

在干旱区内陆河流域部分地区，位于沙漠边缘，河流一侧为山区或山前戈壁，另一侧为沙漠，绿洲沿河道分布，其中人工绿洲多位于河道两岸，绿洲的总体分布呈现出沿河道呈带状分布的特点。该模式下，绿洲的一侧受到风沙的制约，人工绿洲由河道两岸向山前和荒漠区扩张，其绿洲的扩张受到水资源总量和风沙侵袭的双重影响。

3．典型内陆河流域绿洲分布类别

（1）塔里木河干流绿洲分布模式划分

塔里木河干流自身不产流，水量来源主要为阿克苏河、叶尔羌河及和田河下泄水量，河流自西向东以阿拉尔断面为起点，最终注入台特玛湖。干流沿岸植被呈条带状分布于两侧，上中游南岸为塔克拉玛干沙漠，北侧接近天山南坡绿洲带。塔里木河干流人工绿洲多分布于河道两岸，人工绿洲类型主要为耕地。对照前文绿洲模式划分，塔里木河干流属于典型的D模式（干流模式）绿洲。

（2）奎屯河绿洲分布模式划分

奎屯河发源于新疆乌苏市境内的依连哈比尔尕山，平原区夹于南山、北山之间，海拔从南山、北山山前向平原腹地逐渐降低，并依次发育了山前冲积砾质倾斜平原、冲洪积及冲积细土平原、风积平原、冲洪积细土平原等地貌类型，下游逐渐延伸至古尔班通古特沙漠边缘。对照前文绿洲模式划分类型，奎屯河流域可划归为C模式（冲洪积扇形模式）绿洲。

（二）塔里木河绿洲适宜规模

根据前文分析可知，水资源过度开发及人工绿洲的无序扩张将会给干旱区绿洲带来严重的生态灾难。以水资源为主线，研究绿洲适宜的发展规模及人工－天然绿洲的适宜配比，对保障绿洲生态安全和经济社会的繁荣稳定具有重要的科学和现实意义。为此，本节在分析塔里木河流域水资源变化的基础上，结合流域天然绿洲和人工绿洲耗水，依据水量平衡原理，构建流域绿洲适宜规模的计算模型，评价不同水资源丰枯等级下的干流绿洲稳定性，确定了绿洲适宜规模的波动范围，定量分析了气候变化和人类活动对干流绿洲规模的影响量，可为绿洲制定合理的发展规划提供理论依据。

1．数据收集

本节研究所采用的相关数据为：2010年《新疆塔里木河流域综合规划报告·咨询稿》《塔里木河流域近期综合治理规划报告》《塔里木河干流工程与非工程措施五年实施方案》《2002～2007年塔里木河流域水资源公报》。

2．天然绿洲适宜规模计算模型

根据水量平衡，不同水资源条件下的天然绿洲适宜规模响应模型为

$$W_{总供水}=W_{人工绿洲}+W_{其他}+f(x)_{天然绿洲} \tag{4.3.1}$$

式中，$W_{总供水}$为干流可供水量，在塔里木河极端干旱区，包括地表径流量和可利用地下

水总量，而由于降水稀少，降水可视为无效的水资源量（陈忠升等，2011）；$W_{人工绿洲}$为灌区绿洲耗水量（不含水库、裸地和滩涂等耗水）；$W_{其他}$为水域、裸地和滩涂等蒸散耗水，而水域通过渗漏转化为地下水供植物利用，因此可视为天然绿洲生态需水量的一部分，为避免生态需水量的重复计算，因而此项不予计算；$f(x)_{天然绿洲}$为天然绿洲生态需水量，其中 x 为天然绿洲面积。

塔里木河干流河道水域蒸发量采用面积定额法计算（胡顺军，2007）为

$$W_e = BLE_\phi k \tag{4.3.2}$$

式中，W_e 为水域蒸发量；B 为河段水域宽；L 为河段长度；E_ϕ 为直径 20cm 水域蒸发皿观测的水域蒸发量；k 为水域折算系数。

3．水资源变化下的塔里木河干流绿洲适宜规模

在计算塔里木河干流绿洲适宜规模时，应在充分满足人工绿洲需水的基础上，分析一定的水资源量所能保护的天然绿洲规模，进而确定整个绿洲的适宜规模。这是由于人工绿洲中农业、居民生活及牲畜等需水弹性较小，短暂、少量的水资源亏缺即可引发一系列的社会经济问题。而天然绿洲中的天然植被比较抗旱，生物生产量相对较低，大多不需要进行持续性的充分灌溉，因而在不同的供水方式下，一定水资源量所能保护的天然绿洲规模变动很大。

4．绿洲规模对水资源的响应模型

（1）干流河道耗水

根据相关研究（胡顺军，2007），阿拉尔、新其满和英巴扎的水域宽计算公式为

$$B_{AL}=15.582Q_{AL}^{0.4985} \tag{4.3.3}$$

$$B_{XQ}=24.476Q_{XQ}^{0.3809} \tag{4.3.4}$$

$$B_{YB}=47.909Q_{YB}^{0.1776} \tag{4.3.5}$$

式中，B_{AL}、B_{XQ} 和 B_{YB} 分别为阿拉尔、新其满和英巴扎水域宽；Q_{AL}、Q_{XQ} 和 Q_{YB} 为三水文站年径流量。

因此，结合式（4.3.2）及 1991～2010 年塔里木河干流蒸发量、降水量数据，干流上游河道水域蒸发耗水量为

$$W_{e上游}=\frac{B_{AL}+B_{XQ}+B_{YB}}{3}\times L_{上游}\times(E_{\phi上游}\times k_{上游}-P_{上游})\times10^{-8} \tag{4.3.6}$$

式中，$L_{上游}$取值 447km；$E_{\phi上游}$取值 2 009.2mm；$k_{上游}$取值 0.67（阿拉尔和新其满的平均值）（周聿超，1999）；$P_{上游}$取值为 68.15mm。将相关数据代入，得到如下公式：

$$W_{e上游}=0.029\,672Q_{AL}^{0.4985}+0.046\,608Q_{XQ}^{0.3809}+0.091\,23Q_{YB}^{0.1776} \tag{4.3.7}$$

根据相关研究（胡顺军，2007），中游（英巴扎至恰拉）河道水域蒸发耗水量为

$$W_{e中游}=0.8B_{YB}\times L_{中游}\times(E_{\phi中游}\times k_{中游}-P_{中游})\times10^{-8} \tag{4.3.8}$$

式中，$L_{中游}$取值 398km；$E_{\phi中游}$取值 2 472.95mm；$k_{中游}$取值 0.62（上游和博斯腾湖的平均值）（周聿超，1999）；$P_{中游}$取值为 66.34mm。将相关数据代入，得到以下公式：

$$W_{e\text{中游}}=0.223\ 763Q_{\mathrm{YB}}^{0.177\ 6} \tag{4.3.9}$$

由于塔里木河下游（恰拉至台特玛湖）河道存在生态输水，河道水域由干流下泄水量和生态调水水量共同决定。因此，以 2010 年下游河道水域面积（遥感影像获取）为计算依据，利用面积定额法来计算该河段水域蒸发量。根据遥感数据，2010 年塔里木河下游河道水域面积为 0.427 6 万 hm^2，$E_{\phi\text{下游}}$取值 2 707.4mm，$P_{\text{下游}}$取值为 30.82mm，水域折算系数 k 为 0.57（参考博斯腾湖），因此该段河道水域耗水量为 0.647 亿 m^3。

（2）人工绿洲及其他耗水

确定塔里木河干流绿洲适宜规模，首先需要计算人工绿洲（包括水库、农田、人工园林和居民点）耗水。因此，利用 2010 年遥感影像数据，获得研究区不同河段南、北岸的人工绿洲面积（表 4.3.1）。

表 4.3.1　塔里木河干流不同河段人工绿洲面积　（单位：万 hm^2）

河段	段 1	段 2	段 3	段 4	段 5	总计
北岸	4.017	7.328 1	0.547 1	1.833 7	5.050 4	18.776 3
南岸	7.493 9	1.640 4	0.766 8	0.439 9	0.062 5	10.403 5
合计	11.510 9	8.968 5	1.313 9	2.273 6	5.112 9	29.179 8

另外，根据 2010 年《新疆塔里木河流域综合规划报告 · 咨询稿》，塔里木河干流上游（阿拉尔—英巴扎）、中游（英巴扎—恰拉）和下游（恰拉—台特玛湖）的人工绿洲（工业、农业灌溉、农田防护林、居民生活及牲畜用水等）耗水量分别为 6.380 亿 m^3、4.374 亿 m^3 和 4.457 亿 m^3，共计 15.211 亿 m^3。

根据相关研究（周聿超，1999），塔里木河干流上游、中游和下游的水域折算系数分别取 0.67、0.62 和 0.57，结合各段水域面积（由遥感影像获得，但不含干流河道面积）与蒸发量，计算得到其蒸发耗水总量，进而减去降水量，求得塔里木河干流水域（不含干流河道）实际蒸发量为 4.347 亿 m^3（表 4.3.2）。根据潜水蒸发公式及实地监测，对裸地和滩涂的平均地下水位分别取 4.5m 和 1.0m，并结合二者的分布面积（由遥感影像获得），计算得到其潜水蒸发耗水量分别为 0.001 亿 m^3 和 0.868 亿 m^3。

表 4.3.2　干流裸地、水域和滩涂耗水

河段	蒸发量 /mm	水域折算系数（k）	水域耗水（不含干流河道）/ 亿 m^3	裸地耗水 / 亿 m^3	滩涂耗水 / 亿 m^3	总耗水 / 亿 m^3
上游	2 009.2	0.67	1.798	0.000 4	0.335	2.133 4
中游	2 472.95	0.62	1.711	0.000 1	0.422	2.133 1
下游	2 707.4	0.57	0.838	0.000 5	0.111	0.949 5
干流	—	—	4.347	0.001	0.868	5.216

（3）干流天然绿洲对水资源的响应模型

根据《2007 年塔里木河流域水资源公报》，塔里木河干流可利用地下水资源量为

0.269 亿 m^3。另外，结合干流总需水及式（4.3.1）可得

$$
\begin{aligned}
Q_{AL}+0.269\text{（可利用地下水资源量）}&=20.427\text{（人工绿洲及其他耗水量）}\\
&+0.647\text{（下游河道水域蒸发量）}\\
&+W_{e\text{上游}}+W_{e\text{中游}}+f(x)_{\text{天然绿洲}} \quad (4.3.10)
\end{aligned}
$$

利用 1957～2010 年阿拉尔、新其满和英巴扎的径流量数据，经线性拟合可得：

$$Q_{XQ}=0.957\,9Q_{AL}-6.710\,5,\ R^2=0.88 \quad (4.3.11)$$

$$Q_{YB}=0.765Q_{AL}-7.402\,7,\ R^2=0.77 \quad (4.3.12)$$

将式（4.3.8）～式（4.3.11）代入式（4.3.12）简化得到：

$$
\begin{aligned}
Q_{AL}=&0.029\,672Q_{AL}^{0.498\,5}+0.046\,608(0.957\,9Q_{AL}-6.710\,5)^{0.380\,9}\\
&+0.314\,993(0.765Q_{AL}-7.402\,7)^{0.177\,6}+f(x)_{\text{天然绿洲}}+20.805 \quad (4.3.13)
\end{aligned}
$$

为了确定不同天然绿洲面积的需水量 $f(x)_{\text{天然绿洲}}$，对干流段 1 至段 4 二者之间的相关关系进行拟合。同时，为保证下游恶化的生态环境有所好转，本研究首先满足下游天然绿洲 2.544 亿 m^3 的生态需水量。因此，干流上、中游不同天然绿洲面积下生态需水量为

$$f(x)_{\text{天然绿洲}}=4.146+0.001\,4x \quad R^2=0.994 \quad (4.3.14)$$

以 2010 年河道外景观分布格局为基础，将式（4.3.13）代入式（4.3.14），得到塔里木河干流天然绿洲规模对水资源的响应模型：

$$
\begin{aligned}
Q_{AL}=&0.029\,672Q_{AL}^{0.498\,5}+0.046\,608(0.957\,9Q_{AL}-6.710\,5)^{0.380\,9}\\
&+0.314\,993(0.765Q_{AL}-7.402\,7)^{0.177\,6}+0.001\,4x+24.951 \quad (4.3.15)
\end{aligned}
$$

式中，Q_{AL} 为塔里木河干流阿拉尔年径流量；x 为上游和中游天然绿洲面积。

5．干流绿洲稳定性评价

（1）绿洲稳定性评价指标划分

区域水资源量对保障其生态系统稳定起到至关重要的作用。不同的水资源量决定了不同的气候环境特征。联合国教科文组织以湿润指数 H_m 为判断指标，划分了不同的气候环境区（王忠静等，2002）。其公式为

$$H_m=\frac{P}{E_{tp}} \quad (4.3.16)$$

式中，P 为区域降水量；E_{tp} 为蒸散潜力，按彭曼公式计算。

同时，根据湿润指数 H_m 划定了不同的地带性生态景观（表 4.3.3）。

表 4.3.3　联合国教科文组织干旱地带划分

气候类型	H_m	生态景观及利用方式
超干旱	<0.03	无永久植被或只有很好的稀疏灌木，有雨或露时为短生，只能绿洲耕作
干旱	0.03～0.20	沿水渠两旁有带刺或肉质植物；干草原、准干草原或亚干草原，可少量游牧
半干旱	0.20～0.50	干草原、准高草原和亚干草原，低稀树干草原、灌木低干草原、多刺灌木低干草原，雨耕农业大致正常，可定居畜牧生产
半湿润	0.50～0.75	稀树干草原或森林干草原，河岸森林，雨耕农业产量正常

H_m 是在全球尺度上，根据降水量与蒸发潜力的比值来划分不同的气候环境分区。但在干旱、半干旱的绿洲区，主要依靠河川径流维持其发展，式（4.3.16）在此则不适用。因而，根据式（4.3.16）以及首先满足人工绿洲需水的基础上，本研究提出塔里木河绿洲稳定性指标 H_0：

$$H_0=\frac{Q_{ALM}}{Q_{ALO}} \tag{4.3.17}$$

式中，Q_{ALO} 为不同天然绿洲面积下干流所需的年径流总量；Q_{ALM} 为干流阿拉尔实测径流量。

塔里木河干流绿洲位于塔克拉玛干沙漠南缘，气候极端干旱。但是，源流山区大量的冰川融水孕育了生态景观类型丰富的连片绿洲，其生态景观相当于气候环境分区的半湿润地区。因此，根据极端干旱区绿洲自然环境的特点相关研究成果（王忠静等，2002；凌红波等，2012），在首先满足人工绿洲用水的前提下，对绿洲规模的稳定性指数进行了划分（表 4.3.4）。

表 4.3.4　绿洲稳定性划分

评价等级	超稳定	稳定	亚稳定	不稳定
H_0	>1.00	0.75～1.00	0.50～0.75	<0.50
绿洲规模评价	有较大的发展潜力	良好的措施保证下，具有较小的发展潜力	不具有发展潜力	须缩小绿洲规模以维持绿洲稳定

（2）绿洲稳定性评价

根据研究，塔里木河干流上游、中游天然绿洲面积为 14 789.56km^2，结合绿洲规模对水资源的影响模型，计算得到在保证下游生态及人工绿洲需水条件下的干流绿洲所需的水资源量为 46.61 亿 m^3。因而，塔里木河干流人工绿洲需水占总需水量的 32.6%，而绿洲生态与环境需水占总需水量的 67.4%。

另外，根据前文对水情特点分析，1957～2010 年塔里木河干流在丰水期、平水期和枯水期的径流量分别为 58.64 亿 m^3、47.21 亿 m^3 和 32.78 亿 m^3。因此，以 2010 年河道外景观格局为基础，丰水期、平水期和枯水期的绿洲稳定性指数 H_0 分别为 1.25、1.01 和 0.70，表明丰水期、平水期的水资源量能够保证绿洲的需水要求，绿洲处于超稳定水平；而枯水期时绿洲虽处于亚稳定水平，绿洲不具有开发潜力，绿洲的进一步扩大将极易导致因缺水而出现一系列的生态和环境问题。

6．干流绿洲适宜规模

根据上述分析，1957～2010 年塔里木河干流在丰水期、平水期和枯水期的径流量分别为 58.64 亿 m^3、47.21 亿 m^3 和 32.78 亿 m^3。利用干流天然绿洲对水资源的响应模型［式（4.3.13）］，计算干流上、中游（段 1 至段 4）在三个来水期下天然绿洲规模为 233.269 5 万 hm^2、152.123 1 万 hm^2 和 49.838 1 万 hm^2，分别是其现状总面积的 157.73%、

102.86% 和 33.70%。因此，丰水期、平水期干流绿洲具有一定的发展潜力，而枯水期绿洲呈现水资源亏缺状态。同时，考虑到绿洲稳定时的指数（H_0）介于 0.75～1.00，因此以枯水期的水资源量为计算依据，设定绿洲稳定性指数为 0.75，此时绿洲所需的干流水资源量应为 43.71 亿 m^3［根据式（4.3.14）计算可得］；而该水量对应承载的天然绿洲规模为 127.293 7 万 hm^2，可看作干流上、中游天然绿洲适宜规模的下限。同时，对于 1957～2010 年的干流年径流量，丰水期出现的次数仅占总次数的 30%，很难对该水量所能承载的绿洲规模进行持续保护；在遭遇枯水期时，干流绿洲将因缺水而可能导致一定的生态退化。考虑到平水期出现次数占总次数的 70%，因此将平水期水资源量所保证的干流上、中游天然绿洲面积（152.123 1 万 hm^2）作为其适宜规模的上限。从而，为了满足人工绿洲用水及下游天然绿洲的生态用水需求，同时考虑到水资源的充分合理利用及绿洲生态系统的稳定和健康发展，塔里木河干流上、中游的天然绿洲规模应为 127.293 7 万～152.123 1 万 hm^2。加之下游天然绿洲（其值为 14.956 9 万 hm^2）及人工绿洲的现状面积（其值为 29.179 8 万 hm^2），塔里木河干流绿洲的适宜规模应为 171.430 4 万～196.259 8 万 hm^2；而 2010 年绿洲面积为 192.032 3 万 hm^2，处于适宜规模区间之内，表明丰水期、平水期的水资源量能够满足现状下的绿洲总需水量。

7．绿洲适宜规模计算结果讨论

根据本节研究，现状下塔里木河干流绿洲所需的水资源量为 46.61 亿 m^3，而根据宋郁东等（2000）研究成果，若保证干流输水 46.18 亿 m^3，可实现该区的生态保护，这与本节研究的结论是基本一致的。因而，干流在丰水期（58.64 亿 m^3）、平水期（47.21 亿 m^3）的水量可较好地保证天然绿洲生态系统的健康运行和人工绿洲社会经济耗水需求，而枯水期水量（37.28 亿 m^3）难以满足绿洲的需水要求。根据以往研究（宋郁东等，2000），在 1993 年，干流来水 25.55 亿 m^3，洪水漫溢面积很小，由于天然绿洲主要依靠地下水及洪水漫溢补给，因而导致漫溢区外围天然绿洲稳定性较差，植被呈现衰败；而在 1994 年，干流来水 60.83 亿 m^3，整个干流形成连片的洪水漫溢区，天然绿洲得以较大程度地保护和恢复。

本节研究还计算出干流天然绿洲适宜规模为 171.430 4 万～196.259 8 万 hm^2，而现状面积为 192.032 3 万 hm^2，处于适宜规模之内，但是其所需的水资源量应不少于 43.71 亿 m^3，而 2000～2009 年干流平均来水量仅为 39.43 亿 m^3，因而难以满足绿洲的生态需水要求。

8．塔里木河干流绿洲适宜配比

根据前文研究结果，结合流域水量平衡，本研究提出了极端干旱区绿洲适宜规模的计算模型：

$$A=\frac{(W-W_0)10^5+A_W(\beta-E_{\phi 20}\gamma)+A_O(\beta-E_P)}{\alpha\mu+\beta(1-\mu)} \tag{4.3.18}$$

式中，A 为研究区绿洲适宜总面积；A_W 为人工水域面积；A_O 为人工绿洲其他土地利用

类型面积，包括裸地及建设用地；W 为流域可利用水资源总量；W_0 为流域内非植被耗水量（包括绿洲内工业及生活耗水、天然湖泊及河道水域蒸发和河道基流最小生态需水量）；α、β分别为天然绿洲与人工绿洲灌溉地需水定额，参考相关研究成果，二者取值为 400mm 和 650mm；μ 为天然绿洲在绿洲总面积中的占比。$E_{\phi20}$ 为研究区 20cm 直径蒸发皿水域蒸发量；E_p 为潜水蒸发轻度；γ 为水域蒸发折算系数，取值为 0.61。

根据相关研究成果，干旱区天然绿洲应占绿洲总面积的 60%。因此，利用本研究构建的绿洲适宜规模计算模型，以塔里木河支流（克里雅河）为例，分析适宜配比下的绿洲适宜规模（表 4.3.5）。

表 4.3.5　适宜配比下绿洲适宜规模

丰枯等级	W-W_0/ 亿 m^3	A_W/ 万 hm^2	A_O/ 万 hm^2	μ	E_p/mm	适宜规模 / 万 hm^2		
						总绿洲	天然绿洲	人工绿洲
丰水期	10.313					20.83	12.50	8.33
平水期	8.260	0.788 6	1.029 8	60%	2.96	16.72	10.03	6.69
枯水期	6.824					13.85	8.31	5.54

根据表 4.3.5 计算得到，在丰水期、平水期和枯水期，天然绿洲耗水量分别为 5.0 亿 m^3、4.012 亿 m^3 和 3.324 亿 m^3，占可利用水资源总量的 49%，这与钱正英等（钱正英，2004）的研究成果是一致的，从而也表明天然绿洲与人工绿洲的这种配比（天然绿洲面积为 60%，人工绿洲为 40%）是符合实际的和可行的。

（三）奎屯河流域绿洲适宜规模

根据生态保护目标（恢复到 2000 年水平），奎屯河流域保护目标下平原区天然绿洲 / 人工绿洲比例为 2.2：1 如表 4.3.6、图 4.3.3 所示，人工绿洲占平原区总绿洲面积的 31.3%。1990～2014 年奎屯河流域人工绿州与天然绿州分布图如图 4.3.4～图 4.3.10 所示。1990～2014 年奎屯河流域人工绿州与天然绿州转化如图 4.3.11～4.3.12 所示。

表 4.3.6　1990～2014 年奎屯河流域平原区天然绿洲与人工绿洲面积比例

年份	1990	1995	2000	2005	2010	2013	2014
天然绿洲面积 / 万 hm^2	55.18	54.6	52.68	51.3	47.77	42.81	42.38
人工绿洲面积 / 万 hm^2	20.55	22.3	23.95	30.44	36.39	41.41	41.78
天然绿洲 / 人工绿洲	2.69	2.45	2.20	1.69	1.31	1.03	1.01

目前，国内外对绿洲适宜规模的研究并不多，主要思路是基于水热平衡原理建立水资源与绿洲面积的数学关系式进一步计算绿洲规模。研究区域主要集中在西北内陆河流域。据苏联生态学家柯夫达研究，一个高效的绿洲生态系统，农林草较适宜的比例大致为：森林 10%，草场和多年生植被 50%～60%，翻耕播种的一年生作物为

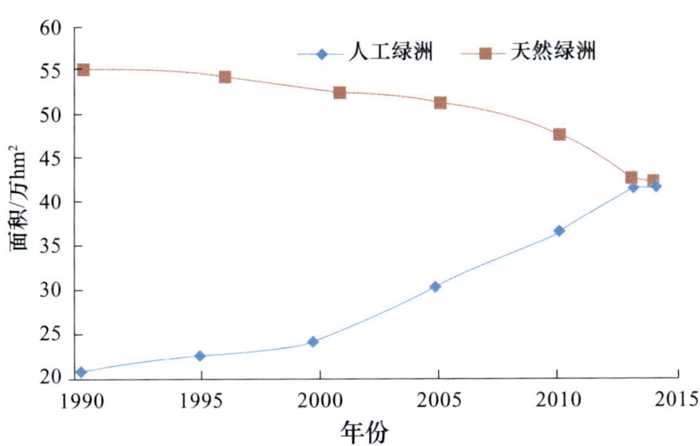

图 4.3.3　1990～2014 年奎屯河流域平原区人工绿洲与天然绿洲面积变化图

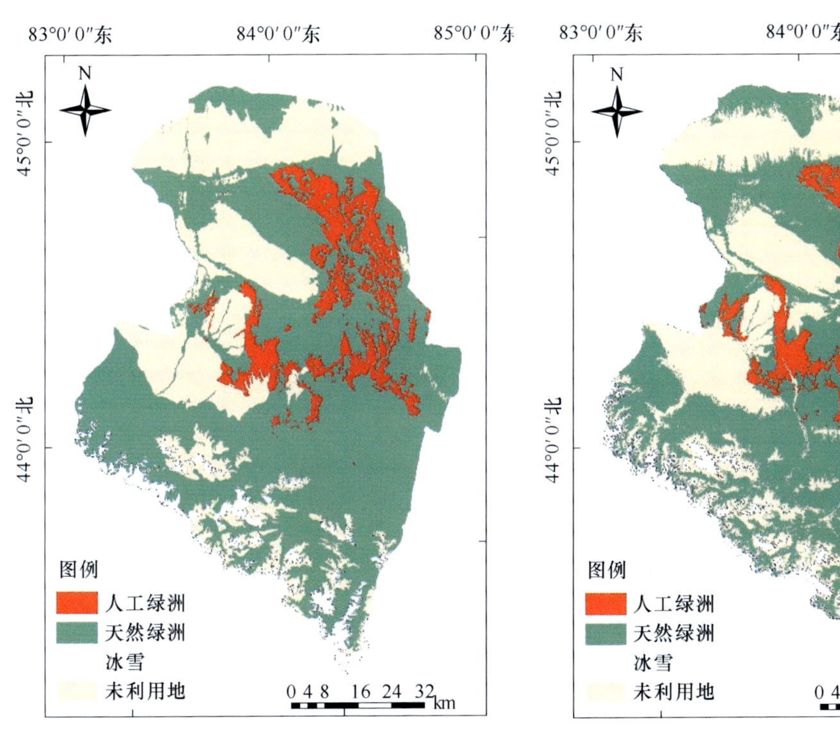

图 4.3.4　1990 年奎屯河流域人工绿洲与天然绿洲分布图

图 4.3.5　1995 年奎屯河流域人工绿洲与天然绿洲分布图

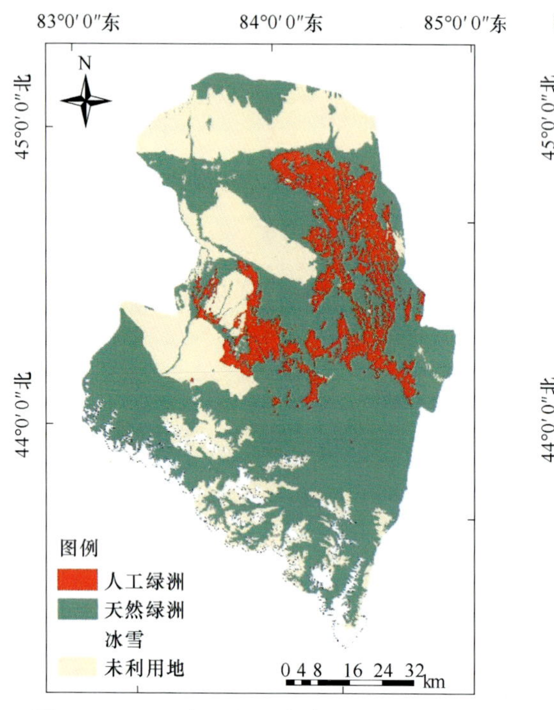

图 4.3.6　2000 年奎屯河流域人工绿洲与天然绿洲分布图

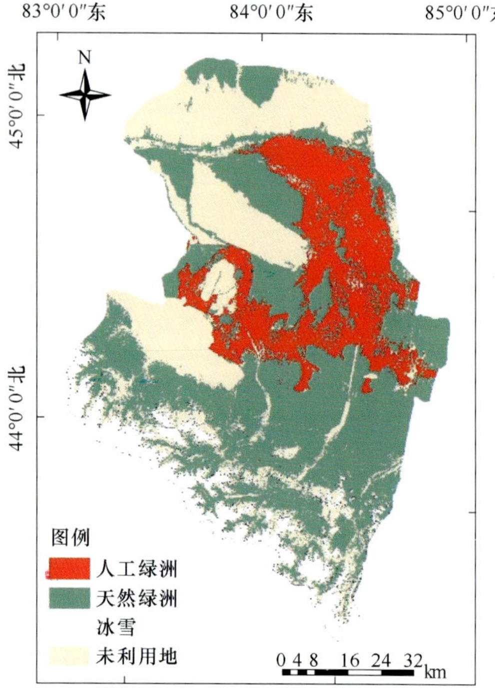

图 4.3.7　2005 年奎屯河流域人工绿洲与天然绿洲分布图

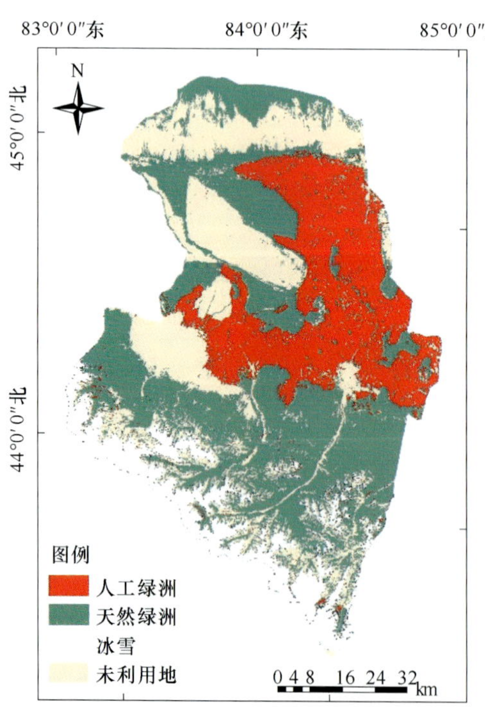

图 4.3.8　2010 年奎屯河流域人工绿洲与天然绿洲分布图

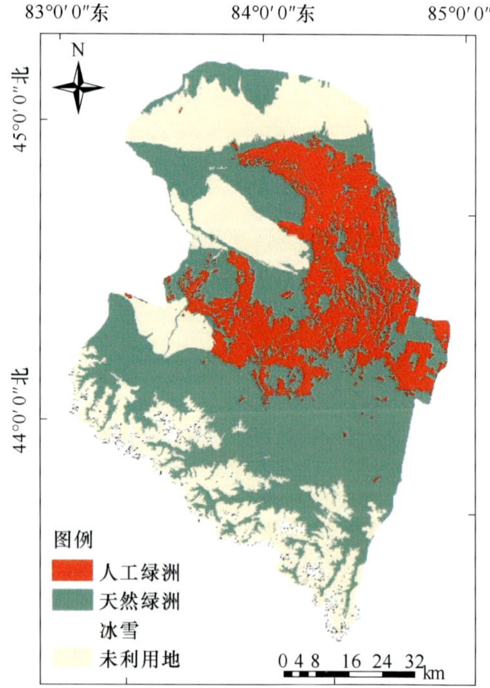

图 4.3.9　2013 年奎屯河流域人工绿洲与天然绿洲分布图

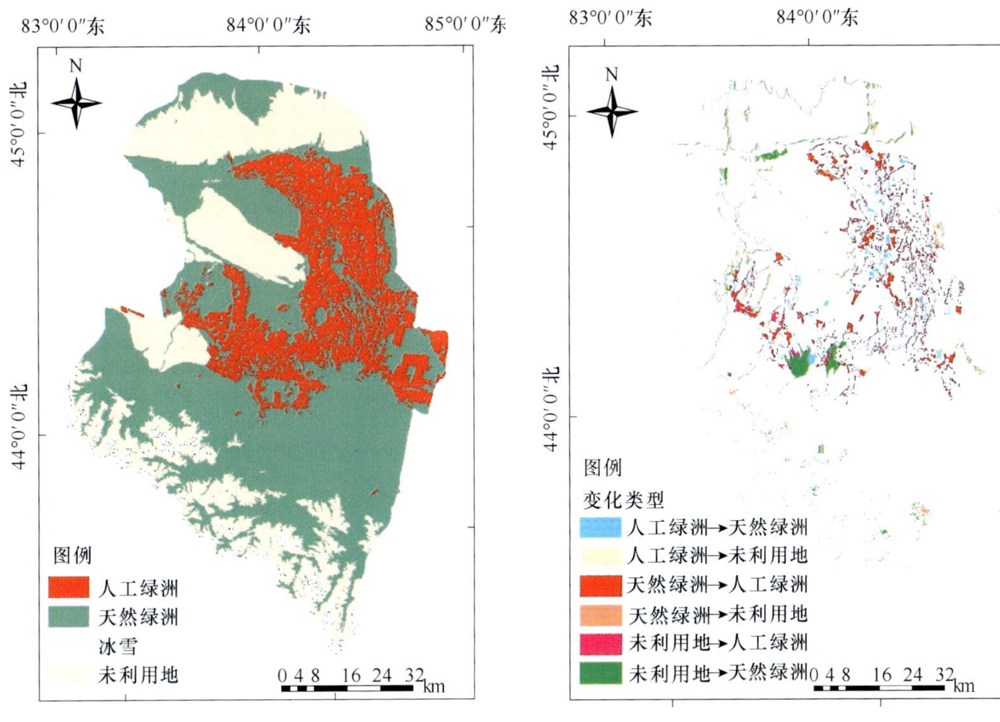

图 4.3.10　2014 年奎屯河流域人工绿洲与天然绿洲分布图

图 4.3.11　1990～2000 年奎屯河流域人工绿洲与天然绿洲转化图

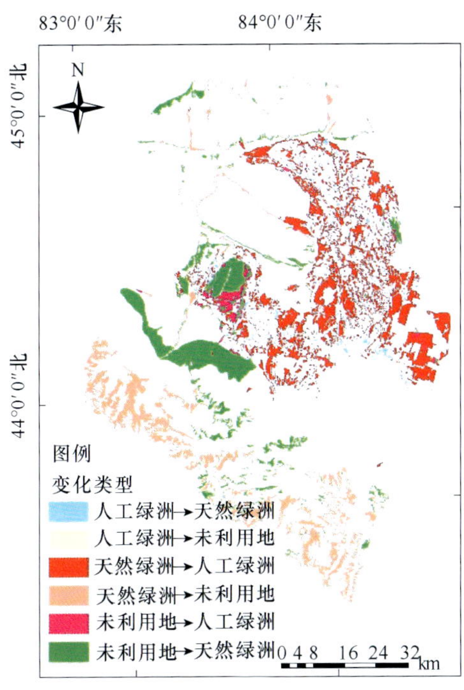

图 4.3.12　2000～2014 年奎屯河流域人工绿洲与天然绿洲转化图

30%～40%；根据王忠静等（2002 年）的研究，认为人工绿洲面积不宜超过总绿洲面积的 70%；胡顺军等（2006 年）根据水量平衡原理研究渭干河平原绿洲的适宜规模，认为适宜的耕地面积占平原区总绿洲面积的 42%；凌红波等（2012 年）借助水热平衡模型分析新疆克里雅河流域绿洲适宜规模得出：在丰水期，人工绿洲适宜面积占总绿洲面积的 60%～73%；在平水期，人工绿洲适宜面积占总绿洲面积的 44%～63%；在枯水期，人工绿洲适宜面积占总绿洲面积的 34%～56%；祁宝山等（2015 年）在水热平衡原理的基础上，运用湿润指数及相关模型计算了吐鲁番绿洲适宜规模，认为适宜的耕地面积占总绿洲面积的 30%～52%。

综合以上分析，人工绿洲适宜面积占总绿洲面积的百分比主要集中在 30%～40%，奎屯河流域人工绿洲适宜比例为 31.3%，与之前研究结果较为接近，因此，认为奎屯河流域人工绿洲适宜比例较为可靠，如表 4.3.7。

表 4.3.7　奎屯河流域适宜规模分析　　（单位：万 hm^2）

现状规模（2014 年）			适宜规模（2000 年）			调控面积	
天然绿洲	人工绿洲	比值	天然绿洲	人工绿洲	比值	天然绿洲	人工绿洲
42.38	41.78	1.01	52.68	23.95	2.20	＋10.30	－17.83

第五章 面向生态安全的内陆河水资源配置研究

中国干旱区内陆河流域，受气候变化和人类活动加剧的影响，生态水亏缺、生态水配置不合理等问题日益突出。如何统筹天然植被生态用水与经济社会发展用水，提出生态水的合理供水模式，将成为实现该区域生态修复和保护的重点。本章以塔里木河干流和奎屯河流域作为研究干旱区内陆河水资源配置和生态供水模式的靶区，这对促进其他相似流域的生态保育具有重要的科学指导意义。

第一节 内陆河流域水资源配置模型建设方法

一、基本配置原则

新疆内陆河干旱区水资源量主要包括地表水和地下水两部分，其中地表水以山区产流为主，地下水也主要源于山区的侧向补给。社会经济活动主要集中于平原绿洲地区，水资源是社会经济发展、生态环境保护的主要制约因素。当前，由于区域内人口增长、经济发展和灌溉面积的扩张，虽然广泛采用了滴灌等高效节水灌溉技术，但内陆河干旱区仍普遍出现了河流尾闾湖泊萎缩、荒漠－绿洲过渡带植被退化等突出的生态问题，对人类社会经济活动密集的绿洲地区产生了较大威胁。

根据最严格水资源管理制度的要求，目前新疆已经划定了不同地区及地方与兵团间的“三条红线”，确定了取水总量和效率的控制性指标。为了协调社会经济和自然生态系统间的关系，维持生态环境的稳定和社会经济的可持续发展，针对干旱区生态脆弱的特征，水资源的配置模式从传统的以保障社会经济供水为主转化为面向生态的水资源配置模式。为了实现这种实践需求，在最严格水资源管理“三条红线”的框架下，以流域的生态维持为基本约束条件，基于流域已有和规划工程体系，对流域可利用的水资源量在不同区域、国民经济各部门和自然生态系统间进行合理分配。

内陆河干旱区水资源配置中所针对的水源指的是研究区内所有能被生活、工业、农业、第三产业和生态等利用，且满足质量和数量要求的水源，包括当地天然地表水资源、当地地下水资源、规划的外调水资源（如有）等常规和非常规水资源。配置的

对象为流域和区域内的社会经济生产的部门及自然生态，具体包括生活用水、工业用水、农业用水、生态用水等。

模型配置目标如下：在维持自然生态系统的前提下，通过研究区内有限的水资源（含规划的外调水源）进行科学合理配置，实现研究区社会经济系统缺水量的最小化和区域间缺水的均衡化。

内陆河干旱区水资源配置将遵循以下基本原则。

1．面向生态安全，优先保障基本生态

流域和区域水资源配置应将生态安全作为优先目标，确保生态红线范围内保护目标的生态供水，奎屯河流域生态安全目标具体包括下游甘家湖生态保护区生态供水、绿洲区盐碱化控制以及地下水不能持续超采。

将基本生态用水作为优先考虑目标，将绿洲区地下水在可利用的水资源量中优先预留。考虑到生态需水在时间过程上具有较高的弹性，具体配置中应将配置后生态用水总量的保障率最为优先评估指标。

2．面向持续发展，严格遵守“三条红线”

最严格水资源管理制度是流域和区域水资源开发利用的基本约束，在流域水资源配置中需严格将不同行政区的多年平均取水总量控制在按照“三条红线”确定上限以内，并根据来水情况进行年际间的协调。年内过程可根据来水、需水和水库蓄水的情况进行调节。

3．参考历史水权，尊重多方分水协议

干旱区流域历史实际水源分配中，形成了较为完整的分水协议，虽然分水协议的形式多种多样，但是都反映了不同区域间对历史水权的认可。在配置过程中，在能够维持基本生态、不突破“三条红线”的前提下，应充分尊重分水协议。

4．严格总量控制，落实以水定地、以水定产

内陆河干旱区水资源是社会经济发展的核心约束指标，应该在严格控制用水总量的同时，落实以水定地、以水定产的原则，通过总量控制，协调流域和区域灌溉面积、产业结构、人口规模等指标。

5．节水优先、优水优用、高效利用

以保障生态环境的可持续发展为出发点，将供水水源特征和受水区特征结合起来，并考虑不同区域和行业的用水效率和效益，在优先保障居民生活、工业和基本生态环境可持续发展供水要求的前提下，科学合理配置水资源，提高内陆河干旱区本地水资源和外调水资源的利用效率。

二、模型基本框架

（一）供水系统概化

针对面向生态的内陆河干旱区水资源配置模型的配置目标、原则、规则及模型各

模块的功能，在最严格水资源管理制度确定的“三条红线”、流域耕地红线、生态红线的约束下，根据以水定地、以水定产的原则，基于内陆河干旱区现状及未来水利工程设施，遵循安全性、高效性和公平性原则，并结合未来不同水平年的生活、工业、农业、第三产业及生态年内需水分析预测结果，考虑居民生活、生态保障、社会发展等方面的多重约束条件，对内陆河干旱区内的地表水、地下水和规划的外调水（如有）进行合理配置，提出不同水平年的水资源配置方案。

根据典型内陆河干旱区水资源开发利用特征、水利设施现状及供水系统特点，将内陆河干旱区的供水系统概化为以下几个子系统。

1．水源系统

水源系统涵盖参与研究区供水的各类水源，包括本地水源、外调水，按水源类型划分为地表水源、地下水源。

内陆河干旱区的地表水源可利用量主要根据河流出山口控制断面的来水过程确定，地下水源可利用量主要根据地下水调查评价确定，外调水源则可根据调水规划、工程可行性研究等确定可利用量。

2．调蓄系统

调蓄系统主要包括从水源到用水户间的各类调蓄工程，以水库为主。

调蓄系统包括水库库容、调蓄库容、蒸发渗漏系数、水库入流及出流过程等参数，其中水库库容、调蓄库容、蒸发渗漏系数根据工程设计取值，水库入流及出流过程则根据水库防洪和供水调度要求设定。

3．用户系统

用户系统包括研究区供水范围内的各类用水户，主要包括城镇用户（生活、工业、三产、城市景观等）、农业用户、生态系统用户 3 类。

用户系统的主要参数包括需水量、需水过程、供水保障优先级等。

4．输配水系统

输配水系统由连接以上所述 3 个系统的渠首、渠道、泵站、分水闸等水利设施组成。

1）渠首的主要参数包括引水能力、上游来水过程、下游出流过程。

2）渠道的主要参数包括过水能力、渗漏系数、上下游连接水利设施类型及编码。

3）泵站的主要参数包括年最大抽水量、年抽水量、供水过程等。

4）分水闸的主要参数包括分水规则、分水系数、上下游连接水利设施类型，以及编码、来水过程、出流过程。

在水资源配置模型中，输配水系统将其他系统中的各个单元连接成一个整体，构成了整个供水系统的空间拓扑结构。

（二）模型主要模块

在对内陆河干旱区供水系统概化的基础上，将面向生态的内陆河干旱区水资源配

置模型划分为 5 个基本模块，分别为基础数据管理模块、供水系统网络分析模块、供水过程模拟模块、配置模型评估模块、配置方案优化模块。通过这 5 个基本模块，对内陆河干旱区水资源进行配置计算，提出配置方案。

1．基础数据管理模块

基础数据管理模块用于供水系统的外部约束条件和各类系统用户参数的存储管理，其包括本地地表水的来水过程、外调水的调水过程、地下水的开采限额、用水户的用水总量及过程、各类工程参数等。

2．供水系统网络分析模块

供水系统网络分析模块通过输配水系统中的各个单元，提供各类设施上下游连接关系，分析水源、调蓄、用水户间的网络联系，生成供水系统网络结构图，为供水系统模拟提供参数。

3．供水过程模拟模块

供水过程模拟模块以基础数据管理模块提供的各类参数、供水系统网络分析模块提供的供水系统网络结构图为基础，按照提前确定的配置规则，模拟供水系统从水源—调蓄—用户的完整输配水过程，提供各水源、调蓄、用水户的详细供用水信息，为研究区水源配置方案评估模块提供数据基础。

4．配置方案评估模块

配置方案评估模块根据供水过程模拟模块提供的分用户、分时段供水信息，分析不同用户的需水、供水、缺水情况，将各区域及生态缺水率均衡、地下水超采量作为评估指标，评估供水配置规则的优势度。

5．配置方案优化模块

配置方案优化模块根据配置方案评估模块给出的配置规则优势度，评估配置规则的优劣，改进和生成包括水利设施分水系数、水库蓄放次序、缺水量分配系数等参数在内的配置规则参数，并将其反馈给供水系统模拟模型；通过循环改进配置规则参数，实现配置方案的优化。

内陆河干旱区水资源配置模型各基本模块关系图如图 5.1.1 所示。

三、配置模型主要计算过程

结合内陆河干旱区水源、水利工程、受水区等分布特点，对内陆河干旱区进行分类概化，包括划分可利用水源、确定水资源供需平衡分区、选择重要水利工程、设置控制性节点或断面、区分耗水单元、渠道系统、河网概化等。以渠首、抽水泵站、分水闸、主要水库为点信息，以自然河流和人工输排水渠道为线信息，以耗水单元为面信息，将内陆河干旱区实际的引、供水布局作为基础，考虑内陆河干旱区未来发展规划，将“点—线—面”信息结合构成水资源的引水、输水、蓄水、耗水、排水体系，形成内陆河干旱区水资源配

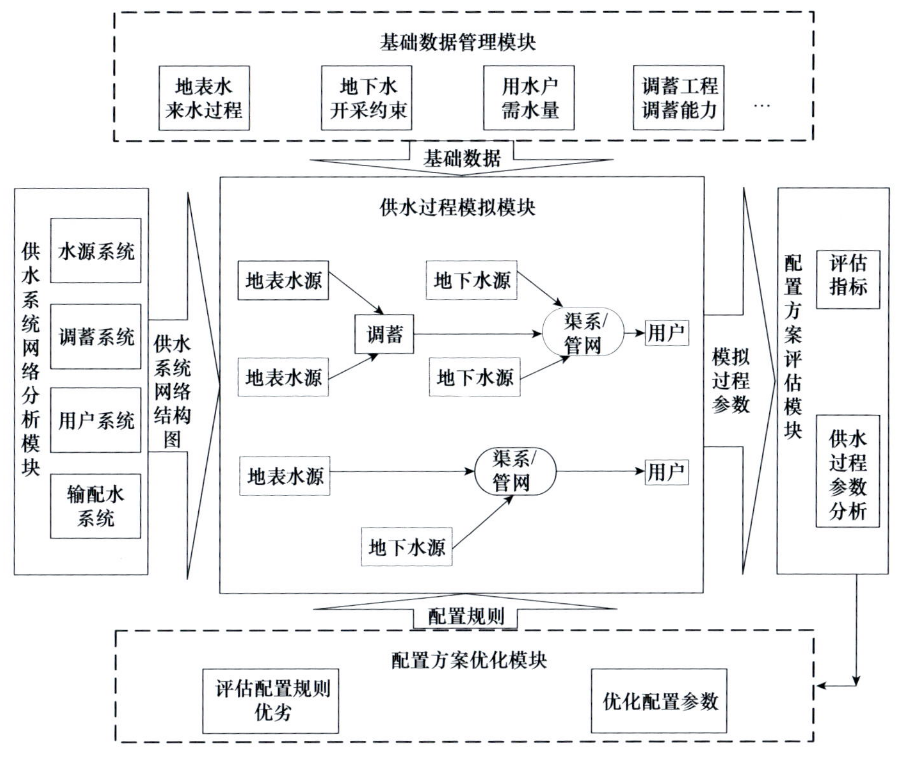

图 5.1.1　配置模型基本模块关系图

置系统网络图。以水资源系统网络图为基础，结合研究区生态环境保护目标及社会经济发展规划，确定研究区需水方案，提出以水量保障、经济可行、技术合理和社会可接受为目标体系的水资源配置方案，综合构建生态优先的水资源优化配置模型。配置模型将生态优先保障作为先决条件，通过建立水资源循环转化与配置平衡方程、计算单元的水资源供用耗排平衡方程、水利工程调度供水平衡方程及各类约束方程和以供水净效益最大及损失水量最小为目标函数的数学规划模型。配置模型将传统的面向资源配置模型与面向流域供水过程配置相结合，为内陆河干旱区水资源优化配置分析提供模拟技术平台。

以典型区奎屯河流域为例，按照配置的基本原则，确定模型计算的主要过程。

（一）可利用水资源量计算

根据流域各出山口来水过程和渠首引水工程条件，核算地表水可用水量为

$$Q_{sa}=\min(Q_s, Q_{ca}) \tag{5.1.1}$$

式中，Q_{sa} 为各河流的可利用量；Q_s 为各河流出山口（渠首处）径流量；Q_{ca} 为渠首最大引水能力。模型中以旬为单位进行核算。

根据流域各分区地下水可利用量、地下水可采量和工程开采能力计算，即

$$Q_{ga}=\min(Q_{gr}, W_a) \tag{5.1.2}$$

式中，Q_{ga} 为各分区的地下水可利用量；Q_{gr} 为各分区地下水剩余可采量；W_a 为机井开采能力，其中 Q_{gr} 以年为单位核算，即

$$Q_{gr}=Q_g-\sum_i^n Q_g^i \tag{5.1.3}$$

式中，Q_g 为各分区的地下水可开采量；Q_g^i为各分区本年度的实际地下水开采量。其中，Q_g 除了考虑地下水资源评价结果外，在由外调水、渠系、灌溉方式等重大改造后，需根据新的地下水补给情况进行再次评价。

外调水的可利用量根据外调水工程能力规划、设计确定。

（二）用水户需水总量

流域内各类用户需水量通过定额面积法进行计算，为了便于水量分配中的平衡计算，所有需水均折算到取水口的毛需水量，生活、工业、城市生态、农业灌溉的需水量计算，本次配置中重点考虑了农业灌溉需水。

（三）基于分水规则的可用水量分配

奎屯河流域“三地四方”分水主要根据分水协议进行。奎屯河流域河流来水主要为南部山区的奎屯河、四棵树河、古尔图河和特吴勒特河来水，根据“三地四方”的“分水协议”及河流渠首引水能力，将四条主要河流来水分到“三地四方”。

1．“三地四方”分水量

根据“三地四方”的“分水协议”，将渠首引水量分到“三地四方”，即独山子区、奎屯市、乌苏市和第七师。

（1）独山子区分水量为

$$W_{df}=W_{kt}-W_{kqy} \tag{5.1.4}$$

式中，W_{df} 为独山子区分水量；W_{kt} 为奎屯河天然来水量；W_{kqy} 为奎屯河渠首引水量。

（2）奎屯市分水量

奎屯河每年定量分给奎屯市 970 万 m^3 水量。

根据“分水协议”，分灌溉期和非灌溉期，将奎屯河渠首引水量不同比例分给乌苏市和第七师。

四棵树河每年定量分给第七师 5 600 万 m^3 水。按照河流来水大小，分阶段将古尔图河渠首引水分给乌苏市和第七师。

（3）乌苏市分水量为

$$W_{wf}=W_{sqy}-W_{sfq}+W_{kfw} \tag{5.1.5}$$

式中，W_{wf} 为乌苏市分水量；W_{sqy} 为四棵树河渠首引水量；W_{sfq} 为四棵树渠首引水分给第七师的水量；W_{kfw} 为奎屯河分给乌苏市的水量。

（4）第七师分水量为

$$W_{qf}=W_{kfq}+W_{sfq}+W_{gfq} \tag{5.1.6}$$

式中，W_{qf} 为第七师分水量；W_{kfq} 为奎屯河分给第七师的水量；W_{sfq} 为四棵树河分给第七师的水量；W_{gfq} 为古尔图河分给第七师的水量。

2．各二级灌区分水

根据“三地四方”分水量，结合各个二级灌区需水分析，将“三地四方”分水量分到各个二级灌区。

（1）地表水供水量

地表水直接供水给各个二级灌区。根据各个二级灌区需水量及“三地四方”所能分给相应灌区的水量，取其二者的较小值，即为地表水直接供给二级灌区的水量：

$$W_{gx}=\mathrm{MIN}\left(W_{gx},\ W_{gf}\right) \tag{5.1.7}$$

水库供水给各个二级灌区。地表水直接供水给各二级灌区后，各二级灌区需水量不一定全部满足，可通过水库对缺水量进行调节。

水库水量为

$$W_{kks}=W_{kc}+W_{dby}-W_{ks} \tag{5.1.8}$$

式中，W_{kks} 为地表水补充给水库后的水库水量；W_{kc} 为水库初始水量；W_{dby} 为地表水富余水量；W_{ks} 为水库损失水量。

根据地表水供水给各二级灌区后各灌区的缺水量和水库水量，取其二者的较小值，即为水库供给各二级灌区的水量。

$$W_{kg}=\mathrm{MIN}\left(W_{gq},\ W_{kg}\right) \tag{5.1.9}$$

式中，W_{kg} 为水库供给各二级灌区的水量；W_{kq} 为各二级灌区的缺水量。

（2）地下水供水量

地下水供水给各二级灌区。各二级灌区在地表水（地表水直接供水和水库供水）供水之后，若还存在缺水，则通过地下水补充。

地下水补充分两种情况考虑：

1）第一种情况：地下水补充量不受地下水可开采量的限制。

根据各二级灌区需水量和地表水供水给各二级灌区之后，灌区缺水量全部通过地下水进行补充，各灌区需水得到满足，不缺水，地下水供水量即为各二级灌区在地下水供水之后的缺水量。

地下水供水量为

$$W_{dxg}=W_{gbq} \tag{5.1.10}$$

式中，W_{dxg} 为地下水供水量；W_{gbq} 为地表水供水之后灌区缺水量。

2）第二种情况：地下水补充量受地下水可开采量的限制。

根据各二级灌区需水量和地表水供水给各二级灌区之后，灌区缺水量通过地下水进行补充，在地下水可开采量限制下进行地下水补充。

地下水供水量为

$$W_{dxg}=\mathrm{MIN}\left(W_{gbq},\ W_{gxk}\right) \tag{5.1.11}$$

式中，W_{gxk} 为各二级灌区地下水可开采量。

（3）生态供水量

生态供水量主要包括水库弃水、河道及回归水两部分。水库供给各二级灌区后剩余水量，超过水库库容的部分，作为水库弃水量；河道及回归水主要为工、农业排水。本次计算中，工、农业排水分别按照工、农业供水的 70% 和 10% 计算。

1）水库弃水量为

$$W_{kq}=W_{kkc}-W_{kg} \tag{5.1.12}$$

式中，W_{kq} 为水库弃水量。

式（5.1.12）中，如果 W_{kq} 大于零，水库弃水量即为 W_{kq}，如果 W_{kq} 小于零，则水库弃水量为零。

2）河道及回归水量为

$$W_{hhg}=W_{gy}\times 70\%+W_{ny}\times 30\% \tag{5.1.13}$$

式中，W_{hhg} 为河道及回归水量；W_{gy} 为各二级灌区工业供水量；W_{ny} 为各二级灌区农业供水量。

3）生态供水量则为

$$W_{st}=W_{kq}+W_{hhg} \tag{5.1.14}$$

（四）配置结果评估

配置结果评估主要考虑生态维持、社会经济发展和公平发展 3 个方面，其中生态维持主要通过生态缺水量、地下水超采量表示，社会经济发展主要通过社会经济缺水量表示，公平发展通过取水总量是否满足“三条红线”表示。

第二节　塔里木河干流水资源配置研究

一、不同情景模式下的供水方案

塔里木河生态水配置应结合干流不同的来水频率（表 5.2.1）、干流各河段总需水量及天然植被生态需水的时空分布特点综合制定。本节研究以河段需水为切入点，结合前面所设置的 4 种水资源情境：①全满足河段需水；②满足高覆盖植被（生态红线的重点生态功能区）生态需水、河损和农业引水（“三条红线”控制水量）；③满足高覆盖植被生态需水、河损及 90% 农业引水；④部分满足天然植被生态需水、河损与 90% 农业引水，从时间尺度和空间尺度两个方向综合制定在不同来水频率及不同河段需水情景下的生态水配置方案。这些研究需要首先弄清干流来水频率情况、不同来水频率下的径流量情况。根据《塔里木河生态需水量估算》的研究成果，恰拉以下所需的生态需水总量为

4.96 亿 m^3，河灌区及泵灌区农业引水总量为 2.23 亿 m^3，总需水量为 7.19 亿 m^3。

表 5.2.1　干流不同来水频率下的径流量　（单位：亿 m^3）

月份	来水频率				
	10%	25%	50%	75%	90%
1～6	12.34	10.11	7.96	6.19	4.69
7	16.33	13.03	9.78	7.09	5.05
8	23.48	20.01	16.32	12.59	9.48
9	8.66	6.83	4.95	3.41	2.32
10～12	8.09	6.49	5.05	3.77	2.86
总计	68.90	56.47	44.06	33.05	24.40

（一）情景 1 下的生态水配置方案

在情景 1（10% 和 25% 来水频率可保障）下，若满足塔里木河干流整体的需水要求，阿拉尔、新其满、英巴扎、乌斯满、恰拉 5 个水文控制断面的过水量分别应为 47.48 亿 m^3、37.27 亿 m^3、21.31 亿 m^3、12.28 亿 m^3 和 7.19 亿 m^3，如表 5.2.2 所示。

表 5.2.2　干流上中游各水文控制断面的下泄指标　（单位：亿 m^3）

断面	阿拉尔	新其满	英巴扎	乌斯满	恰拉
过水量	47.48	37.27	21.31	12.28	7.19

10% 和 25% 频率下的径流量分别为 68.90 亿 m^3 和 56.47 亿 m^3，可完全满足情景 1 下的需水要求。从空间尺度上，由于上述两来水频率下的径流量分别多于干流需水量 21.42 亿 m^3 和 8.99 亿 m^3，而满足河段需水仅是实现天然植被的生态保护，因此应依靠引水工程对稀疏植被区进行大量的河水漫溢（图 5.2.1），以达到促进天然植被生态恢复的目的。

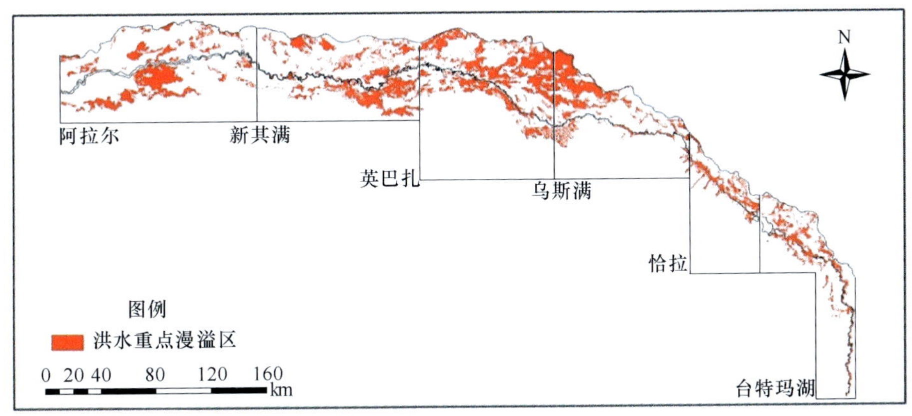

图 5.2.1　塔里木河干流主要引水漫溢区

根据以往的研究成果，10% 来水频率下已可实现整个天然植被区域的河水漫溢，因此本研究重点分析 25% 来水频率下的引水漫溢水量分配。基于塔里木河干流各河段稀疏天然植被的分布面积比例（段 1～段 5 分别为 17.1%、11%、19%、43.1% 和 9.8%），划分上中下游在 25% 来水频率下的河水漫溢水量（表 5.2.3）。

表 5.2.3　塔里木河在 25% 来水频率下的引水漫溢水量　（单位：亿 m^3）

河段	段 1	段 2	段 3	段 4	段 5	总计
漫溢水量	1.54	0.99	1.71	3.87	0.88	8.99

引水漫溢，主要是借助于节制闸、生态闸及旧河道对附近地区进行漫灌。根据表 5.2.3 的各个河段的水量分配情况，并结合各个河段的闸口和旧河道的实际情况，合理安排引水漫溢工作。

沿岸植被生态需水量的天然供水来源包括河损中的渗漏和漫溢水量，而完全满足生态需水则需要依靠生态闸引水，因此生态需水量减去天然渗漏及漫溢水量即为需依靠生态闸口的引水量。基于前文计算得到的塔里木河干流各河段天然植被的生态需水量，减去河损补给量，再结合表 5.2.3 中的各段配置的漫溢水量，最后得出干流各个河段需依靠生态闸口引水量（表 5.2.4）。

表 5.2.4　情景 1 下各河段生态引水量　（单位：亿 m^3）

河段	段 1	段 2	段 3	段 4	总计
水量	2.68	4.62	3.58	4.56	15.44

（二）情景 2 和情景 3 下的生态水配置方案

在情景 2（50% 来水频率可保障）下满足塔里木河干流的需水要求，阿拉尔、新其满、英巴扎、乌斯满、恰拉 5 个水文控制断面的过水量分别应为 44.89 亿 m^3、35.43 亿 m^3、19.87 亿 m^3、11.30 亿 m^3 和 6.76 亿 m^3（表 5.2.5）。此时下游所需水量与“三条红线”划定的水量基本相等。

表 5.2.5　情况 2 下塔里木河干流上中游各水文控制断面的下泄指标　（单位：亿 m^3）

断面	阿拉尔	新其满	英巴扎	乌斯满	恰拉
过水量	44.89	35.43	19.87	11.30	6.76

50% 的来水频率下，只能刚刚满足高覆盖植被、河道损耗和农业引水，再无结余水量进行引水漫溢。在此情形之下，根据前面计算的各个河段的生态需水量，设定各个河段的生态引水量（表 5.2.6）。

表 5.2.6　情景 2 下各河段生态引水量　（单位：亿 m^3）

河段	段 1	段 2	段 3	段 4	总计
水量	0.71	3.06	1.42	0.48	5.67

若来水量持续减少，可适当压缩灌溉面积。例如，在情景 3 下阿拉尔、新其满、英巴扎、乌斯满、恰拉 5 个水文控制断面的过水量分别应为 42.08 亿 m^3、32.85 亿 m^3、17.95 亿 m^3、9.82 亿 m^3 和 5.39 亿 m^3（表 5.2.7）。塔里木河干流需来水 42.08 亿 m^3，在满足高覆盖植被、河道损耗和 90% 保证率下的农业引水的同时，仍多余 1.98 亿 m^3 水量，但该水量仍需回补农业用水。

表 5.2.7　情景 3 下塔里木河干流上中游各水文控制断面的下泄指标　（单位：亿 m^3）

断面	阿拉尔	新其满	英巴扎	乌斯满	恰拉
过水量	42.08	32.85	17.95	9.82	5.39

（三）情景 4 下的生态水配置方案

情景 4（75% 来水频率可保障）下阿拉尔、新其满、英巴扎、乌斯满、恰拉 5 个水文控制断面的过水量分别应为 32.24 亿 m^3、25.15 亿 m^3、14.38 亿 m^3、7.78 亿 m^3 和 4.68 亿 m^3（表 5.2.8）。

表 5.2.8　情景 4 下塔里木河干流上中游各水文控制断面的下泄指标　（单位：亿 m^3）

断面	阿拉尔	新其满	英巴扎	乌斯满	恰拉
过水量	32.24	25.15	14.38	7.78	4.68

当来水频率为 75%，塔里木河干流水量为 33.05 亿 m^3，而情景 4 下的需水量为 32.24 亿 m^3，可满足情景 4 的生态需水要求，此时，生态引水应参照表 5.2.9 进行分配。但当阿拉尔来水低于 32.24 亿 m^3 时，则至少首先满足 75% 保证率下的农业用水，即 10.54 亿 m^3。根据《塔里木河生态需水量估算》的研究成果，干流河道内最小生态需水量为 20.53 亿 m^3，因此若阿拉尔来水量低于 31.07 亿 m^3 时，则不再预留生态水，生态用水仅依靠河道侧渗水量补给。

表 5.2.9　情景 4 下各河段生态引水量　（单位：亿 m^3）

河段	段 1	段 2	段 3	段 4	总计
水量	0.49	2.14	0.82	0.00	3.45

特别地，在 90% 来水频率时，塔里木河干流水量为 24.40 亿 m^3，在满足 75% 保证率下的农业用水的前提下，仅剩余 13.86 亿 m^3 的水量用于河损，尚不能满足河道最小生态需水要求。考虑到植被需水主要集中在 7～9 月，因此可选择这 3 个月集中下放水量。

总体而言，为发挥生态水配置方案的实用性和可操作性，要根据观测的来水情况对配水量进行及时调整。首先，用历年资料分析干流的蒸发、渗漏及漫溢等损耗量，分别建立水量平衡模型，之后对阿拉尔不同来水年份，上游、中游区间耗水量和下泄水量按多年平均分水比例进行计算。当阿拉尔断面来水较多时，除去保证上中游居民

生活用水、农业和工业生产用水之外，向上中游生态闸供生态水的水量也应该相应地增加；相反，当阿拉尔断面来水较少时，要保证工农业和居民生活用水的充足，向生态闸供生态水的水量应该相应地减少；当阿拉尔来水水量等于或小于 31.38 亿 m^3，此时，农业灌溉用水要适当下调，原则上不再通过生态闸供应生态水。

依据上述研究所得出的上半年来水频率、7～9 月来水频率和 10～12 月季度来水频率，确定不同来水频率下向不同河段的生态输水量。上中游生态供水的时段集中在 7～9 月这 3 个月，这段时间塔里木河流域处于洪水期，水量较大。根据过去 50 多年 7 月来水频率的变化曲线，并结合当年 1～6 月的来水状况，预测 7 月的来水频率，在月初开始向不同的河段配水，根据此来水频率所对应的水量确定不同河段的水量配置。月末总结当月的水文观测数据，如果来水量有所减少，则在 8 月初配水的时候，将水量适当减少；如果来水量有所增加，则在 8 月初配水时，将水量适当增加。9 月时也是如此。根据年度来水频率、半年度来水频率和重点月来水频率表以及不同来水量下泄生态水量表，水量调度员可以根据当年上半年来水情况，源流来水水量情况和干流上一个月来水水情等及生态水量轮灌示意图，直接确定下泄生态水量调度计划。

首先，本着改善下游、兼顾上中游的原则，根据 1～6 月及 10～12 月的频率变化曲线，拟合出方程，推算未来每年 1～6 月和 10～12 月的来水频率，进而得到来水量的多少。其次，通过生态调度，将适当的水资源调至下游，以保证下游的生态稳定，后将剩余水量下泄至上游和中游地区。

二、生态供水过程及节点控制

流域水量配置不仅关心河道内生态用水需求，还要考虑河道外国民经济用水需求，要统筹兼顾生活、生产及生态用水需求。塔里木河水量配置是基于国务院与新疆维吾尔自治区人民政府业已批复的水资源分配格局下的水资源优化利用方案，其目标是满足塔里木河居民基本生活、国民经济发展，同时重点保障塔里木河生态环境的修复与保护。

对于水资源管理者而言，为了实现塔里木河干流水资源的优化配置和高效利用，提出天然植被的生态需水过程对生态工程调水的实施更具有科学指导意义的观点。为此，在探明塔里木河干流天然植被月蒸腾耗水规律的基础上，以植被月蒸腾量占年蒸腾量的比率为计算依据，将干流天然植被生态需水总量（分解成 12 个月的月生态需水量，即是干流天然植被生态需水的月过程（表 5.2.10）。在表 5.2.10 中，塔里木河干流天然植被生态需水在 7 月达到 4.1 亿 m^3 的最大值；尤其在段 2 的北岸，达到 9 492.45 万 m^3，为 7 月各河段两岸生态需水量的最大值。12 月天然植被生态需水量最小，仅为 7 月的 7.3%，特别在段 4 的南岸，生态需水量在各河段两岸出现最小值（36.24 万 m^3）。

表 5.2.10　天然植被生态需水量的年内分布　　　　（单位：万 m^3）

月份	段 1		段 2		段 3		段 4		段 5		合计
	北岸	南岸	北岸	南岸	北岸	南岸	北岸	南岸	北岸	南岸	
1	499.46	241.28	747.89	238.16	498.42	142.09	493.74	39.26	173.03	157.69	3 231.02
2	845.24	408.32	1 265.66	403.04	843.48	240.46	835.56	66.44	292.82	266.86	5 467.88
3	2 919.92	1 410.56	4 372.28	1 392.32	2 913.84	830.68	2 886.48	229.52	1 011.56	921.88	18 889.04
4	3 765.16	1 818.88	5 637.94	1 795.36	3 757.32	1 071.14	3 722.04	295.96	1 304.38	1 188.74	24 356.92
5	4 802.5	2 320	7 191.25	2 290	4 792.5	1 366.25	4 747.5	377.5	1 663.75	1 516.25	31 067.5
6	5 340.38	2 579.84	7 996.67	2 546.48	5 329.26	1 519.27	5 279.22	419.78	1 850.09	1 686.07	34 547.06
7	6 339.3	3 062.4	9 492.45	3 022.8	6 326.1	1 803.45	6 266.7	498.3	2 196.15	2 001.45	41 009.1
8	4 879.34	2 357.12	7 306.31	2 326.64	4 869.18	1 388.11	4 823.46	383.54	1 690.37	1 540.51	31 564.58
9	4 533.56	2 190.08	6 788.54	2 161.76	4 524.12	1 289.74	4 481.64	356.36	1 570.58	1 431.34	29 327.72
10	2 843.08	1 373.44	4 257.22	1 355.68	2 837.16	808.82	2 810.52	223.48	984.94	897.62	18 391.96
11	1 191.02	575.36	1 783.43	567.92	1 188.54	338.83	1 177.38	93.62	412.61	376.03	7 704.74
12	461.04	222.72	690.36	219.84	460.08	131.16	455.76	36.24	159.72	145.56	2 982.48

对塔里木河各月份天然植被生态需水量进行合并计算，得到其不同时段的生态需水总量（表 5.2.11）。在表 5.2.11 中，1～6 月在各时段的生态需水量最大，占总需水量的 47.3%，10～12 月为生态需水量的最小值，占总需水量的 11.7%。

表 5.2.11　不同时段天然植被生态需水量　　　　（单位：万 m^3）

月份	段 1		段 2		段 3		段 4		段 5	
	北岸	南岸	北岸	南岸	北岸	南岸	北岸	南岸	北岸	南岸
1～6	18 172.66	8 778.88	27 211.69	8 665.36	18 134.82	5 169.89	17 964.54	1 428.46	6 295.63	5 737.49
7	6 339.30	3 062.40	9 492.45	3 022.80	6 326.10	1 803.45	6 266.70	498.30	2 196.15	2 001.45
8	4 879.34	2 357.12	7 306.31	2 326.64	4 869.18	1 388.11	4 823.46	383.54	1 690.37	1 540.51
9	4 533.56	2 190.08	6 788.54	2 161.76	4 524.12	1 289.74	4 481.64	356.36	1 570.58	1 431.34
10～12	4 495.14	2 171.52	6 731.01	2 143.44	4 485.78	1 278.81	4 443.66	353.34	1 557.27	1 419.21

通过计算，塔里木河各段生态需水量见表 5.2.12，生态供水量情况应按该表执行。

表 5.2.12　塔里木河各段生态需水量　　　　（单位：亿 m^3）

生态需水量	段 1	段 2	段 3	段 4	段 5	合计
北岸	3.842	5.753	3.834	3.798	1.331	18.558
南岸	1.856	1.832	1.093	0.302	1.213	6.296
河段总计	5.698	7.585	4.927	4.1	2.544	24.854

分别将干流源头阿拉尔，干流上游段新渠满，上游、中游分界点英巴扎，中游段乌斯满及中游、下游分界点恰拉为5个供水控制节点；同时，塔里木河下游大西海子以下年规划下泄生态用水3.5亿m^3。

三、水资源配置结果分析

1）基于干流不同的来水频率及“三条红线”，分为四种情景对干流水资源进行配置。满足干流需水下的水量为47.48亿m^3，下游需水7.19亿m^3；满足高覆盖植被（生态红线的重点生态功能区）、河损和农业引水下的上中游总需水量为44.89亿m^3，下游需水6.76亿m^3，此时与下游“三条红线”划定的水量相当。

2）塔里木河干流天然植被生态需水呈单峰型，并在7月达到4.1亿m^3的最大值；尤其在段2的北岸，达到9 492.45万m^3，为7月各河段两岸生态需水量的最大值。12月天然植被生态需水量最小，仅为7月的7.3%，特别在段4的南岸，生态需水量在各河段两岸出现36.24万m^3的最小值。

第三节　奎屯河流域水资源配置研究

一、配置水平年及配置分区

（一）水平年

为高效合理配置区域内的水资源，结合数据资料情况，选择2014年作为奎屯河流域水资源配置现状水平年，考虑到与原综合规划的衔接，未来配置的近期水平年选为2020年，远期水平年选为2030年。

（二）配置分区

奎屯河流域涉及独山子区、奎屯市、乌苏市和兵团第七师，包括12个二级灌区，水资源配置分区以12个二级灌区和甘家湖梭梭林自然保护区为基本单元，划分为13个配置分区。水资源配置中要协调好各方关系，科学合理配置水资源，提高13个配置分区的供水保障率和水利用效率。13个配置分区基本情况见表5.3.1。

表5.3.1　13个配置分区基本情况表

序号	区域	配置分区	基本情况
1	独山子区	独山子灌区	石油化工基地，主要为工业和城镇生活用水
2	奎屯市	奎屯灌区	位于奎屯河流域东岸，包括奎屯市、工一师八团、军区农场和131团东区

续表

序号	区域	配置分区	基本情况
3	乌苏市	西干渠灌区	位于奎屯河西岸，乌苏市境内，地下水位较高，部分土地盐碱化
4		车排子南灌区	位于奎屯河下游拐弯处，奎屯河南岸，三河混合灌区
5		喇嘛沟灌区	位于四棵树河东岸，地势由南向北倾斜
6		五项分水闸灌区	位于四棵树河两岸，地势由南向北倾斜
7		特吴勒特河灌区	四棵树河支流，位于四棵树河西岸
8		古尔图镇灌区	位于古尔图河西岸，畜牧业为主
9	第七师	东干渠灌区	位于奎屯河东岸，地形平坦
10		车排子北灌区	奎屯河下游北岸，三河混合灌区
11		柳沟灌区	位于乌苏市以北，四棵树河中游，两河混合区
12		高泉灌区	位于古尔图河东岸，佐顿爱力生沙漠南边，地形比较平坦
13	甘家湖	甘家湖保护区	国家级梭梭林自然保护区，奎屯河流域下游

结合奎屯河流域供输水现状，以及配置分区的设置，绘制了奎屯河流域水资源配置系统网络图。水资源配置系统网络图能全面反映奎屯河流域水源系统、输配水系统及配置分区的分布情况，如图 5.3.1 所示。

二、配置情景设置

水资源配置受到区域水资源可利用量、需水量、配置原则等影响，根据未来可能的水资源可利用量—需水—配置原则组合，初步设置了 5 个情景（表 5.3.2）。

表 5.3.2　水资源配置供需水情景表

情景	需水	地下水开采控制	ABH 一期工程外调水
基准情景	现状面积＋节水定额	不控制	无
方案 1（2020 年）	现状面积＋节水定额	控制	无
方案 2（2020 年）	现状面积＋节水定额	控制	无
方案 3（2030 年）	压缩后面积＋节水定额	控制	有
方案 4（2030 年）	压缩后面积＋节水定额	控制	有

5 种配置情景下，基准情景针对的是现状情况，用以说明目前奎屯河流域水资源开

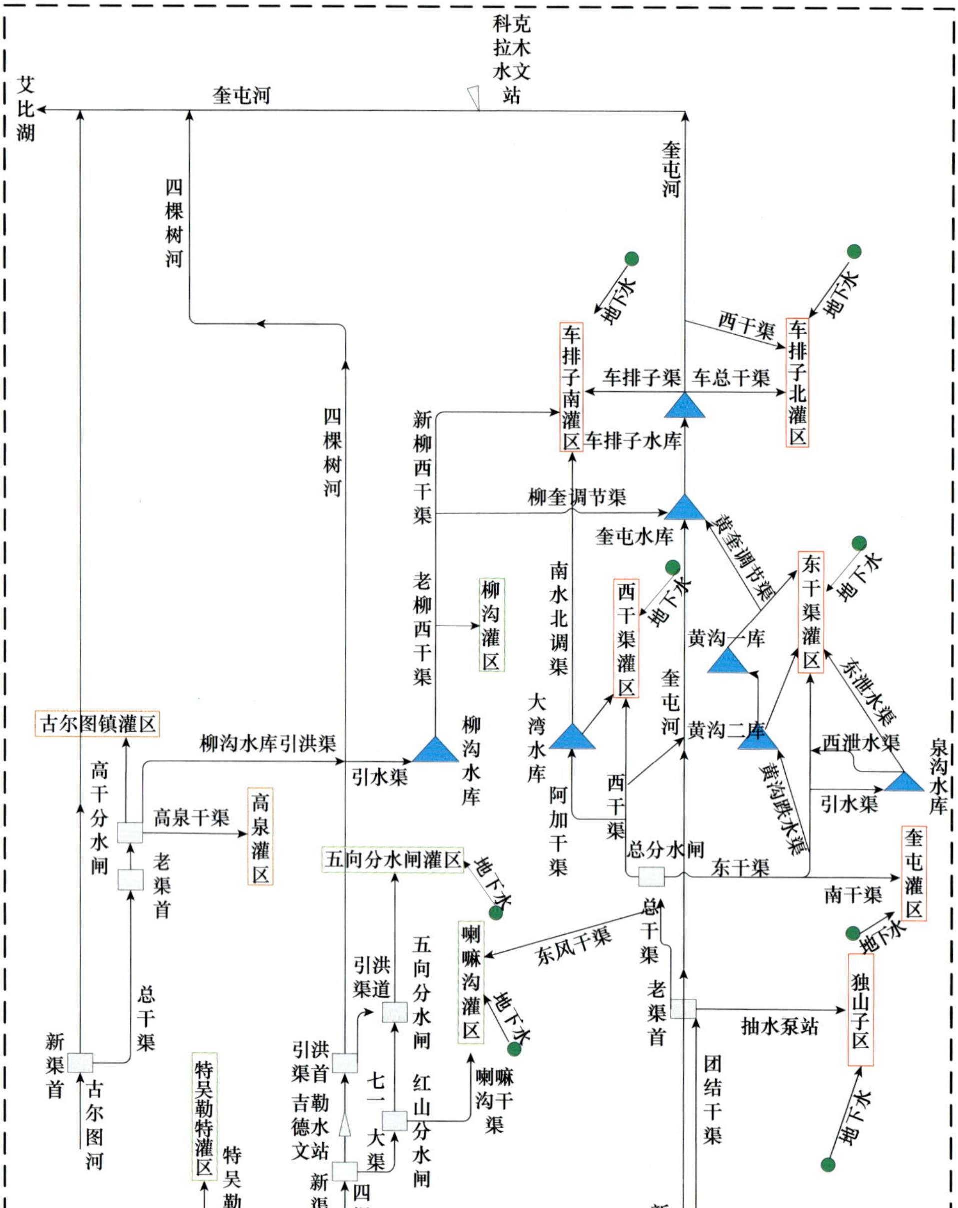

图 5.3.1　奎屯河流域水资源配置系统网络图

发利用情况，针对现状情况，分别设置了近期水平年2020年耕地面积压缩前后的配置情景和2030年（ABH一期调水工程）耕地面积压缩前后的配置情景，用以说明调水工程前后水资源配置情况。

三、社会经济发展预测

从人口、工业、灌溉面积、园林、畜牧业、水产养殖等几个方面对社会经济发展进行预测。由于没有进行社会经济发展相关指标的实地调查，社会经济发展预测主要参考《奎屯河流域规划》相关成果。

（一）人口发展预测

人口预测主要包括人口自然增长、机械人口增加、全流域总人口及城镇化进程几个方面。

（1）人口自然增长

综合考虑人口发展情况，参考《奎屯河流域规划》，奎屯河流域“三地四方”在未来水平年期间的人口自然增长率按两个阶段考虑，分别如下：

1）独山子区，2014～2020年人口自然增长率为9.26%，2021～2030年人口自然增长率为8.45%。

2）奎屯市，2014～2020年人口自然增长率为9.00%，2021～2030年人口自然增长率为8.13%。

3）第七师，2014～2020年人口自然增长率为9.03%，2021～2030年人口自然增长率为6.50%。

4）乌苏市，2014～2020年人口自然增长率为6.96%，2021～2030年人口自然增长率为6.53%。

（2）机械人口增加

奎屯河流域机械人口的增加主要集中在独山子区、奎屯市和乌苏市。独山子区、奎屯市和乌苏市作为天山北坡经济带的金三角区，独山子区是自治区石油化工基地之一；奎屯市是自治区规划在北疆的中心城市，城市规模将不断扩大；乌苏市依据城市总体规划，在西部、中部和北部将进行小城镇建设。

（3）全流域总人口及城镇化进程

奎屯河流域作为新疆天山北坡经济发展中心，经济发展迅速，城镇产业及服务功能进一步提高。到2020年，奎屯河流域城镇人口达到约55万人，城镇化率将达到71%；到2030年，城镇人口将达到约73万人，城镇化率将达到76%。奎屯河流域2020年、2030年人口预测情况见表5.3.3。

表 5.3.3　奎屯河流域人口预测情况表　（单位：万人）

区域	人口	
	2020 年	2030 年
独山子区	12	20
奎屯市	21	27
第七师	19	21
乌苏市	26	29
合计	78	97

（二）工业发展预测

分别从独山子区、奎屯市、第七师和乌苏市预测奎屯河流域工业发展情况。

1．独山子区

独山子区作为新疆重要的石化基地，未来将向塑料树脂深加工和精细化方向发展。

独山子区工业分为老区和新区。老区主要有炼油厂、乙烯厂、天利高新技术股份有限公司、天利实业总公司，新区主要有建成或在建的 1 000 万 t 炼油、100 万 t 乙烯项目。独山子区有国内最大的石油化工一体化项目——独山子 1 000 万 t 炼油、100 万 t 乙烯项目，目前已经投产。

独山子石化公司乙烯厂是国家“八五”期间重点建设的石化项目之一，于 1995 年建成投产，原规模为 14 万 t/a，有 8 套生产装置。2002 年完成了扩能改造，形成 22 万 t/a 乙烯生产能力，主要生产装置为 22 万 t/a 乙烯裂解装置、20 万 t/a 聚乙烯装置、14 万 t/a 聚丙烯装置、5 万 t/a 乙二醇装置和 3.3 万 t/a 顺丁橡胶装置等。目前，国内最大的石油化工一体化项目——独山子 1 000 万 t 炼油、100 万 t 乙烯项目已经投产，形成 1 000 万 t 炼油、122 万 t 乙烯能力和 500 万 m^3 原油储备能力，该项目进入世界级规模石化企业行列。

预计 2020 年独山子区工业总产值将达到 1 250 亿元、2030 年独山子区工业总产值达到 1 630 亿元。

2．奎屯市

根据《奎屯市城市总体规划（2006—2025）》，奎屯市到 2025 年将发展成为“奎—独—乌”区域的金融商贸中心；借助交通枢纽的强势，以卷烟、石化产品加工、纺织和商贸物流等产业为支柱，建设对外出口贸易区和物流商贸中心。

奎屯市已形成以卷烟、纺织、电力、化工、建材、食品等为基础的工业体系，逐步建立起了采煤、发电、建材、食品、机械、酿造、纺织等生产门类。

1992 年 3 月，经新疆维吾尔自治区人民政府批准，奎屯市设立奎屯市经济技术开发区，开发区面积为 10.08km^2，分为商贸区（1.38km^2）、工业区和高新技术工业园（8.7km^2）。

奎屯市将重点开发城东经济体系，推进高新技术的发展，对现有企业进行完善，形成以石化精细化产品加工为主的工业体系。

按国家和自治区总体规划，结合有关工业园区建设规划和重大项目规划，奎屯市工业总产值发展速度，2014～2020 年达到 12%，预计 2021～2030 年将达到 10%。预测 2020 年工业总产值将达到 200 亿元，2030 年工业总产值将翻一番，达到 520 亿元。

3．第七师

第七师工业发展主要是发挥其资源优势，围绕煤炭、电力、纺织、食品、建材等产业发展，并不断推进以优势资源为主的石油天然气、煤炭、棉花等行业的发展。优化工业布局，做大做强棉纺织产业，加大力度发展食品工业，建设具有影响力、竞争力的食品加工生产基地。

第七师已建的工业园区是天北新区工业园区，面积 21.15km^2，分为南、北区其中，南区 6.15km^2，位于奎屯市区西北部；北区 15km^2，位于天北新区以北约 18km 处。园区依托第七师师部、“奎—独—乌”城市区域，集聚整合农产品资源和北疆资源。

为推动第七师经济的快速发展，天北新区将 30 万 t 合成氨和 52 万 t 尿素、30 万 t 鲜奶加工、制铜业 30 万 t 等 10 余个围绕食品加工、机械加工、新型建材生产等项目作为近期规划的重点建设项目。

在未来十几年，是第七师工业发展的重要时期，工业化进程将明显加快。根据第七师工业发展规划，结合现阶段经济发展趋势，第七师工业总产值，预计到 2020 年、2030 年，将分别达到 270 亿元，660 亿元。

4．乌苏市

根据《乌苏市城市总体规划（2006—2025）》，到 2025 年，乌苏市将发展成为新疆地市级一级中心城市之一。

乌苏市作为塔城地区南部政治、经济和文化中心，是奎—独—乌发展区域的重要组成部分。

乌苏市近年工业发展迅速，重点工业项目有 50 万 t 电石法 PVC 项目、3 万 t/a 棉高档纸项目，逐步形成了以煤炭、电力为基础，以农副产品加工为主的工业体系。

根据乌苏市经济发展规划，综合考虑乌苏市工业园区及城镇经济发展，预计 2020 年乌苏市工业总产值将达到 200 亿元，2030 年乌苏市工业总产值将达到 530 亿元。

（三）灌溉面积预测

在充分考虑水资源条件和建设节水型社会的基础上，科学高效利用水资源，在适度发展高效节水灌溉农业的前提下，促进农、林、牧等各业发展的持续要求。

根据奎屯河流域规划，2009 年流域灌溉面积为 19.47 万 hm^2，规划水平年 2020 年、2030 年只进行种植结构的调整，灌溉面积在基本维持在 2009 年的 19.47 万 hm^2 基础上，略有增加，预计 2020 年、2030 年灌溉面积分别达到 19.73 万 hm^2、19.87 万 hm^2。

本节研究中，对奎屯河流域1990年、1995年、2000年、2005年、2010年、2013年、2014年的土地利用情况进行了遥感解译。根据解译成果，发现2010年前后，奎屯河流域土地利用情况进行了较大的变化，2014年奎屯河流域灌溉面积达到30.47万hm^2（遥感解译的灌溉面积为35.8万hm^2，考虑灌溉区域内的田埂、道路等，按照15%进行折减，折减后的灌溉面积为30.47万hm^2）。

通过现场调查及咨询当地居民，奎屯河流域灌溉面积近几年确实较之前有大的增加。

鉴于上述情况，确定奎屯河流域现状水平年2014年的灌溉面积为遥感解译的面积，即30.47万hm^2，假设规划水平年2020年、2030年灌溉面积维持在现状水平年2014年的30.47万hm^2不变，只进行种植结构的调整，即2020年、2030年的灌溉面积均为30.47万hm^2。

2016年，新疆各区域基本均落实了最严格水资源管理制度“三条红线”，明确了2020年、2030年的水资源总量。在考虑最严格水资源管理制度“三条红线”及生态环境对水量控制的情况，规划水平年2020年、2030年的灌溉面积会在“三条红线”及生态保护要求的情况下进行适当缩减，针对灌溉面积缩减情况设定了缩减灌溉面积情况下的水资源配置方案，对水资源科学高效利用进行合理分析。

（四）园林发展预测

植树造林不但能直接为人类提供木材和果品，而且能防风固沙，调节气候、涵养水源、生物排水、美化环境。奎屯河流域的古尔图、车排子灌区、甘家湖等地处阿拉山口风线上，全年大风天气较频繁，风灾影响较大。经过几十年的建设，现有流域防护林面积约2.53万hm^2，可基本满足防护要求，到2020年、2030年，防护林面积维持现有面积不增加。奎屯河流域灌区现有果园面积约0.53万hm^2，到2020年果园面积维持现有面积不增加。

奎屯河流域现有园林面积约3.07万hm^2，到2020年、2030年，维持现有面积不增加。

（五）畜牧业发展预测

农牧结合是农业发展的最佳模式，也是奎屯河流域发展商品经济的优势所在。畜牧业发展预测以促进农村经济发展和提高农牧民收入水平为目标，以市场需求为导向，基于土地资源的合理利用，考虑水资源条件的制约，改善草畜平衡，遏制天然草场过牧现象。奎屯河流域现有标准畜总头数为126.9万只（2009年）。按照牲畜适度发展的要求，2020年按照1.5‰的自然增长率进行计算，预测2020年标准畜达到129万只；2030年按照1.0‰的自然增长率进行计算，预测2030年标准畜达到130万只。

（六）水产养殖业发展预测

奎屯河流域灌区及各团场、乡镇池塘设施陈旧老化，且维修投资的资金少，使奎屯河流域水产养殖发展能力薄弱，现有池塘养殖面积仅为1.05万亩（2009年）。另外，奎屯河流域渔业养殖技术落后，管理水平低，品种单一，养殖过程的各个环节发展不协调。

鉴于奎屯河流域水产养殖业存在的问题，现状至2030年，渔业发展的原则是：立足现有养殖面积，调整渔业养殖结构，发展多类型水产养殖，促使水产养殖业的稳步发展。到2020年、2030年水产养殖业面积不增加，维持在0.07万hm^2。

四、需水预测

本研究根据项目统一要求，按照“重点关注近期情况，展望远期”的原则，考虑到与社会经济发展规划和工程实施规划的结合，设置了近期需水水平年为2020年，远期需水水平年为2030年。

（一）需水预测方法

需水量主要包括农业、生活、工业和生态需水量。需水量统计口径为灌区二级节点（即灌区分水口）的“毛需水量”。生态用水主要为甘家湖荒漠自然保护区生态用水。

奎屯河流域为水资源短缺地区，需水量建立在强化节水的基础上进行预测。生活需水量采用人均日用水定额法预测。工业需水量包括现有工业发展的需水量和新增工业项目的需水量，现有工业按用水定额法预测。农业需水量预测，主要考虑中等干旱和可能的节水灌溉水平基础上，采用定额法预测。各行业需水具体计算公式如下。

（1）生活需水计算

生活需水计算的公式如下：

$$W_s = W_d QT \tag{5.3.1}$$

式中，W_s为生活需水量；W_d为人均用水量定额；Q为人数；T为时间。

（2）工业需水计算

工业需水计算的公式如下：

$$W_g = W_d QT \tag{5.3.2}$$

式中，W_g为工业需水量；W_d为单位产品用水量；Q为产品数量；T为时间。

（3）农业需水计算

农业需水计算的公式如下：

$$W_n = W_d QT \tag{5.3.3}$$

式中，W_n为农业需水量；W_d为灌溉定额；Q为灌溉亩数；T为时间。

（二）农业需水

采用定额法对农业需水进行预测。根据不同水平年农作物灌溉面积及灌溉定额，

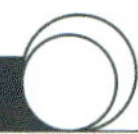

结合农作物灌溉制度，分别计算农田、林果及草场灌溉的需水量。进行灌溉定额分析可知：

1)《奎屯河流域规划》中明确，奎屯河流域2009年综合毛灌溉定额为28.87m^3/hm^2，其中，第七师的综合灌溉定额为50.07m^3/hm^2，乌苏市、独山子区的灌溉定额达到29.33m^3/hm^{2}以上。

2）根据奎屯河将军庙水库可研等相关资料，奎屯河流域2014年综合毛灌溉定额为31.4m^3/hm^2，通过对流域各骨干工程的续建配套和对田间工程的逐步完善以及高新节水技术的推广，加上科学的管理，综合毛灌溉定额到2025年下降为22.93m^3/hm^2。

3）通过现场调查并与当地人沟通，奎屯河流域兵团所在区域农业节水措施实施力度大，灌溉节水效果好；流域内其他区域虽然在不同程度上也采取了高效节水措施，但相比兵团而言，灌溉节水效果稍弱。

鉴于上述分析，本节研究中，规划水平年2020年、2030年兵团第七师的毛灌溉定额采用21.33m^3/hm^2，独山子区、奎屯市、乌苏市的毛灌溉定额采用29.33m^3/hm^2。

结合灌溉面积预测相关成果，规划水平年灌溉面积维持现状水平年灌溉面积不变，即农田灌溉面积30.47万hm^2，园林牧业面积3.37万hm^2（园林牧业面积的面积及灌溉定额采用《奎屯河流域规划》的有关成果，即园林木业的面积为3.37万hm^2，综合灌溉定额采用28.87m^3/hm^2）。奎屯河流域规划水平年在不考虑压缩耕地面积的情况下，农业需水量见表5.3.4。

表5.3.4　奎屯河流域规划水平年各区需水量统计表　（单位：万m^3）

区域	农业需水量	
	2020年	2030年
独山子区	23	23
奎屯市	19 177	19 177
乌苏市	78 734	78 734
第七师	95 440	95 440

（三）其他需水量预测

其他需水量预测主要包括生活需水、工业需水、城镇绿化需水、畜牧和渔业需水。根据社会经济预测成果，并参考《奎屯河流域规划》社会经济需水预测成果，分别对流域内的生活、工业、城镇绿化等进行需水量预测。

1. 生活需水量

生活用水分为城镇居民生活和农村居民生活两类。随着经济发展和居民生活水平的提高，城镇居民生活（大生活）和农村居民生活人均日生活用水量均呈增长趋势。

奎屯河流域中心城市为独山子区、奎屯市和乌苏市，现状年中心城市居民生活用水定额为200L/(人·d)；小城镇现状年的生活用水定额为105L/(人·d)；奎屯河流域现状年农村（连队）居民生活用水定额为65L/(人·d)。

奎屯河流域居民生活需水量统计口径统一规定考虑自来水厂和从水厂到用户的管网损失的毛需水量。中心城市输水损失按10%考虑；小城镇和农村输水损失按15%考虑。依据中心城市、小城镇、农村（连队）各水平年的人口数和各年人均综合生活用水定额，并考虑输水损失。

2．城镇绿化需水量预测

奎屯河流域地处欧亚大陆腹地，气候干燥，生态环境恶劣。人工生态建设对于保护绿洲、防风固沙、调节小区域气候发挥了重要作用。随着流域经济社会的发展，未来城镇建设的速度将加快，绿化面积将有较快增长。

3．工业需水量预测

根据《奎屯河流域规划》，需水量预测分别采用不同的方法。独山子区和奎屯独山子工业园南区以产品产量法为主，奎屯市、乌苏市、天北新区及乌苏和第七师的小城镇以定额法为主。奎屯河流域工业需水量统计口径统一规定考虑自来水厂和从水厂到用户的管网损失的毛需水量。中心城市输水损失按10%考虑，小城镇和农村输水损失按15%考虑。

4．牲畜和渔业需水量

根据《奎屯河流域规划》牲畜和渔业需水量采用定额法进行预测。牲畜用水毛定额统一采用11.76L/（头·d），渔业用水毛定额统一采用60m^3/万hm^2。

（四）社会经济总需水量

根据农业、工业、生活、城镇绿化等需水量预测成果，奎屯河流域未来经济社会需水量增长迅速，特别是工业需水量，由2020年的3.05亿m^3增加到2030年的4.76亿m^3。奎屯河流域规划水平年2020年、2030年的社会经济总需水量分别为23.27亿m^3、25.38亿m^3（表5.3.5）。

表5.3.5　奎屯河流域规划水平年各区域社会经济总需水量　（单位：万m^3）

区域	社会经济总需水量	
	2020年	2030年
独山子区	16 285	25 092
奎屯市	24 655	28 686
乌苏市	87 695	92 185
第七师	104 070	107 849
合计	232 704	253 811

（五）甘家湖梭梭林自然保护区需水量

根据 ABH 一期调水工程，为使甘家湖梭梭林自然保护区生态不恶化，在甘家湖保护区地下水潜水埋深恢复到一定程度，可满足保护区植被生长、繁育、更新的水位后，还需每年给甘家湖保护区补充 3.5 亿 m^3 的水量，满足甘家湖保护区植被的耗水，以维持甘家湖保护区生态的可持续发展。

另根据本书第 6 章的研究成果，奎屯河流域下游甘家湖梭梭林自然保护区的生态需水量为 3.31 亿 m^3。

ABH 一期调水工程中的甘家湖生态需水量和本课题研究的生态需水量相差 0.19 亿 m^3，考虑与本书研究的统一性、完整性，最终采用 3.31 亿 m^3 作为甘家湖梭梭林自然保护区的生态需水量。

五、可供水量分析

奎屯河流域可利用水资源量包括本流域的地表水资源量、地下水资源量及外调入水资源量。

（一）地表水可利用水资源量

1．水文基本资料

奎屯河流域引用地表水主要来自奎屯河、四棵树河、古尔图河和特吾勒特河四条河流。四河均发源于天山北麓，属山溪型多泥沙河流。四河中下游流经独山子灌区、奎屯灌区、第七师灌区和乌苏灌区，并在灌区的中下游汇集于奎屯河，注入艾比湖。奎屯河、四棵树河和古尔图河设有水文站，其中奎屯河设有加勒果拉水文站，1987 年冲毁后上移改为将军庙水文站；四棵树河设有吉勒德水文站；古尔图河上的古尔图渠首站自 1955 年 7 月建站，1958 年 1 月撤消，1969 年由兵团第七师在古尔图渠首设水管站。特吾勒特河暂未设水文站。本次规划收集的奎屯河流域各站资料情况见表 5.3.6。

表 5.3.6　奎屯河流域水文测站资料情况表

河流水系	站名	控制面积 /km^2	实测时间	缺测年份
奎屯河	将军庙	1 730	1959 年 1 月～2014 年 12 月	2011 年
四棵树河	吉勒德	921	1959 年 1 月～2014 年 12 月	2011 年
古尔图河	古尔图渠首	1 169	1955～2009 年	—

2．地表水资源量

流域各行政单位用水均是通过各河流引水工程引入灌区利用的，各行政单位分水均是以引水工程所在断面的径流进行水量分配的。按工程控制情况，奎屯河流域主要渠首断面多年平均径流量见表 5.3.7。

表 5.3.7　奎屯河流域四条河流控制断面多年平均水资源量　（单位：万 m^3）

河流	1月	2月	3月	4月	5月	6月	7月	8月	9月	10月	11月	12月	合计
奎屯河	1 721	1 485	1 259	1 269	2 401	9 603	16 511	15 093	7 445	3 830	2 597	2 002	65 216
古尔图河	1 049	985	843	794	1 393	4 542	8 609	8 976	4 425	2 203	1 485	1 208	36 513
四棵树河	730	650	590	600	1 020	3 500	7 440	7 550	3 340	1 670	1 100	900	29 090
特吾勒特河	86	71	73	82	142	409	833	856	383	193	126	105	3 359
合计	3 586	3 191	2 765	2 745	4 956	18 054	33 393	32 475	15 593	7 896	5 308	4 215	134 178

注：（1）奎屯河的资料系列为 1959～2014 年，其中，2011 年资料缺少。
（2）四棵树河的资料系列为 1959～1998 年。
（3）古尔图河的资料系列为 1959～2014 年，其中，2011 年的资料缺少。

通过对 1959 年 1 月～2014 年 12 月奎屯河流域两条主要河流奎屯河和古尔图河多年平均水资源量与《奎屯河流域规划》对比（图 5.3.2），可以发现多年平均径流量主要集中在 6～8 月，占全年水资源量的 62% 左右。

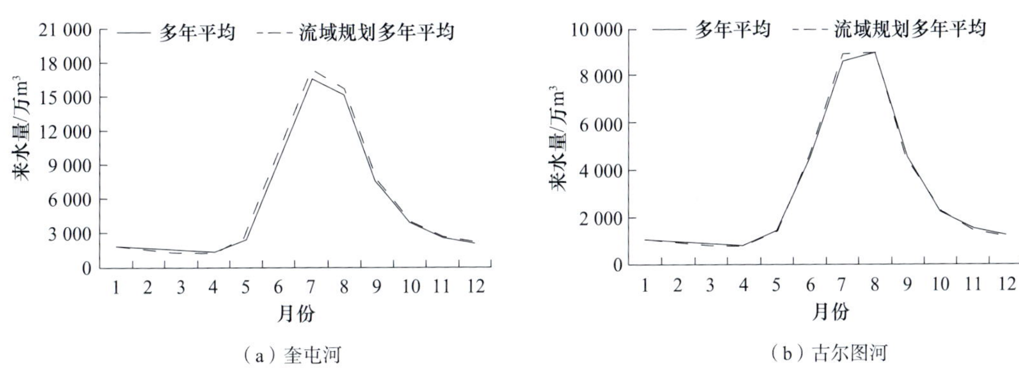

（a）奎屯河　（b）古尔图河

图 5.3.2　多年平均水资源量年内分布

（二）地下水可利用水资源量

参照《奎屯河流域规划》，奎屯河地下水 2020 年可开采量 4.17 亿 m^3；2030 年的地下水可开采量 3.40 亿 m^3。从地下水可开采量分析，奎屯河流域现状地下水开采量已接近可开采量，进一步开采的潜力不大。规划水平年，灌区节水配套工程建设使田间及渠系渗漏补给量会有所减少，平原区下部农区地下水的补给量将会有所减少。为了保证供水、避免地下水超采带来的环境问题，综合以上因素，以可开采量为控制，确定奎屯河流域地下水开采量。奎屯河流域各分区地下水开采量见表 5.3.8。

表 5.3.8　奎屯河流域各分区地下水可开采量　（单位：万 m^3）

地下水可开采量	2020 年	2030 年
独山子区	4 500	3 500
奎屯市	5 045	2 200
乌苏市	15 695	13 995
第七师	16 536	14 309
合计	41 776	34 004

（三）区域外调水可利用水资源量

根据 ABH 一期调水工程，2025 年共给奎屯河流域调水 4.8 亿 m^3，其中，国民经济调水 2.6 亿 m^3，主要用于生活、工业，包括独山子新区调水 1.22 亿 m^3，奎屯市调水 0.88 亿 m^3，天北新区调水 0.26 亿 m^3，乌苏市调水 0.24 亿 m^3，甘家湖调水 2.2 亿 m^3，通过古尔图河给甘家湖输水。

（四）“三条红线”约束

为落实国家最严格的水资源管理制度相关要求，奎屯河流域涉及的“三地四方”，通过各方共同努力，均落实了最严格水资源管理制度“三条红线”下的水量控制指标。奎屯河流域“三地四方”的“三条红线”下不同水平年不同行业的水量分配情况见表 5.3.9。

表 5.3.9　奎屯河流域不同供水行业“三条红线”水量分配表　（单位：万 m^3）

区域	水平年	工业水量	农业水量	生活水量	总量
独山子区	2020 年	20 300	26	3 174	23 500
	2030 年	27 830	26	4 044	31 900
奎屯市	2020 年	1 588	9 163	1 466	12 217
	2030 年	2 087	12 040	1 926	16 053
乌苏市	2020 年	4 320	41 146	1 515	46 981
	2030 年	5 100	39 468	1 759	46 327
第七师	2020 年	9 367	62 436	1 454	73 257
	2030 年	11 732	58 110	2 258	72 100

注：奎屯市不同行业水量是根据总水量按照比例分成不同行业水量；其他区域不同行业的水量从正式文件中获取。

六、不同情景下水资源配置结果

通过对奎屯河流域近期水平年（2020 年）、远期水平年（2030 年）的需水情况分析，在奎屯河流域多年平均来水情况下，并考虑区域外调水，依据确定的水资源配置情景，遵照配置模型的计算流程（图 5.3.3），初步形成了以下 5 种配置方案。

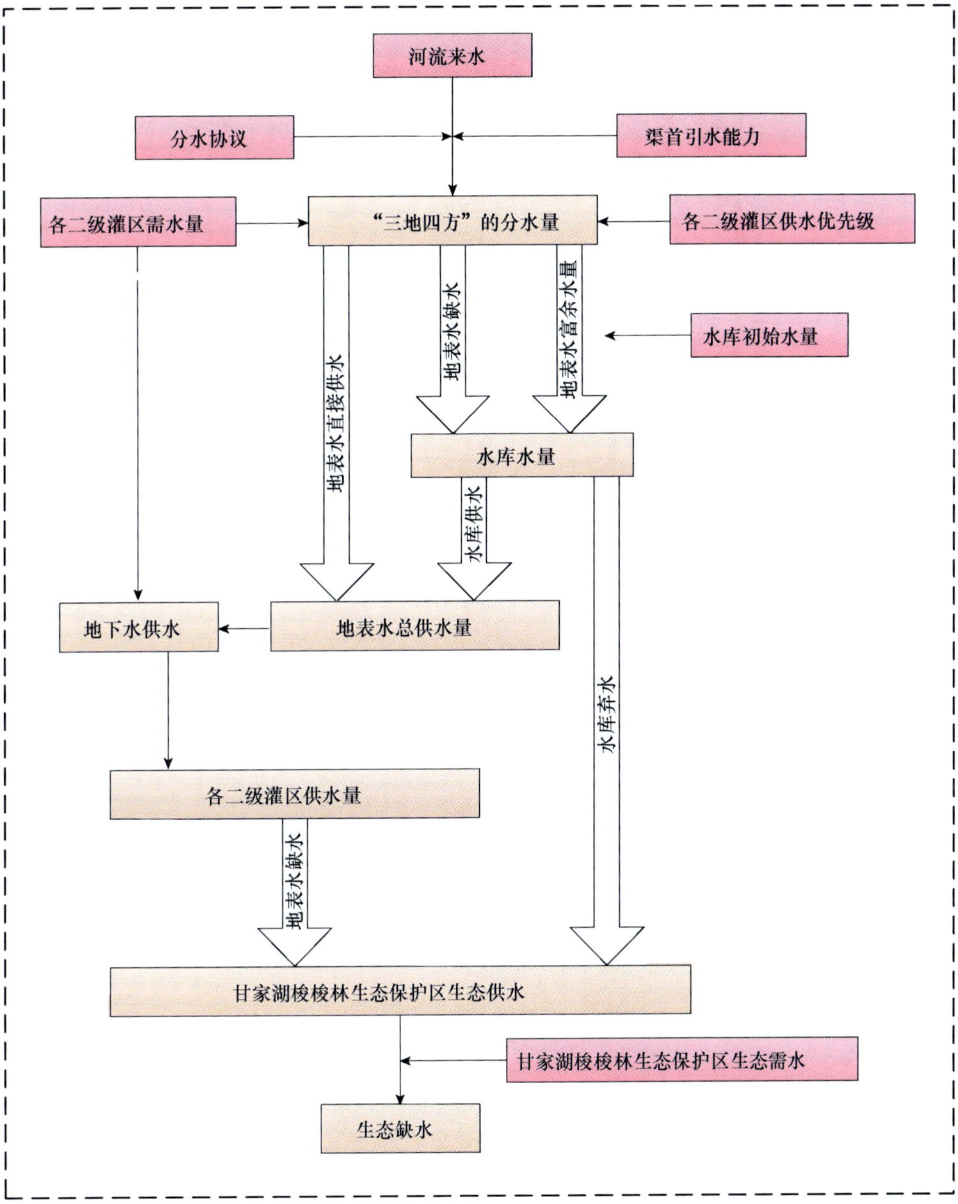

河流来水
分水协议
渠首引水能力
各二级灌区需水量
“三地四方”的分水量
各二级灌区供水优先级
地表水缺水
地表水富余水量
水库初始水量
地表水直接供水
水库水量
水库供水
地下水供水
地表水总供水量
水库弃水
各二级灌区供水量
地表水缺水
甘家湖梭梭林生态保护区生态供水
甘家湖梭梭林生态保护区生态需水
生态缺水

图 5.3.3　奎屯河流域面向生态的水资源配置模型计算流程图

1．基准方案

基准方案是在奎屯河流域地下水不受可开采量控制的情况，针对近期规划水平年 2020 年的需水情况，对奎屯河流域可利用水资源量进行合理配置。

奎屯河流域本地水源主要包括南、北部山区河流来水和地下水，独山子区、奎屯市主要以地下水为主，乌苏市和第七师以地表水为主，在地表水供水不足的情况下，开采部分地下水。

奎屯河流域河流总来水量为 13.42 亿 m^3，考虑渠首引水能力，渠首实际引水量为 12.89 亿 m^3。根据奎屯河流域需水预测成果，2020 年奎屯河流域国民经济总需水量为 23.28 亿 m^3。优先利用地表水，当地表水无法满足需水要求时，通过开采地下水补充。

基准方案情况下，地下水开采不受限制，缺水量均可通过地下水补充，因此，此方案下的供水量等于需水量，总供水量为 23.28 亿 m^3，其中地表水供水量为 10.99 亿 m^3，约占总供水量的 47.2%，地下水供水量为 12.28 亿 m^3，约占总供水量的 52.8%。各个行业的供水比例也存在很大的差异，其中，农业供水的比例最大，约占总供水量的 83.1%，为 19.33 亿 m^3；生活供水为 0.59 亿 m^3，约占总供水量的 2.5%，工业供水为 3.05 亿 m^3，约占总供水量的 13.1%。此情景下，虽然国民经济各行业需水均得到了保障，但是地下水超采严重，地下水超采 8.10 亿 m^3。

甘家湖梭梭林自然保护区的生态需水量为 3.31 亿 m^3，生态供水主要由工农业排水量和水库弃水量进行，生态供水量为 2.46 亿 m^3，无法满足甘家湖梭梭林的生态需水，生态缺水量为 0.85 亿 m^3。

基准方案下，奎屯河流域国民经济总需水量得到满足，地表水供水不足的灌区，通过地下水补偿，地下水出现严重超采；甘家湖梭梭林生态自然保护区的生态用水也不能得到保障。具体的配置结果见表 5.3.10。

表 5.3.10　基准方案奎屯河流域水资源配置结果表　　（单位：亿 m^3）

二级灌区	河流来水	引水	国民经济需水						国民经济供水				生态需水	生态供水		国民经济缺水	生态缺水	地下水超采
			总需水量	生活需水	工业	农业	城市绿化	其他	总供水量	地表水供水		地下水供水		水库供水	河道及回归水			
										河道引水	水库供水							
独山子区	13.42	12.89	1.63	0.12	1.47	0.00	0.04	0.00	1.63	0.00	0.00	1.63	3.31	0.00	0.77	0.00	0.85	1.18
奎屯市			2.47	0.19	0.31	1.92	0.05	0.00	2.47	0.10	0.00	2.37		0.00	0.02	0.00		1.86
乌苏市			8.77	0.17	0.62	7.87	0.03	0.07	8.77	4.76	0.25	3.75		0.18	0.14	0.00		2.19
第七师			10.41	0.11	0.65	9.54	0.01	0.09	10.41	4.57	1.31	4.53		0.00	1.34	0.00		2.87
合计	13.42	12.89	23.28	0.59	3.05	19.33	0.13	0.16	23.28	9.43	1.56	12.28	3.31	0.18	2.27	0.00	0.85	8.10

在基准方案的基础上，并控制地下水，分析奎屯河流域的水资源配置，提出配置方案 1，即近期水平年 2020 年，地下水开采受可开采量控制情况下的配置方案。

2．方案 1

方案 1 是在奎屯河流域地下水受可开采量控制的情况，针对近期规划水平年 2020 年的需水情况，对奎屯河流域可利用水资源量进行合理配置。

奎屯河流域本地水源主要包括南、北部山区河流来水和地下水，独山子区、奎屯市主要以地下水为主，乌苏市和第七师以地表水为主，在地表水供水不足的情况下，并以地下水开采受到可开采量的控制情况下开采部分地下水以补充流域内缺水。

奎屯河流域河流总来水量为 13.42 亿 m^3，考虑渠首引水能力，渠首实际引水量为 12.89 亿 m^3。根据奎屯河流域需水预测成果，2020 年奎屯河流域国民经济总需水量为 23.27 亿 m^3。优先利用地表水，当地表水无法满足需水要求时，通过开采地下水补充。

方案 1 情况下，国民经济总需水量为 23.28 亿 m^3，总供水量为 15.04 亿 m^3，国民经济需水不能得到保障，国民经济缺水量为 8.22 亿 m^3，缺水率为 35.4%。流域内各区域均出现不同程度的缺水，其中，第七师的缺水程度最高，缺水量为 2.90 亿 m^3；甘家湖梭梭林自然保护的生态水量也无法得到满足，生态缺水量为 2.52 亿 m^3。

方案 1 下，奎屯河流域国民经济总需水量和甘家湖梭梭林自然保护区生态需水均不能得到满足，但流域内地下水不超采。具体的配置结果见表 5.3.11。

表 5.3.11 方案 1 奎屯河流域水资源配置结果表 （单位：亿 m^3）

资源配置项			二级灌溉区				
			独山子区	奎屯市	乌苏市	第七师	合计
水源		河流来水	13.42				13.42
		引水工程	12.89				12.89
国民经济	需水	总需水量	1.63	2.47	8.77	10.41	23.28
		生活	0.12	0.19	0.17	0.11	0.59
		工业	1.47	0.31	0.62	0.65	3.05
		农业	0	1.92	7.87	9.54	19.33
		城市绿化	0.04	0.05	0.03	0.01	0.13
		其他	0	0	0.07	0.09	0.16
	供水	总供水量	0.45	0.60	6.49	7.50	15.04
		地表水供水	0	0.10	5.01	5.88	10.99
		地下水供水	0.45	0.50	1.47	1.62	4.04
		外调水	0	0	0	0	0
	缺水		1.18	1.86	2.28	2.90	8.22
生态用水	需水		3.31				3.31
	供水		0.77				0.77
	缺水		2.52				2.52
	地下水超采		0	0	−0.1	−0.03	−0.13

为满足国民经济用水及甘家湖梭梭林自然保护区生态需水，考虑区域外调水情况，且维持地下水在可开采量范围内，提出配置方案 2，即远期水平年 2030 年水资源配置方案。

3．方案 2

方案 2 是在考虑区域外调水的情况下，针对远期规划水平年 2030 年的需水情况，

对奎屯河流域可利用水资源量进行合理配置。

奎屯河流域本地水源主要包括南、北部山区河流来水和地下水，独山子区、奎屯市主要以地下水为主，乌苏市和第七师以地表水为主，在地表水供水不足的情况下，并以地下水开采收到可开采量的控制情况下开采部分地下水以补充流域内缺水。

方案 2 情况下，奎屯河流域可利用水资源量为 17.69 亿 m^3，其中，渠首引河道水量为 12.89 亿 m^3，区域外调水量为 4.8 亿 m^3。根据奎屯河流域需水预测成果，2030 年奎屯河流域国民经济总需水量为 25.38 亿 m^3。优先利用地表水，当地表水无法满足需水要求时，通过开采地下水补充。

方案 2 情况下，国民经济总需水量为 25.38 亿 m^3，总供水量为 17.20 亿 m^3，国民经济需水不能得到保障，国民经济缺水量为 8.19 亿 m^3，缺水率为 32.3%。流域内各区域均出现不同程度的缺水，其中，第七师的缺水程度最高，缺水量为 3.08 亿 m^3；甘家湖梭梭林自然保护的生态水量也无法得到满足，生态缺水量为 0.51 亿 m^3。

到 2030 年，虽然实施了外调水工程，但仍然无法满足流域内国民经济及甘家湖梭梭林自然保护区生态需水，主要是由于流域内工农业的快速发展，导致国民经济需水量大幅增加。

在此基础上，将最严格水资源管理制度“三条红线”约束的水量来控制流域内农业需水量，调整国民经济的需水要求。通过压缩流域内耕地面积，使得农业需水量控制在“三条红线”要求的农业水量范围内。

鉴于上述分析，分别提出近期水平年 2020 年和远期水平年 2030 年，在“三条红线”要求的农业水量范围内，对流域水资源进行配置。

方案 2 的具体配置结果见表 5.3.12。

表 5.3.12　方案 2 奎屯河流域水资源配置结果表　　（单位：亿 m^3）

分区	水源				国民经济											生态			
	河流来水	工程引水	ABH 一期调水		需水						供水				缺水	生态需水	供水	缺水	地下水超采
			国民经济	生态	总需水量	生活需水	工业	农业	城市绿化	其他	总供水量	地表水供水	地下水供水	外调水					
独山子区			1.22		2.51	0.22	2.21	0.00	0.07	0.00	1.57	0.00	0.35	1.22	0.94				0.00
奎屯市	13.42	12.89	0.88	2.20	2.87	0.28	0.59	1.92	0.09	0.00	1.20	0.10	0.22	0.88	1.67	3.31	2.80	0.51	0.00
乌苏市			0.24		9.22	0.24	0.97	7.87	0.06	0.07	6.72	5.10	1.38	0.24	2.50				−0.02
第七师			0.26		10.78	0.14	0.98	9.54	0.02	0.09	7.71	6.01	1.43	0.26	3.08				0.00
合计	13.42	12.89	2.60	2.20	25.38	0.88	4.75	19.33	0.24	0.16	17.20	11.21	3.38	2.60	8.19	3.31	2.80	0.51	−0.02

4．方案 3

在方案 1 的基础上，考虑近期水平年 2020 年在最严格水资源管理制度“三条红线”的水量约束下，通过压缩流域内灌溉面积，来调整农业需水量，以此来调整整个区域内国民经济的需水。

方案 1 的农业需水量为 19.33 亿 m^3，农业实际供水量为 12.62 亿 m^3，近期水平年 2020 年“三条红线”控制的整个区域内的农业水量为 11.27 亿 m^3，在满足“三条红线”控制的农业水量情况下，根据各区域需压缩的水量和各区域的灌溉定额，压缩各区域内的耕地面积，以调整区域内农业需水量。

根据方案 1 的计算结果，在满足“三条红线”农业水量要求下，近期水平年 2020 年，奎屯河流域耕地面积需控制在 16.4 万 hm^2 以内。

在近期水平年 2020 年情况下，流域耕地面积控制在 16.4 万 hm^2 以内，其他国民经济需水保持 2020 年需水量不变，对流域内水资源进行配置。具体配置结果见表 5.3.13。

表 5.3.13　方案 3 奎屯河流域水资源配置结果表　　（单位：亿 m^3）

区域	水源		国民经济											生态			
			需水						供水				缺水				
	河流来水	工程引水	总需水量	生活需水	工业	农业	城市绿化	其他	总供水量	地表水供水	地下水供水	外调水		生态需水	供水	缺水	地下水超采
独山子区			1.63	0.12	1.47	0.00	0.04	0.00	0.45	0.00	0.45	0.00	1.18				0.00
奎屯市	13.42	12.89	1.46	0.19	0.31	0.92	0.05	0.00	0.60	0.10	0.50	0.00	0.86	3.31	0.77	2.54	0.00
乌苏市			5.01	0.17	0.62	4.11	0.03	0.07	4.75	4.15	0.61	0.00	0.26				−0.96
第七师			7.11	0.11	0.65	6.24	0.01	0.09	6.80	5.85	0.95	0.00	0.30				−0.70
合计	13.42	12.89	15.21	0.57	3.05	11.27	0.13	0.16	12.60	10.10	2.51	0.00	2.60	3.31	0.77	2.54	−1.66

控制流域耕地面积后，近期水平年国民经济缺水由 8.23 亿 m^3 缩小到 2.60 亿 m^3，缺水程度大幅减少。

5．方案 4

在方案 2 的基础上，考虑远期水平年 2030 年在最严格水资源管理制度“三条红线”的水量约束下，通过压缩流域内灌溉面积来调整农业需水量，以此来调整整个区域内国民经济的需水。

方案 2 的农业需水量为 19.33 亿 m^3，农业实际供水量为 11.54 亿 m^3，远期水平年 2030 年“三条红线”控制的整个区域内的农业水量为 10.96 亿 m^3，在满足“三条红线”控制的农业水量情况下，根据各区域需压缩的水量和各区域的灌溉定额，压缩各区域内的耕地面积，以调整区域内农业需水量。

根据方案 2 的计算结果，在满足“三条红线”农业水量要求下，远期水平年 2030 年，奎屯河流域耕地面积需控制在 15.67 万 hm^2 以内。

在远期水平年 2030 年情况下，流域耕地面积控制在 15.67 万 hm^2 以内，其他国民经济需水保持 2030 年需水量不变，并考虑区域外调水，对流域内水资源进行配置。具体配置结果见表 5.3.14。

表 5.3.14　方案 4 奎屯河流域水资源配置结果表　　（单位：亿 m³）

区域	水源				国民经济											生态			
	河流来水	工程引水	ABH 一期调水		需水量						供水量				缺水	生态需水	供水	缺水	地下水超采
			国民经济	生态	总需水量	生活需水	工业	农业	城市绿化	其他	总供水量	地表水供水	地下水供水	外调水					
独山子区			1.22		1.63	0.12	1.47	0.00	0.04	0.00	1.57	0.00	0.35	1.22	0.06				0.00
奎屯市	13.42	12.89	0.88	2.20	1.75	0.19	0.31	1.20	0.05	0.00	1.20	0.10	0.22	0.88	0.55	3.31	3.23	0.08	0.00
乌苏市			0.24		4.84	0.17	0.62	3.95	0.03	0.07	4.84	4.05	0.55	0.24	0.01				−0.85
第七师			0.26		6.67	0.11	0.65	5.81	0.01	0.09	6.67	5.80	0.74	0.13	0.00				−0.69
合计	13.42	12.89	2.60	2.20	14.89	0.59	3.05	10.96	0.13	0.16	14.28	9.95	1.86	2.47	0.62	3.31	3.23	0.08	−1.54

控制流域耕地面积且实施外调水后，远期水平年国民经济缺水由 8.19 亿 m³ 缩小到 0.62 亿 m³，生态缺水量由 0.51 亿 m³ 缩小到 0.08 亿 m³，国民经济和生态缺水程度均大幅减少，且整个区域内地下水不超采。

七、奎屯河流域水资源配置结果分析

基于奎屯河流域未来需水预测成果，运用本专题研发的面向生态的内陆河干旱区水资源配置模型，考虑外调水情况及最严格水资源管理制度“三条红线”水量控制情况，初步进行了五种情景下的水资源配置，配置结果表明：

1）在现有农业规模情况下，如果要满足国民经济需水的要求，即使采取了高效节水措施，每年仍超采地下水约 8.1 亿 m³。

2）在满足最严格水资源管理制度“三条红线”农业水量要求情况下，将近期水平年 2020 年的流域耕地面积控制在 16.4 万 hm² 以内，国民经济缺水程度将大幅减少，由 8.23 亿 m³ 缩小到 2.60 亿 m³；将远期水平年 2030 年的流域面积控制在 16.67 万 hm² 以内，远期水平年 2030 年国民经济缺水和生态缺水均将大幅减少，国民经济缺水由 8.19 亿 m³ 缩小到 0.62 亿 m³，生态缺水由 0.51 亿 m³ 缩小到 0.08 亿 m³，且维持整个区域内地下水不超采。

3）远期水平年 2030 年，外调水实施后，甘家湖梭梭林自然保护区生态需水缺水将大幅减少，由 2.54 亿 m³ 减少到 0.51 亿 m³ 以下，且能维持整个区域内地下水不超采（数据与现状做比较）。

4）既满足“三条红线”农业水量要求又实施了外调水工程，国民经济供水保障和甘家湖梭梭林自然保护区生态供水保障程度将大幅提高，缺水量大幅减少，国民经济缺水 0.62 亿 m³，缺水量仅为需水量的 4%；生态缺水仅为 0.08 亿 m³，缺水率仅为生态需水量的 2%。

第六章 新疆内陆河流域水生态安全对策

第一节 塔里木河干流水生态安全对策

生态输水工程是塔里木河特有的一种水资源调配和生态恢复手段，其目的是通过生态输水工程创造洪水漫溢干扰条件，促使两岸受损的荒漠植被恢复。漫溢干扰作为影响河流生态水文过程变化的重要因素之一，在维护河流生态系统的过程中起到至关重要的作用。然而，由于漫溢干扰的各种因素（强度、持续时间、水量、频次）在空间和时间上存在很大的变异性，进而影响着植被群落的组成、演替和生物多样性等特征。另外，对于塔里木河这一典型的干旱区内陆河流域，生态输水工程当以何种方式进行、每年输水几次、持续多长时间等一系列关键问题还没有解决。因此，探索植被群落尤其是以胡杨为主的荒漠河岸林群落在不同漫溢干扰方式下的响应机理，研究适合胡杨保护和恢复的给水时间、最小水量、频次和强度等因素，对于干旱区衰败植被群落的恢复和重建有着重要的意义。

有限的生态用水量是制约塔里木河流域植被保护和恢复的主要限制因子，因此如何高效利用有限的生态用水，并发挥其最大的效益，是本研究的核心问题。制定塔里木河荒漠河岸林适宜的轮灌制度，对乔灌木植被的落种时间，适宜的漫溢频度、强度、水量、持续时间，适宜的地下水位区间及最大给水时间间隔进行综合探索分析后，确定给水灌溉时间、水量、时间间隔以及灌溉方式，旨在高效利用有限的生态用水，维系塔里木河干流的生态安全。

一、生态供水措施及对策

制定和实行生态轮灌制度的根本目的是保证天然植被的稳定和修复，提高植被的固土固沙能力，促使塔里木河流域生态环境的整体好转。

（一）制定生态轮灌制度的依据

根据塔里木河干流各生态闸口的分布特征，利用生态闸口及河道分布，结合天然

植被生态需水的空间分布及生态恢复的机理（即制定生态轮灌制度的依据），制定合理的生态轮灌制度，对实现塔里木河干流的生态保护具有重要意义（图 6.1.1 和图 6.1.2）。

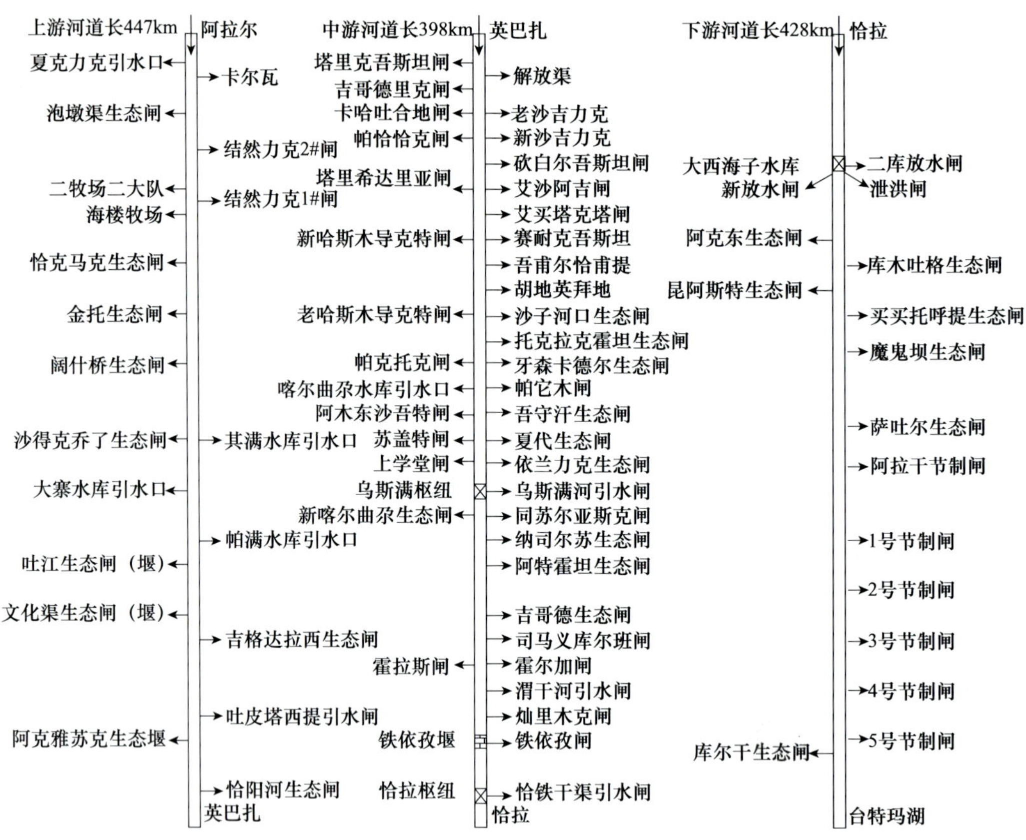

图 6.1.1　干流上中下游河道引退水口分布示意图

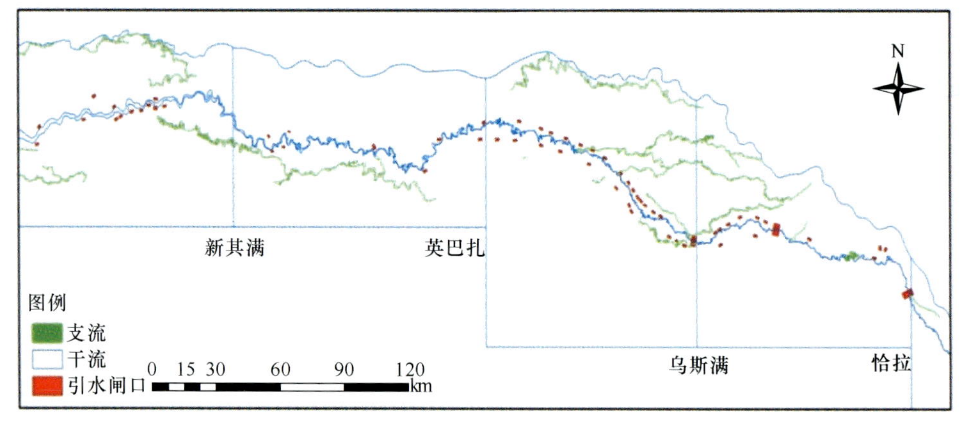

图 6.1.2　干流上中下游河道引水闸空间分布图

根据图 6.1.1 和图 6.1.2，利用 ArcGIS 软件中的空间分析模块，通过字段运算得到不同植被类型下单位面积的生态需水量。从而根据单位面积天然植被生态需水量的空间分布图，结合图 6.1.1，以 5 年为周期制定合理的生态轮灌图。

制定生态轮灌制度应当考虑以恢复和保护以胡杨和柽柳为主的乔灌木成分，制定生态轮灌制度的依据，即根据“先乔灌后草地”、植被质量“先高后低”、面积“先大后小”、距离河道“先近后远”、灌溉“先易后难”的原则，逐步实行轮灌。

（二）天然植被的生态轮灌制度

在源流来水量较少时，配置的生态水量不足以满足整个流域的生态需水，在此情形下要保护塔里木河流域的现有的植被面积不再减少，质量不再下降，就必须通过轮灌来保证适宜的地下水位。当源流来水较多时，在满足工农业用水和居民用水的条件下，应当进行引水漫溢，以恢复地表植被覆盖，生发新的植被，使植被面积扩大，质量提高。因此，在实行轮灌时，要结合实际来水量，确定轮灌的目的（保护还是恢复），制定轮灌方案。

1. 有林地的轮灌

在图 6.1.3 中，在塔里木河干流的有林地，生态需水量大于 2m^3/ 亩的区域主要集中在河流上游干流及支流河道两侧 3km 以内，其生态需水主要依靠河道侧渗补给地下水供给，因此该区域的有林地无需通过生态闸口引水轮灌。生态需水量介于 150～250m^3/ 亩和 250～400m^3/ 亩的区域集中于距河道 10～15km 以内；对于 250～400m^3/ 亩的区域，由于地下水埋深较浅，林地郁闭度高，因此对该区有林地 5a 内保证轮灌 2～3 次，并在丰水期满足其生态需水量，即使枯水期仍需保证胡杨林需水高峰期及繁育更新期（7～9 月）的生态需水量；对于 150～250m^3/ 亩的区域，地下水埋深相对较深，林地郁闭度相对较低，为提高该区地下水埋深，保障林地需水要求，

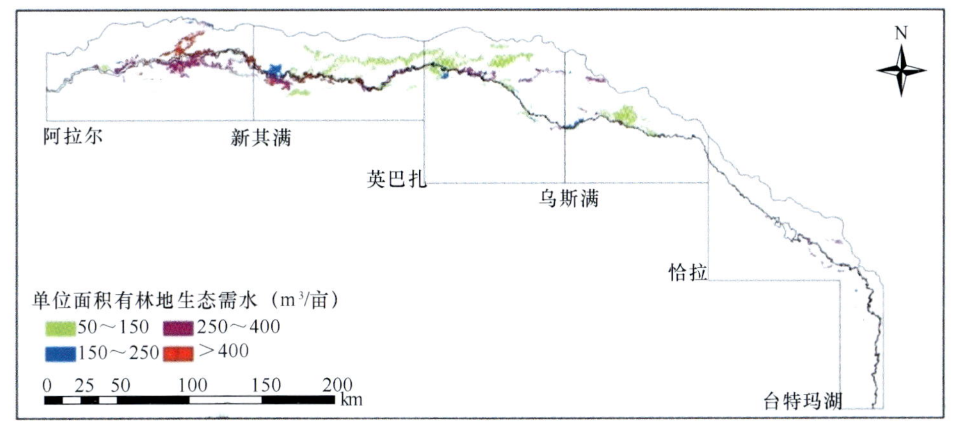

图 6.1.3　干流有林地单位面积生态需水量

应对该区有林地在5a内轮灌3～4次。对于单位面积生态需水量在50～150m³/亩的有林地，距离河道在20km以内且随河道多呈条带状分布，同时地下水埋深在四类有林地分布区中最低，从而应在不同来水频率下优先保证该区有林地的生态需水量，因此建议对该区5年内实现轮灌4～5次。

2．疏林地的轮灌

在图6.1.4中，塔里木河干流疏林地单位面积的生态需水量多在100m³/亩以下。对于50～100m³/亩的疏林地，主要集中在河流上游距离河道30km以内区域，并在中游干流及支流的河道两侧仍有零星分布；该部分林地由于受人类采伐严重，且距离河道较远，地下水埋深较深，导致林地郁闭度较低，因而建议对该区疏林地在5a内实行轮灌3～4次。对于15～50m³/亩的疏林地，距离河道最远达40km，对于该部分林地的保护，应在保证有林地生态需水后予以考虑，因此在丰水期考虑满足该区的生态需水，并建议在5a内实行轮灌2～3次。5～15m³/亩的疏林地郁闭度极低，生态需水量较小，多分布在距河道30km以外，因此依靠引水工程难以直接补给该区疏林地的生态需水量，仅在丰水期依靠引水工程的河水漫溢以补给该区的生态需水，并建议5a实现轮灌1～2次。

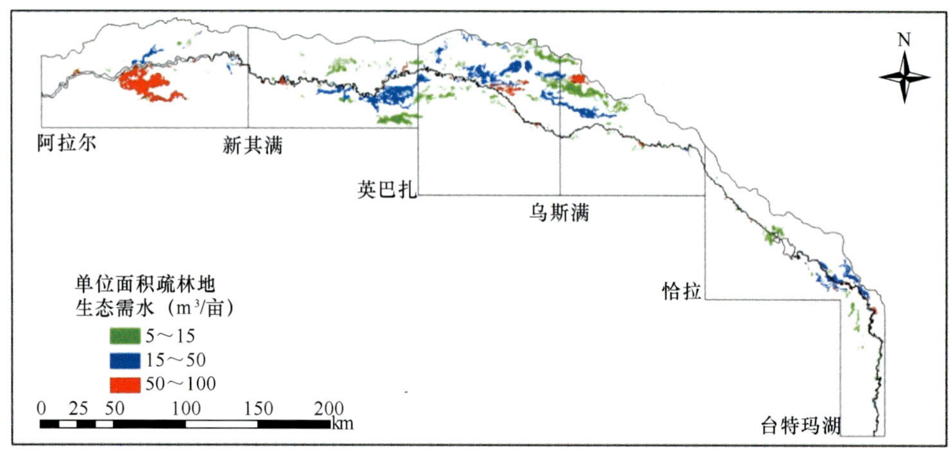

图6.1.4 干流疏林地单位面积生态需水量

3．高覆盖度草地的轮灌

在图6.1.5中，塔里木河干流高覆盖度草地单位面积生态需水量集中在20～250m³/亩。对于单位面积生态需水量大于400m³/亩的高覆盖度草地，零星分布于河道两侧2km以内，因此无需实施轮灌，仅依靠河道侧渗水量即可满足该区域的草地需水。对于需水介于250～400m³/亩的高覆盖度草地，主要分布在阿拉尔至新其满河段南岸，距离河道20km内的区域；由于草地对地下水埋深较林地更为敏感，因此应充分利用生态闸引水及古河道进行生态补水，其补水的轮灌制定为5a内3～4次。单位面积需水量为 100～250m³/ 亩的高覆盖度草地，主要集中在水量丰沛的干流上游，特别在新其满至英巴扎段分布较广且在距河道 40km 以内；对该区域高覆盖度草地的轮灌制度应因地而行，即 3km 以内的高覆盖度草地依靠河道侧渗补给，无须实施轮灌；3～20km 以内的高覆盖度草地依靠生态闸引水，加之受古河道及河流摆动的影响，5a 内应实施轮灌 4～5 次；20km 以外的高覆盖度草地应依靠引水工程的漫溢实现补水，因而对河段供水的要求较高，仅在丰水期可以实现，因此建议 5a 内轮灌 2～3 次。对于 20～100m³/ 亩的高覆盖度草地，主要分布在阿拉尔至新其满的北岸、新其满至英巴扎的南岸、中游北岸及下游大西海子四周，且在距河道 25km 以内；该区段地下水埋深相对较低、植被发育相对较差，因此应在 5a 内实施轮灌 4～5 次。

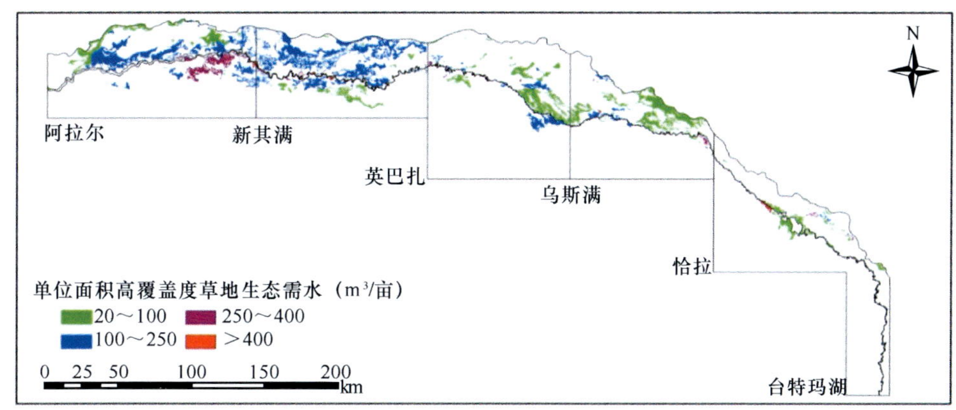

图 6.1.5 干流高覆盖度草地单位面积生态需水量

4．低覆盖度草地的轮灌

在图 6.1.6 中，塔里木河干流低覆盖度草地单位面积的生态需水量在 20～100m³/

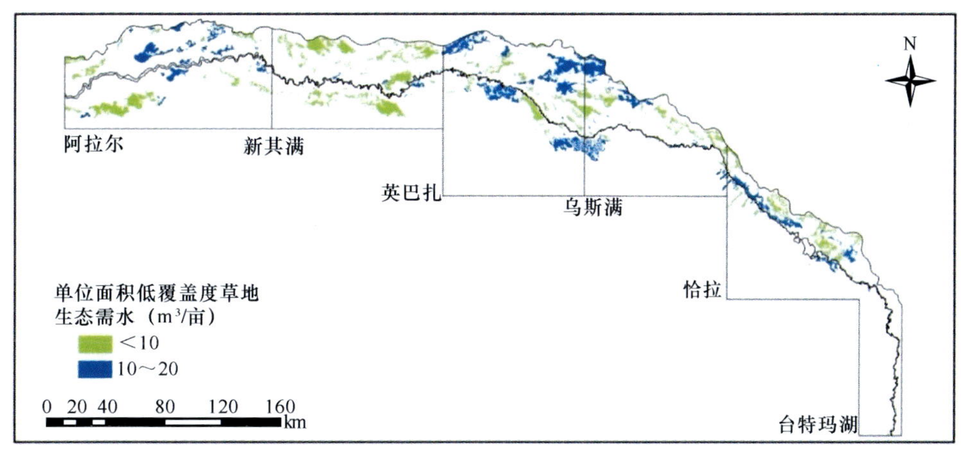

图 6.1.6 干流低覆盖度草地单位面积生态需水量

亩以下。单位面积生态需水在 10～20m³/ 亩的低覆盖度草地区域，主要集中在距离干流 50km 以内、受支流水系影响明显的区域；对于距离河道 20km 以内的低覆盖度草地分布区，依靠引水工程建议 5a 内轮灌 3～4 次，特别在丰水期，应对该区域实现大面积的河水漫溢，以实现该区草地生态系统的保护和局部恢复；20km 以外及单位面积生态需水小于 10m³/ 亩的低覆盖度草地区域，距离干流河道较远，引水工程难以达到，考虑到丰水期才能实施生态补水，因此建议 5a 内实施轮灌 2～3 次。

利用 ArcGIS 软件中的空间分析模块，通过字段运算得到整个流域水平下植被单位面积的生态需水量（图 6.1.7）。据此，提出每个区域单位面积生态需水量，为实施轮灌提供量化的依据。

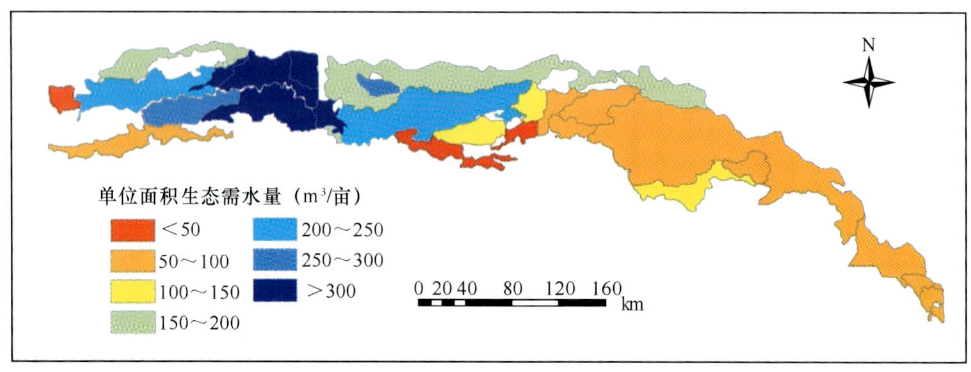

图 6.1.7　干流植被单位面积生态需水量

在图 6.1.7 中，单位面积需水量超过 300m³/ 亩的区域集中分布在流域的上游阿拉尔到新其满河段，主要是有林地和高覆盖度草地组成，这些区域植被长势好，耗水量大。需水量在 200～300m³/ 亩的区域分布在阿拉尔到英巴扎河段的河道两侧 20km 以内，主要植被是疏林地和高覆盖度草地。需水量为 100～200m³/ 亩之间的位于新其满到乌斯满河段北部支流的两侧和河道南侧的部分地区，疏林地和高覆盖度草地遍布这些区域。需水量小于 100m³/ 亩的区域主要位于英巴扎至恰拉段河道两侧，植被为疏林地和低覆盖度草地。

总体上，根据塔里木河植被分布及生态需水特点及恢复机理，制定生态轮灌制度依据的原则为：乔灌木的给水时间应该在 7～9 月，草本植物的给水时间以 4～5 月更为适宜；天然植被最佳的漫溢频次是 2～3 次 /a；最大输水间隔可以为 3～5a；从恢复胡杨幼苗和促进胡杨种子繁衍的角度讲，最大过水间隔应不超过 2a。进而，制定的生态轮灌制度为：距离河道 3km 以内的植被区域，依靠河道侧渗补给水量，因此无需轮灌。3～20km 区域的天然植被主要依靠各河段生态闸引水及古河道补给水量；对水分条件好、地下水埋深浅、植被覆盖度较高的区段适当减少开闸放水次数，5a 实施轮灌 2～4 次，而优先考虑水分条件差且地下水埋深较深并且植被发育较差的区段，建议 5a

内实施轮灌 3～5 次。在河道侧渗及河道生态闸引水难以到达的 20km 以外区，由于远离水源，天然植被存在一定的退化现象，盖度较低；考虑到存在引水困难，仅在干流丰水期通过实现引水工程及支流的河水漫溢补给其生态需水，因此建议 5a 实现轮灌 1～2 次。

（三）制定生态轮灌方案

在源流来水量较少时，配置的生态水量不足以满足整个流域的生态需水，在此情形下要保护塔里木河流域的现有的植被面积不再减少，质量不再下降，就必须通过轮灌来保证适宜的地下水位；当源流来水较多时，在满足工农业用水和居民用水的条件下，应当进行引水漫溢，以恢复地表植被覆盖，生发新的植被，使得植被面积扩大，质量提高。因此，在实行轮灌时，要结合实际来水量，确定轮灌的目的（保护还是恢复），制定轮灌方案。

基于天然植被分布状况和河道分段情况，将整个流域划分为 5 段，分别进行轮灌研究。乔灌木的防风固沙能力以及其生态稳定性要远远高于草本植被，因此，在制定轮灌方案时，也主要是灌溉以胡杨为主的乔木和以柽柳为主的灌木。鉴于此，根据林地的质量和与河道的位置关系，确定了每个河段的几个主要灌区，如图 6.1.8 所示。

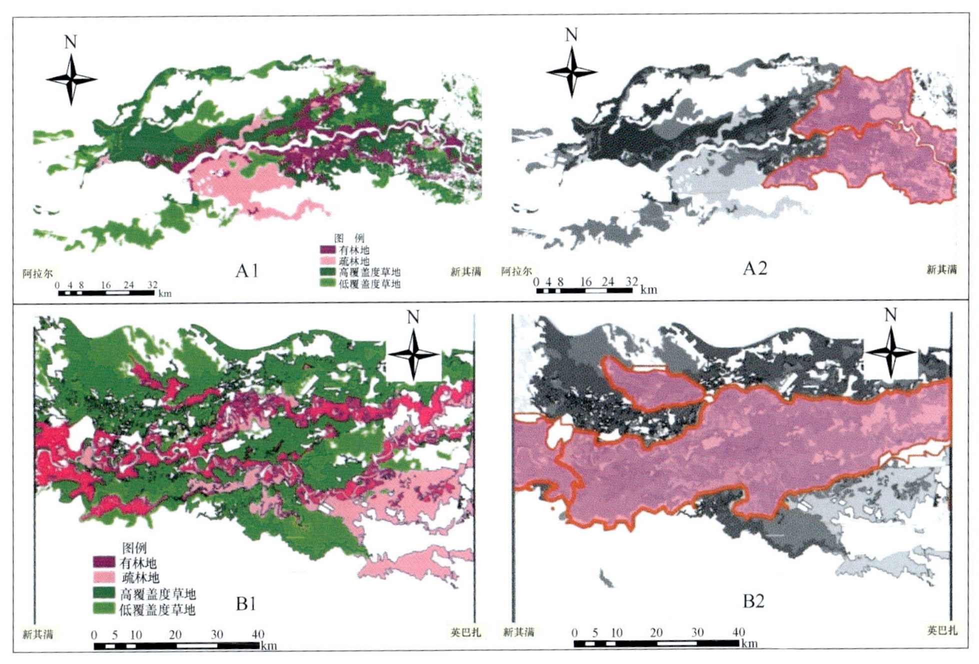

图 6.1.8 分河段植被分布和主要灌区分布图

图 A1 为河段 1 的植被分布图；图 A2 为河段 1 的主要灌区分布图；图 B1 为河段 2 的植被分布图；图 B2 为河段 2 的主要灌区分布图；图 C1 为河段 3 的植被分布图；图 C2 为河段 3 的主要灌区分布图；图 D1 为河段 4 的植被分布图；图 D2 为河段 4 的主要灌区分布图。

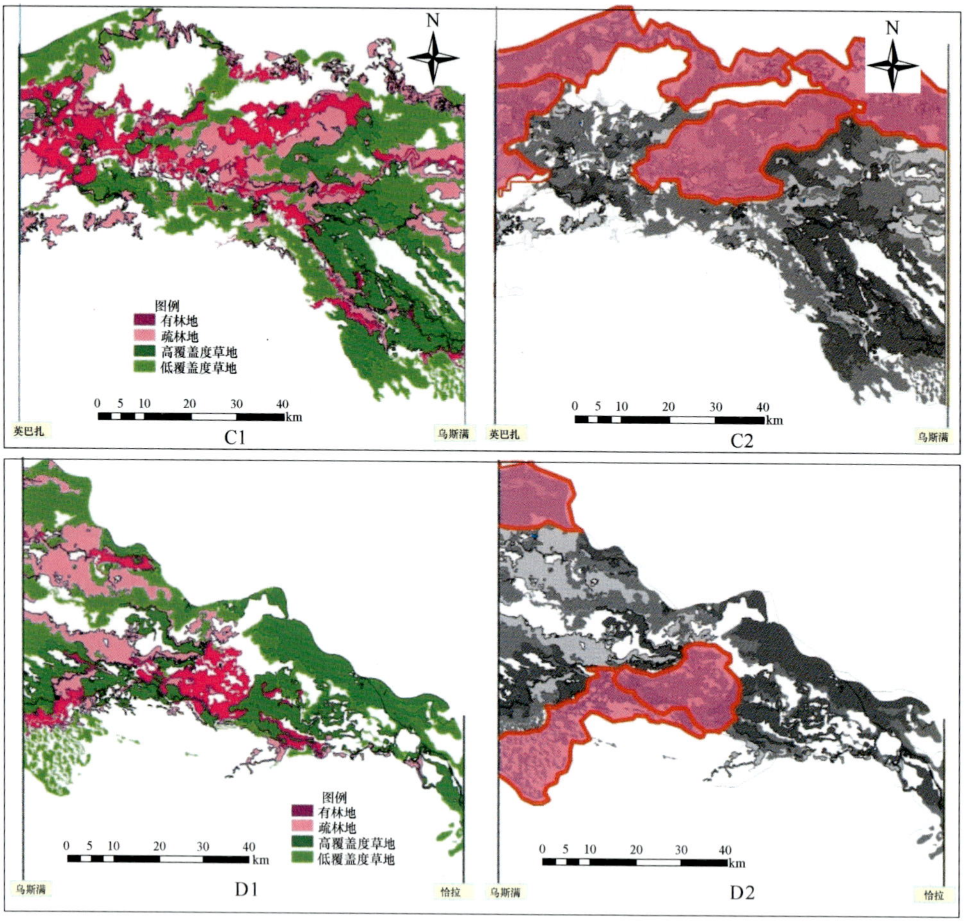

图 6.1.8 （续）

在源流来水量较大时，应先考虑引水漫溢到以上的主要灌区，以恢复塔里木河下游的天然胡杨林群落。大部分灌区都分布在塔里木河主河道和支流的两侧 20km 之内，引水漫溢工作比较容易进行。借助生态闸口和旧河道，便可完成轮灌工作。然而有些灌区（如图 A2 中的 1 号灌区和图 B2 中的 3 号灌区）距离河道较远，需要人工修渠来开展引水漫溢工作。

从图 6.1.9 可以看出，下游段的植被主要分布在主河道两岸的 10km 之内，以林地为主，数量少，质量差。因此，在进行引水漫溢时，只需要按照生态闸口的实际位置，结合配水量，对其进行轮灌即可。

当源流来水量较少时，在保证流域内工农业需水和居民用水之后，剩余水量不足以满足整个流域的植被生态需水。在此情形之下，根据“先乔灌后草地”、植被质量“先高后低”、面积“先大后小”、距离河道“先近后远”、灌溉“先易后难”的原则，将每个河段划分为三级灌区（图 6.1.10），按照从高到低的顺序，在 5a 之内实现整个流域轮灌 1～2 次。

在源流来水量较大时，应先考虑引水漫溢到以上的主要灌区，以恢复塔里木河下游的天然胡杨林群落。大部分灌区都分布在塔里木河主河道和支流的两侧 20km 之内，引水漫溢工作比较容易进行。借助生态闸口和旧河道，便可完成轮灌工作。然而有些灌区（如图 A2 中的 1 号灌区和图 B2 中的 3 号灌区）距离河道较远，需要人工修渠来开展引水漫溢工作。

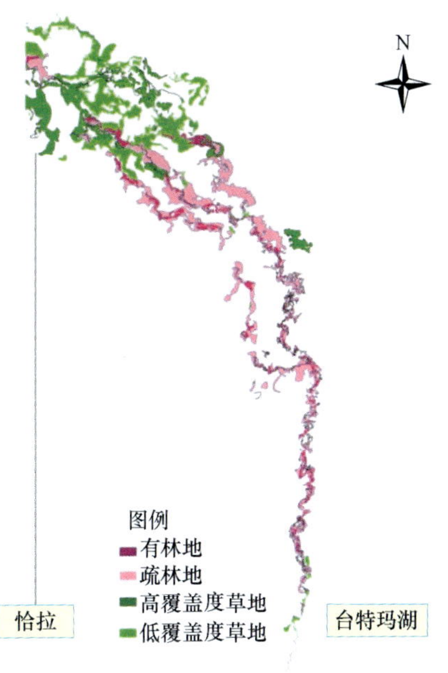

图 6.1.9　段 5 的植被分布图

二、生态供水模式研究

（一）干流生态供水

根据前述的生态需水量及渗漏水量结果，本节进一步计算了满足荒漠河岸植被生态需水下的生态闸引水量（表 6.1.1）。由表 6.1.1 可知，塔里木河在 10%、25%、50%、75% 和 90% 共 5 个来水频率下，生态闸引水量分别为 13.27 亿 m^3、13.49 亿 m^3、13.95 亿 m^3、14.36 亿 m^3 和 14.52 亿 m^3，并且北岸比南岸多 10.89 亿 m^3、11.04 亿 m^3、11.18 亿 m^3、11.21 亿 m^3 和 11.28 亿 m^3。对于不同河段，段 2 北岸依靠生态闸引水水量最多，在 5 个来水频率下分别为 4.40 亿 m^3、4.44 亿 m^3、4.51 亿 m^3、4.59 亿 m^3 和 4.61 亿 m^3；段 4 南岸生态闸引水量最小，为 0.02 亿 m^3。因此，塔里木河上中游的生态闸引水量在北岸多于南岸，且段 2 最多，段 4 最少。

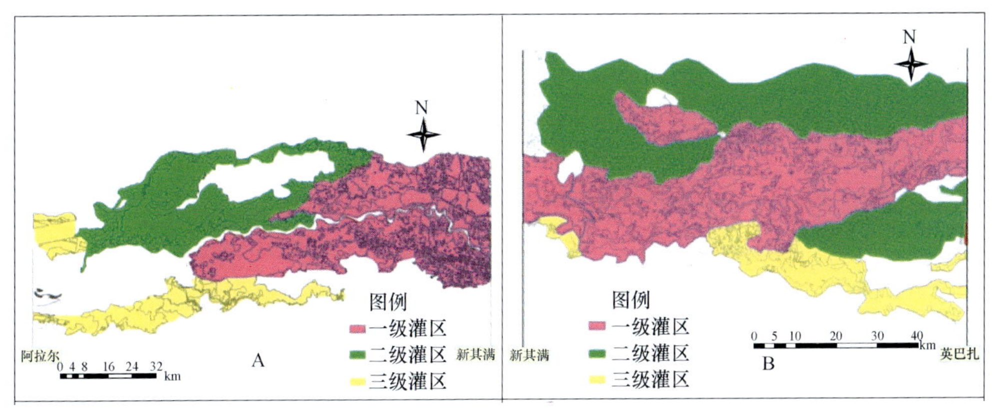

图 6.1.10　分河段的生态轮灌示意图

图 A 为河段 1 的轮灌示意图；图 B 为河段 2 的轮灌示意图；图 C 为河段 3 的轮灌示意图；图 D 为河段 4 的轮灌示意图。

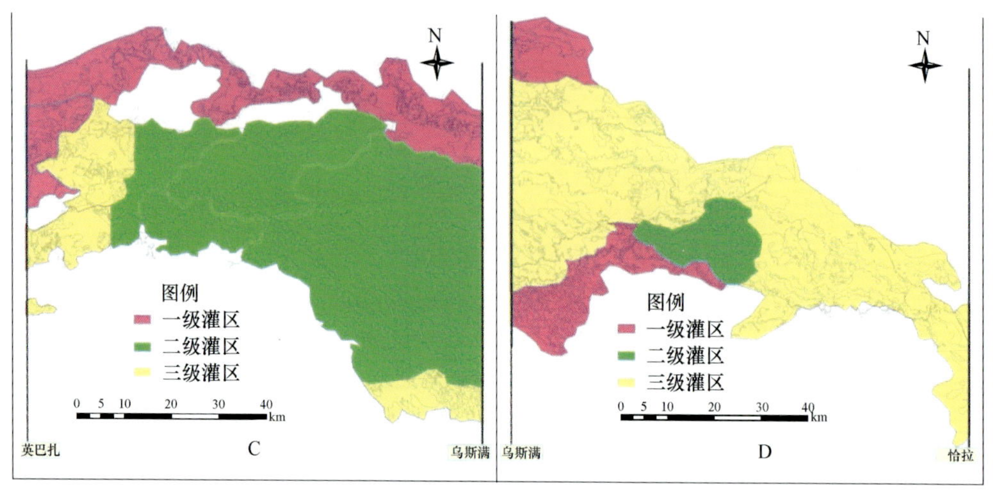

图 6.1.10 （续）

表 6.1.1 不同来水频率下满足河岸植被生态需水下的生态闸引水量 （单位：亿 m³）

河段	河岸	不同来水频率下的生态闸引水量				
		10%	25%	50%	75%	90%
段 1	北	2.24	2.28	2.45	2.56	2.59
	南	0.38	0.38	0.46	0.57	0.61
段 2	北	4.40	4.44	4.51	4.59	4.61
	南	0.48	0.51	0.59	0.67	0.69
段 3	北	2.71	2.82	2.88	2.91	2.97
	南	0.32	0.32	0.32	0.32	0.32
段 4	北	2.73	2.73	2.73	2.73	2.73
	南	0.02	0.02	0.02	0.02	0.02

此外，根据塔里木河各河段荒漠河岸植被生态需水量、河道渗漏水量及生态闸引水量，本节分析了河道渗漏水量、生态闸引水量分别占河段生态需水量的百分比（图 6.1.11）。

由图 6.1.11 可知，在 10%、25%、50%、75% 和 90% 共 5 个来水频率下，段 1 至段 4 北岸生态闸引水量分别占生态需水量的 58.2%～67.5%、76.5%～80.1%、70.8%～77.6% 和 71.8%；在 4 个河段的南岸，生态闸引水量分别占生态需水量的 20.4%～32.5%、26.2%～37.5%、29.1% 和 5.0%。因此，塔里木河上中游的生态需水在北岸主要依靠生态闸引水补给，而在南岸则主要依靠河道渗漏补给。

为恢复和保护干旱区荒漠河岸胡杨林，维系荒漠绿洲生态系统的稳定和健康发展，根据“先乔灌后草地”、植被质量“先高后低”、面积“先大后小”、距离河道“先近后远”、灌溉“先易后难”的原则提出供水模式。

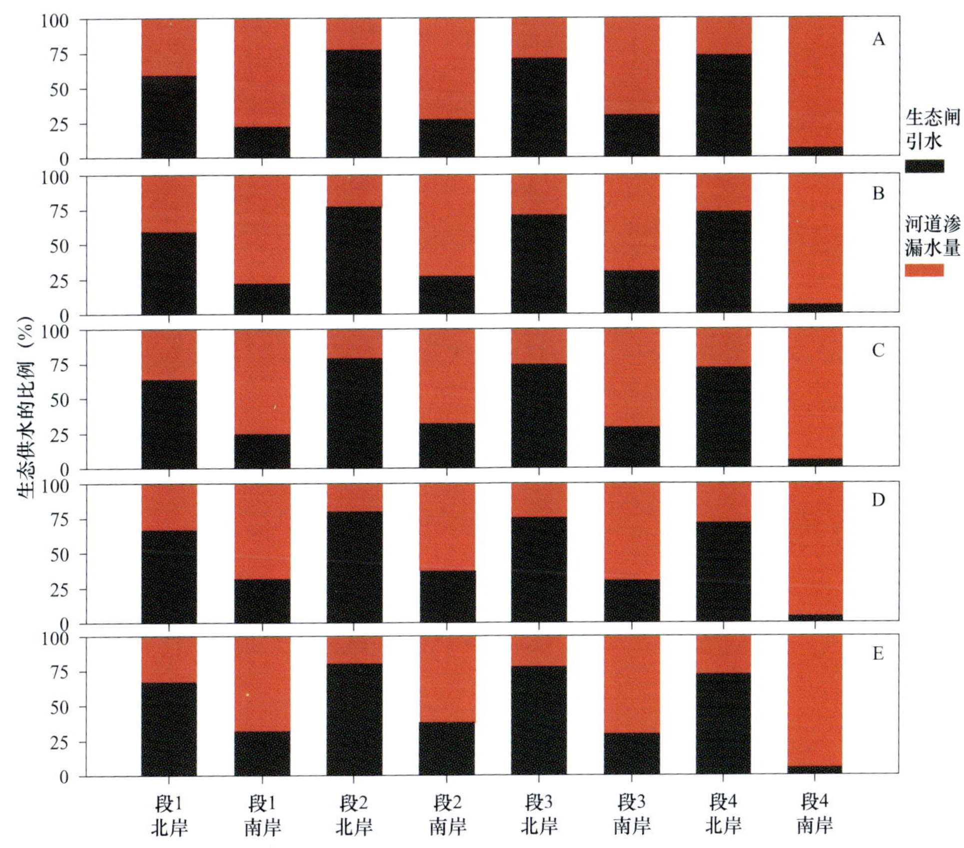

图 6.1.11　塔里木河不同来水频率下生态闸引水量与渗漏量所占比例
A 为 10%；B 为 25%；C 为 50%；D 为 75%；E 为 90%。

根据塔里木河植被分布及生态需水特点及恢复机理，制定的生态轮灌制度为：距离河道 3km 以内的植被区域无需轮灌。3～20km 区域内长势较好的天然植被 5a 实施轮灌 2～4 次，地下水埋深较低并且植被发育较差的区段，建议 5a 内实施轮灌 3～5 次；20km 以外天然植被区由于引水条件较差，建议 5a 实现轮灌 1～2 次。

（二）下游生态输水

1. 供水时间

下游生态输水工程，充分考虑到下游主要的乔灌木植物种子落种时间和种子寿命短，因此每年最适宜的输水时间以 7～9 月为宜。但从塔里木河洪水到来的时间（一般在 8 月以后）以及博湖周边地区农业生产需水情况看，7 月给水的难度较大，加上水库蓄水和调水的时间，最可行的输水时间是 8 月中旬到 9 月底。另外，种子繁殖的先决条件是有地表漫溢或表层土壤含水量较高，因此每次输水的水量不宜太小，除满足河道过水外，尽可能实现一定区域的地表漫溢，以促进天然植被的大面

积更新和繁殖。

2．供水水量及时间间隔

重要值作为研究某个种在群落中的地位和作用的一种综合性指标，在衡量某种植物于群落中相对重要性的同时，也指示这种植物分布的最适生境。本节研究根据野外调查的实际情况，将467个样方按照表6.1.2的漫溢干扰方式划分为不同的等级，计算了群落中胡杨幼苗的重要值（图6.1.12），找出了适合胡杨幼苗更新的漫溢干扰模式

表 6.1.2　河水漫溢等级划分

等级	漫溢频次	持续时间 /d	漫溢强度 / （m^3/s）
1	每年1次	5～10	20～25
2	每年1次	10～15	25～30
3	每年2～3次	15～20	30～35
4	每年4～5次	>20	35～40

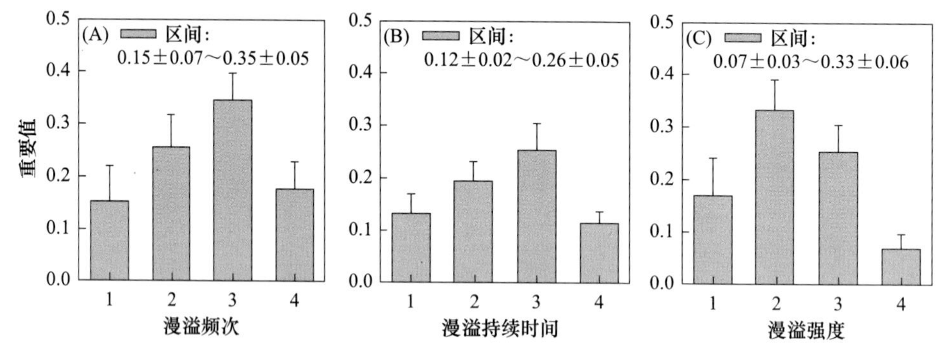

图 6.1.12　不同漫溢干扰方式下胡杨幼苗的重要值

在图6.1.12中，漫溢频次为“一年2～3次”时，群落中胡杨的重要值最大；频次为“2～3年一次”时，胡杨的重要值次之；其他两种漫溢频次的胡杨重要值较低。野外植被样方调查时发现，在漫溢频次为“一年2～3次”的地区，1×1样方内以高度处于0～5cm范围内的胡杨幼苗为主，数量为50～300；而漫溢频次为“2～3年一次”的地区，样方中以50～200cm高度的胡杨为主。这说明胡杨从种子萌发到长成幼苗的阶段，适宜的漫溢频次为“一年2～3次”，而从幼苗长成幼林的阶段，适宜的漫溢频次为“2～3年一次”。在图中，每次漫溢事件持续15～20d，胡杨的重要值最高。从漫溢强度的层面上看，当强度为小于等于30m^3/s时，胡杨的重要值较高，其中25～30m^3/s时达到最高，这主要是因为河水冲刷作用造成植物根系动摇而死亡。因此，胡杨从种子萌发到长成幼树需要4～5年的时间，在该时段每年实现2～3次漫溢，持续时间为15～20d，强度为25～30m^3/s，即能保证胡杨幼苗长成幼树，又能保证其在群落中占有主导的地位。

（三）生态输水方式

塔里木河下游生态输水有以下 4 种方式：

1）单通道输水。指利用其文阔尔河或老塔里木河其中的一条通道，输水至台特玛湖的输水方式。主要用于在下游来水量较少的情形下，集中一条通道输水，通常采用从其文阔尔河输水至台特玛湖。

2）双通道输水。指通过其文阔尔河和老塔里木河输水至台特玛湖的输水方式。这种方式是先从其文阔尔河或老塔里木河输水，水头到达台特玛湖后，再从另一条河流开始输水。在下游来水量较丰，大西海子水库蓄存水量较多的情况下，多次采用这种输水方式。

3）汊河输水。指在主河道输水过程中，利用其文阔尔河和老塔里木河两侧自然分布的汊河，灌溉河流沿岸较远处天然植被，扩大天然植被受水范围。

4）面状输水。指在河道上堵坝或修建节制闸，营造河水漫溢条件，扩大河道沿线受水范围。如在第五次输水时，阿拉干以下河段采用了这种输水方式。

第二节　奎屯河水生态安全对策

在奎屯河流域，水资源开发利用率达到 89.2%，地下水被大幅度无序开采，地下水位持续下降。由 2016 年地下水埋深图综合分析（第二章图 2.2.2），在奎屯河下游细土平原区很明显出现了分别以甘家湖乡铁架子村和石桥村为中心的两个地下水降落漏斗，这两个降落漏斗中心地带地下水位埋深均大于 50m，且均分布在新疆甘家湖梭梭林国家级自然保护区东部和东南部，两个中心漏斗可连成水位埋深大于 20m 的降落漏斗分布区，其分布范围已超过 1 200km^2。根据本研究中对流域水资源的配置可知，在满足最严格水资源管理制度“三条红线”农业水量要求情况下，近期水平年 2020 年的流域耕地面积将控制在 246 万亩以内，国民经济缺水程度将大幅减少，由 8.23 亿 m^3 缩小到 2.60 亿 m^3；将远期水平年 2030 年的流域面积控制在 235 万亩以内，远期水平年 2030 年国民经济缺水和生态缺水均将大幅减少，国民经济缺水由 8.19 亿 m^3 缩小到 0.62 亿 m^3，但生态水仍短缺 0.08 亿 m^3。因此在流域实施退地减水并通过外调水补给流域的用水需求将是流域可持续发展的必然。在奎屯河流域，植被格局形成的水分来源依赖于地下水、降水和河水。如今，流域地下水超采严重，若遭遇连续的气候干旱，天然植被将会因生态水亏缺而呈现大范围衰败，甚至死亡。因此，依靠外调水和节水措施补给地下水对保障流域生态系统的稳定至关重要。本节通过制定不同情境下的水资源配置方案，提出抬升生态水位的合理对策。

一、不同配置方案对地下水影响分析

（一）地下水模拟方法

采用基于网格的分布式地下水动力学模型，对该流域的地下水情况进行模拟。模型主要理论介绍如下。

1．降水入渗补给量

降水入渗补给量是降水渗入到土壤中并在重力作用下渗透补给地下水的水量。降水入渗补给量一般采用下式计算：

$$P_r = 10^{-1}P\alpha F$$

式中，P_r 为降水入渗补给量；P 为年面状有效降雨量；α 为降水入渗补给系数（无因次）；F 为计算区面积。

奎屯河流域属艾比湖水系，奎屯河流域平原区包气带岩性为亚砂土类，根据《新疆地下水资源》，艾比湖水系平原区：地下水埋深1～3m，亚砂土降水入渗补给系数为0.15；地下水埋深3～6m，亚砂土降水入渗补给系数为0.13；地下水埋深大于6m，亚砂土降水入渗补给系数为0.08。

2．渠系渗漏补给量

渠系渗漏补给量是渠系渗漏补给地下水的水量。渠系渗漏补给量一般采用下式计算：

$$Q_{渠系} = mQ_{渠输水}$$

式中，$Q_{渠系}$为渠系渗漏补给量；$Q_{渠输水}$为渠道输水量；m 为渠系渗漏补给系数（无因次）。

奎屯河流域已建成干、支、斗、农四级输水渠道，总长度13 045km，其中防渗长度3 794km，防渗率为29%，其中，团结干渠、总干渠、东干渠、西干渠、七一大渠等输水干渠总长度797km，防渗长度594km，防渗率为74%。奎屯河流域渠系水利用系数为0.72，损失系数为0.28，损失量包括渗漏损失量和蒸发损失量，渠系渗漏损失量一般占总损失量的40%，则渠系渗漏损失系数约为0.113。灌区入渗补给量是渠道水进入灌区后，入渗补给地下水的水量。灌区入渗补给量一般采用下式计算：

$$Q_{灌区补} = \beta Q_{灌区}$$

式中，$Q_{灌区补}$为灌区入渗补给量；β 为灌区入渗补给系数（无因次）；$Q_{灌区}$为进入灌区的水量。

奎屯河流域渠系水利用系数为0.72，则灌溉水利用系数为0.91，灌区渗漏损失量一般占总损失量的80%。

3．水库渗漏补给量

水库渗漏补给量是水库水量入渗补给地下水的水量。水库渗漏补给量一般采用下式计算：

$$Q_{库}=\alpha_{库}Q_{库容}$$

式中，$Q_{库}$为水库渗漏补给量；$\alpha_{库}$为水库渗漏补给系数（无因次）；$Q_{库容}$为水库库容。

4．侧向补给量

侧向补给量是指以地下潜流形式流入计算评价区的水量，侧向排泄补给量采用下式计算：

$$Q_{山前侧补}=KIBHT$$

式中，$Q_{山前侧补}$为山前侧向补给量；K为含水层渗透系数（无因次）；I为地下水水力坡度（无因次）；B为计算断面长度；H为含水层厚度；T为计算时段，取1a。

5．河道水渗漏补给量

奎屯河流域南山区主要河流在出山口建设有引水枢纽，只有洪水期时才有水下泄河道，在山前冲洪积平原（扇）前缘以上河段河道水基本损失殆尽或拦蓄入平原水库；北山区河流在山口无引水枢纽，但多为季节性河流。计算式为

$$Q_{河渗}=(Q_{河径}-Q_{渠引})(1-\gamma_1-\gamma_2)$$

式中，$Q_{河渗}$为河道水渗漏补给量；$Q_{河径}$为河流水文站断面（出山口）平均径流量，根据配置方案中河流多年平均来水量确定，$Q_{河径}$为14.18亿m^3（含莫特河的6 162万m^3）；$Q_{渠引}$为配置方案中，渠首引水量，$Q_{渠引}=13.01$亿m^3；γ_1为河道水域蒸发系数，取0.021；γ_2为河道两岸侵润损失系数，取0.252。

6．潜水蒸发

潜水蒸发是潜水在毛细管作用下，通过包气带岩土向上运动造成的蒸发量。潜水蒸发一般采用下式计算：

$$E=10^{-1}E_0CF$$

式中，E为潜水蒸发量；E_0为水域蒸发能力，采用E_{601}型蒸发器的观测值或折算成E_{601}值；奎屯河流域12个二级灌区所处区域气候、地形有所差异，水域蒸发能力从1 066～1 208mm不等，取平均值作为奎屯河流域的水域蒸发能力，即1 137mm；C为潜水蒸发系数（无因次）；F为面积。

根据《新疆地下水资源》，艾比湖水系平原区：地下水位埋深1～3m，亚砂土类潜水蒸发系数为0.15；地下水位埋深3～6m，亚砂土类潜水蒸发系数为0.03；地下水位埋深大于6m，亚砂土类潜水蒸发系数为0。

（二）模拟情景设置

以甘家湖为重点区，模拟了不同水资源配置方案下的奎屯河流域的地下水变化情况，模拟情景设置如下：

（1）情景1

对应于基准配置方案（现状耕地面积，地下水不限制）。

（2）情景 2

对应于配置方案 1 和方案 2（2020 水平年需水，严格控制地下水超采，无 ABH 一期外调水工程）。

（3）情景 3

对应于配置方案 3 和 4（2020 水平年需水+2030 年需水，严格控制地下水超采，ABH 一期外调水工程通水）。

针对甘家湖地表生态补水调节模式，在每个情景内分别设置了 3 种不同方案：

1）无控制方案：甘家湖地区不设置地表水控制工程，河水在此区域短暂停留，地表水 20% 补给地下水。

2）部分控制方案：甘家湖地区设置生态闸等地表水控制工程，地表水通过生态闸等进入甘家湖周边地区，地表水 50% 补给地下水。

3）完全控制方案：通过设置生态闸、拦河堰等综合工程，将地表水完全留在甘家湖地区，地表水 90% 补给地下水。

（三）不同情景下地下水演变

根据水资源配置方案得到了地下水开采量、生态补水量等结果，应用模型模拟了甘家湖的地下水位动态变化。

（1）情景 1

该情景下无控制方案甘家湖地下水位 2025 年之前呈现下降的趋势，2025 年之后趋于平稳，其埋深约为 5.6m；完全控制方案及部分控制方案下地下水埋深在 2025 年前后趋于稳定，其埋深分别为 3.5m 和 4.7m。本情景下大量地下水被开采，部分被开采的地下水作为弃水流入甘家湖区域，成为该区域生态补水。水资源配置情景 1 下，甘家湖地区地下水位的变化情况如图 6.2.1 所示。

（2）情景 2

该情景下甘家湖地下水位都呈现下降的趋势，2025 年前甘家湖地区不同地表水控制方案下地下水位均明显下降；完全控制方案及部分控制方案下地下水埋深在 2025 年前后趋于稳定，其埋深分别为 5.2m 和 5.7m；在无控制方案下，地下水埋深增加，导致潜水蒸发减小，使得地下水埋深增加速率有所减缓，但受周边区域地下水位下降影响，在 2040 年前将持续下降，其埋深在 2040 年增加到约 6.3m。水资源配置情景 2 下，甘家湖地区地下水位的变化情况如图 6.2.2 所示。

（3）情景 3

该情景下甘家湖地下水位都呈现先下降后增长的趋势，2030 年前 ABH 外调水一期通水后甘家湖地区 3 个方案地下水埋深均有不同程度下降，于 2035 年后趋于稳定，无控制、部分控制和完全控制方案下的甘家湖区域地下水埋深分别趋于 5.6m、4.7m 和 3.4m。水资源配置情景 3，甘家湖地区地下水位的变化情况如图 6.2.3 所示。

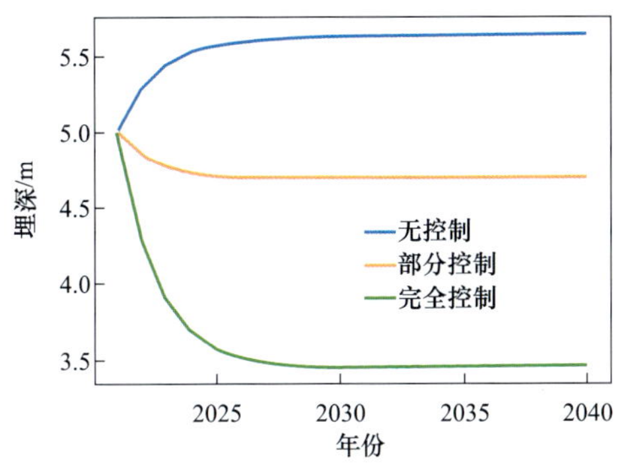

图 6.2.1　情景 1 甘家湖区域地下水未来 20 年的变化趋势演变

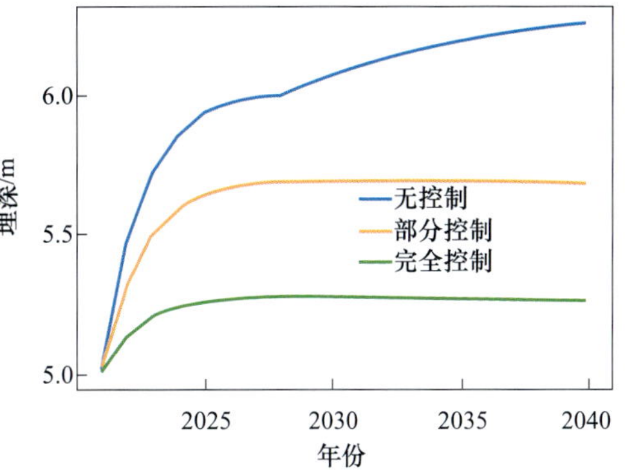

图 6.2.2　情景 2 甘家湖区域地下水未来 20 年的变化趋势演变

（四）结果分析

虽然水资源配置情景 1 下部分控制和完全控制方案下的甘家湖区域地下水可恢复至生态适宜范围，但是这是以地下水严重超采为代价的，具有不可持续性。在无控制工程的条件下，各情景（情景 1 除外）各方案均不能满足甘家湖区域生态需水要求。因此，甘家湖区域生态需水问题需要依靠外调水及拦水工程措施共同解决。

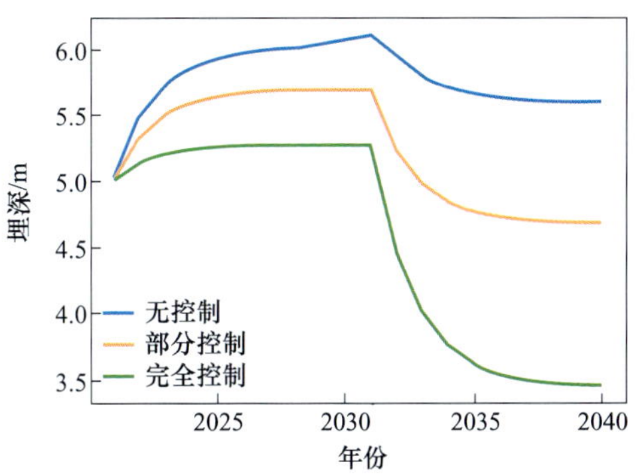

图 6.2.3　情景 3 甘家湖区域地下水未来 20 年的变化趋势演变

二、水资源配置的生态适宜性评估

根据水资源配置的三种情景配置结果，生态供水分别为 2.46 亿 m^3、0.77 亿 m^3、3.23 亿 m^3，如表 6.2.1 所示。根据《艾比湖流域生态环境保护一期工程项目建议书》报告的研究成果，2030 年外流域向奎屯河流域调水 7.26 亿 m^3，其中向城镇生活及工业供水 4.46 亿 m^3，向甘家湖地区供生态用水 2.80 亿 m^3。

表 6.2.1　水资源配置的生态适宜性评估　（单位：亿 m^3）

6 种配置方案下泄水量		生态需水量 / 是否满足生态需水		
		方案 1	方案 2	方案 3
		3.03	3.31	7.33
情景 1	2.46	否	否	否
情景 2	0.77	否	否	否
情景 3	3.23	是	否	否

注：否表示不能满足目标下泄水量；是表示能满足目标下泄水量。

通过以上分析，只有考虑了外调水的情景 3 的下泄水量能满足方案一的生态需水要求，其他情景均不能满足生态需水量。

奎屯河流域存在的生态问题与地下水位密切相关，地下水位过高，在蒸发的影响下，溶解于地下水中的盐分可在表土积聚，使土壤发生盐渍化；地下水位过低，则地下水位不能通过毛细管上升到达植物根系层，植被退化，发生沙漠化，因此，确定合理的生态水位至关重要。合理的生态水位为不产生生态环境问题（如土地盐渍化、植被退化、沙漠化等），并使已经遭到破坏的生态环境逐渐恢复。

情景 1、情景 2、情景 3 的地下水位累积变化见表 6.2.2～表6.2.4。

表 6.2.2　水资源配置情景 1 情况下的地下埋深变化表　　（单位：m）

甘家湖区域	2020 年	2030 年	2040 年
无控制方案	5	5.62	5.64
部分控制方案	5	4.69	4.71
完全控制方案	5	3.45	3.46

表 6.2.3　水资源配置情景 2 情况下的地下埋深变化表　　（单位：m）

甘家湖区域	2020 年	2030 年	2040 年
无控制方案	5	6.08	6.26
部分控制方案	5	5.70	5.68
完全控制方案	5	5.28	5.26

表 6.2.4　水资源配置情景 3 情况下的地下埋深变化表　　（单位：m）

甘家湖区域	2020 年	2030 年	2040 年
无控制方案	5	6.08	5.60
部分控制方案	5	5.70	4.68
完全控制方案	5	5.28	3.45

由以上结果可知，情景 1 的部分控制方案和完全控制方案能满足甘家湖区域的生态需求，无控制方案不能满足甘家湖区域的生态需求；情景 2 的所有方案不能满足甘家湖区域的生态需求；情景 3 的部分控制方案和完全控制方案能满足甘家湖区域的生态需求，无控制方案不能满足甘家湖区域的生态需求。

第三节　新疆内陆河流域水生态安全的水资源管理模式

随着新疆人口的增长、社会经济和工农业的迅速发展，对水资源的开发利用要求越来越多，也越来越高，若不采取措施进行控制，给水资源和环境带来的污染或破坏也越来越多。如何做到利用有限的水资源来满足各方面的要求，同时防止环境的进一步恶化，进而改善环境，使水资源开发利用走上可持续发展的道路，是目前水资源管理急需解决的重要任务。

一、加强兵地协作，建立统一协调的水资源行政管理体系

理顺水资源管理体制，加强水资源统一管理，是事关地方与兵团经济社会可持续发展全局的重大任务。因此，有必要将目前分散在有关部门的城镇防洪、河道管理、城镇供水、排水、污水处理、中水回用等行业管理职能纳入水务管理范围，建立起“水源—供水—排水—污水处理—回用”的统一管理体制，依法加强各级水资源行政主管部门对水资源的统一管理。同时也要充分发挥兵团水管理机构在水资源开发利用、节约保护等工作中的作用，按照国家水法有关规定，在自治区水行政主管部门的统一领导下，将兵团分配比例内的地表水和管理范围内的地下水授权兵团管理，以明晰双方事权划分、责任与义务，确保兵团水行政主管部门能够依法行使水政水资源管理职能。

建立健全兵地水资源统一管理机制，统一编制水资源规划，统一制定水量分配方案，统一确定地下水开发利用方案及协商审批地下水开发项目取水许可。通过建立兵地组织协调机制、联合运行机制，在规划编制、水量分配、取水许可、水资源费征收、水资源调度等方面制定系统、可操作的相应制度，实现兵地水资源的宏观和微观统一管理。

二、逐步建立完善的流域水资源管理体制

1．强化推行以用水总量控制为核心的流域水资源管理体制

按照以往流域用水管理，基本是以分水比例进行，这种按比例的管理内涵，就是把来水按比例分完，既没有实行用水总量管理，也没有实行定额管理，更没有对地表、地下水进行统一管理。目前也仅在塔里木河流域开始试行限额用水。面对流域内各市、县（团场）国民经济发展对水的需求不断增长，绝大部分流域的水资源处于超用状况，流域生态与环境需水量没有保证，新增工业及城镇需水也难以提供。因此，需要逐步建立和完善用水总量控制制度，实现地表水和地下水用水总量控制。

2．严格执行取水许可、有偿使用和水资源论证制度

取水许可、有偿使用和水资源论证制度，是在市场经济情况下，解决好水资源合理开发、优化配置、高效利用、有效保护等问题的最有效的手段，对促进计划用水、厉行节约用水、提高水资源利用效率与效益具有积极的作用。

3．建立水权分配、转让制度

通过建立水资源定额管理系统（图 6.3.1）和水权管理系统（图 6.3.2），在明确水

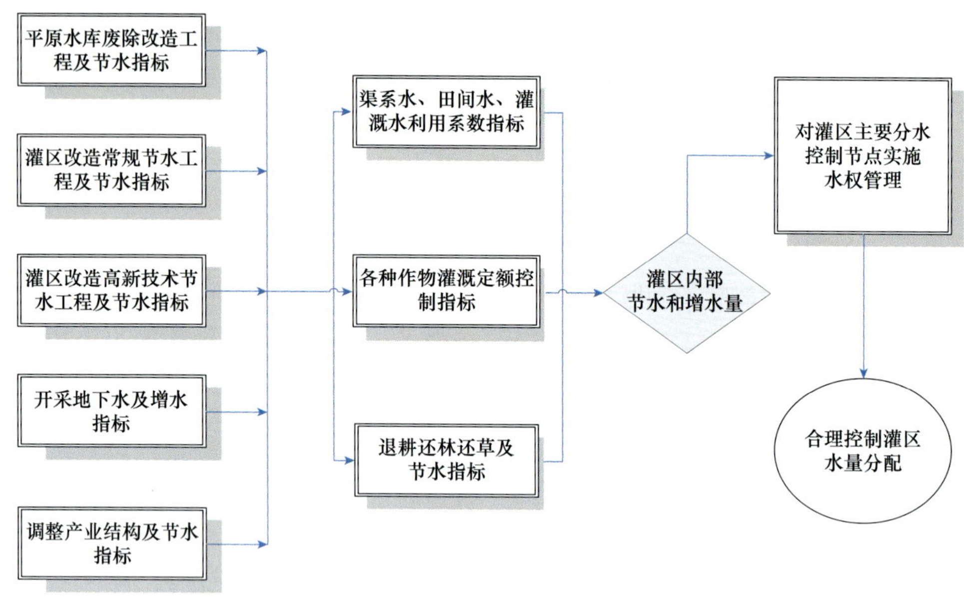

图 6.3.1 水资源定额管理系统

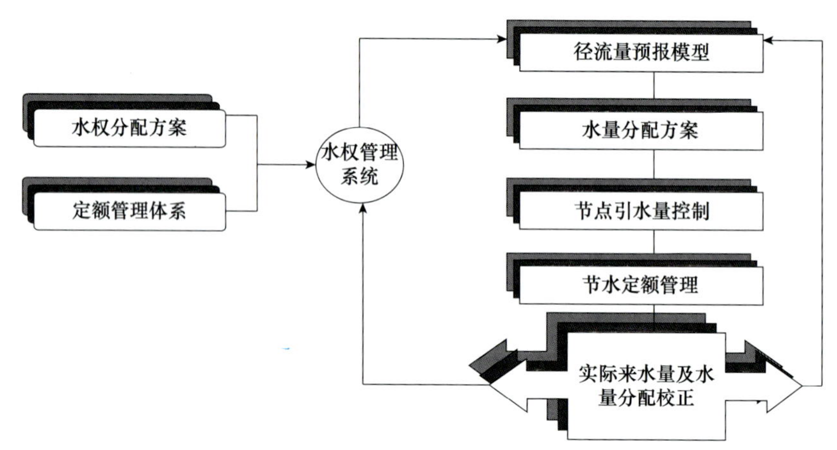

图 6.3.2 水权管理系统图

权、限额用水、定额管理的前提下，逐步以明晰水权为核心，通过水权市场，建立水权分配、转让制度，确保实现水资源合理配置的目标。

4. 建立科学的用水水价与排污付费制度

积极推进水价改革，按照市场经济规律要求，建立有利于促进节约用水和水资源持续利用良性运行的水价体系，推行阶梯式弹性水价制度。按照“定额用水、差别水价、超额累进加价”的原则，逐步提高水价水平，居民生活用水实行阶梯式计量水价，工农业生产用水根据用水定额和用水计划，实行定额内用水平价、超定额超计划用水累进加价。合理确定和调整回用水价格，促进中水回用和再生水利用。建立健全排污付费制度，加大工业企业污染防治力度，实行污水物总量控制，对污水排放企业实施污染付费制度。

5. 全面建立灌区水文监测体系及用水计量、统计制度

建立健全灌区地表水、地下水监测站网，制定实行水资源数量与质量、供水与用水、排污与环境相结合的统一监测网络体系，实现配水节点水文计量及灌区水情自动测报（图 6.3.3）。建立和完善供、用、排水计量设施，保证测水量水准确，逐步实现按方计量，按方收费，对灌区实施总量控制、定额管理等强制节水办法提供的良好的操作和管理条件。

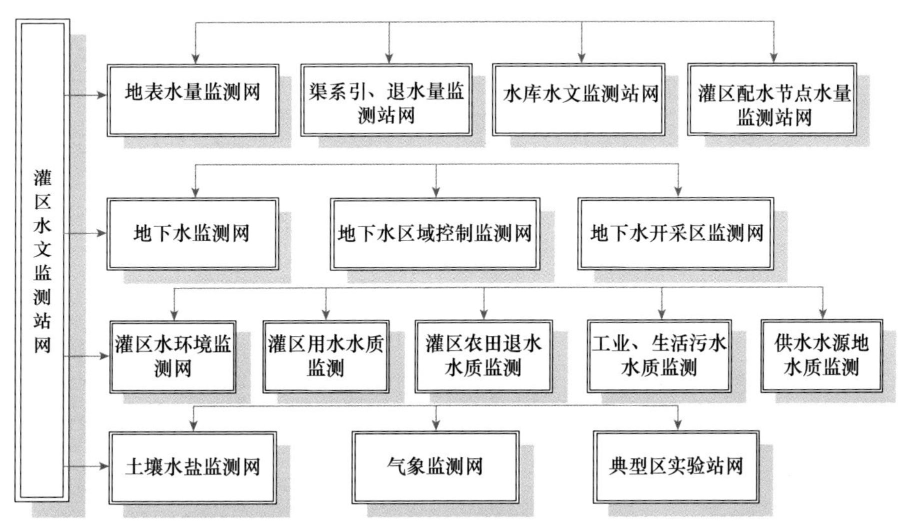

图 6.3.3　灌区水文监测站网框图

三、进一步完善水资源规划体系，发挥各项规划的导向与约束作用

要以实现水资源可持续利用为目标，以需水管理为核心，抓好流域、区域水资源综合规划和节约、保护等专业规划的编制或修订，加快建立和完善流域规划与区域规划相结合、综合规划与专业规划相统一、水利规划与经济社会发展规划及其他行业规划相衔接，形成功能齐全、覆盖全面、层级配套、目标明确、操作性强的规划体系，强化水利规划的执行和监督检查，充分发挥规划的基础导向作用和刚性约束作用。

四、建立水土资源利用双控制红线，严格实行用水土总量双控制

新疆多数河流面临的水资源问题归根结底在于以高耗水的农业、资源开采和初加工工

业为主的国民经济体系难以适应新疆各族人民奔小康、实现跨越式发展的现实需求。新疆是我国传统的农牧业区，农牧业经济发展对于稳定边疆、提高广大农牧业经济生活水平、促进新疆经济社会发展起到了积极作用。但同时也要看到，新疆是干旱内陆区，过大的农牧业发展规模与脆弱生态环境保护之间存在着强烈的用水竞争关系，流域面临着日趋严峻的生态环境用水被农业大量挤占的问题，最终易导致这些区域生态环境呈恶化趋势。

1. 严格控制灌溉面积总规模

农业用水比重高，因此控制社会经济用水总量就必须控制农业用水，控制农业用水就必须控制灌溉面积发展规模，即必须摒弃“大发展就是大开荒”的错误认识。在水资源已经过度开发的流域，应严格控制灌溉总规模，以此为基础落实最严格的水资源管理制度。

2. 做好水量分配和取用水总量控制，严格控制新增取水

在《新疆水资源平衡论证报告》基础上，制定流域水量分配方案。依据水量分配方案、区域用水协议，提出各地取水许可总量控制指标，全面推行流域、区域取用水总量控制。各级水行政主管部门或流域管理机构通过引水和耗水两个指标控制各用水户的用水量。对取水总量已达到或超过总量控制指标的，暂停审批新增取水建设项目；取水总量接近取水许可总量控制指标的，限制审批新增取水。

3. 建立地下水取水总量和地下水位双控制度，严格地下水开发利用和保护

建立地下水取水总量和地下水位双控制制度，依法规范机井建设审批管理，在城市公共供水管网覆盖范围内逐步关闭自备水井。科学划定并公布地下水超采区，明确禁采区和限采区范围，结合产业结构调整和水资源条件，合理配置水资源，调整地下水开采布局，确定超采区管理目标，逐步实现地下水采补平衡，促进可持续利用。

五、统筹灌溉、供水、发电、生态用水调度，强化水资源统一调度

各级水行政主管部门和流域管理机构应依法制定水资源调度方案、应急调度预案和调度计划，统筹灌溉、供水、发电、生态用水调度。水资源调度实行县级以上人民政府行政首长负责制、流域管理机构以及水库管理单位的主要领导负责制。经批准的调度方案和计划，有关地方人民政府、流域管理机构和水库管理单位必须服从。

六、强化城乡水资源统一管理，扎实推进城乡水务一体化改革

水务一体化管理是国际上先进的水资源管理方式，也是我国不少地区实践证明行之有效的做法。截至目前，我国 71.4% 的县级以上行政区实行了水务一体化管理，在水资源管理方面取得了良好效果。因此，按照统筹城乡发展的要求，强化城乡水资源统一管理，加快理顺涉水部门之间的职责关系，尤其是水利与建设部门的关系；加强

行政区域内涉水行政事务的综合管理，自上而下地推进城乡水务一体化改革，建立“一龙管水、合力治水”的管理体制。

七、巩固和完善供水到户

大力推广以广大农牧民参与灌溉管理的灌区基层管理体制改革。推行供水到户，可以有效遏制搭车收费、乱摊派、乱涨价的现象，供需双方直接见面，减少中间环节，减轻广大农牧民在用水方面的不合理负担；同时，推行供水到户也打破了农业用水一直是喝“大锅水”的陈规陋习，农民节水意识显著增强，用水观念发生了根本的改变，节水效果十分明显。

第七章 研究结论与展望

第一节 研究结论

针对南疆（塔里木河干流）、北疆（奎屯河流域）典型流域存在的生态供水量严重不足及供水模式欠佳、天然绿洲萎缩及与人工绿洲的配比失当、地下水位下降等生态环境问题，在分析典型流域生态环境变化规律及驱动因素的基础上，本书研究评价了其生态安全等级进而划定了生态保护红线，揭示了水与生态的相互作用机理，明确了天然、人工绿洲的适宜配比及合理发展规模，提出了面向生态系统保护和恢复的水资源（及生态水）优化配置模式，这些研究成果不仅对实现典型流域的生态环境保护和经济社会协调发展具有重要意义，还为其他相似区域的绿洲发展规划和水资源（尤其是生态水）高效利用提供科学借鉴。通过本书研究，取得的主要结论如下。

一、基于景观格局的人工绿洲与天然绿洲变化规律

（1）景观斑块的变化特点

1）塔里木河干流：斑块数目持续增加，由 1990 年的 1 625 块增加到 2013 年的 5 011 块，而斑块平均面积持续减小，景观多样性指数和均匀度指数分别持续增加了 19.7% 和 19.71%，景观破碎化指数增加了 10.43，流域景观破碎化程度逐渐增加，空间连接性下降，景观要素类型空间分布不均衡，优势斑块类型的比例下降；由于人为干扰程度的提升，无干扰类型的面积持续减少了 12.11%，半干扰和全干扰类型面积分别持续增加了 76.52% 和 81.25%；各土壤类型景观趋于破碎化，土壤的利用更加细化，土壤的土地利用方式趋于多样化。

2）奎屯河流域：斑块数目呈现出持续增加的趋势，而斑块平均面积呈持续下降的态势，均匀度指数呈现先增加后减少的趋势，优势度指数是先减后增的趋势蔓延度指数呈现出先减后增的趋势，表明流域破碎化程度不断增大，景观的团聚程度或延展趋势提高；人类的开发利用强度不断提升，促使半干扰类型和全干扰类型的面积在不断扩张；土壤类型景观斑块破碎化程度加剧，土壤利用方式趋于单一化。

（2）景观类型的变化趋势

1）塔里木河干流：在 1990～2013 年，塔里木河干流区耕地面积增加了 20.77 万 hm^2，增长率高达 212.58%。有林地整体减少 34.31%，高、中、低覆盖度草地均呈现出不同程度的减少，其减少幅度分别为 64.17%、27.23% 及 38.9%，居工用地面积增加幅度较大，为 82.35%。耕地面积的扩张成为最为显著的特征之一，而且新增的耕地主要由未利用地、草地以及林地转化而来。

2）奎屯河流域：奎屯河耕地面积迅速扩张，共增加了 18.35 万 hm^2，增长率高达 98.18%，有林地以 1 862.5hm^2/a 的速度减少，草地面积有所减少，尤其以高、低覆盖度草地减少为主，其分别减少了 15.1%、31.8%，水体面积呈减少趋势，减少了约 50%。草地向耕地转化过程最为突出。

3）景观变化的生态环境效益：两个典型流域生态系统服务功能价值先上升后减小的趋势，在 2000 年生态系统服务功能价值达到最高。与 1990 年相比较，在 2000 年和 2013 年，塔里木河干流的增幅分别为 72.2% 和 54.2%，奎屯河流域的增幅分别为 64.7% 和 43.3%。

（3）天然绿洲与人工绿洲变化

在 1990～2013 年，塔里木河干流人工绿洲增加了 21.05 万 hm^2，天然绿洲减少了 29.66 万 hm^2；而奎屯河流域人工绿洲增加了 20.86 万 hm^2，天然绿洲减少了 16.29 万 hm^2，人工绿洲扩张的速度快于天然绿洲萎缩的速度。

在 1990 年、2000 年和 2013 年，天然绿洲与人工绿洲的比例分别为 5.5∶1，4.6∶1 和 2.3∶1。

二、内陆河生态安全评价及生态红线划分

（1）内陆河生态安全评价体系构建

1）塔里木河干流：根据《生态环境状况评价技术规范》（HJ 192－2015），结合干流的生态环境特点，选取生物丰度指数、植被土地覆盖指数、水网密度指数和土地退化指数构建了生态安全评价指标体系并设定了各指标的权重。

2）奎屯河流域：考虑到流域生态环境与经济社会的协调发展，选取系统压力—状态—响应的方式进行评估。具体，系统压力指标包括农民人均收入、单位耕地粮食产量、单位面积耕地化肥使用量，系统状态指标包括森林覆盖率、草地面积比例、裸土面积比例、年降水量、总径流量，响应指标包括人均粮食产量、人均工业产值、单位面积农林牧渔业产值、人均 GDP、总的农林牧渔业总产值、农作物播种面积。

（2）内陆河生态安全评价

1）塔里木河干流：自 2000 年塔里木河流域综合治理项目实施以来，塔里木河干流生态环境质量有所改善；中游区的 EI 指数升高了 3.17，处于 $2<|\Delta EI|\leqslant 5$ 变化范围

内，则说明中游区域2010年生态环境状况较2000年有所改善；下游EI指数增加了6.74，生态环境有明显的变好，但干流总体生态环境质量仍处于较差级别。

2）奎屯河流域：1990～2013年，奎屯河流域生态安全指数由0.34增长至0.53，处于不安全与临界安全，表明奎屯河流域生态环境受到一定破坏，系统结构发生恶化，但尚能维持基本功能，受干扰后易恶化，生态问题显现，生态灾害时有发生。

（3）内陆河生态红线划分

在干旱区内陆河流域，生态保护红线应包括天然植被保护红线、天然植被生态需水红线、生态流量红线和地下水保护红线。

1）塔里木河干流：重点生态功能区包括主河道0～15m内主河道影响到的区域，面积为88.904 7万hm^2；生态敏感区为重点生态功能区外侧2～10km，面积为110.921 7万hm^2；生态脆弱区为生态敏感区外侧，距河道10～30km，面积为133.106 0万hm^2。重点生态功能区、生态敏感区和生态脆弱区下的天然植被生态需水红线分别为16.34亿m^3、4.75亿m^3和2.35亿m^3，共计为23.44亿m^3。干流生态基流红线为21.50亿m^3。

2）奎屯河流域：奎屯河流域生态红线的生态脆弱区、生态敏感区和重点生态功能区的面积分别为62.11万hm^2、26.22万hm^2和4.81万hm^2。奎屯河现状条件下和保护目标下的生态需水红线分别为1.2亿m^3、3.2亿m^3，在满足北山区水量补给和不同艾比湖下泄补给水量方案下，奎屯河流域生态保护红线下的生态需水总量分别为3.03亿m^3，3.31亿m^3。

三、典型流域水分与水生态相互作用研究

（1）内陆河中下游水分与水生态关系分析

1）塔里木河干流：从微观尺度上，在生态输水后，相对于河道断流，胡杨标准年表序列增加了8.7%，2002～2013年胡杨树轮标准年表序列的实测值比预测值（即假定未实施生态输水情景下的数值）平均增加了50.4%，胡杨受到中度干旱胁迫时，生理调节能力增强，并刺激根系发育来提高抗旱能力，进而提升荒漠河岸胡杨林群落结构的稳定性；胡杨生长对地下水埋深提高的响应存在显著的2～3年的滞后性相关和累积效应。从中等尺度，2004～2010年在离河道600m范围内长势等级为中等以上（VS1，VS2和VS3）的胡杨增加幅度为33.4%；2008～2012年Simpson指数、Shannon-Wiener指数及Margalef指数的年平均增加率为4.11%、3.67%及6.14%。从宏观尺度来看，2000～2010年植被面积增加了1.061 5万hm^2。多年输水使得塔里木河下游主要建群种胡杨长势好转，群落物种种类增加，多样性提高，植被面积扩大，生态环境状况趋于好转。

2）奎屯河流域：4～5月由于春季融雪补给，表层土壤水分充足，梭梭主要利用浅层土壤水（0～40cm），而白梭梭主要利用中层土壤水（40～100cm）。在6～9月，梭

梭主要利用地下水（适宜埋深为 4m），而白梭梭主要利用深层土壤水（100～300cm）。夏季降水增加促使梭梭将更多的树干茎流贮存在土壤深处或地下水，有利于植物在干旱时吸收利用，而地下水位的下降将危及梭梭的生存。因此，对地下水埋深大于梭梭适宜埋深的区域实施生态应急补水是十分紧迫的。

（2）水分与水生态变化趋势预测

1）塔里木河干流：地下水埋深变幅与生态输水持续时间即生态输水水量存在明显的相关关系，而随着地下水位的下降，土壤含水率、植被盖度、物种数及 NDVI 指数等均呈下降趋势；胡杨生长过程中的水分亏缺会造成叶含水量减少和脯氨酸、脱落酸积累的增加；草本正常生长最低地下水埋深为 3.5m，胡杨幼林、近熟林、成熟林和过熟林的胁迫地下水位为 4.0m、5～5.4m、6.9m 和 7.8m。在南疆内陆河流域，在植物生长需水高峰期的 7～9 月，未来 10 年来将处于丰水期；在塔里木河北岸河道渗漏水量可保障的生态需水宽幅分别为 3.3～6.0km，南岸可保障的生态需水宽幅分别为 4.9～10km，其余天然植被生态需水则依靠生态闸引水补给；在适宜水位区间内（3.5～4.5m），植被盖度将达到 38.64%～52.94%，地表植被物种数将达到 4.39～5.16 种，土壤含水量区间为 9.49%～10.7%。

2）奎屯河流域：在奎屯河流域，根据模型模拟，地形、交通条件和水资源密度是土地利用变化和绿洲空间发展的主要空间驱动因素。其中，耕地变化受水资源密度和地形坡度的影响最大，林地变化最主要的影响来自人口密度和地形坡度，人口密度、地形坡度和水资源密度对建设用地变化的驱动作用最为强烈，盐碱地变化则最主要受海拔高度和灌渠可达性影响。在奎屯河流域，根据模型预测至 2030 年，节水型发展情景（推荐情景）下建设用地从南部山前地带转移、盐碱地分布范围向东部扩张、南部山区－绿洲过渡带的盐碱地被整理发展为草地，金三角中心城市东面分布的盐碱地规模较大，流域北部荒漠地带的林地退化特征较为明显。基于遥感和 GIS 技术耦合系统动力学模型、Dyna-CLUE 模型模拟水资源约束下干旱区土地利用空间发展过程的结果表明，节水型发展情景是奎屯河流域未来空间发展的最优模式。

（3）水约束下的绿洲适宜发展规模

1）塔里木河干流：耕地扩张和胡杨林处于逐渐枯死与退化状态的面积比例关系分别为 1∶3.6 和 1∶32.7。天然绿洲与人工绿洲的适宜配比为 6∶4。干流天然绿洲适宜规模为 171.430 4 万～196.259 8 万 hm^2，而现状面积为 192.032 3 万 hm^2，处于适宜规模之内，其所需的水资源量为 43.71 亿 m^3，塔里木河干流能承载的灌溉面积为 10.02 万 hm^2，与实际面积相比，超载 3.932 万 hm^2，超载比例为 64.6%。

2）奎屯河流域：奎屯河流域保护目标下天然绿洲 / 人工绿洲比例为 2.2∶1，人工绿洲占平原区总绿洲面积的 31.3%，为达到生态保护目标，应在 2014 年的基础上，增加天然绿洲面积 10.30 万 hm^2，减少人工绿洲面积 17.83 万 hm^2。奎屯河流域水资

源对经济社会发展的承载压力较大，节水发展模式是流域走可持续绿洲发展道路的必然选择。

四、典型内陆河水资源综合配置与生态供水模式研究

（1）塔里木河干流生态水配置模式

1）基于干流不同的来水频率及“三条红线”，分为四种情景对干流水资源进行配置。满足干流需水下的水量为47.48亿 m^3，下游需水7.19亿 m^3；满足高覆盖度植被（生态红线的重点生态功能区）、河损和农业引水下的上中游总需水量为44.89亿 m^3，下游需水6.76亿 m^3，此时与下游“三条红线”划定的水量相当。

2）塔里木河干流天然植被生态需水过程。天然植被生态需水呈“单峰型”，并在7月达到4.1亿 m^3 的最大值；12月天然植被生态需水量最小，仅为7月的7.3%。

3）根据塔里木河植被分布及生态需水特点及恢复机理，制定生态轮灌制度依据的原则为：乔灌木的给水时间应该在7～9月，草本植物的给水时间以4～5月更为适宜；天然植被最佳的漫溢频次是2～3次/a；最大输水间隔可以为3～5a；从恢复胡杨幼苗和促进胡杨种子繁衍的角度讲，最大过水间隔应不超过2a。

4）根据植被分布及生态需水特点及恢复机理，制定了生态轮灌制度，具体为：距离河道3km以内的植被区域无需轮灌。3～20km区域内长势较好的天然植被5a实施轮灌2～4次，地下水埋深较低并且植被发育较差的区段，建议5a内实施轮灌3～5次；20km以外天然植被区由于引水条件较差，建议5a实现轮灌1～2次。根据“先乔灌后草地”、植被质量“先高后低”、面积“先大后小”、距离河道“先近后远”、灌溉“先易后难”的原则，将每个河段划分为三级灌区，按照从高到低的顺序，在5年之内实现整个流域轮灌1～2次。

5）对于生态输水，需逐步实现由线状向面状的转变，适宜的输水时间是8～9月；对于建群种胡杨，每年实现2～3次漫溢，持续时间15～20d，强度25～30m^3/s，既能保证胡杨幼苗长成幼树，又能保证其在群落中占有主导的地位。

（2）奎屯河流域水资源配置

在分析奎屯河流域水资源供需现状的情况下，考虑最严格水资源管理制度“三条红线”及区域外调水的情况，分五种情景对流域水资源进行了配置。配置结果表明，奎屯河流域自身的水资源无法支撑现有的灌溉规模，难以在保持现有灌溉面积的条件下，实现生态保护与地下水不超采的目标。考虑最严格水资源管理制度“三条红线”农业水量要求下，近期水平年2020年，将流域耕地面积控制在20.332万 hm^2 以内，可大幅减轻流域供水压力；远期水平年2030年，将流域耕地面积控制在15.67万 hm^2 以内，可大幅减轻流域供水压力。

第二节 技术创新与实践指导

1．关键技术和创新点

根据南北疆流域生态环境和经济社会的特点，分别构建了流域的生态安全评价指标体系，具有良好的推广应用价值。提出了划定干旱区内陆河天然植被生态红线区的技术方法；拓展了干旱区内陆河生态红线的内涵。从微观、中观和宏观三个尺度，提出了定量化评估塔里木河下游生态输水成效的指标体系，构建了水与植物生理、生态指标变化的定量关系模型。基于可持续发展的观点，构建了奎屯河流域水生态安全下的系统动力学模型和Dyna-CLUE绿洲格局演变预测模型。创建了塔里木河干流天然植被面积对水资源变化的响应模型，提出了干旱区内陆河流域绿洲适宜配比的计算模型。提出了面向生态安全的南疆内陆河流域生态水配置的技术模式。提出了面向生态安全的北疆典型流域水资源综合配置模式。

2．对维系水生态安全的实践指导

塔里木河下游生态环境有明显的好转，但干流总体仍处于较差级别。奎屯河流域处于不安全与临界安全，生态环境潜在风险较高。依据生态环境部对生态红线区划分的指南，结合天然植被的类型和盖度等指标，将天然植被界定为不同的生态红线区，为生态保护目标的确立及制定合理的生态供水方案提供依据。同时强调在干旱区内陆河应纳入生态需水红线和地下水调控红线。微观尺度从胡杨的生理和树轮生长，中观尺度从胡杨的长势、植物的群落结构等指标，宏观尺度从植被的盖度和景观指数等指标，评估了生态输水后生态系统向良性发展的过程，揭示了水与生态变化的相关作用机理和规律；模拟了奎屯河流域生态系统与经济社会系统协调发展下的绿洲格局变化；以上研究为干旱区内陆河流域水资源和生态系统综合管理的效果评估提供了科技支撑。在塔里木河干流，耕地扩张和胡杨林逐渐枯死与退化状态的面积比例关系分别为1∶3.6和1∶32.7；天然绿洲与人工绿洲的适宜配比为6∶4。根据植被分布及生态需水特点及恢复机理，制定了生态轮灌制度：每年最适宜的输水时间为7～9月；距离河道3km以内的植被区域无需轮灌。3～20km区域内长势较好的天然植被5a实施轮灌2～4次，地下水埋深较低并且植被发育较差的区段，建议5a内实施轮灌3～5次；20km以外天然植被区由于引水条件较差，建议5年实现轮灌1～2次。根据“先乔灌后草地”、植被质量“先高后低”、面积“先大后小”、距离河道“先近后远”、灌溉“先易后难”的原则，将每个河段划分为三级灌区，按照从高到低的顺序，在5a之内实现整个流域轮灌1～2次。对于生态输水，需逐步实现由线状向面状的转变，适宜的输水时间是8～9月；对于建群种胡杨，每年实现2～3次漫溢，持续时间15～20d，

强度 25～30m^3/s，既能保证胡杨幼苗长成幼树，又能保证其在群落中占有主导的地位。考虑最严格水资源管理制度“三条红线”农业水量要求下，在满足生态需水的条件下确定了奎屯河流域适宜的耕地面积，提出了快速抬升甘家湖自然保护区地下水埋深抬升至植被胁迫水位的可行性方案。

参考文献

陈爱莲，朱博勤，陈利顶，等，2010. 双台河口湿地景观及生态干扰度的动态变化［J］. 应用生态学报，21（5）：1120-1128.

陈昌笃，张妙弟，杨立庄，等，1987. 新疆策勒县低山和平原区的植被及其与防治沙化的关系［J］. 干旱区研究，17（1）：30-42.

陈鹏，傅世锋，超祥，等，2014. 1989～2010年间厦门湾滨海湿地人为干扰影响评价及景观响应［J］. 应用海洋学学报，23（2）：232-243.

陈亚宁，张宏锋，李卫红，等，2005. 新疆塔里木河下游物种多样性变化与地下水位的关系［J］. 地球科学进展，20（2）：158-165.

陈友媛，周聿超，1997. 应用水资源管理模拟模型研究2000年乌鲁木齐河流域供水方案［J］. 地理研究，16（2）：66-72.

陈玉玲，曹敏，周燮，等，1999. 黄腐酸对冬小麦幼苗IAA、ABA水平的影响及作用机理的探讨［J］. 植物学报，16（5）：587-590.

陈忠升，陈亚宁，徐长春，2011. 近50a来塔里木河干流年径流量变化趋势及预测［J］. 干旱区地理，34（1）：43-51.

邓铭江，李湘权，郑永良，等，2012. 奎屯河流域“金三角”地区工业及城镇化发展未来的水资源配置分析［J］. 干旱区地理，35（4）：330-342.

丁圣彦，梁国付，2004. 近20年来洛宁县森林植被碳储量及动态变化［J］. 资源科学，26（3）：232-239.

董玉祥，陈克龙，1995. 中国沙漠化程度判定与分区初步研究［J］. 中国沙漠，15（2）：170-174.

樊自立，1993. 塔里木盆地绿洲形成与演变［J］. 地理学报，10（5）：727-732.

樊自立，胡文康，季方，等，2000. 新疆生态环境问题及保护治理［J］. 干旱区地理，23（4）：552-560.

方从刚，邓良基，胡玉福，等，2006. 基于ETM影像的植被指数在土地利用中的特征：以雅安市雨城区为例［J］. 长江流域资源与环境，15（s1）：41-45.

冯金朝，刘立超，张景光，等，2000. 干旱地区植被影响沙地水分传输机理及其参数化［J］. 中国沙漠，20（2）：201-206.

贡璐，2009. 干旱区内陆河流域典型绿洲土地利用格局变化中的人为影响空间分异研究［J］. 干旱区地理，32（4）：585-591.

郭慧，毕如田，2009. 以土地利用为基础的土壤多样性研究：以永济市为例［J］. 山西农业大学学报（自然科学版），29（1）：77-80.

韩德林，陈正江，1994. 运用系统动力学方法研究绿洲经济－生态系统：以玛纳斯绿洲为例［J］. 地理学报，49（4）：307-316.

韩德林，蒙雪琰，1999. 新疆绿洲经济发展地域差异及协调方略［J］. 科技导报，17（9912）：58-61.

胡顺军，顾桂梅，李岳坦，等，2007. 塔里木河干流流域防治耕地盐碱化的生态需水量［J］. 干旱区资源与环境，21（1）：145-148.

胡顺军，田长彦，宋郁东，等，2006. 裸地与柽柳生长条件下潜水蒸发计算模型［J］. 科学通报，51（1）：36-41.

季方，樊自立，邓永新，等，1998. 塔里木河干流人工渠化与下游土地沙漠化治理研究［J］. 中国沙漠，18（4）：314-319.

季方，樊自立，马英杰，2001. 塔里木河冲积平原胡杨林的土壤水分状况研究［J］. 植物生态学报，25（1）：17-21.

李昌峰，曹慧，2002. 土地利用变化对水资源影响研究的现状和趋势［J］. 土壤，34（4）：191-196.

李程程，南忠仁，王若凡，等，2012. 基于景观结构和3S技术的干旱区绿洲生态风险分析：以高台县为例［J］. 干旱区资源与环境，26（11）：31-35.

李荣常，2013. 土地利用对水资源环境影响分析［J］. 农业与技术，12（7）：50-55.

凌红波，徐海量，樊自立，等，2012. 基于生态经济功能区划的玛纳斯河流域生态服务价值评价［J］. 冰川冻土，34（6）：1535-1540.

凌红波，徐海量，刘新华，等，2012. 新疆克里雅河流域绿洲适宜规模［J］. 水科学进展，23（4）：563-568.

刘丹，2007. 黑龙江省土地覆盖景观格局对气候变化响应的研究［D］. 哈尔滨：东北林业大学.

刘纪远，1996. 中国资源环境遥感宏观调查与动态研究［M］. 北京：中国科学技术出版社.

刘茂松，张明娟，2004. 景观生态学，原理与方法［M］. 北京：化学工业出版社.

刘秀娟，1994．对绿洲概念的哲学思考［J］．新疆环境保护，15（4）：13-18.

卢纹岱，2005．SPSS FOR WINDOWS 统计分析［M］．2 版．北京：电子工业出版社.

罗音，孙明高，1999．干旱胁迫对 5 树种叶片中脯氨酸含量的影响［J］．山东林业科技（4）：1-4.

母敏霞，王文科，杜东，等，2007．新疆奎屯河流域地下水资源开发引起的生态环境问题及对策［J］．干旱区资源与环境，21（12）：16-20.

钱正英，陈志恺，2004．西北地区水资源配置生态环境建设和可持续发展战略研究：水资源卷　西北地区水资源及其供需发展趋势分析［M］．北京：科学出版社.

乔木，周生斌，卢磊，等，2011．近 25a 来塔里木盆地灌区土壤盐渍化时空变化特点与改良治理对策［J］．干旱区地理，34（4）：604-613.

热合木都拉・阿迪拉，塔世根・加帕尔，2000．对“绿洲”概念及分类的探讨［J］．干旱区地理，23（2）：129-132.

任旺兵，1995．干旱区城镇发展的理论探讨：以新疆为例［J］．干旱区地理，32（2）：90-95.

荣丽杉，束龙仓，王茂枚，等，2009．合理地下水生态水位的估算方法研究：以塔里木河下游为例［J］．地下水，31（1）：12-15.

阮晓，王强，周疆明，等，2000．香梨果实成熟衰老过程中 4 种内源激素的变化［J］．植物生理与分子生物学学报，26（5）：402-406.

苏里坦，古丽美拉，宋郁东，等，2005．玉龙喀什河平原区地下水矿化度的时空变异研究［J］．干旱区研究，22（4）：442-447.

孙永光，赵冬至，吴涛，等，2012．河口湿地人为干扰度时空动态及景观响应：以大洋河口为例［J］．生态学报，32（12）：3646-3654.

汤章城，王育启，吴亚华，等，1986．不同抗旱品种高粱苗中脯氨酸累积的差异［J］．植物生理学报，12（2）：48-56.

王其藩，1995．系统动力学理论与方法的新进展［J］．系统工程理论方法应用，4（2）：6-12.

王让会，樊自立，1998．塔里木河流域生态脆弱性评价研究［J］．干旱环境监测，12（4）：218-223.

王振江，朱大弟，1998．名牌战略创造无形资产运作模型研究［J］．上海大学学报（自然科学版），4（3）：253-258.

王忠静，王海峰，雷志栋，2002．干旱内陆河区绿洲稳定性分析［J］．水利学报，33（5）：26-30.

魏艳敏，马勤学，董兰芳，等，2010．奎屯河流域土地利用 / 覆被及生态系统服务功能变化［J］．新疆农业科学，47（4）：787-790.

邬建国，2007．现代生态学讲座（Ⅲ）：学科进展与热点论题［M］．北京：高等教育出版社.

吴正，董光荣，李保生，等，1987．从晚更新世以来我国沙漠的变迁看干旱区沙漠化问题［J］．华南师范大学学报（自然科学版）（2）：75-80.

肖玉，谢高地，安凯，等，2011．华北平原小麦-玉米农田生态系统服务评价［J］．中国生态农业学报，19（2）：429-435.

谢高地，张彩霞，张雷明，等，2015．基于单位面积价值当量因子的生态系统服务价值化方法改进［J］．自然资源学报，30（8）：1243-1254.

谢宏斌，1998．环境质量评价与预测方法的现状［J］．四川环境，17（3）：37-40.

徐海量，宋郁东，艾合买提，等，2004．塔里木河中下游地区不同地下水位对植被的影响［J］．植物生态学报，28（3）：400-405

阳柏苏，郑华，尹刚强，等，2006．张家界森林公园景观格局变化分析［J］．林业科学，42（7）：12-15.

叶文虎，陈国谦，1997．三种生产论：可持续发展的基本理论［J］．中国人口・资源与环境，7（2）：14-18.

尹昌应，罗格平，鲁蕾，等，2008．内陆干旱区土地利用变化的景观格局特征分析：以新疆白杨河流域为例［J］．干旱区地理，31（1）：67-74.

雍会，2011．农业开发对塔里木河流域水资源利用影响及对策研究［D］．石河子：石河子大学.

张红旗，章予舒，王立新，2004．渭干河平原绿洲景观演变及其对土壤性状的影响［J］．资源科学，26（5）：18-23.

张银辉，罗毅，刘纪远，等，2005．内蒙古河套灌区土地利用与景观格局变化研究［J］．农业工程学报，27（1）：61-65.

赵敬，2006．基于 RS 与 GIS 的延庆县旅游生态环境质量评价［D］．北京：首都师范大学.

赵玉杰，2012．新疆平原区潜水蒸发影响因素与计算方法研究［D］．乌鲁木齐：新疆农业大学.

郑树峰，张柏，王宗明，等，2015．三江平原抚远县景观格局变化研究［J］．湿地科学，18（1）：19-22.

周华锋，马克明，傅伯杰，1999．人类活动对北京东灵山地区景观格局影响分析［J］．自然资源学报，14（2）：117-122.

朱广廉，邓兴旺，左卫能，1983．植物体内游离脯氨酸的测定［J］．植物生理学报（1）：37-39.

朱晓华，杨秀春，2001．层次分析法在区域生态环境质量评价中的应用研究［J］．国土资源科技管理，18（5）：43-46.

ABDULLAH S A, NAKAGOSHI N, 2006. Changes in landscape spatial pattern in the highly developing state of Selangor, Peninsular Malaysia [J]. Landscape & urban planning, 77 (3): 263-275.

BLUM A, NAVEH M, 1976. Improved water-use efficiency in dryland grain sorghum by promoted plant competition 1 [J]. Agronomy journal, 68 (1): 111-116.

BOHNERT H J, 1996. Strategies for engineering waterstress tolerance in plants [J]. Trends in biotechnology, 14 (3): 89-97.

BOSTR M C, JACKSON E L, SIMENSTAD C A, 2006. Seagrass landscapes and their effects on associated fauna: a review [J]. Estuarine coastal & shelf science, 68 (3-4): 383-403.

CHANEY W R, KOZLOWSKI T T, 1977. Patterns of water movement in intact and excised stems of fraxinus americana and acer saccharum seedlings [J]. Annals of botany, 41 (176): 1093-1100.

COOK E R, 1985. A time series analysis approach to tree ring standardization [D]. Tucson: University of Arizona.

COOK E R, BUCKLEY B M, PALMER J G, et al., 2010. Millennia-long tree-ring records from Tasmania and New Zealand: a basis for modelling climate variability and forcing, past, present and future [J]. Journal of quaternary science, 21 (7): 689-699.

COSTANZA R, 2003. Social goals and the valuation of natural capital [J]. Environmental monitoring and assessment, 86 (1-2): 19-28.

CUSHMAN M G A, 2002. Comparative evaluation of experi mental approaches to the study of habitat fragmentation effects [J]. Ecological applications, 12 (2): 335-345.

DAVIES W J, JONES H G, 1991. Physiology and biochemistry of abscisic acid [J]. Journal of experimental botany, 42 (238): 7-17.

FU B J, HU C X, CHEN L D, et al., 2006. Evaluating change in agricultural landscape pattern between 1980 and 2000 in the Loess hilly region of Ansai County, China [J]. Agriculture ecosystems & environment, 114 (2): 387-396.

HOLMES R L, 1983. Computer-assisted quality control in tree-ring dating and measurement [R]. Tree-ring bull, 43: 69-78.

JIANG L, TONG Y, ZHAO Z, et al., 2005, Water resources, land exploration and population dynamics in arid areas-the case of the Tarim River Basin in Xinjiang of China [J]. Population & environment, 26 (6): 471-503.

MASTROCICCO M, COLOMBANI N, SALEMI E, et al., 2011. Reactive modeling of denitrification in soils with natural and depleted organic matter [J]. Water air and soil pollution, 222 (1-4): 205-215.

MASTROCICCO M, GIUSEPPE D D, VINCENZI F, et al., 2017. Chlorate origin and fate in shallow groundwater below agricultural landscapes [J]. Environmental pollution, 321 (2): 1453-1462.

MCGARIGAL K, CUSHMAN S A, 2002. Comparative evaluation of experimental approaches to the study of habitat fragmentation effects [J]. Ecological applications, 12 (2): 335-345.

PAPA L O, PALERMO V, DAZZI C, 2011. Is land-use change a cause of loss of pedodiversity? The case of the Mazzarrone study area, Sicily [J]. Geomorphology, 135 (3): 332-342.

PETERSEN M, 2010. ChemInform abstract: evolution of rosmarinic acid biosynthesis [J]. Cheminform, 41 (14): 123-134.

PONTIUS N, BECHTHOLD P S, NEEB M, et al., 2000. Using time-resolved photoelectron spectroscopy [J]. Physical review letters, 84 (6): 1132-1135.

PONTIUS N, LÜTTGENS, G, BECHTHOLD P S, et al., 2001. Size-dependent hot-electron dynamics in small Pd_n-clusters [J]. Journal of chemical physics, 115 (22): 10479-10483.

TOSINE H M, LAWRENCE J, CAREY J H, 1976. Photodechlorination of PCB's in the presence of titanium dioxide in aqueous suspensions [J]. Bulletin of environmental contamination & toxicology, 16 (6): 697-701.

TYREE M T, YANG S, 1992. Hydraulic conductivity recovery versus water pressure in xylem of acer saccharum [J]. Plant physiology, 100 (2): 669-676.

WU G H, HE C Y, CHEN R, 2002. Application of artificial neural network to simultaneous spectro-fluorimetric determination of phenol and resorcinol [J]. Spectroscopy & spectral analysis, 22 (5): 813.

XIAO S X, XU Z Q, EVANS J H, 2002. Volume conductor simulation and neural network decomposition of surface EMG [C] // International Conference of the IEEE Engineering in Medicine & Biology Society.